KB144461

길잡이

토목시공 기술사

핵심 120제

권유동 · 김우식 · 이맹교 지음

저자직강!
동영상 강의교재

성안당 이러닝 🔍

bm.cyber.co.kr

스마트폰 수강가능

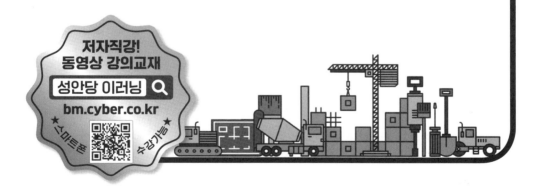

BM (주)도서출판 **성안당**

■ 도서 A/S 안내

성안당에서 발행하는 모든 도서는 저자와 출판사, 그리고 독자가 함께 만들어 나갑니다.

좋은 책을 펴내기 위해 많은 노력을 기울이고 있습니다. 혹시라도 내용상의 오류나 오탈자 등이 발견되면 **좋은 책은 나라의 보배**로서 우리 모두가 함께 만들어 간다는 마음으로 연락주시기 바랍니다. 수정 보완하여 더 나은 책이 되도록 최선을 다하겠습니다.

성안당은 늘 독자 여러분들의 소중한 의견을 기다리고 있습니다. 좋은 의견을 보내주시는 분께는 성안당 쇼핑몰의 포인트(3,000포인트)를 적립해 드립니다.

잘못 만들어진 책이나 부록 등이 파손된 경우에는 교환해 드립니다.

저자 문의 : acpass@daum.net, sadangpass@naver.com

본서 기획자 e-mail : coh@cyber.co.kr(최옥현)

홈페이지 : http://www.cyber.co.kr   전화 : 031) 950-6300

토목시공기술사는 토목분야 건설기술인들 누구나 도전하고 싶어 하는 최고의 권위이자 명예이다. 이에 기술사 취득을 위해 업무의 과중함 속에서도 묵묵히 형설의 공을 쌓으며 자기계발을 위해 책임의식과 사명감을 갖고 끊임없이 도전하는 토목인들을 진정으로 존경하는 바이다.

토목시공기술사는 광범위하고 전문적인 지식과 실제 현장경험의 접목이 요구되는 복합적인 시험이기 때문에 수험자가 나아가야 할 학습적인 방향이 정해져 있음을 깨닫는 것이 중요하다. 그러나 다수의 수험자들이 명확한 방향설정 없이 공부하여 혼란과 자신감 하락, 불합격을 반복한다. 또한 이 과정에서 본인의 목표였던 토목시공기술사에 대한 열정이 식어버리게 되어 결국 기술사 취득을 포기하게 되는 경우를 지켜보며 안타까운 마음을 금할 수 없었다.

이 책은 토목인들이 이러한 시행착오를 겪지 않고 합격에 진정으로 도움이 되고자 하는 마음으로 작성된 교재이다. 넓은 시험범위의 시험을 단기간에 합격하기 위한 방법은 빈출되는 기출문제에 대한 답안을 익히고 시험장에서 그대로 적용하는 것이다. 이 책은 빠른 시간 내에 토목시공기술사 시험의 핵심을 파악하고, 이를 답안지에 조리 있게 정리하여 시험 직전까지 볼 수 있는 내용으로 수험자의 입장에서 실제적인 도움이 되도록 하였다. 이에 처음 공부를 시작하는 분들에게는 출제경향과 답안 작성요령의 지침이 될 것이며, 마무리 하는 분들에게는 핵심 요점정리와 답안지 변화의 길잡이가 될 것이다.

이 책의 목표는 여러분들의 합격이다. 열정과 성실함을 가진다면 합격기간을 앞당길 수 있다고 자신하며 전국의 토목시공기술사 수험생분들의 노고에 아낌없는 격려와 많은 박수를 보낸다.

✎ 이 책의 특징

1. 최근 변화된 출제기준 및 출제경향에 맞춘 핵심 문제로 구성
2. 시험날짜가 임박할 경우 마무리 학습
3. 다양한 답안지 작성방법의 습득
4. 새로운 Item과 활용방안
5. 핵심요점의 집중적 공부
6. 자기만의 독특한 답안지 변화의 지침서
7. 최단기간에 합격할 수 있는 길잡이

끝으로 이 책을 발간하기까지 도와주신 주위의 여러분들과 성안당출판사의 이종춘 회장님과 편집부 직원들의 노고에 감사드리며, 이 책이 출간되도록 허락하신 하나님께 영광을 돌린다.

저자 일동

■ 필기시험

직무 분야	건설	중직무 분야	토목	자격 종목	토목시공기술사	적용 기간	2023. 1. 1. ~ 2026. 12. 31.

직무내용 : 토목시공분야의 토목기술에 관한 고도의 전문지식과 실무경험에 입각한 계획, 연구, 설계, 분석, 시험, 운영, 시공, 평가 또는 이에 관한 지도, 건설사업관리 등의 기술업무를 수행하는 직무이다.

검정방법	단답형/주관식 논문형	시험시간	400분(1교시당 100분)

시험과목	주요 항목	세부항목
시공계획, 시공관리, 시공설비 및 시공기계 그 밖의 시공에 관한 사항	1. 토목건설사업관리	1. 건설사업관리계획 수립 2. 공정관리, 건설품질관리, 건설안전관리 및 건설환경관리 3. 건설정보화기술 4. 시설물의 유지관리
	2. 토공사	1. 토공시공계획 2. 사면공, 흙막이공, 옹벽공, 석축공 3. 준설 및 매립공 4. 암 굴착 및 발파
	3. 기초공사	1. 지반 조사 및 분석 2. 기초의 시공(지반안전, 계측관리) 3. 지반개량공 4. 수중구조물시공
	4. 포장공사	1. 포장시공계획 수립 2. 연성재료포장(아스팔트콘크리트포장) 3. 강성재료포장(시멘트콘크리트포장) 4. 도로의 유지 및 보수관리
	5. 상하수도공사	1. 시공관리계획 2. 상하수도시설공사 3. 상하수도관로공사
	6. 교량공사	1. 강교 제작 및 가설 2. 콘크리트교 제작 및 가설 3. 특수 교량 4. 교량의 유지관리
	7. 하천, 댐, 해안, 항만공사, 도로	1. 하천시공 2. 댐시공 3. 해안시공 4. 항만시공 5. 시공계획 6. 시설공사
	8. 터널 및 지하공간	1. 터널계획 2. 터널시공 3. 터널계측관리 4. 터널의 유지관리 5. 지하공간
	9. 콘크리트공사	1. 콘크리트 재료 및 배합 2. 콘크리트의 성질 3. 콘크리트의 시공 및 철근공 4. 특수 콘크리트 5. 콘크리트구조물의 유지관리
	10. 토목시공법규 및 신기술	1. 표준시방서/전문시방서 기준 및 관련 사항 2. 주요 시사이슈 3. 기타 토목시공 관련 법규 및 신기술에 관한 사항

■ 면접시험

직무 분야	건설	중직무 분야	토목	자격 종목	토목시공기술사	적용 기간	2023. 1. 1.~2026. 12. 31.

직무내용 : 토목시공분야의 토목기술에 관한 고도의 전문지식과 실무경험에 입각한 계획, 연구, 설계, 분석, 시험, 운영, 시공, 평가 또는 이에 관한 지도, 건설사업관리 등의 기술업무를 수행하는 직무이다.

검정방법	구술형 면접시험	시험시간	15~30분 내외

시험과목	주요 항목	세부항목
시공계획, 시공관리, 시공설비 및 시공기계 그 밖의 시공에 관한 전문지식/기술	1. 토목건설사업관리	1. 건설사업관리계획 수립 2. 공정관리, 건설품질관리, 건설안전관리 및 건설환경관리 3. 건설정보화기술 4. 시설물의 유지관리
	2. 토공사	1. 토공시공계획 2. 사면공, 흙막이공, 옹벽공, 석축공 3. 준설 및 매립공 4. 암 굴착 및 발파
	3. 기초공사	1. 지반조사 및 분석 2. 기초의 시공(지반안전, 계측관리) 3. 지반개량공 4. 수중구조물시공
	4. 포장공사	1. 포장시공계획 수립 2. 연성재료포장(아스팔트콘크리트포장) 3. 강성재료포장(시멘트콘크리트포장) 4. 도로의 유지 및 보수관리
	5. 상하수도공사	1. 시공관리계획　　　　　2. 상하수도시설공사 3. 상하수도관로공사
	6. 교량공사	1. 강교 제작 및 가설　　2. 콘크리트교 제작 및 가설 3. 특수 교량　　　　　　4. 교량의 유지관리
	7. 하천, 댐, 해안, 　항만공사, 도로	1. 하천시공　　　　　　2. 댐시공 3. 해안시공　　　　　　4. 항만시공 5. 시공계획　　　　　　6. 시설공사
	8. 터널 및 지하공간	1. 터널계획　　　　　　2. 터널시공 3. 터널계측관리　　　　4. 터널의 유지관리 5. 지하공간
	9. 콘크리트공사	1. 콘크리트 재료 및 배합 2. 콘크리트의 성질 3. 콘크리트의 시공 및 철근공 4. 특수 콘크리트 5. 콘크리트구조물의 유지관리
	10. 토목시공법규 및 　　신기술	1. 표준시방서/전문시방서 기준 및 관련 사항 2. 주요 시사이슈 3. 기타 토목시공 관련 법규 및 신기술에 관한 사항
품위 및 자질	11. 기술사로서 　　품위 및 자질	1. 기술사가 갖추어야 할 주된 자질, 사명감, 인성 2. 기술사 자기개발과제

※ 종로기술사학원(http://www.jr3.co.kr)

※ 한국산업인력공단(http://www.q-net.or.kr)

1. 원서접수 `바로가기` **클릭**

2. 회원가입

  1) 회원가입 약관

  2) 본인인증

     ① 공인 I-PIN 인증

     ② 휴대폰 인증

  3) 신청서 작성

  4) 가입완료

3. 학력정보 입력

4. 경력정보 입력

5. 추가정보 입력

6. 응시자격진단결과 "응시가능" 여부 확인

7. 접수내역리스트

8. 개인접수

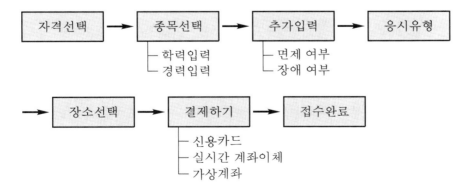

9. 수험표, 영수증 출력

【수험표 견본】

○○○○년 정기 기술사 ○○회					사 진
수험번호	1234567	시험구분	필기		
종목명	토목시공기술사				
성 명	홍길동	생년월일	○○○○년 ○○월 ○○일		

시험일시 및 장소	일시 : ○○○○년 ○○월 ○○일 (일) 08:30까지 입실완료 장소 : ○○○학교 　　　ー 주소 : ○○시　○○○구 ○○동 　　　ー 위치 : ○호선 지하철 ○○역 ○번 출구 접수기관 : ○○지역본부 결재일자 : ○○○○년 ○○월 ○○일 인터넷 : http://www.q-net.or.kr 　　　　　　　　　　　　　　　　　○○○○년 ○○월 ○○일 　　　　　　　　　　　　　　　　　한국산업인력공단　이사장
응시자격 안내	응시자격항목 : 기사 자격 취득 후 동일직무분야에서 4년 이상 실무에 종사한 자 서류제출기간 : 해당사항 없음 서류제출장소 : 해당사항 없음 제출서류안내 : 해당 없음 ※ 외국학력취득자의 경우 응시자격서류제출 시 공증절차가 필요하오니 다음 사항을 반드시 확인바랍니다. 　　(http://www.q-net.or.kr > 원서접수 > 필기시험안내 > 외국학력서류제출안내) ー 실기접수기간 이전에도 응시자격서류제출은 가능하나 경력서류는 4대 보험 가입증명을 할 수 있는 　경우에 한하며, 학력서류는 상시 제출가능함 ー 학력서류는 학사과정에 한하며 석ㆍ박사과정은 경력으로 인정 ー 실기시험접수기간 내(4일)에 응시자격서류(원본)를 제출해야 동 회차 실기시험접수 가능함 ー 온라인 학력서류제출은 필기합격(예정)자 발표일까지 가능 　(기사, 산업기사 : 학력/기술사 : 한국건설기술인협회경력) ー 필기시험일 기준으로 응시자격요건을 충족하지 못한 경우 필기시험 합격무효처리됨(필기시험 없는 　경우 실기접수 마감일이 기준) ー 모든 관련 학과는 전공명 우선이 원칙
합격(예정)자 발표일자	○○○○년 ○○월 ○○일 ー인터넷 : http://www.q-net.or.kr, ARS : 1666-0100(개별 통보하지 않음)
검정수수료 환불안내	○○○○년 ○○월 ○○일 09 : 00 ~ ○○○○년 ○○월 ○○일 23 : 59 (100% 환불) ○○○○년 ○○월 ○○일 00 : 00 ~ ○○○○년 ○○월 ○○일 23 : 59 (50% 환불) ※ 환불기간 이후에는 수수료 환불이 불가합니다.
실기시험 접수기간	○○○○년 ○○월 ○○일 09 : 00 ~ ○○○○년 ○○월 ○○일 18 : 00

기타사항
◎ 선택과목 : 필기시험(해당 없음) ◎ 면제과목 : 필기시험(해당 없음) ◎ 장애 여부 및 편의요청사항 : 해당 없음 / 없음 　(장애응시 편의사항 요청자는 원서접수기간 내에 장애인수첩 등 관련 증빙서류를 응시시험장 관할 지부(사)에 제출하여야 함) 　※ 장애인 수험자 편의제공은 관련 증빙서류 심사결과에 따라 달라질 수 있음

차 례

제1장 토 공

제1절 일반 토공

제2절 연약지반개량공법

제3절 사면안정

● 제2절 | **기초공**

제3장 콘크리트

● 제1절 | **일반 콘크리트**

제2절 **특수 콘크리트**

제4장 **도 로**

제5장 교 량

제6장 터 널

제10장 총 론

제1절 공사관리

제2절 공정관리

제1장 ▶ 토 공

제1절 일반 토공

문제 1. 토공사 착공 전 준비 및 조사해야 할 사항에 대하여 설명하시오.

답.

I. 서언

① 토공사 착공 전 대상이 되는 현장토질, 지형, 주변 영향 등을 충분히 검토하여야 한다.

② 조사의 목적

시공계획의 수립 경제적인 시공관리 주변 영향 파악	⇨	목적	⇦	지반의 공학적 자료 확보 구조물 안정성 검토 공해 발생대책 수립

II. 착공 전 준비사항

1) 가설비계획 수립

용수설비 동력설비 수송계획	⇨	가설건물 Con'c batcher 공사용 도로	⇨	가설비계획

2) 시공계획 수립

준비 → 물량 파악 / 사전조사 → 공법 선정 → 작업계획 → 평가 → (No) 공법 선정 / (Yes) 결정 → 공사 착수

3) 공사용 도로 설치

① 가설도로로 사용 후 본공사도로로 전환계획

② 폭 6m 이상 임시도로 설치

③ 보수가 용이하고 시공비용 저렴

4) 시공측량

① 설계도면을 근거로 기준점 및 인조점 설치

② 규준틀 및 중앙선 설치, Level 표시

5) 지형 및 지질도 입수

1/5000 지형도, 항측도, 지질주상도 확보

6) 인근 공사 실적자료 확보

7) 관리계획 수립

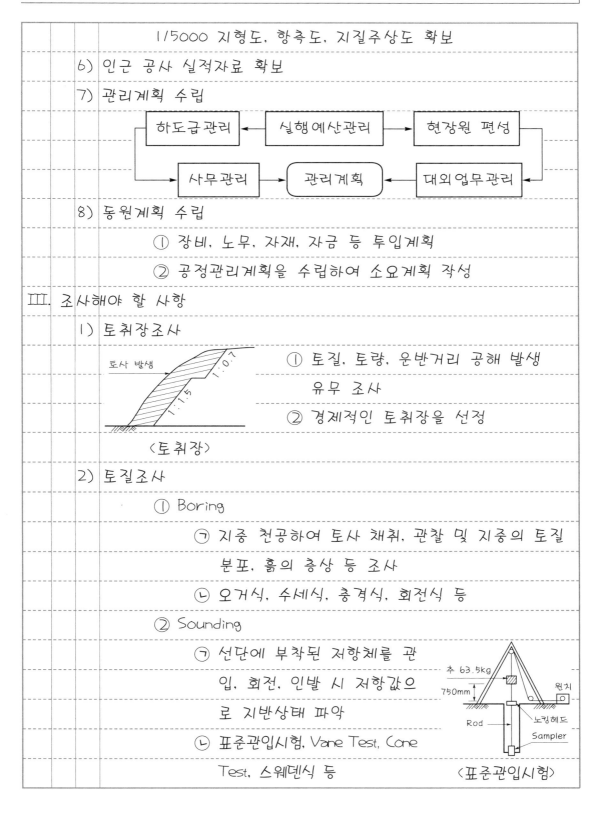

8) 동원계획 수립

① 장비, 노무, 자재, 자금 등 투입계획

② 공정관리계획을 수립하여 소요계획 작성

Ⅲ. 조사해야 할 사항

1) 토취장조사

① 토질, 토량, 운반거리 공해 발생 유무 조사

② 경제적인 토취장을 선정

〈토취장〉

2) 토질조사

① Boring

㉠ 지중 천공하여 토사 채취, 관찰 및 지중의 토질 분포, 흙의 층상 등 조사

㉡ 오거식, 수세식, 충격식, 회전식 등

② Sounding

㉠ 선단에 부착된 저항체를 관입, 회전, 인발 시 저항값으로 지반상태 파악

㉡ 표준관입시험, Vane Test, Cone Test, 스웨덴식 등

〈표준관입시험〉

③ 시료채취 ┬ 교란시료 : 보링 시 물과 함께 배출된 시료채취
　　　　　　└ 불교란시료 : 점성토 지반의 자연시료채취

④ Atterberg한계

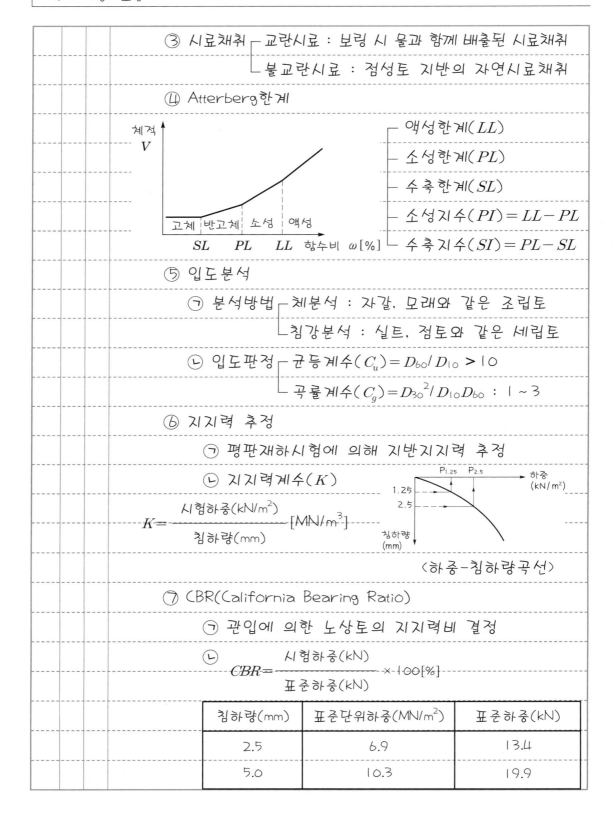

┬ 액성한계(LL)
├ 소성한계(PL)
├ 수축한계(SL)
├ 소성지수(PI) $= LL - PL$
└ 수축지수(SI) $= PL - SL$

⑤ 입도분석

　㉠ 분석방법 ┬ 체분석 : 자갈, 모래와 같은 조립토
　　　　　　　└ 침강분석 : 실트, 점토와 같은 세립토

　㉡ 입도판정 ┬ 균등계수(C_u) $= D_{60} / D_{10} > 10$
　　　　　　　└ 곡률계수(C_g) $= D_{30}^{2} / D_{10} D_{60}$: 1 ~ 3

⑥ 지지력 추정

　㉠ 평판재하시험에 의해 지반지지력 추정

　㉡ 지지력계수(K)

$$K = \frac{\text{시험하중(kN/m}^2)}{\text{침하량(mm)}} [\text{MN/m}^3]$$

〈하중-침하량곡선〉

⑦ CBR(California Bearing Ratio)

　㉠ 관입에 의한 노상토의 지지력비 결정

　㉡ $$CBR = \frac{\text{시험하중(kN)}}{\text{표준하중(kN)}} \times 100[\%]$$

침하량(mm)	표준단위하중(MN/m^2)	표준하중(kN)
2.5	6.9	13.4
5.0	10.3	19.9

3) 문화재조사

　① 고적 및 고분조사

　② 문화재청과 협의하여 사전조사계획 수립

4) 주변 구조물조사

　① 지하매설물

종류	상수도	도시가스	통신	고압선
관리기관	상수도사업본부	도시가스공사	통신공사	한국전력공사

　② 지상물 : 전주, 통신주, 신호등, 가로수, 각종 구조물

5) 사토장조사

　운반거리가 짧고, 공해 발생이 적고, 경제성이 좋은 곳

6) 지형조사

　① 계곡, 단층, 입지조건, 배수조건

　② 공사현장 접근도로

7) 환경영향조사

8) 지반조사

　① 연약층 유무, 지하수위상태조사

　② 지층상태 및 지반지지력조사

IV. 나의 현장 경험 및 결언

① 공사착수 전 설계도서 검토 및 지반조사, 구조 검토 실시한다.

예비조사	현지답사	본조사
자료조사	지표조사	Boring
기존 공사자료	지하수조사	Sounding
지형·지질도	지하매설물	Sampling

② 설계공법과 비교 검토하여 기초공법을 결정한다.

③ 시공계획 수립 전에 조사하여 공법을 결정한다.

문제 2.	사질토와 점성토의 특성에 대하여 설명하시오.

답.

I. 서언

① 지반의 공학적 특성을 파악하는 것은 토공계획 수립을 위한 기초자료로서의 의의가 크다.

② 사질토와 점성토는 공학적 성질이 다르므로 토공재료로서 사용할 때에는 각각의 특성에 대한 검토가 있어야 한다.

③ 사질토와 점성토의 구분

구분	함유상태	0.08mm체 통과율	PI
사질토	자갈, 모래	50% 이하	10 이하
점성토	점토, 실트	50% 이상	10 이상

④ 공학적 성질

구분	전단강도	투수성	압축성	LL, PI, e	강도정수	동상
사질토	크다	크다	작다	작다	ϕ가 크다	작다
점성토	작다	작다	크다	크다	C가 크다	크다

II. 사질토의 특성

1) 상대밀도(D_r)로 공학적 성질 판단

① 사질토 지반의 다짐상태의 정도를 나타내는 수치로서 다짐 후 느슨한 상태, 촘촘한 상태를 판단

② 상대밀도를 구하는 방법

간극비에 의한 방법	건조밀도에 의한 방법
$D_r = \dfrac{e_{max} - e}{e_{max} - e_{min}} \times 100[\%]$	$D_r = \left(\dfrac{\gamma_d - \gamma_{dmin}}{\gamma_{dmax} - \gamma_{dmin}} \right) \dfrac{\gamma_{dmax}}{\gamma_d} \times 100[\%]$

2) 전단파괴 시 다일레이턴시(dilatancy) 발생

① 전단응력에 의해 토립자 배열상태가 변하는 현상

② 조밀한 모래 체적 증가 : ⊕다일레이턴시

③ 느슨한 모래 체적 감소 : ⊖다일레이턴시

3) 동하중 작용 시 액상화 발생

① 전단강도(S)가 0일 때

$$S = C + \overline{\sigma} \tan\phi \ (C : 점착력, \ \phi : 내부마찰각)$$
$$S = \overline{\sigma} \tan\phi \ (사질토 : C = 0)$$
$$S = 0, \ \overline{\sigma} \to 0 \ (\overline{\sigma} : 유효응력)$$

② 포화사질토 지반의 진동, 충격으로 인해 유효응력을
상실, 전단강도를 잃어 액체화하는 현상

4) 수두차 발생 시 분사현상(Quick Sand) 발생

① | 침투수압 | → | 유효응력 상실 | → | 물, 토립자 분출 |

② 사질토 지반에서 발생

5) Bulking현상 발생

① 함수비 증가에 의해 모래의
체적이 증가되는 현상

② 함수비 5~6%일 때 체적 최대

③ 모관장력으로 사질토 저항력 증대   〈사질토 다짐곡선〉

6) 상향 침투압 작용 시 Boiling현상 발생

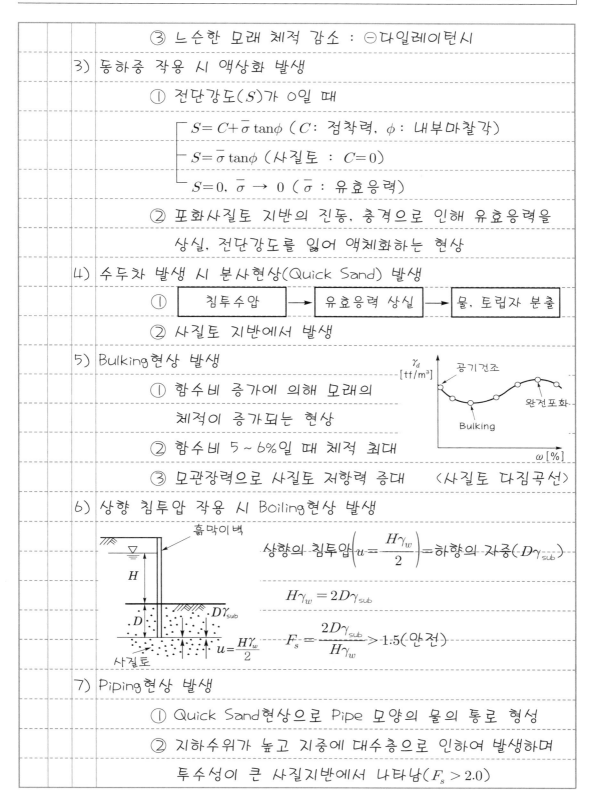

$$상향의 \ 침투압\left(u = \frac{H\gamma_w}{2}\right) = 하향의 \ 자중(D\gamma_{sub})$$

$$H\gamma_w = 2D\gamma_{sub}$$

$$u = \frac{H\gamma_w}{2} \quad F_s = \frac{2D\gamma_{sub}}{H\gamma_w} > 1.5(안전)$$

7) Piping현상 발생

① Quick Sand현상으로 Pipe 모양의 물의 통로 형성

② 지하수위가 높고 지중에 대수층으로 인하여 발생하며
투수성이 큰 사질지반에서 나타남($F_s > 2.0$)

III. 점성토의 특성

1) 지반굴착 시 Heaving현상 발생

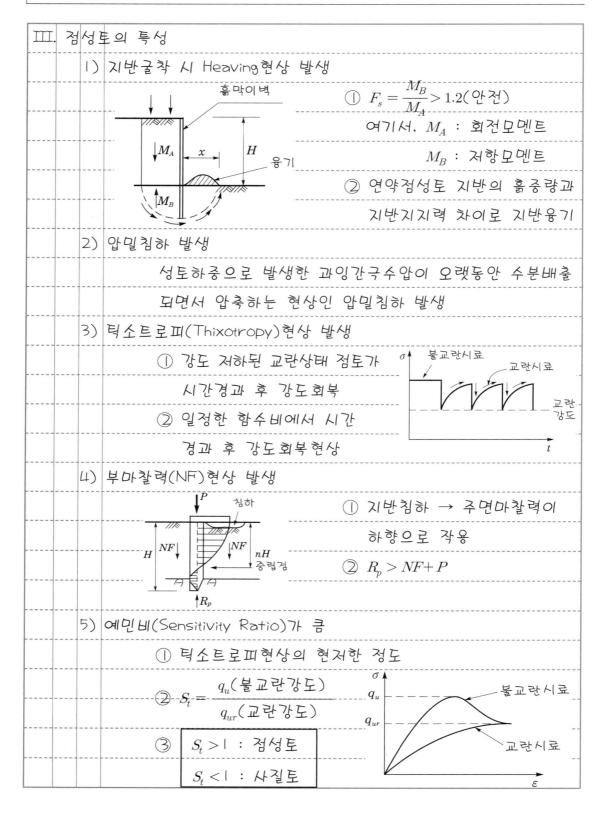

① $F_s = \dfrac{M_B}{M_A} > 1.2$(안전)

여기서, M_A : 회전모멘트

M_B : 저항모멘트

② 연약점성토 지반의 흙중량과

지반지지력 차이로 지반융기

2) 압밀침하 발생

성토하중으로 발생한 과잉간극수압이 오랫동안 수분배출

되면서 압축하는 현상인 압밀침하 발생

3) 틱소트로피(Thixotropy)현상 발생

① 강도 저하된 교란상태 점토가

시간경과 후 강도회복

② 일정한 함수비에서 시간

경과 후 강도회복현상

4) 부마찰력(NF)현상 발생

① 지반침하 → 주면마찰력이

하향으로 작용

② $R_p > NF + P$

5) 예민비(Sensitivity Ratio)가 큼

① 틱소트로피현상의 현저한 정도

② $S_t = \dfrac{q_u(불교란강도)}{q_{ur}(교란강도)}$

③ $S_t > 1$: 점성토

$S_t < 1$: 사질토

6) 동상현상 발생

① 흙 속의 간극수가 동결하여 토중에 빙층이 형성되어 지표면이 떠올려지는 현상

② 동상의 주된 원인 : 온도, 모관수, 실트질흙

7) 용탈(Leaching)현상 발생

해성점토가 담수에 의해 오랜 시간에 걸쳐 염분이 빠져나가 전단강도가 저하되는 현상

Ⅳ. 본인의 현장경험 및 결언

① 다짐곡선에 의한 사질토와 점성토의 관계

〈모래와 사질토 다짐곡선〉   〈일반점성토 다짐곡선〉

② 점성토와 사질토는 흙이 가지는 전단특성이 각기 다른 성질을 갖고 있어 현장 사용 시 특성, 시험 등을 통하여 시공법을 선정하여야 한다.

문제 3. 성토공사의 다짐공법에 대하여 설명하시오.

답.

I. 서언

① 다짐의 원리

| 느슨한 흙 | ⇒ | 충격, 진동 / 공기 배출 | ⇒ | 체적 감소 | ⇒ | 전단강도 증대 |

② 다짐관리 Flow Chart

실내시험		현장시험		본공사 다짐		품질관리
⇒		⇒		⇒		
최적함수비		다짐기준 결정		전압식		다짐도 판정
최대 건조밀도		들밀도시험		진동식		다짐도 분석

II. 다짐공법

(1) 전압다짐공법

1) 정의

장비의 중량을 이용하여 흙을 다지는 다짐방법을 전압다짐공법이라 한다.

2) 적용

① 흙댐 차수벽용 점토다짐

② 진동이 곤란한 위치의 사질토다짐

3) 다짐기계 종류별 적용성

종류	적용성
Buldozer	모든 토질 포설 및 다짐
Road Roller	점토, 포장기층 및 아스팔트포장다짐
Tamping Roller	고함수비 점토다짐
Tire Roller	노상, 노반, 아스팔트포장다짐

4) 특징

① 다짐 시 과잉간극수압 유발이 적다.

② 점성토다짐에 적합하다.

③ 사질토의 경우 장비중량이 커져서 비경제적이다.

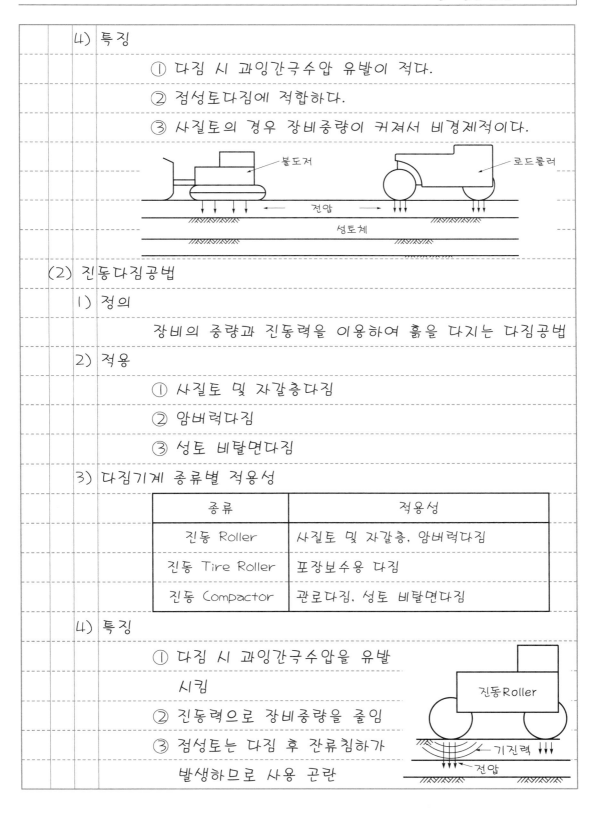

(2) 진동다짐공법

1) 정의

장비의 중량과 진동력을 이용하여 흙을 다지는 다짐공법

2) 적용

① 사질토 및 자갈층다짐

② 암버력다짐

③ 성토 비탈면다짐

3) 다짐기계 종류별 적용성

종류	적용성
진동 Roller	사질토 및 자갈층, 암버력다짐
진동 Tire Roller	포장보수용 다짐
진동 Compactor	관로다짐, 성토 비탈면다짐

4) 특징

① 다짐 시 과잉간극수압을 유발 시킴

② 진동력으로 장비중량을 줄임

③ 점성토는 다짐 후 잔류침하가 발생하므로 사용 곤란

(3) 충격다짐공법

　1) 정의

　　　기계의 충격하중을 이용하여 구조물 뒤채움재료를 다지
　　　는 다짐공법

　2) 다짐기계 종류별 적용성

종류	적용성
Rammer	협소한 장소 및 구조물 뒤채움다짐
Tamper	구조물 뒤채움 및 절성토 접속부다짐

　3) 특징

　　　① 협소한 장소의 성토다짐에

　　　　적합

　　　② 숙련도가 필요

〈탬퍼〉

(4) 견인다짐공법

　1) 정의

　　　진동식 또는 전압식 다짐장비를 기진력이 큰 불도저로
　　　견인하면서 다지는 방법

　2) 특징

　　　① 전압효과가 큼

　　　② 대형 장비의 요구

　　　③ 고성토 비탈면다짐 용이

　　　④ 비탈면 구배가 급해도

　　　　시공 가능

원치　불도저

Roller

Ⅲ. 품질관리

　1) 다짐도 판정

　　　① 시방규정에 적합해야 한다.

　　　② 판정방법

2) 다짐도 분석

$\overline{x} - R$ 관리도 및 Histogram 작성 분석관리

IV. 현장경험 및 결언

① 다짐 시공 시

② 성토 시공 시 배수구배(4%)를 설치하고 비탈면 및 성토 상
부에 배수측구를 설치하여 성토체가 연약하지 않도록 배수
처리를 철저히 하여야 한다.

문제4.	흙쌓기공사에서 다짐도 판정방법에 대하여 설명하시오.
답.	

I. 개요

① 다짐이란 흙에 인위적으로 외력을 가하여 흙의 공학적 성질을 개선시키는 것을 말한다.

② 다짐도 판정이란 다짐을 실시한 지반의 토립자의 간극에서 얼마만큼 공기가 배출되고 다짐이 되었는지를 판단하는 방법을 말한다.

③ 다짐의 목적 및 효과

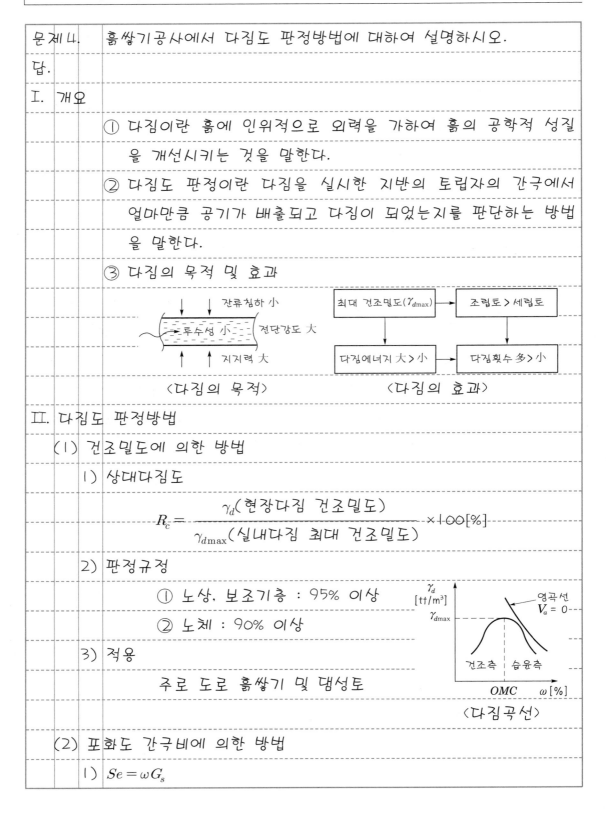

〈다짐의 목적〉　　　　　　〈다짐의 효과〉

II. 다짐도 판정방법

(1) 건조밀도에 의한 방법

1) 상대다짐도

$$R_c = \frac{\gamma_d (\text{현장다짐 건조밀도})}{\gamma_{d\max} (\text{실내다짐 최대 건조밀도})} \times 100[\%]$$

2) 판정규정

① 노상, 보조기층 : 95% 이상

② 노체 : 90% 이상

3) 적용

주로 도로 흙쌓기 및 댐성토

〈다짐곡선〉

(2) 포화도 간극비에 의한 방법

1) $Se = \omega G_s$

여기서, G_s : 토립자비중, S : 포화도

ω : 함수비, e : 간극비

2) 포화도(S) $= \dfrac{G_s\,\omega}{e}$

3) 간극비(e) $= \dfrac{G_s\,\omega}{S}$

〈흙의 주상도〉

4) 판정규정

① 포화도(S) : 85~95%

② 간극비(e) : 2~10%

5) 적용

고함수비 점토의 성토

(3) 상대밀도에 의한 방법

1) 건조밀도

$$D_r = \left(\frac{\gamma_d - \gamma_{d\min}}{\gamma_{d\max} - \gamma_{d\min}}\right)\frac{\gamma_{d\max}}{\gamma_d} \times 100[\%]$$

2) 간극비

$$D_r = \frac{e_{\max} - e}{e_{\max} - e_{\min}} \times 100[\%]$$

3) 판정규정

시방규정 이상(80~85%)

4) 적용

점성이 없는 사질토 지반

$D_r < \dfrac{1}{3}$	느슨한 상태
$\dfrac{1}{3} < D_r < \dfrac{2}{3}$	보통 상태
$D_r > \dfrac{2}{3}$	촘촘한 상태

〈상대밀도의 활용〉

(4) 강도특성에 의한 방법

1) 지지력계수 K치, CBR치, Cone지수 등으로 판정

2) 지지력계수(K)

① 평판재하시험을 통해서 침하량에 대한 하중강도의 비를

나타내는 계수

② 지지력계수(K)= $\dfrac{\text{시험하중(kN/m}^2)}{\text{침하량(mm)}}$ [MN/m^3]

3) CBR치

　① 관입법에 의한 노상토의 지지력비 결정방법으로 도로
　　나 활주로 포장두께 산정에 적용

　② 노상토 지지력비

$$CBR = \dfrac{\text{시험하중(kN)}}{\text{표준하중(kN)}} \times 100[\%]$$

4) Cone지수

　① 강봉원추체를 지중에 관입시켜

　　지반토 정적 관입저항 q_c 측정

　② Cone지수(q_c)= $\dfrac{Q_c(\text{관입력})}{A(\text{저면적})}$ [kPa]

〈Cone시험〉

5) 판정규정

　① 암성토 : 지지력계수 K_{30}=196MN/m^3(침하량 1.25mm)

　② CBR치, Cone지수 : 시방규정 이상

6) 적용

　안정된 흙쌓기 재료(호박돌, 모래질흙)에 적용

(5) 변형량에 의한 방법

1) Proof Rolling, Benkelman Beam에 의한 다짐도 판정

2) 판정규정

부위	시방기준
노상	5mm 이하
보조기층, 기층	3mm 이하

〈변형량 측정〉

3) 적용

노상면, 기층, 보조기층의 변형량 측정

(6) 다짐기종, 다짐횟수에 의한 방법

① 현장다짐시험 결과에 따라 다짐기종, 한 층 포설두께,
다짐횟수 결정

② 토질이나 함수비의 변화가 크지 않은 현장에서 적용

(7) 다짐도 분석

$\overline{x}-R$관리도 및 Histogram 작성 분석관리

Ⅲ. 현장경험 및 결언

1) 현장경험

① 노상 마무리 전 Proof Rolling시험 시 10mm 과다 침하

② 대책 : 호박돌 제거 후 치환하여 재다짐 실시

2) 결언

① 토공다짐 시공 시에는 지반상태 및 다짐재료 선정이
중요하다.

② 본공사다짐 시공 전 현장시험다짐을 실시하여 다짐
방법을 결정하여야 한다.

문제 5.	토공과 구조물 접속부의 부등침하원인과 방지대책에 대하여 설
	명하시오.
답.	

Ⅰ. 서언

① 토공과 구조물 접속부의 뒤채움이 불량하면 침하가 발생하여 상부구조물이 파손되어 평탄성이 저하된다.

② 침하에 의한 단차를 예방하기 위해 접속부의 구조와 뒤채움 재료에 대한 주의를 하여야 한다.

③ 부등침하 시 문제점

상부 포장체 파손		단차 발생
성토체 지지력 저하	⇨ 문제점 ⇦	교통 주행성 저하
구조물 측방유동		지반 융기

Ⅱ. 부등침하원인

1) 연약지반 위 성토

① 뒤채움 지반연약으로 침하 발생

② 단차 발생

③ 상부포장체 파손

2) 뒤채움 시공불량

① 다짐두께, 다짐횟수, 다짐방법 불량

② 다짐기준 결정하지 않고 시공

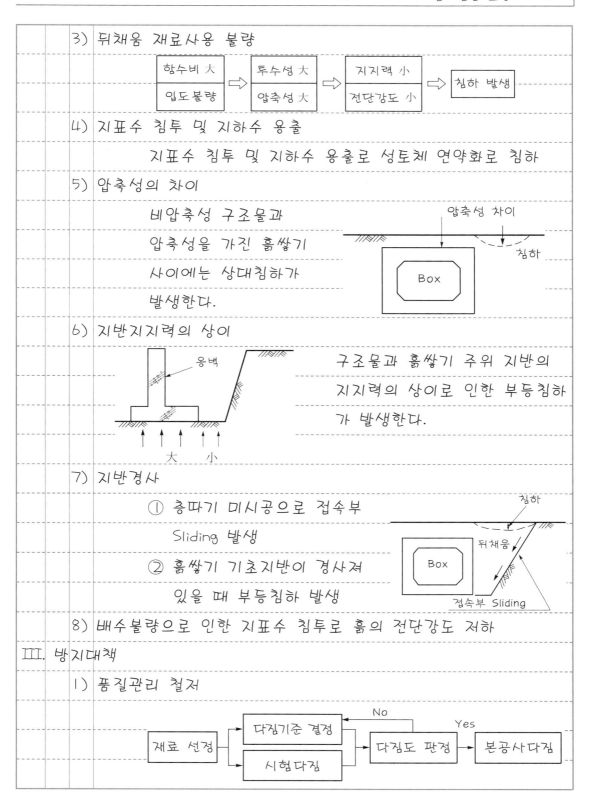

3) 뒤채움 재료사용 불량

| 함수비 大 | | 투수성 大 | | 지지력 小 | | 침하 발생 |
| 입도불량 | ⇨ | 압축성 大 | ⇨ | 전단강도 小 | ⇨ | |

4) 지표수 침투 및 지하수 용출

   지표수 침투 및 지하수 용출로 성토체 연약화로 침하

5) 압축성의 차이

   비압축성 구조물과
   압축성을 가진 흙쌓기
   사이에는 상대침하가
   발생한다.

6) 지반지지력의 상이

   구조물과 흙쌓기 주위 지반의
   지지력의 상이로 인한 부등침하
   가 발생한다.

7) 지반경사

   ① 층따기 미시공으로 접속부
   Sliding 발생
   ② 흙쌓기 기초지반이 경사져
   있을 때 부등침하 발생

8) 배수불량으로 인한 지표수 침투로 흙의 전단강도 저하

III. 방지대책

1) 품질관리 철저

① 상대다짐도 규정 ─ 노상, 보조기층 : 95% 이상
                    └ 노체 : 90% 이상

② 상대밀도 규정 : $D_r = 85\%$ 이상

2) 층따기 시공

① 층따기 시공하여 접속부 접착 밀실

② 폭 1m, 높이 0.5m로 시공

3) 적합한 뒤채움재료 선정

① 공학적 안정재료

② 시방규정 적합

③ 시공 용이

4) 다짐 시공 철저

토질별	다짐방법	다짐장비
점성토	전압식	로드롤러, 불도저, 탬핑롤러, 타이어롤러
사질토	진동식	진동롤러, 진동타이어, 진동콤팩트
소규모(혼합토)	충격식	래머, 탬퍼

5) 여성토 시공

침하량을 계산하여 여성토 실시 → [부등침하 억제]

6) 연약지반처리 철저

[치환공법 압밀공법] ⇒ [탈수공법 배수공법] ⇒ [주입공법 다짐모래말뚝공법] ⇒ [지반개량]

7) 배수시설 철저

① 지표수 배수처리대책 → 측구, 집수정 설치

② 지하수 배수처리대책 → 유공관 맹암거 처리

8) Approach Slab 시공

　① 배면토의 성토고가 커서 부등침하 예상

　② 구조물 뒤채움지반이 연약한 경우

　③ 구조물과 성토체의 접속부에 3~8m Slab 시공

9) 포장체의 강성을 크게 하여 부등침하 저항성 증대

Ⅳ. 현장경험 및 결언

① Approach Slab에서 횡방향 1m 간격 그라우팅

② 지반보강으로 침하 방지

③ 구조물 뒤채움 시공 전 사전조사를 철저히 하여 침하를 방지하여야 한다.

| 문제 6. | 도로공사 시 절토와 성토의 경계부에 발생하는 하자원인과 대책에 대하여 설명하시오. |

답.

I. 서언

① 절토와 성토의 경계부에는 지지력의 불균등, 용수에 의한 성토체의 연약화, 다짐불충분 등으로 침하 발생이 우려된다.

② 경계부의 균열은 포장 파손의 원인이 되므로 성토재료 선정 및 시공관리를 철저히 하여 단차를 예방해야 한다.

③ 단차의 문제점

부등침하
포장 파손
지반연약화
구조물 손상
⇒ 안전성 감소
사용성 저하

II. 하자원인

1) 땅깎기부와 쌓기부 지지력 차이

원지반
단차 발생
절토
성토
지지력 차이

① 땅깎기부와 흙쌓기부의 지지력이 불균등

② 압축성 차이로 시공 후 단차 발생

2) 기초지반 처리불량

① 벌개제근 등 기초지반에 대하여 처리가 불량

② 성토 완료 후 부등침하 발생

3) 지반활동(Sliding) 발생

① 기초지반과 성토부의 접착 불충분으로 지반활동

② 충따기 시공불량

침하
원지반
성토
Sliding

〈지반활동〉

4) 배수처리불량

① 흙쌓기면의 배수불량 시 우수침투하여 침하 발생

② 침투수 → 유효응력 감소 → 전단강도 저하 → 단차

5) 성토체의 연약화

① 절·성토 경계구간에 지표수, 용수 집중

② 성토체로 침투하여 지반연약화로 침하 발생

6) 다짐불량

다짐두께 다짐횟수 ⇒ 다짐장비 시험다짐 ⇒ 다짐순서 성토재료 ⇒ 관리불량 ⇒ 침하 발생

7) 성토재료 부적정

흙쌓기에 부적정한 재료 사용으로 배수성과 다짐도가 저하

8) 기초지반의 경사로 흙쌓기 완료 후 침하 발생

III. 대책

〈절·성토 경계부 시공대책〉

1) 접속구간 설치

① 단차로 인한 포장 파손 억제

② 땅깎기면과 상부노상면 연결구간에 1 : 4 접속구간 설치

2) 층따기 시공

① 원지반의 지표면 경사가 1 : 4보다 급할 경우 반드시

충따기 시행

② 충따기는 폭 lm, 높이 0.5m 이상 설치

3) 연약지반처리 철저

| 탈수공법
압밀공법 | ⇨ | 치환공법
다짐모래말뚝 | ⇨ | 약액주입
폭파공법 | ⇨ | 지반개량 |

① 사질토, 점성토 지반에 적합한 공법 선정

② 사전조사를 철저히 실시

4) 지하배수구 설치

〈지하배수구〉

① 상부노체면 또는 땅깎기면에 지하배수구 설치

② 유공관 맹암거로 유도배수

5) 적합한 성토재료 선정

① 재료를 시험하여 결정

② 시방규정에 적합해야 함

6) 다짐 시공 철저

① 현장다짐시험 실시 ┬ 실내다짐 : $\gamma_{d\max}$ 결정
└ 들밀도시험 : γ_d 결정

② 다짐두께, 다짐장비, 다짐횟수 결정

③ 경계부 흙쌓기 다짐 시공 철저 → 부등침하 방지

④ 다짐도 시방규정

구분	노체	노상	보조기층, 기층
적용 규정	90% 이상	95% 이상	95% 이상

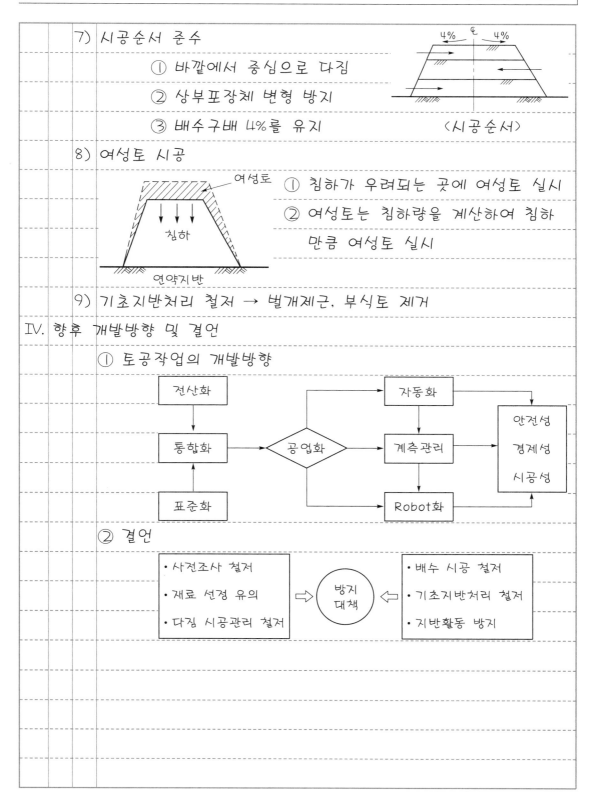

7) 시공순서 준수

　　① 바깥에서 중심으로 다짐

　　② 상부포장체 변형 방지

　　③ 배수구배 4%를 유지

〈시공순서〉

8) 여성토 시공

여성토

침하

연약지반

　　① 침하가 우려되는 곳에 여성토 실시

　　② 여성토는 침하량을 계산하여 침하

　　　만큼 여성토 실시

9) 기초지반처리 철저 → 벌개제근, 부식토 제거

Ⅳ. 향후 개발방향 및 결언

　　① 토공작업의 개발방향

전산화

통합화

표준화

공업화

자동화

계측관리

Robot화

안전성
경계성
시공성

　　② 결언

• 사전조사 철저
• 재료 선정 유의
• 다짐 시공관리 철저

방지
대책

• 배수 시공 철저
• 기초지반처리 철저
• 지반활동 방지

문제7.	성토 비탈면 시공 시 전압방법에 대하여 설명하시오.

답.

I. 서언

① 성토 비탈면은 경사가 있는 관계로 장비전압작업이 곤란하다.

② 성토 비탈면의 다짐이 불충분하면 강우 시 비탈면 유실 및 비탈면이 연약하여 교통하중 등에 의해 비탈면이 붕괴되기 쉽다.

③ 비탈면 전압목적

```
  비탈면활동 방지            비탈면 붕괴 방지
                 ( 목적 )
    상부 하중지지            지표수 침투 억제
```

II. 전압방법

(1) 견인식 롤러공법

1) 정의

진동식 또는 전압식 다짐장비를 기진력이 큰 불도저로 견인하면서 다지는 방법

2) 특징

① 전압효과가 큼

② 대형 장비의 요구

③ 고성토 비탈면다짐 용이

④ 비탈면구배가 급해도 시공 가능

(2) 불도저다짐방법

1) 정의

경사가 완만한 성토 비탈면을 불도저가 직접 비탈면을

오르내리며 다짐하는 방법

2) 특징

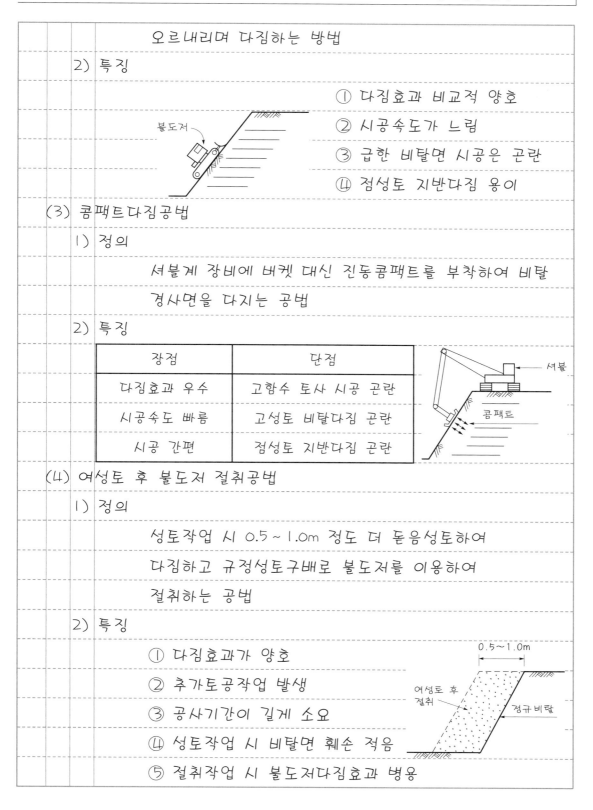

① 다짐효과 비교적 양호

② 시공속도가 느림

③ 급한 비탈면 시공은 곤란

④ 점성토 지반다짐 용이

(3) 콤팩트다짐공법

1) 정의

셔블계 장비에 버켓 대신 진동콤팩트를 부착하여 비탈

경사면을 다지는 공법

2) 특징

장점	단점
다짐효과 우수	고함수 토사 시공 곤란
시공속도 빠름	고성토 비탈다짐 곤란
시공 간편	점성토 지반다짐 곤란

(4) 여성토 후 불도저 절취공법

1) 정의

성토작업 시 0.5~1.0m 정도 더 돋음성토하여

다짐하고 규정성토구배로 불도저를 이용하여

절취하는 공법

2) 특징

① 다짐효과가 양호

② 추가토공작업 발생

③ 공사기간이 길게 소요

④ 성토작업 시 비탈면 훼손 적음

⑤ 절취작업 시 불도저다짐효과 병용

(5) 여성토 후 셔블굴착기로 절취방법

　　1) 정의

　　　　① 비탈구배를 규정비탈구배보다 완화하여 성토다짐

　　　　② 셔블굴착기로 규정성토구배로 절취

　　2) 특징

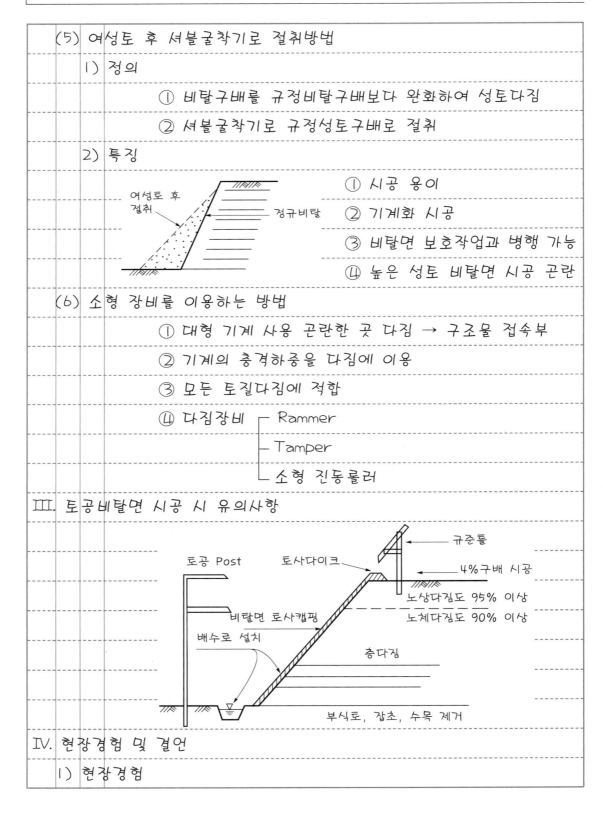

　　　　여성토 후 절취　　정규비탈

　　　　① 시공 용이

　　　　② 기계화 시공

　　　　③ 비탈면 보호작업과 병행 가능

　　　　④ 높은 성토 비탈면 시공 곤란

(6) 소형 장비를 이용하는 방법

　　① 대형 기계 사용 곤란한 곳 다짐 → 구조물 접속부

　　② 기계의 충격하중을 다짐에 이용

　　③ 모든 토질다짐에 적합

　　④ 다짐장비 ┬ Rammer

　　　　　　　　├ Tamper

　　　　　　　　└ 소형 진동롤러

Ⅲ. 토공비탈면 시공 시 유의사항

규준틀

토공 Post　　토사다이크　　4%구배 시공

노상다짐도 95% 이상
노체다짐도 90% 이상

비탈면 토사캐핑

배수로 설치　　층다짐

부식토, 잡초, 수목 제거

Ⅳ. 현장경험 및 결언

　1) 현장경험

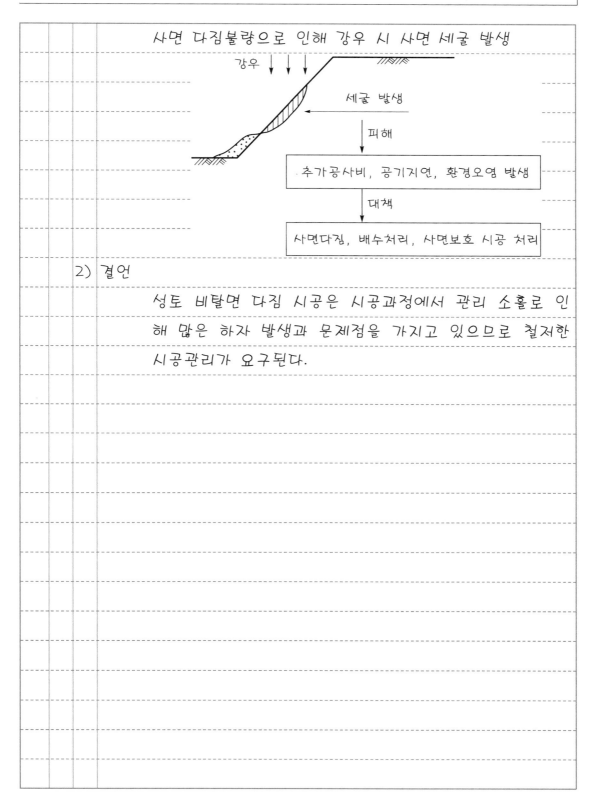

사면 다짐불량으로 인해 강우 시 사면 세굴 발생

강우

세굴 발생

피해

추가공사비, 공기지연, 환경오염 발생

대책

사면다짐, 배수처리, 사면보호 시공 처리

2) 결언

　　성토 비탈면 다짐 시공은 시공과정에서 관리 소홀로 인해 많은 하자 발생과 문제점을 가지고 있으므로 철저한 시공관리가 요구된다.

문제 8.		암버력 성토 시 다짐방법과 시공 시 유의사항에 대하여 설명하시오.	
답.			
Ⅰ. 서언			

① 도로공사현장에서 발생된 암버력을 성토재료로 사용할 때는 노체 이하에서 사용하여야 하며 암버력의 특성을 파악하여 토사와 구분하여 시공하여야 한다.

② 토사와 혼합 사용하게 되면 다짐 후 전단강도 및 투수성의 저하로 소요다짐도를 얻기 어렵기 때문에 구분하여 다짐한다.

③ 다짐의 목적

```
┌─────────┐                    ┌─────────┐
│ 지지력 증대 │───┐      ┌───│ 투수성 감소 │
└─────────┘   │   ╭──╮   │   └─────────┘
              └──│다짐│──┘
              ┌──│목적│──┐
┌──────────┐  │   ╰──╯   │  ┌──────────┐
│ 압축성 최소화 │──┘      └──│ 전단강도 증대 │
└──────────┘              └──────────┘
```

Ⅱ. 다짐방법

1) 다짐두께

① 암버력 재료 사용 시 최대 직경의 1.5배 이하

② 시험성토다짐을 통한 최적의 다짐두께 결정

대형 진동롤러
최대 입경 600mm 이하
최대 입경×1.0～1.5 (다짐두께)

2) 암버력 최대 치수

① 현장성토작업에 사용되는 치수는 600mm 이하

② 압축성이 큰 암버력 사용할 경우 300mm 이하

③ 규정 이상의 버력은 포설 전 브레이커를 이용하여 파쇄하여 사용

3) 공극상태

〈인터로킹효과〉

① 공극에 돌부수러기 채움

② 인터로킹에 의한 다짐효과 확보

4) 다짐장비

① 다짐장비는 기진력이 큰 장비 사용

② 다짐장비의 종류

포설	불도저, breaker
다짐	진동롤러, 시프트롤러

5) 시공장소

① 노체 완성면 이하에 사용

② 암버력 성토 위에 토사캡핑을 설치하여 세립자가 암버력 사이의 공극을 채워 침하 발생 방지

6) 파쇄장비

규정 이상의 암버력은 브레이커로 파쇄하여 사용

7) 토사캡핑을 시공하여 침하 발생 방지

III. 시공 시 유의사항

1) 재료 선정

① 일축압축강도 : 20MPa 이상

② 비중 : 2.5 이상

③ 마모율 : 40% 이하 , 흡수율 : 3% 이하

④ 입도 : $C_u > 15$, $1 < C_g < 3$

⑤ 최대 치수 : 600mm 이하

2) 다짐도의 확인

① 평판재하시험(PBT)

$$지지력계수(K) = \frac{시험하중(kN/m^2)}{침하량(mm)} [MN/m^3]$$

시방규정 : $K_{30} = 196 MN/m^3$(침하량 1.25mm)

② 현장전단시험 실시

③ 다짐장비의 기종, 다짐횟수 결정

3) 포설위치

① 노체 완성면 이하에 한해서 사용

② 노체 완성면 이상에 암버럭 시공은 상부포장체에 나쁜 영향 초래

4) 압축성이 큰 재료 사용

① 압축성이 큰 암버럭 사용할 경우 : 최대 치수 300mm 이하

② 되도록 사용하지 않는 것이 좋으며 사용 시에는 압축을 적게 받는 위치에 사용

5) 암버럭과 토사 혼합 사용금지

① 암버럭과 토사를 혼합하여 다짐 시에는 전단강도와 투수성 저하로 소요다짐도 확보 곤란

② 구분다짐하는 이유

구분	최대 치수	다짐두께	다짐장비	시공장소
암버럭	600mm 이하	900mm 이하	대형 진동장비	노체 완성면 이하
토사	300mm 이하	300mm 이하	토질별 구분	노상, 노체

6) 다짐두께 관리

각 층당 마무리두께는 암버럭 최대 직경의 1.0~1.5배가

되게 한다.

7) 품질관리 철저

8) 다짐장비 선정

가능한 무겁고 기진력이 큰 불도저, 진동롤러 사용

9) 토사캡핑 시공

① 암버력 사용 성토 시 매 층의
공극을 채울 수 있는 토사로
캡핑 시공한다.

② 암버력 위에 규정의 두께로
포설하고 충분한 다짐을 실시한다.

Ⅳ. 결언

① 현장에서 발생된 버력을 성토재료로 사용하게 될 때는 암버력 사용에 따른 시방규정을 준수하여 시공하여야 한다.

② 암버력 성토 시공은 사용장비 선정 및 포설두께의 규정에 맞게 시공해야 하며 매 층 암버력 공극을 채울 수 있게 토사재료로 캡핑하여 다음 층 성토가 이루어져야 한다.

문제 9.		토공에서 유토곡선(mass curve)의 성질과 이용방안에 대하여 설명하시오.
답.		
Ⅰ.	서언	
		① 토공에 있어서 성토와 절토의 계획토량, 운반거리 등을 결정하는 것을 토량배분이라 한다.
		② 도로공사 등의 토량배분에서는 토적곡선을 이용함으로써 운반거리, 토량의 평형관계를 정확히 파악할 수 있다.
		③ 유토곡선의 이용목적

절·성토량 격경 배분 운반장비의 선정 사토장 및 토취장 선정 ⇨ 목적 ⇦ 공구분할 공정관리 공사비 산출	

Ⅱ.	유토곡선(mass curve)의 성질	

	1)	절·성토구간
		① 절토구간 : 상승 부분 a-b와 d-f구간
		② 성토구간 : 하강 부분 b-d
	2)	극대점과 극소점
		① 극대점 : b, f ┐ → 절토와 성토의 경계
		② 극소점 : d ┘

3) 평균운반거리

　　a-c구간의 평균운반거리는 a´-c´이다.

4) 산모양과 골모양

산모양 a-b-c	굴착토가 좌 → 우로 이동
골모양 c-d-e	굴착토가 우 → 좌로 이동

5) 토량의 과잉과 부족

　　기선 위에서 끝나면 토량의 과잉이며, 기선 아래서 끝나면 토량의 부족을 나타낸다.

6) 전토량

　　기선에서 정점까지의 거리 b-b´는 절토에서 성토로 운반되는 전토량이다.

Ⅲ. 유토곡선(mass curve)의 이용방안

1) 장비기종의 선정

　　① 토량배분이 결정된 후 유토곡선을 이용하여 운반거리, 운반토량, 토질조건 등을 고려하여 경제적인 기종 선택

　　② 운반거리별 적정 장비

　　　　불도저 : 50m 이하
　　　　스크레이퍼 : 50~500m
　　　　덤프트럭 : 500m 이상

2) 토량배분

　　① 어느 측점의 토량이 어디로 이동되며 사용되었는지의 배분을 명확히 함으로써 먼 거리운반 사전 지양

　　② 토량배분원칙

　　　　운반거리는 짧게
　　　　높은 곳에서 낮은 곳으로 운반

└ 절토, 성토 같게 토량배분

└ 토량은 모아서 한 가지 방법으로 운반

3) 공구분할

① 측점단위별 공구분할보다 토공량에 따른 공구분할을 한다.

② 작업분할의 효과가 커진다. → 공기단축

③ 특정 공구의 의존도가 적어진다.

4) 공정관리

① 효율적인 토량배분으로
공정계획 수립 용이

② 공사관리가 간편하여
공사진척도가 높음

〈바나나곡선〉

5) 토취장 및 사토장 선정

① 토량이용계획에 따른 적정
토량 반출, 반입위치 선정

② 시공성, 경제성을 고려하여 선정   〈토취장〉

6) 공사비 산출

절·성토량 같게 → 평균운반거리 → 토공사비 절감

순성토 억제 → 적정 운반장비

7) 토사이용계획

불필요한 사토작업 억제와 성토재료의 근거리이동 등 일
목요연한 작업관리가 되게 한다.

IV. 향후 개발방향 및 결언

① 유토곡선은 토공작업에서 토량배분, 공구분할, 장비 선정 등
에 이용하여 경제적인 시공이 되게 한다.

② 토공작업의 개발방향

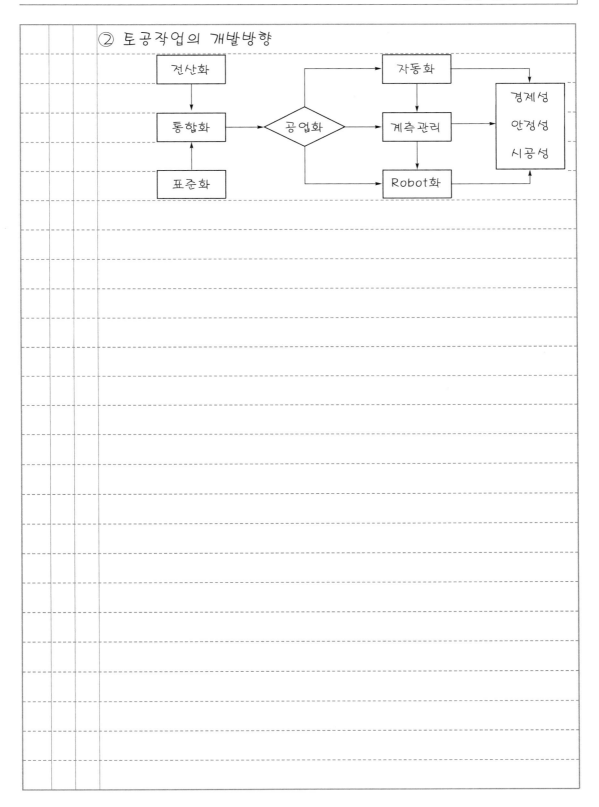

1 永生의 길잡이 – 하나

가장 큰 선물

하나님의 생각과 사람의 생각은 전혀 다릅니다.

이 세상에는 은혜가 없고 거저 받는 것이 없습니다. 다 조건부입니다. 그러나 하나님은 모든 것을 은혜로 주시고 값없이 주십니다. 하나님이 창조하신 만물 가운데서 가장 중하고 귀한 것이라도 값없이 주실 뿐 아니라 풍성히 주십니다. 사람은 다만 감사함으로 받으면 자기 것이 됩니다. 그러나 이 선물을 거절하면 받지 못할 뿐 아니라 죽음이 옵니다. 예를 들어, 하나님이 주신 만물 가운데 사람에게 가장 중하고 귀한 것은 생명입니다. 이 생명을 유지하는 데 가장 필요한 것이 몇 가지 있습니다.

첫째, 공기입니다.

사람이 살려면 숨을 쉬어야 합니다. 이 공기는 얼마든지 마시기만 하면 내 것이 되는 것입니다. 마시면 살지만, 이 공기를 거절하고 마시지 않으면 죽습니다.

둘째, 햇빛입니다.

누구든지 햇빛 아래 오기만 하면 값없이 받을 수 있지만 거절할 때에는 어두움에 떨어지고 맙니다.

셋째, 물입니다.

하나님이 소나기를 내릴 때 누구든지 그릇만 갖다 대면 그릇대로 값없이 풍성히 받을 수 있습니다. 그러나 그릇 위에 뚜껑을 덮는 사람은 한 방울도 받지 못합니다. 값없이 주시는 이 물을 마시지 않으면 자연히 죽게 됩니다.

이 세 가지 선물 즉, 공기와 햇빛과 물은 우리에게 얼마나 필요하고도 귀중한 것입니까? 그러나 누가 이것을 대가를 지불해서 얻겠습니까? 만일 이것을 사람의 노력과 대가와 힘으로 얻으려 한다면 그것은 하나님을 모독하는 것입니다. 사람은 다만 감사함으로 값없이 받아야 합니다. 당신은 하나님이 주신 가장 크고 귀중한 선물을 아십니까?

그 선물은 바로 예수 그리스도입니다.

요한복음 3장 16절에 "하나님이 세상을 이처럼 사랑하사 독생자를 주셨으니 이는 저를 믿는 자마다 멸망치 않고 영생을 얻게 하려 하심이니라"고 말씀하셨습니다. 하나님은 자기 아들을 우리에게 선물로 주셨습니다. 예수님은 우리의 죄를 위해 십자가에 못박혀 돌아가셨고, 죽은 자 가운데서 사흘만에 살아 나시고, 승천하시고, 성령으로 우리 안에 들어오셔서 우리의 생명이 되시고, 우리의 생수가 되시고, 우리의 빛이 되십니다.

당신이 죄와 어둠에 있음을 깨닫고 회개하여 예수님을 영접한다면 예수님은 당신을 죄와 어둠에서 벗어나게 하실 뿐만 아니라 이 모든 것을 값없이 당신에게 선물로 주십니다.   (에베소서 2장 8절)

그러나 예수님은 생명이시므로 그분을 거절하면 죽음이 있을 뿐입니다. 또 예수님은 생수이시므로 그분을 거절하면 목마를 수밖에 없습니다. 예수님은 빛이시므로 그분을 거절하면 암흑속에 떨어지고 맙니다.

그 선물을 당신이 거절한다면

하나님의 가장 큰 선물인 예수님을 거절한다면 이 세상에서 목마르고 허무하며 어두움과 죄악속에서 살 뿐 아니라 결국에는 영원한 멸망인 불못으로 들어가고 말 것입니다. 이것이 바로 죄있는 영혼의 종말입니다.   (요한계시록 20장 11절~21장 8절)

제1장 ▶ 토 공

제2절 연약지반 개량공법

문제 1.	점성토 연약지반의 개량공법을 열거하고 그 특징에 대하여
	설명하시오.

답.

I. 서언

① 연약지반의 기준

사질토 지반			점성토 지반		
N치	q_u[kPa]	상대밀도	N치	q_u[kPa]	C[kPa]
10 이하	100 이하	35 이하	4 이하	50 이하	25 이하

② 연약지반개량 메커니즘

연약지반 ⇨ 외력 ⇨ 간극수 배출 / 공기 배출 ⇨ 지반압축 ⇨ 지반개량

II. 개량공법별 특징

1) 치환공법

〈폭파치환〉   〈미끄럼치환〉

① 연약지반의 흙을 제거하고 양질의 토사로 치환하는
공법
② 연약지반 거동으로 주변 영향 우려
③ 연약토 처리가 문제

2) 압밀공법(재하공법)

① 연약지반 위에 성토재하중하여 흙 속의 간극수를 배출
하여 지반을 압밀하는 공법
② 압밀공법의 원리

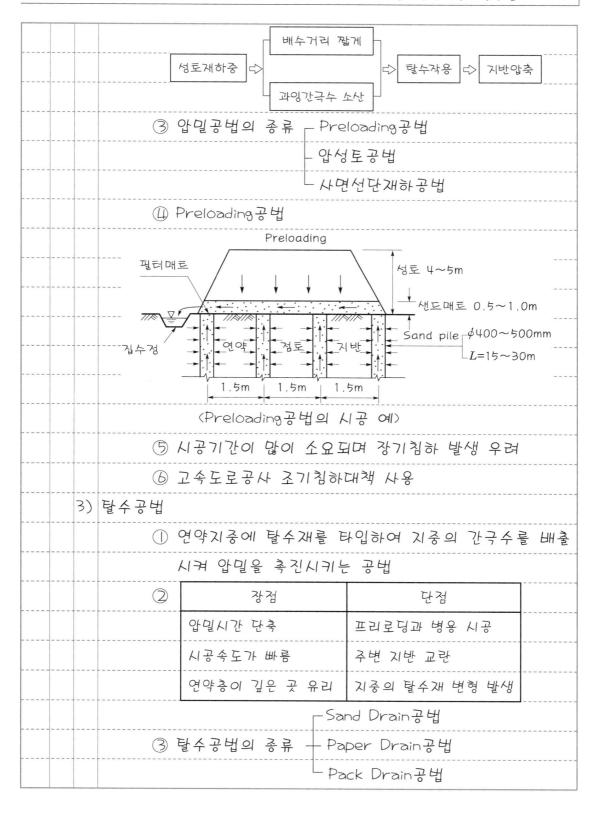

| 성토재하중 | ⇨ | 배수거리 짧게 / 과잉간극수 소산 | ⇨ | 탈수작용 | ⇨ | 지반압축 |

③ 압밀공법의 종류 ┬ Preloading공법
　　　　　　　　├ 압성토공법
　　　　　　　　└ 사면선단재하공법

④ Preloading공법

Preloading

필터매트

성토 4～5m

샌드매트 0.5～1.0m

Sand pile ┬ ϕ400～500mm
　　　　　 └ L=15～30m

집수정

연약　점토　지반

1.5m　1.5m　1.5m

〈Preloading공법의 시공 예〉

⑤ 시공기간이 많이 소요되며 장기침하 발생 우려

⑥ 고속도로공사 조기침하대책 사용

3) 탈수공법

① 연약지중에 탈수재를 타입하여 지중의 간극수를 배출
시켜 압밀을 촉진시키는 공법

②
장점	단점
압밀시간 단축	프리로딩과 병용 시공
시공속도가 빠름	주변 지반 교란
연약층이 깊은 곳 유리	지중의 탈수재 변형 발생

③ 탈수공법의 종류 ┬ Sand Drain공법
　　　　　　　　├ Paper Drain공법
　　　　　　　　└ Pack Drain공법

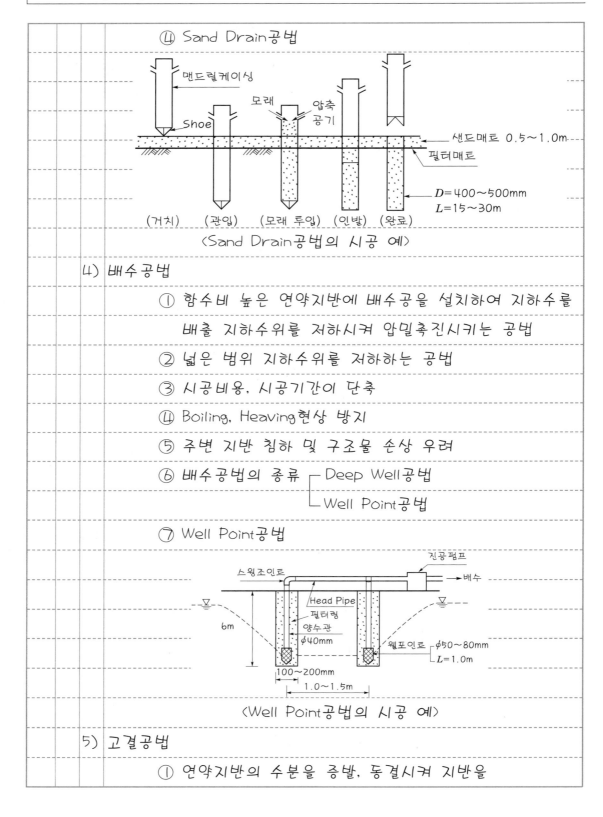

④ Sand Drain공법

맨드릴케이싱

모래
압축공기
Shoe
샌드매트 0.5~1.0m
필터매트
D=400~500mm
L=15~30m

(거치) (관입) (모래 투입) (인발) (완료)

〈Sand Drain공법의 시공 예〉

4) 배수공법

① 함수비 높은 연약지반에 배수공을 설치하여 지하수를 배출 지하수위를 저하시켜 압밀촉진시키는 공법

② 넓은 범위 지하수위를 저하하는 공법

③ 시공비용, 시공기간이 단축

④ Boiling, Heaving현상 방지

⑤ 주변 지반 침하 및 구조물 손상 우려

⑥ 배수공법의 종류 ┌ Deep Well공법
                  └ Well Point공법

⑦ Well Point공법

스윙조인트
진공펌프
배수
Head Pipe
필터링
양수관
ϕ40mm
6m
웰포인트 ϕ50~80mm
L=1.0m
100~200mm
1.0~1.5m

〈Well Point공법의 시공 예〉

5) 고결공법

① 연약지반의 수분을 증발, 동결시켜 지반을

고결하는 공법

② 타 공법으로 적용 곤란한 장소 시공 가능

③ 시공성은 좋으나 시공비가 고가

6) 동치환공법

① 크레인을 이용 무거운 추를 자유낙하시켜 연약지반 위
  에 미리 포설된 쇄석, 모래, 자갈 등을 타격하여 지반에
  관입시켜 쇄석기둥을 형성하는 공법

② 동치환공법

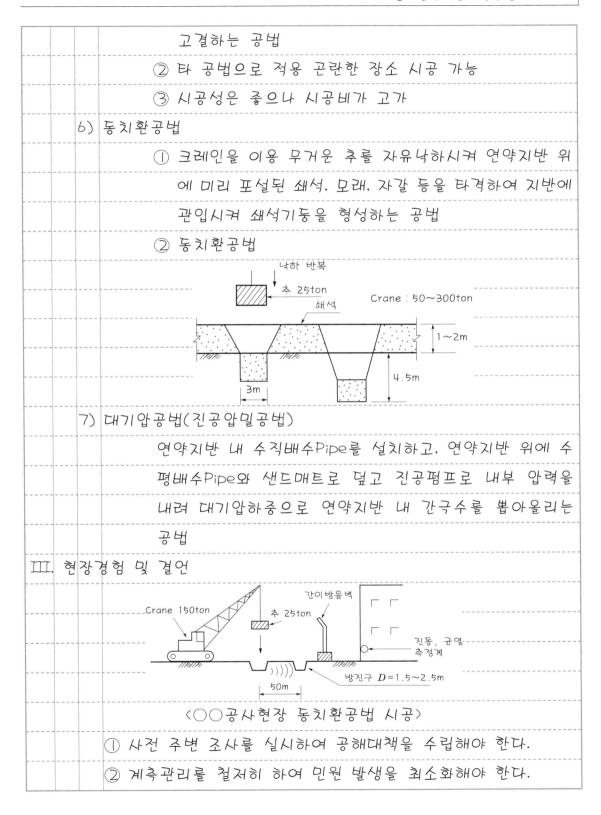

7) 대기압공법(진공압밀공법)

연약지반 내 수직배수Pipe를 설치하고, 연약지반 위에 수
평배수Pipe와 샌드매트로 덮고 진공펌프로 내부 압력을
내려 대기압하중으로 연약지반 내 간극수를 뽑아올리는
공법

Ⅲ. 현장경험 및 결언

〈○○공사현장 동치환공법 시공〉

① 사전 주변 조사를 실시하여 공해대책을 수립해야 한다.

② 계측관리를 철저히 하여 민원 발생을 최소화해야 한다.

| 문제 2. | 약액주입공법을 분류하고 그 특징 및 효과에 대하여 설명하시오. |

답.

I. 서언

① 지반개량공법의 일종으로 약액 등을 지반에 주입하여 지반의 투수성을 감소시키거나 강도를 증대시키는 공법이다.

② 약액주입공법의 목적

```
  지반강도 증진                        침하 방지

                      목적

  투수성 감소                          방진효과
```

II. 공법의 분류

1) 주입재 ┬ 현탁액형 ┬ Asphalt계
　　　　　│　　　　　├ Bentonite계
　　　　　│　　　　　└ Cement계
　　　　　└ 용액형 ┬ 물유리계
　　　　　　　　　　└ 고분자계

2) 주입공법 ┬ LW공법(Labiles Water Glass)
　　　　　　├ SGR공법(Space Grouting Rocket System)
　　　　　　├ JSP공법(Jumbo Special Pattern)
　　　　　　└ CF공법(Clean Firm)

III. 공법별 특징 및 효과

(1) LW 공법

1) 정의

불안정한 물유리용액과 시멘트현탁액을 혼합하여 1.5shot방식으로 지중에 주입하는 공법이다.

2) 특징

① 국내에서 가장 많이 사용하며 차수효과가 크다.

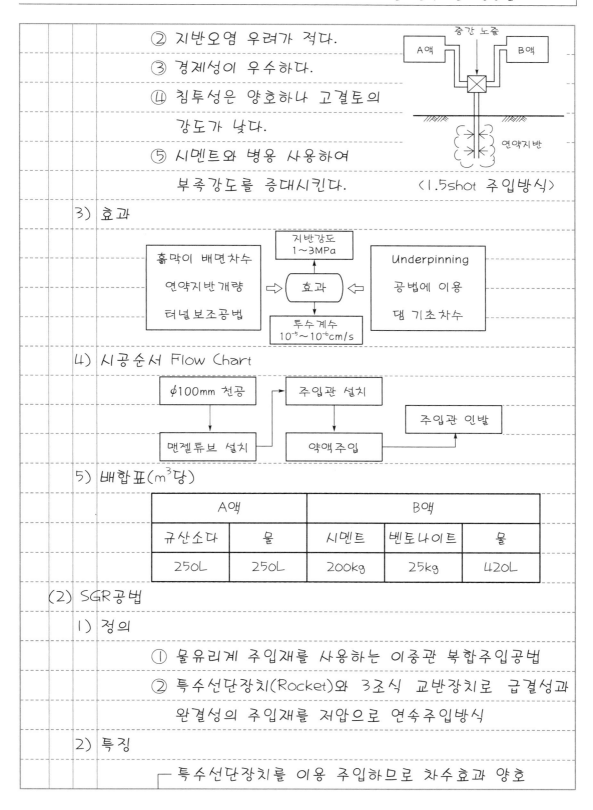

② 지반오염 우려가 적다.

③ 경제성이 우수하다.

④ 침투성은 양호하나 고결토의 강도가 낮다.

⑤ 시멘트와 병용 사용하여 부족강도를 증대시킨다.

〈1.5shot 주입방식〉

3) 효과

```
훔막이 배면차수        지반강도        Underpinning
연약지반개량    ⇨    1~3MPa          공법에 이용
터널보조공법         효과     ⇦     댐 기초차수
                    투수계수
                    10⁻⁵~10⁻⁶cm/s
```

지반강도 $1{\sim}3MPa$

투수계수 $10^{-5}{\sim}10^{-6}cm/s$

4) 시공순서 Flow Chart

```
φ100mm 천공  →  주입관 설치
    ↓              ↓          주입관 인발
맨젤튜브 설치 →  약액주입  ─────┘
```

$\phi 100mm$ 천공

5) 배합표(m³당)

A액		B액		
규산소다	물	시멘트	벤토나이트	물
250L	250L	200kg	25kg	420L

배합표(m^3당)

(2) SGR공법

1) 정의

① 물유리계 주입재를 사용하는 이중관 복합주입공법

② 특수선단장치(Rocket)와 3조식 교반장치로 급결성과 완결성의 주입재를 저압으로 연속주입방식

2) 특징

┌ 특수선단장치를 이용 주입하므로 차수효과 양호

─ 유도공간을 이용 저압주입 가능

─ 급경성 및 완경성 주입재의 연속적인 복합주입 용이

─ 저압주입하므로 지반교란 및 주변 영향 적음

└ 차수효과는 좋으나 지반강도는 떨어짐

3) 효과

① Open Cut 배면지반개량

② 터널보조공법

③ 개량투수계수 : $K = 1 \times 10^{-5} \sim 10^{-6} \, cm/s$

④ 개량지반강도 : 0.36 ~ 2.5MPa

⑤ 연약지반개량 : 점성토, 사질토, 자갈층

4) 시공순서 Flow Chart　　　〈2shot 주입방식〉

```
┌─────────────┐      ┌────────────────────┐
│ φ40.5mm 천공 │ ───→ │ Rod 1Step(500mm) 인발 │
└─────────────┘      └────────────────────┘
                              │
                              ↓
┌──────────────┐     ┌──────────────────────────┐
│ A액, B액 주입  │ ──→ │ 소정심도까지 상승하면서 연속 주입 │
└──────────────┘     └──────────────────────────┘
```

5) 배합표(m³당)

급결재	완결재	규산소다	시멘트	W/C
30kg	28.75kg	250L	150kg	300%

(3) JSP공법

1) 정의

분사압력 20MPa로 지반을 강제교란시켜 지중에 원추형의

시멘트기둥 고결체를 형성하는 공법

2) 특징

① 지반강도와 지수효과를 높이는 이중효과

② 시공의 확실성

③ 장비가 소형으로 경제성이 우수

④ 고압으로 주위 지반교란 우려

⑤ Pile Joint 부분 누수 발생 유의

3) 효과

① 개량효과

투수계수	사력, 전석층 강도	점성토 강도	사질토 강도
$10^{-5} \sim 10^{-6}$cm/s	5~15MPa	1~4MPa	4~10MPa

② 굴착 주변 물막이 및 연약지반개량

③ 건축기초보강 및 지하저장탱크기초

④ 지하철공사에 주로 이용

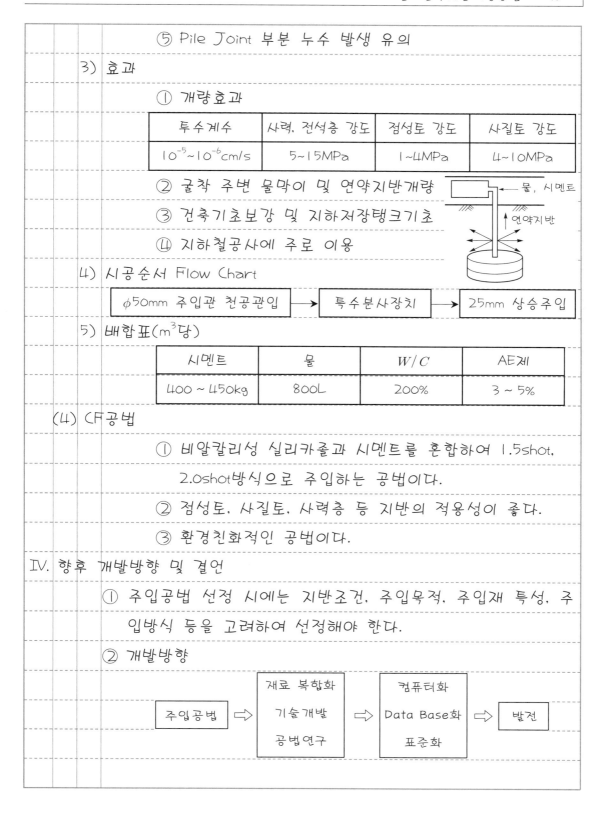

4) 시공순서 Flow Chart

ϕ50mm 주입관 천공관입 → 특수분사장치 → 25mm 상승주입

5) 배합표(m^3당)

시멘트	물	W/C	AE제
400 ~ 450kg	800L	200%	3 ~ 5%

(4) CF공법

① 비알칼리성 실리카졸과 시멘트를 혼합하여 1.5shot, 2.0shot방식으로 주입하는 공법이다.

② 점성토, 사질토, 사력층 등 지반의 적용성이 좋다.

③ 환경친화적인 공법이다.

Ⅳ. 향후 개발방향 및 결언

① 주입공법 선정 시에는 지반조건, 주입목적, 주입재 특성, 주입방식 등을 고려하여 선정해야 한다.

② 개발방향

주입공법 ⇨ 재료 복합화 기술개발 공법연구 ⇨ 컴퓨터화 Data Base화 표준화 ⇨ 발전

| 문제 3. | 동다짐공법을 약술하고 시공 시 유의사항에 대하여 설명하시오. |

답.

I. 서언

① 동다짐공법이란 사질토 지반의 연약지반개량공법으로 동압밀 공법이라고도 한다.

② 연약지반에 무거운 추를 자유낙하시켜 낙하충격에 의한 다짐효과로 전단강도를 증대시킨다.

③ 연약지반개량의 목적

```
투수성 감소      부등침하 방지      주변 지반 안정
                      ↓    ↓
지지력 증대  →    목적    ←  지반변형 억제
                      ↑    ↑
액상화 방지      전단강도 증대      압축성 감소
```

II. 동다짐공법

(1) 특징

장점	단점
• 확실한 개량효과	• 주변 구조물 피해 우려
• 지지력 증대	• 소음, 진동, 분진공해 발생
• 적용 범위가 넓음	• 포화점토지반 적용 곤란
• 깊은 심도개량 가능	• 구조물 근접 지역 시공 곤란

(2) 용도

① 사질토 지반개량

② 도로, 철도, 비행장 등 넓은 범위 지반개량

③ 폐기물, 전석 등과 같은 불포화지반다짐

④ 지하장애물(암괴) 있을 때 적용

(3) 시공순서 Flow Chart

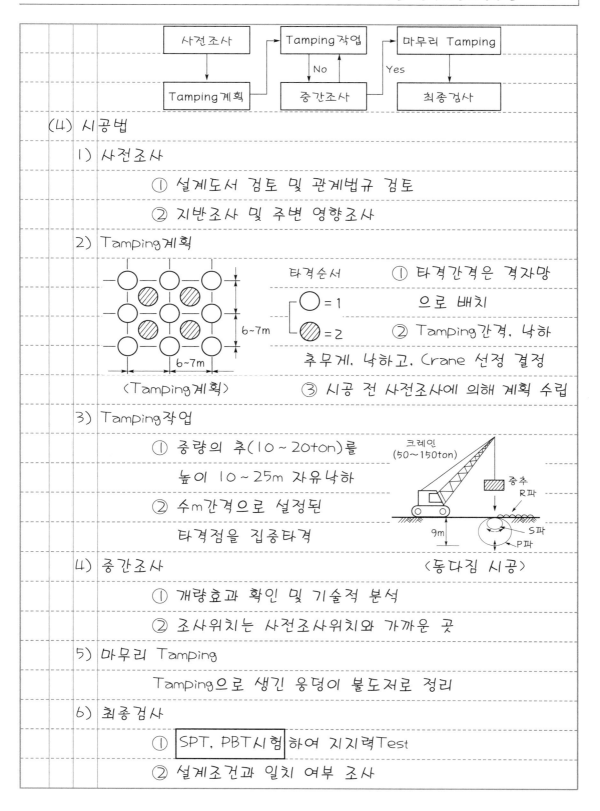

(4) 시공법

1) 사전조사

① 설계도서 검토 및 관계법규 검토

② 지반조사 및 주변 영향조사

2) Tamping계획

〈Tamping계획〉

타격순서

◯ = 1

▨ = 2

① 타격간격은 격자망으로 배치

② Tamping간격, 낙하추무게, 낙하고, Crane 선정 결정

③ 시공 전 사전조사에 의해 계획 수립

3) Tamping작업

① 중량의 추(10~20ton)를 높이 10~25m 자유낙하

② 수m간격으로 설정된 타격점을 집중타격

〈동다짐 시공〉

4) 중간조사

① 개량효과 확인 및 기술적 분석

② 조사위치는 사전조사위치와 가까운 곳

5) 마무리 Tamping

Tamping으로 생긴 웅덩이 불도저로 정리

6) 최종검사

① SPT, PBT시험 하여 지지력Test

② 설계조건과 일치 여부 조사

Ⅲ. 시공시 유의사항

1) 인접 구조물 보호

　① 진동에 의한 인접의 예민한 구조물에서는

　　최소 50m 정도 이격거리

　② 진동을 최소화하기 위해 트렌치 설치

2) 진동 및 소음 방지

　① 진동을 최소화하기

　위해 충격흡수장치

　설치

추　　방음커버

방진트렌치(h=1.5~2.5m)

　② 소음피해를 줄이기 위하여 방음커버 설치

3) 불균일성 지반 시공

　당초 시공과 달리 개량지반을 균일성을 확보하지 못할

　경우에는 타격을 증진시킨다.

4) 지하수위 영향

　① 지표부에 세립토가

　있거나 지하수위가

　높을 경우 양질의 토사치환

모래치환

　② 치환두께 : 1.5~2.0m 정도 치환

5) 토립자 비산먼지

　① 토립자의 비산에 대하여 방호시설 설치

　② 비산먼지 발생을 최소화하는 방안 모색

6) 경제적 시공면적

　사질토에서는 5,000m² 정도가 경제적 시공

7) 정보화 시공계획

　Tamping을 1단계 완료 후 시공상황이나 개량효과를 검

　토하여 다음 시공 시 참고

8) 세립토 지반의 시공 시 간극수압 발생 및 소산과정 측정

9) 시공효과 점검

표준관입시험
공내재하시험

$\Rightarrow$

강도 증진효과 점검

10) 민원과의 마찰해결

    ① 공사설명회 개최 등 공사현황 설명

    ② 주민대표를 선출하여 공사 공개참여 유도

Ⅳ. 시공 시 문제점과 대책 및 개발방향

    ① 시공 시 문제점 및 대책

문제점		대책
인접 구조물 피해		사전조사 철저
진동, 소음 발생	$\Rightarrow$	무소음, 무진동공법
비산먼지 발생		기존 자료 활용
민원 발생		주민과의 대화

    ② 개발방향

기존 자료의 D/B		경제적 시공
	개발방향	
무진동기계 개발		공기단축

| 문제 4. | | 지반개량공법에서 탈수공법의 종류와 특징에 대하여 설명하시오. |
| 답. | | |

I. 서언

① 탈수공법이란 연약한 점성토 지반에 투수성이 좋은 수직Drain을 박아 탈수시킴으로써 압밀을 촉진하는 공법이다.

② Preloading공법과 병용 시행함으로써 압밀을 촉진시킨다.

③ 탈수공법의 종류
- Sand Drain공법
- Paper Drain공법
- Pack Drain공법

II. 탈수공법의 종류와 특징

(1) Sand Drain공법

1) 정의

연약지반에 모래기둥을 설치하여 지중의 간극수를 단시간에 탈수하는 공법으로 Preloading공법과 병용 시공을 한다.

2) 장점

① 압밀시간이 빠름

② 침하속도 조절 가능

③ 시공비용이 고가

④ 단시간(2~3개월)에 점토 지반압밀 가능

$$압밀시간(t) = \frac{T_v Z^2}{C_v}$$

여기서, C_v : 압밀계수

Z : 배수거리

T_v : 시간계수

3) 단점

① Drain형성 단면이 일정하지 못하다.

② Drain 타설 시 주위 지반을 교란한다.

③ Preloading공법과 병용하여 시공해야 한다.

④ 압밀과정에서 모래기둥 단면변형이 발생한다.

4) 시공순서

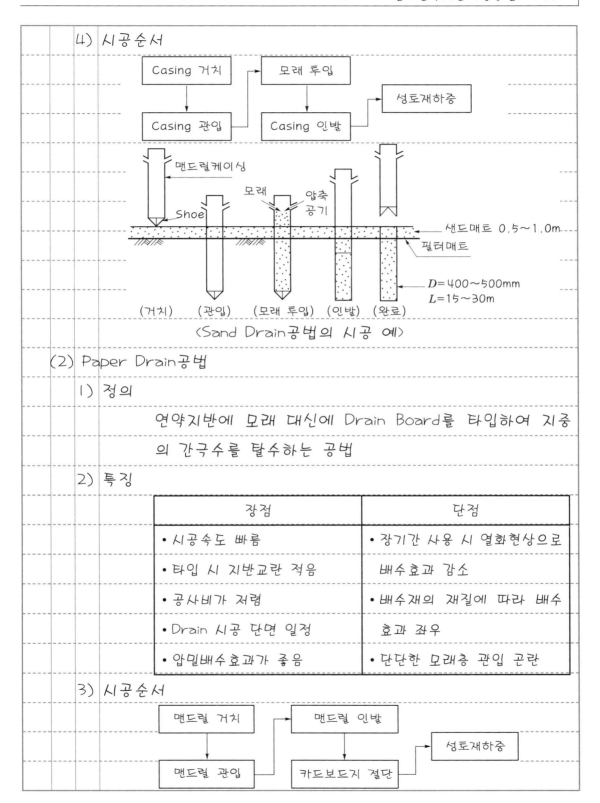

⟨Sand Drain공법의 시공 예⟩

(2) Paper Drain공법

1) 정의

연약지반에 모래 대신에 Drain Board를 타입하여 지중의 간극수를 탈수하는 공법

2) 특징

장점	단점
• 시공속도 빠름	• 장기간 사용 시 열화현상으로
• 타입 시 지반교란 적음	배수효과 감소
• 공사비가 저렴	• 배수재의 재질에 따라 배수
• Drain 시공 단면 일정	효과 좌우
• 압밀배수효과가 좋음	• 단단한 모래층 관입 곤란

3) 시공순서

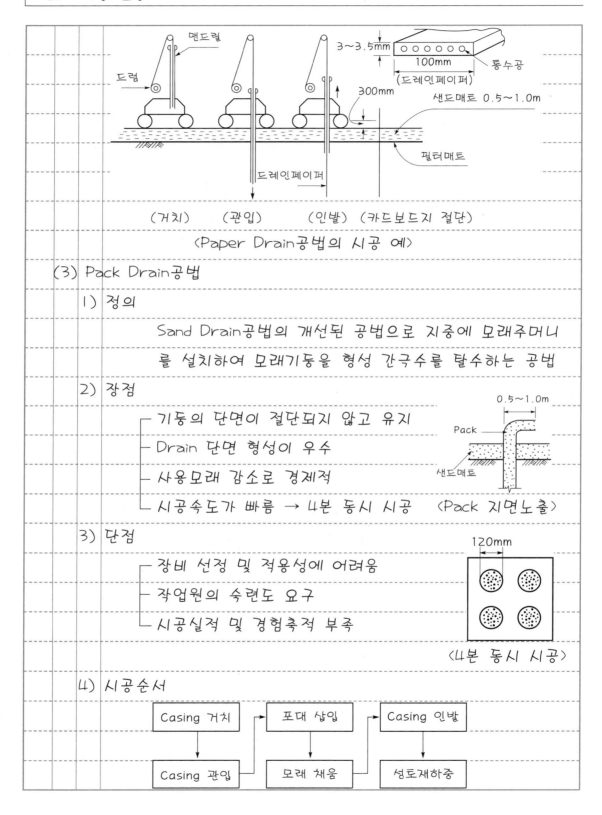

〈Paper Drain공법의 시공 예〉

(3) Pack Drain공법

1) 정의

Sand Drain공법의 개선된 공법으로 지중에 모래주머니
를 설치하여 모래기둥을 형성 간극수를 탈수하는 공법

2) 장점

─ 기둥의 단면이 절단되지 않고 유지
─ Drain 단면 형성이 우수
─ 사용모래 감소로 경제적
─ 시공속도가 빠름 → 4본 동시 시공   〈Pack 지면노출〉

3) 단점

─ 장비 선정 및 적용성에 어려움
─ 작업원의 숙련도 요구
─ 시공실적 및 경험축적 부족

〈4본 동시 시공〉

4) 시공순서

Casing 거치 → 포대 삽입 → Casing 인발

Casing 거치 → Casing 관입

포대 삽입 → 모래 채움

Casing 인발 → 성토재하중

Casing 관입 → 모래 채움 → 성토재하중

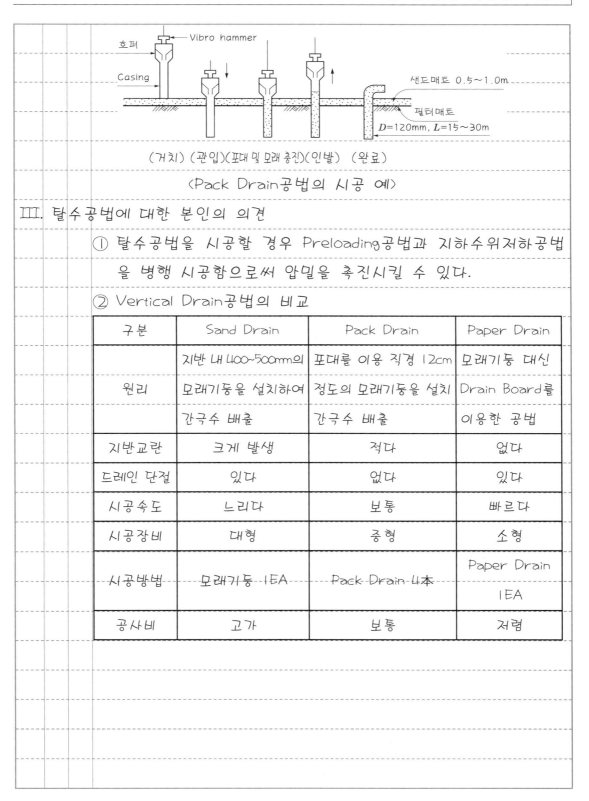

(거치) (관입)(포대 및 모래 충진)(인발) (완료)

〈Pack Drain공법의 시공 예〉

Ⅲ. 탈수공법에 대한 본인의 의견

① 탈수공법을 시공할 경우 Preloading공법과 지하수위저하공법을 병행 시공함으로써 압밀을 촉진시킬 수 있다.

② Vertical Drain공법의 비교

구분	Sand Drain	Pack Drain	Paper Drain
원리	지반 내 400~500mm의 모래기둥을 설치하여 간극수 배출	포대를 이용 직경 12cm 정도의 모래기둥을 설치 간극수 배출	모래기둥 대신 Drain Board를 이용한 공법
지반교란	크게 발생	적다	없다
드레인 단절	있다	없다	있다
시공속도	느리다	보통	빠르다
시공장비	대형	중형	소형
시공방법	모래기둥 1EA	Pack Drain 4本	Paper Drain 1EA
공사비	고가	보통	저렴

| 문제 5. | 연약지반상의 교량 교대축조 시 발생되는 문제점과 대책에 |
| | 대하여 설명하시오. |

답.

Ⅰ. 서언

① 연약지반상에 구조물을 축조 시 기초침하, 측방이동, 상부포장체 파손 등이 발생하므로 충분한 검토를 거친 후 시공하여야 한다.

② 연약지반에서 구조물 축조 시 고려사항

연약층 깊이		연약층 규모
	고려사항	
연약층 구성토질		구조물 형태 및 하중

Ⅱ. 발생되는 문제점

1) 구조물 측방이동

① 기초지반 처리불량으로 측방이동

② 연약지반에서 측방이동은 구조물의 안전 위협, 구조물 파손, 교통 장애 등 피해 발생

〈측방이동〉

(그림: 상판, 포장체, Abut, 융기, 침하, 연약층)

2) 단차 발생

(그림: 포장체, 침하, Abut, 연약층)

〈단차 발생〉

① 구조물과 뒤채움지반의 지지력 차이에 의해 발생

② 단차의 문제점

부등침하	→	구조물 파손	→	문제점
교통장애		포장 파손		

3) 부등침하 발생

① 기초지반의 지지력 부족으로 침하 발생

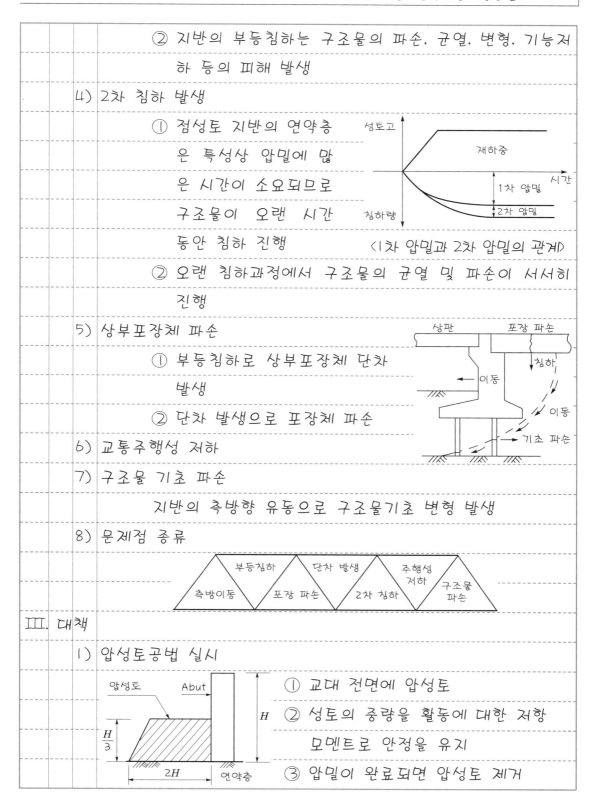

② 지반의 부등침하는 구조물의 파손, 균열, 변형, 기능저하 등의 피해 발생

4) 2차 침하 발생

　① 점성토 지반의 연약층은 특성상 압밀에 많은 시간이 소요되므로 구조물이 오랜 시간 동안 침하 진행

〈1차 압밀과 2차 압밀의 관계〉

　② 오랜 침하과정에서 구조물의 균열 및 파손이 서서히 진행

5) 상부포장체 파손

　① 부등침하로 상부포장체 단차 발생

　② 단차 발생으로 포장체 파손

6) 교통주행성 저하

7) 구조물 기초 파손

　지반의 측방향 유동으로 구조물기초 변형 발생

8) 문제점 종류

Ⅲ. 대책

1) 압성토공법 실시

　① 교대 전면에 압성토

　② 성토의 중량을 활동에 대한 저항 모멘트로 안정을 유지

　③ 압밀이 완료되면 압성토 제거

2) EPS 경량 성토재 시공

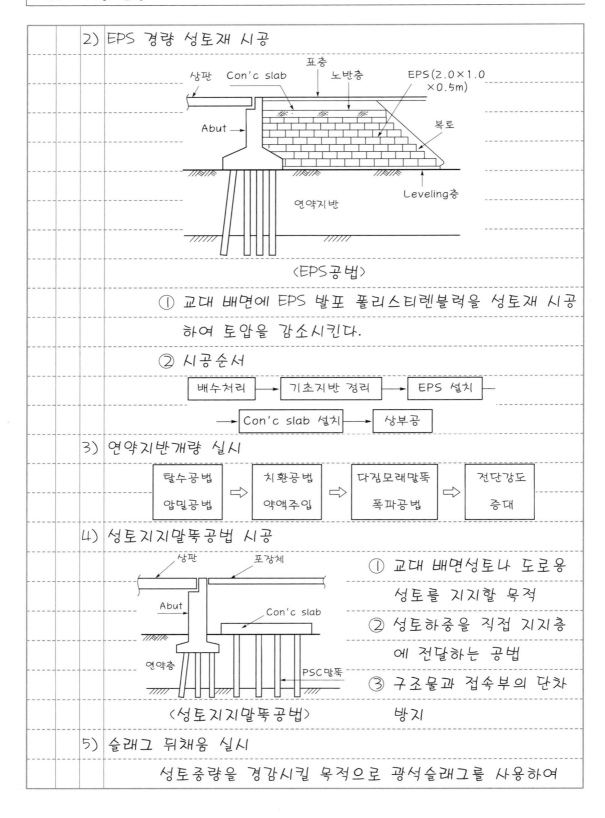

〈EPS공법〉

① 교대 배면에 EPS 발포 폴리스티렌블럭을 성토재 시공하여 토압을 감소시킨다.

② 시공순서

배수처리 → 기초지반 정리 → EPS 설치 → Con'c slab 설치 → 상부공

3) 연약지반개량 실시

탈수공법 압밀공법 ⇒ 치환공법 약액주입 ⇒ 다짐모래말뚝 폭파공법 ⇒ 전단강도 증대

4) 성토지지말뚝공법 시공

① 교대 배면성토나 도로용 성토를 지지할 목적

② 성토하중을 직접 지지층에 전달하는 공법

③ 구조물과 접속부의 단차 방지

〈성토지지말뚝공법〉

5) 슬래그 뒤채움 실시

성토중량을 경감시킬 목적으로 광석슬래그를 사용하여

배면의 뒤채움재료로 사용

6) 연속 Box Culvert공법 시공

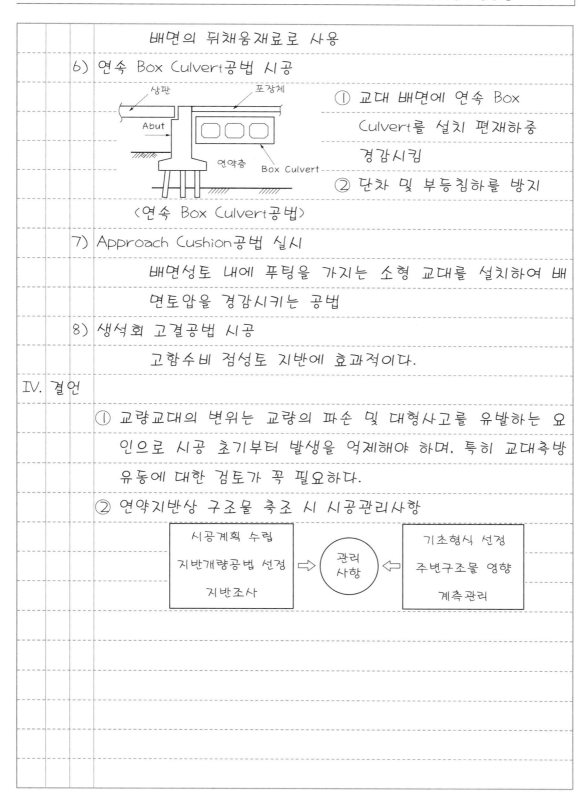

① 교대 배면에 연속 Box Culvert를 설치 편재하중 경감시킴

② 단차 및 부등침하를 방지

〈연속 Box Culvert공법〉

7) Approach Cushion공법 실시

배면성토 내에 푸팅을 가지는 소형 교대를 설치하여 배면토압을 경감시키는 공법

8) 생석회 고결공법 시공

고함수비 점성토 지반에 효과적이다.

IV. 결언

① 교량교대의 변위는 교량의 파손 및 대형사고를 유발하는 요인으로 시공 초기부터 발생을 억제해야 하며, 특히 교대측방 유동에 대한 검토가 꼭 필요하다.

② 연약지반상 구조물 축조 시 시공관리사항

| 시공계획 수립 지반개량공법 선정 지반조사 | ⇨ | 관리 사항 | ⇦ | 기초형식 선정 주변구조물 영향 계측관리 |

문제 6.	연약지반상의 성토공사 시 침하관리방안에 대하여 설명하시오.
답.	

I. 서언

① 연약지반이란 함수비가 높고 일축압축강도가 적은 점토, 실트, 유기질토, 느슨하게 쌓인 사질토 등으로 구성된 지반을 총칭한다.

② 연약지반개량할 때 그 지반에 있어 압밀, 침하과정을 파악하기 위하여 침하압밀도관리를 이용한다.

③ 침하의 종류

$$S_t \quad = \quad \boxed{S_i} \quad + \quad \boxed{S_c} \quad + \quad \boxed{S_s}$$

(침하) (탄성침하)   (1차 압밀침하) (2차 압밀침하)

```
┌ 즉시침하        ┌ 탄성침하 후 장기침하  ┌ Creep영향
├ 사질토 지반     ├ 점성토 지반          ├ 점성토 지반
└ 하중 제거 시 복원 └ 간극수 배출압축      └ 1차 압밀침하
                                         완료 후 계속되는
                                         침하
```

II. 침하관리방안

1) 침하량 산정

침하 = 탄성침하 + 1차 압밀침하 + 2차 압밀침하
(S_{total} S_i + S_c + S_s)

2) 탄성침하량

$$S_i = \frac{3}{4}\frac{q_B}{E}I_P$$

┌ B : 하중의 폭
├ E : 지반탄성계수
├ q_B : 등분포하중응력
└ I_P : 바닥형상 등의 영향치

3) 1차 압밀침하량

① 흙에 일정한 하중이 가해질 때 흙 중에 간극수가 유출
됨에 따라 생기는 흙의 체적이 감소(압축)되는 현상

② 빠른 시간 내에 발생

$$S_c = \frac{C_c}{1+e}H\left(\log\frac{P'+\Delta P}{P'}\right)$$

- C_c : 압축지수
- e : 간극비
- ΔP : 유효응력 증가분
- H : 압밀층 두께

4) 2차 압밀침하량

① 흙에 장기적인 하중이 가해질 때 1차 압밀로 간극수
가 배제된 후 흙입자가 재배열되면서 발생하는 침하

② 천천히 발생하며 압밀침하량 작음

$$S_s = C_\alpha \cdot H_P\left(\log\frac{t}{t_P}\right)$$

- C_α : 2차 압밀계수
- H_P : 1차 압밀 후 점토층 두께
  $$(= H - S_c)$$
- t : 2차 압밀을 해석하는 기준시간
- t_P : 1차 압밀 완료시간

5) 1차 압밀과 2차 압밀의 관계

6) 압밀시간

$$t = \frac{T_v Z^2}{C_v}$$

- T_v : 시간계수
- C_v : 압밀계수
- t : 압밀시간
- Z : 배수거리

7) 압밀도

$$U = \frac{S_t}{S_c} \times 100 [\%]$$

S_t : t시간에서의 침하량

S_c : 1차 압밀침하량

8) 잔류침하량

$$\Delta S = (1-U)S_c$$

9) 침하량 측정을 위한 계측관리

① 침하 : 지표면 및 심층의 침하량 측정

② 변위 : 지표면의 수평이동 및 성토단부의 침하융기 측정

③ 토압 : 성토하중에 의한 토압 측정

④ 간극수압 : 성토하중에 의한 간극수압의 증감 측정

⑤ 지하수위 : 연약지반 내 지하수위 변화 측정

⑥ 계측관리순서

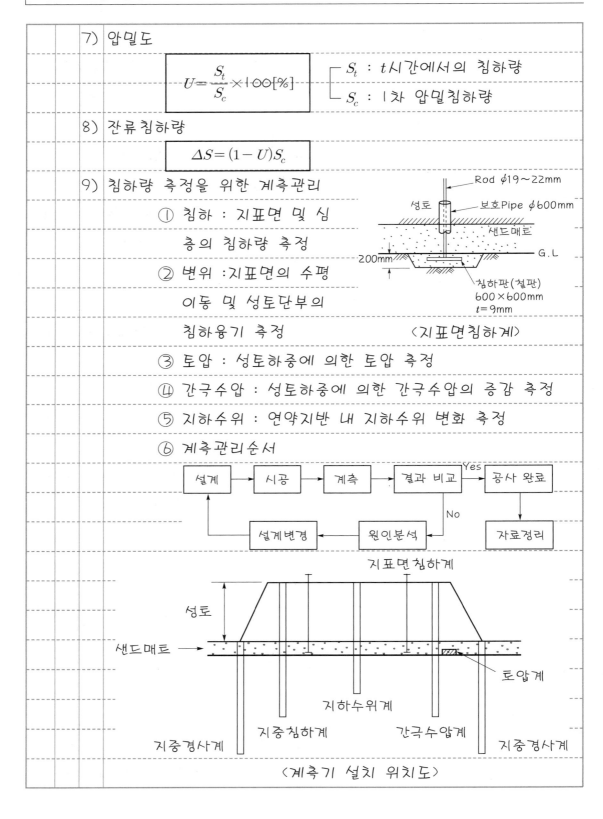

〈지표면침하계〉

〈계측기 설치 위치도〉

Ⅲ. 향후 개발방향 및 결언

① 침하관리는 계측관리계획을 수립하여 설계예측치와 실측치를 비교 검토하여 시공관리에 반영하여야 한다.

② 침하관리개발방향

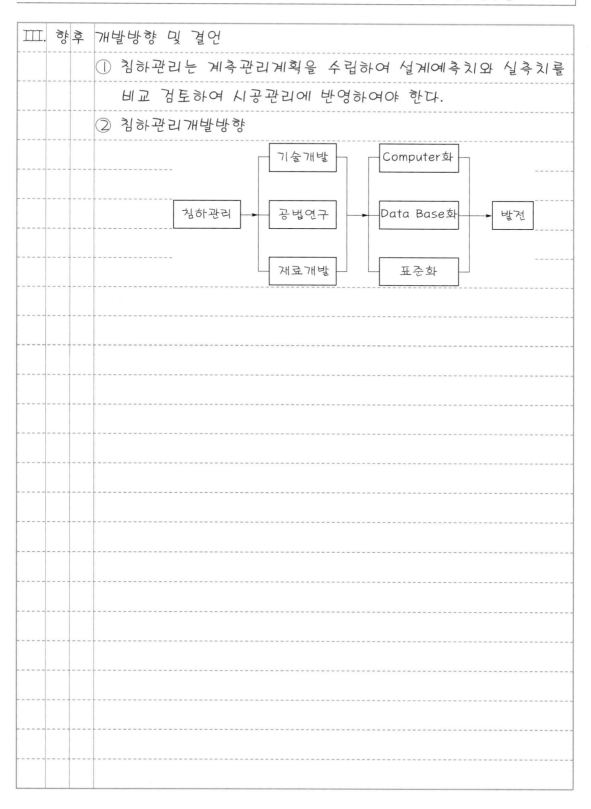

어쩌면 당신은…

어쩌면 당신은 "하나님은 없다"라는 착각 속에 계실는지 모릅니다.

그러나 성경은 "어리석은 자는 그 마음에 하나님이 없다 하도다"(시편 14 : 1)라고 하십니다.

어쩌면 당신은 "나는 죄인이 아니다"라고 착각 속에 계실는지 모릅니다.

그러나 성경은 "만일 우리가 죄없다 하면 스스로 속이고… 만일 우리가 범죄하지 아니하였다 하면 하나님을 거짓말하는 자로 만드는 것이다."라고 말씀하십니다.(요한일서 1 : 8, 10)

어쩌면 당신은 "양심껏 착하게 살면 구원받을 것이다"라고 착각 속에 계실는지 모릅니다.

그러나 성경은 "예수께서 가라사대 내가 곧 길이요, 진리요 생명이니 나로 말미암지 않고는 아버지께로 올 자가 없느니라"라고 하였습니다.(요한복음 11 : 6)

어쩌면 당신은 당신이 소유한 생명이 "내 것이다"라고 생각하실는지 모릅니다.

그러나 성경은 "하나님은 이르시되… 어리석은 자여 오늘밤에 네 영혼을 도로 찾으리니"라고 하였습니다.(누가복음 12 : 20)

착각은 있을 수 있습니다. 그렇지만 하나님과 예수님 그리고 구원과 생명에 관한 착각은 치명적인 불행을 초래하게 됩니다.

"다 내게로 오라!" 이는 곧 당신을 지으신 자의 부르심입니다. 착각을 버리고 그분께로 나가십시오. 만일, 당신이 당신의 죄를 회개하고 그분께 나아간다면 이전에 경험해 보지 못했던 새로운 삶이 시작될 것입니다.

우리 인간의 유일한 구원자이신 [예수 그리스도!]

그 분을 당신의 마음 속에 구세주와 주인으로 모셔 들이십시오. 그러면 당신은 구원을 받으며 참 행복을 누리게 될 것입니다.

"**영접**하는 자 곧 그 이름을 **믿는** 자들에게는 **하나님의 자녀**가 되는 권세를 주셨으니" (요한복음 1 : 12)
"사람이 마음으로 믿어 의에 이르고 입으로 시인하여 구원에 이르느니라" (로마서 10 : 10)

제1장 ▶ 토 공

제3절 사면안정

문제 1 사면붕괴원인과 대책공법에 대하여 설명하시오.

문제 2 암반사면의 안정해석과 보강대책에 대하여 설명하시오.

문제 1.	사면붕괴원인과 대책공법에 대하여 설명하시오.
답.	
I.	서언

① 사면붕괴의 주원인으로는 지질, 기상 등 자연적 요인 외에 사용재료의 부적절, 배수시설불량, 부실한 법면처리 등 인위적인 요인도 크다.

② 대책공법 선정 시에는 대상지역의 기상특성, 지반특성 및 사면붕괴의 발생기구 특성 등이 고려되어야 한다.

③ 사면붕괴 발생 메커니즘

사면 ⇨ 기상영향 / 지질구조 / 시공불량 ⇨ 전단응력 발생 ⇨ 산사태

II. 사면붕괴원인

1) 강우, 융설영향

① 사면붕괴의 가장 큰 요인

② 비, 눈의 녹음으로 지표수 침투 강도 저하로 활동저항력 감소

2) 토질, 지질구조

① 산사태가 일어나기 쉬운 파쇄대, 제3기지층 지질

② 단층, 습곡, 단사구조 등의 지질

3) 동결융해 발생

동결융해로 인한 수축팽창으로 지반연약화

4) 비탈면 처리불량

구배 잘못 처리공법 부적정	⇒	시공불량 보호공 미실시	⇒	강우영향	⇒	사면붕괴

5) 재료사용불량

① 내구성 및 전단강도가 낮고 압축성이 큰 재료사용으로
   침하 발생

② 재료의 부적정 사용으로 배수성 및 다짐효과 저하

6) 지하수영향

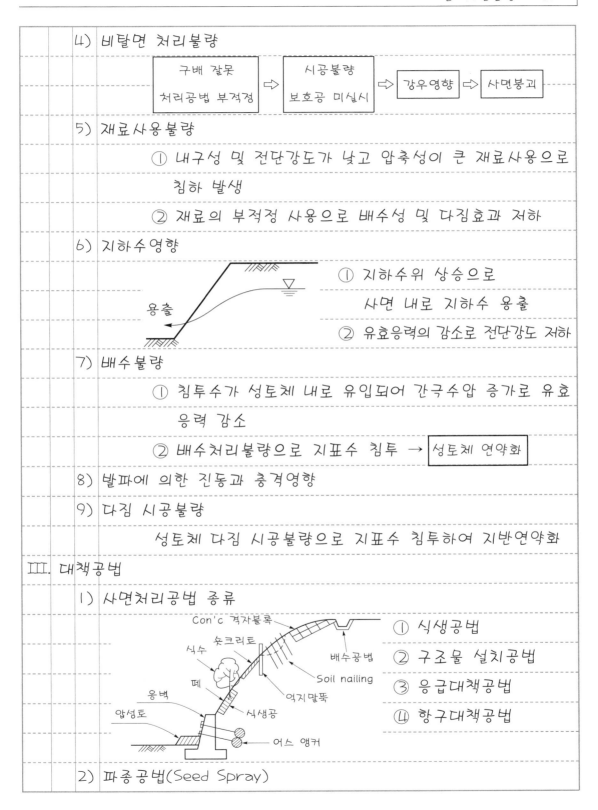

① 지하수위 상승으로
   사면 내로 지하수 용출

② 유효응력의 감소로 전단강도 저하

7) 배수불량

① 침투수가 성토체 내로 유입되어 간극수압 증가로 유효
   응력 감소

② 배수처리불량으로 지표수 침투 → 성토체 연약화

8) 발파에 의한 진동과 충격영향

9) 다짐 시공불량

성토체 다짐 시공불량으로 지표수 침투하여 지반연약화

Ⅲ. 대책공법

1) 사면처리공법 종류

① 식생공법
② 구조물 설치공법
③ 응급대책공법
④ 항구대책공법

2) 파종공법(Seed Spray)

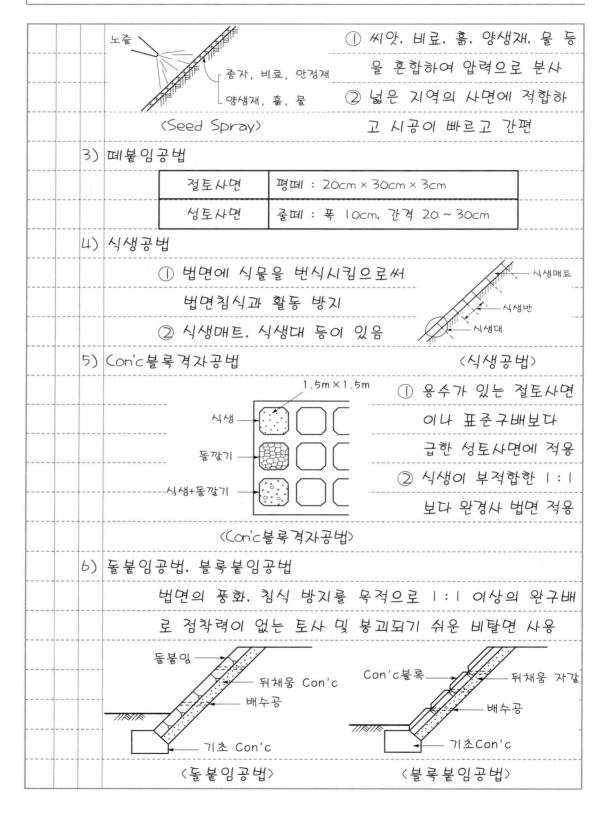

① 씨앗, 비료, 흙, 양생재, 물 등을 혼합하여 압력으로 분사

② 넓은 지역의 사면에 적합하고 시공이 빠르고 간편

〈Seed Spray〉

3) 떼붙임공법

절토사면	평떼 : 20cm × 30cm × 3cm
성토사면	줄떼 : 폭 10cm, 간격 20 ~ 30cm

4) 식생공법

① 법면에 식물을 번식시킴으로써 법면침식과 활동 방지

② 식생매트, 식생대 등이 있음

〈식생공법〉

5) Con'c블록격자공법

① 용수가 있는 절토사면이나 표준구배보다 급한 성토사면에 적용

② 식생이 부적합한 1:1 보다 완경사 법면 적용

〈Con'c블록격자공법〉

6) 돌붙임공법, 블록붙임공법

법면의 풍화, 침식 방지를 목적으로 1:1 이상의 완구배로 점착력이 없는 토사 및 붕괴되기 쉬운 비탈면 사용

〈돌붙임공법〉   〈블록붙임공법〉

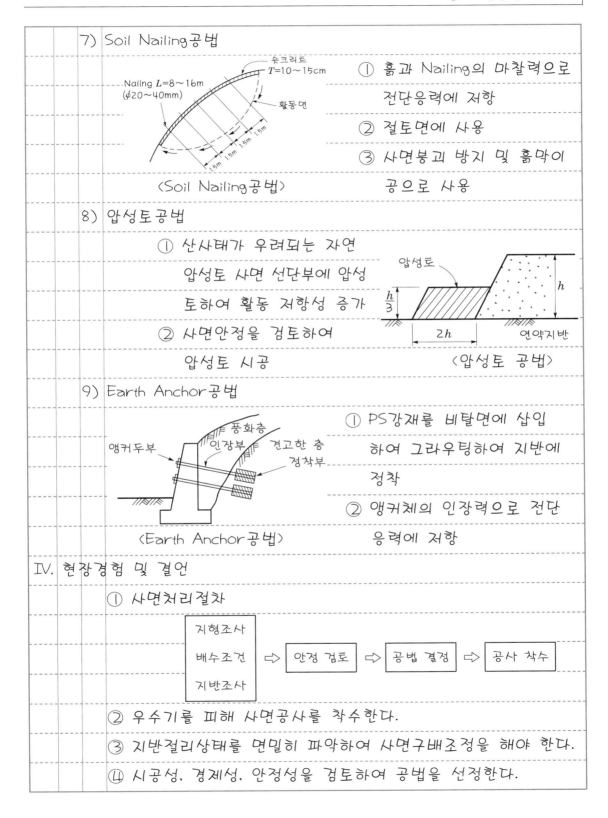

7) Soil Nailing공법

① 흙과 Nailing의 마찰력으로 전단응력에 저항

② 절토면에 사용

③ 사면붕괴 방지 및 흙막이 공으로 사용

Nailng L=8~16m
(φ20~40mm)
숏크리트 T=10~15cm
활동면
1.5m 1.5m 1.5m 1.5m 1.5m

〈Soil Nailing공법〉

8) 압성토공법

① 산사태가 우려되는 자연 압성토 사면 선단부에 압성토하여 활동 저항성 증가

② 사면안정을 검토하여 압성토 시공

압성토
h/3
2h
h
연약지반

〈압성토 공법〉

9) Earth Anchor공법

① PS강재를 비탈면에 삽입하여 그라우팅하여 지반에 정착

② 앵커체의 인장력으로 전단응력에 저항

앵커두부
풍화층
인장부
견고한 층
정착부

〈Earth Anchor공법〉

IV. 현장경험 및 결언

① 사면처리절차

지형조사
배수조건
지반조사
⇒ 안정 검토 ⇒ 공법 결정 ⇒ 공사 착수

② 우수기를 피해 사면공사를 착수한다.

③ 지반절리상태를 면밀히 파악하여 사면구배조정을 해야 한다.

④ 시공성, 경제성, 안정성을 검토하여 공법을 선정한다.

문제 2. 암반사면의 안정해석과 보강대책에 대하여 설명하시오.

답.

I. 서언

① 암반사면의 사면안정 검토는 암석의 강도에 의해 하는 것보다는 불연속면의 발달상태를 조사하여 판단해야 한다.

② 암반사면의 붕괴형태

원형파괴	불규칙	평면파괴	한 방향
쐐기파괴	교차	전도파괴	경사면 반대

II. 안정해석

(1) 안정해석의 순서

지질조사	→	평사투영법	→	한계평형법

- 절리면 주향과 경사
- 절리면의 간격
- 절리면의 암괴, 틈새크기

- 개략적 안전성평가
- 파괴형태 파악
  (원형, 평면, 쐐기, 전도)

- 정밀적 안정성평가
- 절편법(원형)
- 블록법(평면, 쐐기, 전도)

(2) 평사투영법

1) 정의

절리면의 주향과 경사, 절리면의 전단저항각으로 암반의 안정성을 개략적으로 평가하는 방법

2) 해석순서

주향 표시	→	극점 표시	→	극점 분포도 안정성 평가	→	마찰원과 비교 검토

3) 평가

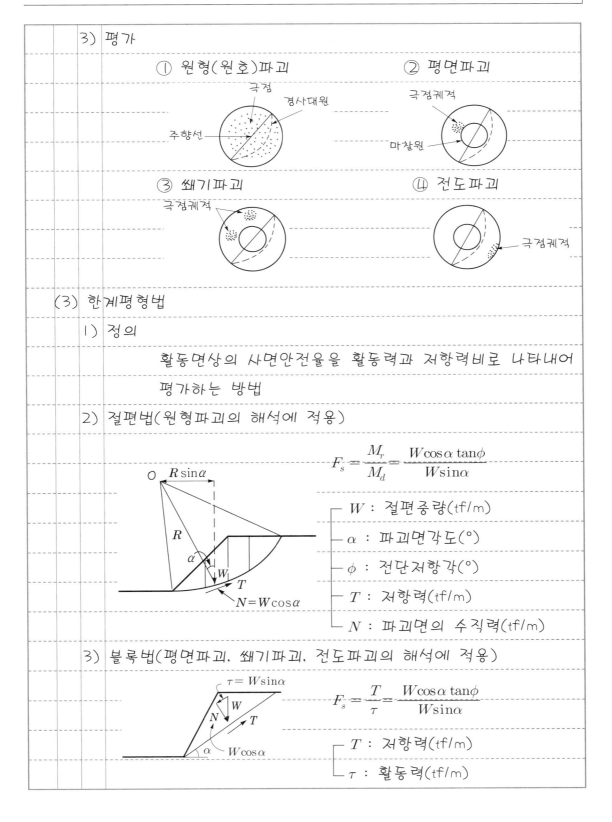

① 원형(원호)파괴

극점
경사대원
주향선

② 평면파괴

극점궤적
마찰원

③ 쐐기파괴

극점궤적

④ 전도파괴

극점궤적

(3) 한계평형법

1) 정의

활동면상의 사면안전율을 활동력과 저항력비로 나타내어 평가하는 방법

2) 절편법(원형파괴의 해석에 적용)

$$F_s = \frac{M_r}{M_d} = \frac{W\cos\alpha\tan\phi}{W\sin\alpha}$$

- W : 절편중량(tf/m)
- α : 파괴면각도(°)
- ϕ : 전단저항각(°)
- T : 저항력(tf/m)
- N : 파괴면의 수직력(tf/m)

$N = W\cos\alpha$

3) 블록법(평면파괴, 쐐기파괴, 전도파괴의 해석에 적용)

$$F_s = \frac{T}{\tau} = \frac{W\cos\alpha\tan\phi}{W\sin\alpha}$$

$\tau = W\sin\alpha$

- T : 저항력(tf/m)
- τ : 활동력(tf/m)

Ⅲ. 보강대책

  암반사면보강대책으로 Rock Bolt공법, Rock Anchor공법 등을 주로 사용하고 있다. 본인이 경험한 Rock Bolt공법에 대해 주로 많이 설명하겠다.

(1) Rock Bolt 고정공법 실시

  1) 정의

    ① 이완된 암반표면을 깊은 곳의 견고한 암반층에 볼트로 고정하는 공법

    ② 불연속면을 경계로 한 여러 층을 일체화하여 강도 증진

  2) 기능

    ─ 이완된 암반지반 고정
    ─ 붕락 방지
    ─ 사면 주변 지반 일체화

〈Rock Bolt공법〉

  3) 시공순서 Flow Chart

(2) Rock Anchor공법 시공

〈Rock Anchor공법〉

    ① 불안전한 암반을 견고한 심층부에 앵커로 고정

    ② 안정도를 높이기 위해 옹벽, 현장타설 Con'c격자공 등과 병행 시공

(3) 사면구배 및 높이 감소

  불연속면의 활동파괴가 예상되는 경우 사면구배 완화 및

높이 감소로 사면 안정도모

(4) Shotcrete공법 실시

① 균열이나 절리가 많은 암

반이나 느슨한 절벽층 등

에 숏크리트를 타설하여

사면보강

〈Shotcrete공법〉

② 사면구배가 급할 경우

Wire mesh, Rock Anchor 등으로 보강

(5) 배수공법 시공

절리 내 지하수를 배제시키는 공법

(6) 소단을 설치하여 암반사면 안정도모

(7) 낙석방지망 설치

① 낙석의 우려가 있는 연암, 경암, 절토면 사용

② Wire로 망을 짜서 설치하며 포켓식과 비포켓식이 있음

③ 암반사면에 Nail을 박고 Wire를 고정함

(8) 도로 인접 지역 철책옹벽 설치

IV. 현장경험 및 결언

1) 본인이 생각하는 암반사면붕괴원인

① 불연속면 존재

② 풍화에 의한 붕괴

③ 피압수, 지하수 영향

④ 상부하중 증가원인

2) 암반사면보강공법 선정 시

─ 주변 여건 고려

─ 환경친화성 적용

─ 경제성, 시공성, 안정성 검토가 요구됨

3 永生의 길잡이 – 셋

천국에는 어떻게 가는가?

하나님
┌ 聖父하나님(여호와) – 인간구원계획
├ 聖子하나님(예수님) – 인간구원완성
└ 聖靈하나님(성 신) – 인간구원확증

33年後

예수탄생
BC   AD
└─┬─ Anno Domini(라틴어) : 기원후
  │   in the year of our Lord(영어)
  └ Before Christ : 기원전

義人 ──────→ 天國

피흘림 없이는 罪사함이 없느니라
(히브리서 9장 22절)

罪人 ──────→ 地獄

첫째, 사람은 누구나 죽는다.

이 세상은 有限의 세계이지만, 내세는 영원한 세계(천국과 지옥)가 존재한다.

둘째, 죄인(罪人)은 지옥, 의인(義人)은 천국

└ 모든 사람은 죄인   └ 의인이 되는 방법?

셋째, 의인이 되는 방법

피흘림 없이는 죄사함이 없다. 즉, 내 죄를 깨끗이 함으로써 죄가 전혀 없는 의인이 되기 위하여서는 피를 흘려야 한다. 그러므로 내가 지은 죄는 내가 직접 피를 흘려 죄를 사함받아야 의인이 되어 천국에 가게 된다. 그러나 내가 직접 피를 흘림은 내 생명에 위험이 따른다.

그리하여 하나님께서는
┌ 기원전(B.C 구약시대)에는 양의 피를 흘리게 하여 양의 피를 내가 흘린 피로 간주함으로써 나를 의인되게 하셨다.
└ 기원후(A.D 신약시대)에는 예수님의 피를 흘리게 하여 예수님의 피를 모든 사람이 흘린 피로 간주함으로써 이 진리를 믿는 사람은 의인되게 하셨다.

넷째, 모든 사람이 의인이 되었다? 그러면 지옥에 갈 사람은 한 사람도 없겠네.

2000년 전에 오신 예수님이 이 세상 사람을 위하여 십자가에서 피흘려 주시므로 우리를 의인되게 하여서 이 세상 사람들은 누구나 천국에 갈 수 있다.

그러나
┌ 어떤이는 : 예수님께서 나를 지옥에서 구원하시려고 십자가에 못박혀 내 대신 피를 흘려주셨구나! "예수님, 정말 감사합니다." 하면서 십자가 사실을 믿은 사람(信者)에게는 효과가 있어 의인이 되어 죽음 후(死後)에는 천국에 가게 된다.
└ 어떤이는 : 2000년 전에 오신 예수님이 나와 무슨 관계가 있으며, 흥! 뭐라고? 그 십자가의 피흘림이 내 죄를 없애준다고? "웃기네" 하면서 믿지 않은 사람(不信者)에게는 효과가 없어 의인이 되지 못하여 결국 사후에는 지옥에 가게 된다.

다섯째, 착한일(善行)을 하면 천국에 간다?

선행을 하면 천국에 간다는 것은 착각이다.
예수님이 내 죄 때문에 십자가에서 피흘려 돌아가셨다는 사실, 즉 예수님만 믿으면 천국에 가는 것이다.
어떤 사람이 : 착한 일을 위하여 100억원을 사용했어도 예수님을 영접 안하면 지옥갑니다.
어떤 사람이 : 살인죄를 지었더라도 예수님만 영접하면 천국에 갑니다.
어떤 사람이 : 예수님을 믿고 착한 일을 하면 천국에 가게 되며, 천국에서 큰 상을 받게 됩니다.
예수님만 믿으면 천국을 가게 되니, 천국가는 원리는 간단(Simple)하고 천국가는 방법은 너무나 쉬운 (Easy)것입니다.

제1장 ▶ 토 공

제4절 옹벽 및 보강토

문제 1.	역T형 옹벽과 부벽식 옹벽의 철근 배근도를 도시하고 시공 시 유의사항에 대하여 설명하시오.

답.

I. 서언

① 옹벽이란 배후토사의 붕괴를 방지하고 부지활용의 목적으로 만들어지는 구조물로서 자중과 흙의 중량에 의해 토압에 저항하고 구조물의 안정을 유지한다.

② 옹벽의 종류

〈중력식 옹벽〉　〈역T형 옹벽〉　〈뒷부벽식 옹벽〉　〈앞부벽식 옹벽〉

③ 작용하는 토압

II. 철근 배근도

(1) 역T형 옹벽

1) 정의

① 옹벽의 자중과 밑판 위에 있는 흙의 중량에 의해 토압에 저항하는 형식으로 철근콘크리트로 시공한다.

② 경제성, 시공성이 좋으므로 높이가 높을 때 유리하다.

2) 시공높이

    3 ~ 9m

3) 설계기준

    ① 벽체는 기초저면에 부착된 내민보로 보고 설계한다.

    ② 옹벽의 자중과 뒤채움흙의 중량으로 배면토압에 저항한다.

    ③ 주철근의 배치는 기초저판의 앞굽, 뒷굽에 배치하고 벽체의 후면에 배치하며, 전면에는 조립철근, 온도철근을 배치한다.

4) 철근 배근도

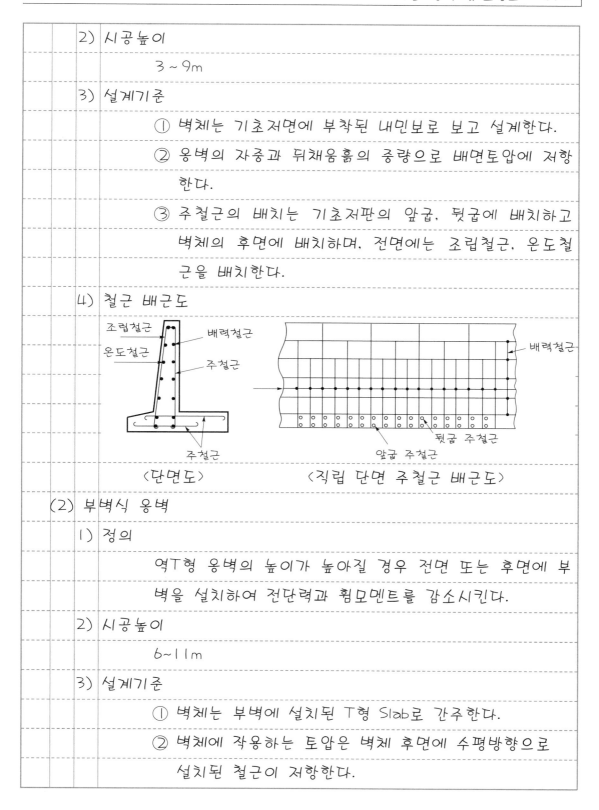

    〈단면도〉   〈직립 단면 주철근 배근도〉

(2) 부벽식 옹벽

1) 정의

    역T형 옹벽의 높이가 높아질 경우 전면 또는 후면에 부벽을 설치하여 전단력과 휨모멘트를 감소시킨다.

2) 시공높이

    6~11m

3) 설계기준

    ① 벽체는 부벽에 설치된 T형 Slab로 간주한다.

    ② 벽체에 작용하는 토압은 벽체 후면에 수평방향으로 설치된 철근이 저항한다.

③ 벽체의 응력은 부벽에 배치된 후면 주철근으로 전체

벽면의 작용토압에 저항하는 형식이다.

4) 철근 배근도

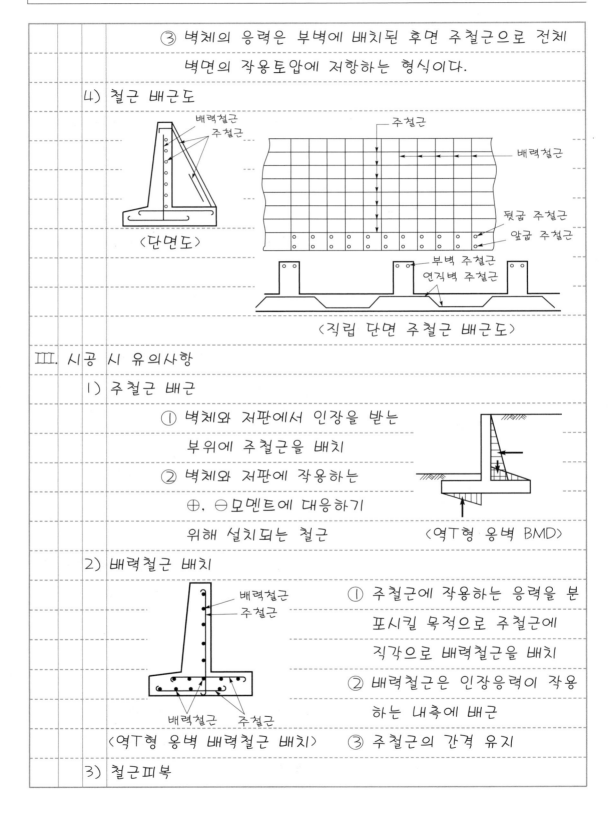

〈단면도〉

〈직립 단면 주철근 배근도〉

Ⅲ. 시공 시 유의사항

1) 주철근 배근

① 벽체와 저판에서 인장을 받는

부위에 주철근을 배치

② 벽체와 저판에 작용하는

⊕, ⊖모멘트에 대응하기

위해 설치되는 철근

〈역T형 옹벽 BMD〉

2) 배력철근 배치

① 주철근에 작용하는 응력을 분

포시킬 목적으로 주철근에

직각으로 배력철근을 배치

② 배력철근은 인장응력이 작용

하는 내측에 배근

〈역T형 옹벽 배력철근 배치〉   ③ 주철근의 간격 유지

3) 철근피복

① 철근의 피복은 옹벽이 흙에

묻히는 구조물이므로 철근

부식을 고려 두께 결정

〈철근피복두께〉

② 일반적으로 옹벽의 피복두께는

50 ~ 60mm 정도

4) 배수공 설치

구분	사용재료	설치간격	설치위치
기준	PVC ϕ65~100mm	1.0~1.5m	연직벽체

5) 줄눈 설치

① 건조수축 및 온도변화 등에 따른 균열을 방지하기

위해 줄눈을 설치한다.

② 줄눈의 설치규정

종류	목적	설치간격	철근처리
신축줄눈	온도변화, 균열 방지	15 ~ 18m	철근 절단
수축줄눈	건조수축, 균열제어	6 ~ 9m	철근 연속

6) 철근 배근간격 : 시방규정에 적합한 철근 배근간격 준수

IV. 결언

① 역T형 옹벽과 부벽식 옹벽 특징 비교

구분	역T형 옹벽	부벽식 옹벽
시공높이	3 ~ 9m	6 ~ 11m
Con'c 소요량	중력식보다 적게 소요	역T형식보다 적게 소요
주철근 배치	연직 배면에 수직 배치	연직 배면에 수평 배치
시공성	구조가 간단	구조가 복잡
경제성	Con'c 많이 소요, 노무비 小	Con'c 절약, 노무비 多
안전성	9m를 초과할 수 없음	높은 옹벽 시공 가능

② 옹벽의 형식은 설치목적, 사용장소 등을 고려하여 결정해야 한다.

| 문제 2. | 옹벽의 안정조건과 불안정한 경우 대책에 대하여 설명하시오. |

답.

I. 서언

① 옹벽이란 배후토사의 붕괴를 방지하고 부지활용의 목적으로 만들어지는 구조물로서 안정을 유지하기 위해서는 활동, 전도, 침하 등에 대하여 안정하여야 한다.

② 토압의 종류

구분	산정식	특징
	$P_a = \dfrac{1}{2} r H^2 K_a$ $K_a = \tan^2\left(45° - \dfrac{\phi}{2}\right)$ (K_a : 주동토압계수)	• 옹벽 전방으로 변위 • 배면토 팽창 • 옹벽에 적용
	$P_o = \dfrac{1}{2} r H^2 K_o$ $K_o = 1 - \sin\phi$ (K_o : 정지토압계수)	• 벽체변위가 없을 때 토압 • 지하구조물에 적용
	$P_p = \dfrac{1}{2} r H^2 K_p$ $K_p = \tan^2\left(45° + \dfrac{\phi}{2}\right)$ (K_p : 수동토압계수)	• 옹벽 후방으로 변위 • 압축변위 발생 • 경사말뚝기초 적용

II. 옹벽의 안정조건

(1) 활동에 대한 안정

1) 안정조건

옹벽의 밑면에 작용하는 마찰력이 옹벽 배면에서 작용하는 수평력에 대해 저항할 때 활동에 대하여 안전

2) 안전율

$$F_s = \frac{기초저면\ 마찰력합계}{수평력의\ 합계}$$

$$= \frac{f(\Sigma W)}{\Sigma H} \geqq 1.5$$

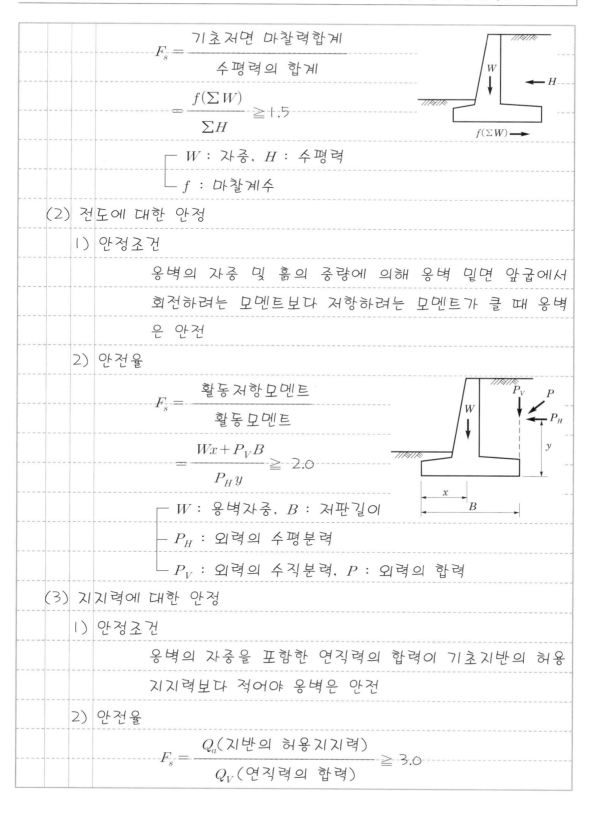

$$\left[\begin{array}{l} W : 자중, \ H : 수평력 \\ f : 마찰계수 \end{array}\right.$$

(2) 전도에 대한 안정

1) 안정조건

옹벽의 자중 및 흙의 중량에 의해 옹벽 밑면 앞굽에서 회전하려는 모멘트보다 저항하려는 모멘트가 클 때 옹벽은 안전

2) 안전율

$$F_s = \frac{활동저항모멘트}{활동모멘트}$$

$$= \frac{Wx + P_V B}{P_H y} \geqq 2.0$$

$$\left[\begin{array}{l} W : 옹벽자중, \ B : 저판길이 \\ P_H : 외력의\ 수평분력 \\ P_V : 외력의\ 수직분력, \ P : 외력의\ 합력 \end{array}\right.$$

(3) 지지력에 대한 안정

1) 안정조건

옹벽의 자중을 포함한 연직력의 합력이 기초지반의 허용지지력보다 적어야 옹벽은 안전

2) 안전율

$$F_s = \frac{Q_a(지반의\ 허용지지력)}{Q_V(연직력의\ 합력)} \geqq 3.0$$

(4) 옹벽을 포함한 전체 활동면의 안정

1) 안정조건

① 지반지지력이 충분하여도 기초지반 하부에 연약층이 있을 때 용수, 자중 및 배면의 외력에 의한 지반 자체에 활동면이 생기게 된다.

② 안전 검토는 절편법, 마찰원법 등이 사용된다.

2) 안전율

$F_s = 1.5$ 이상으로 한다.

III. 불안정한 경우 대책

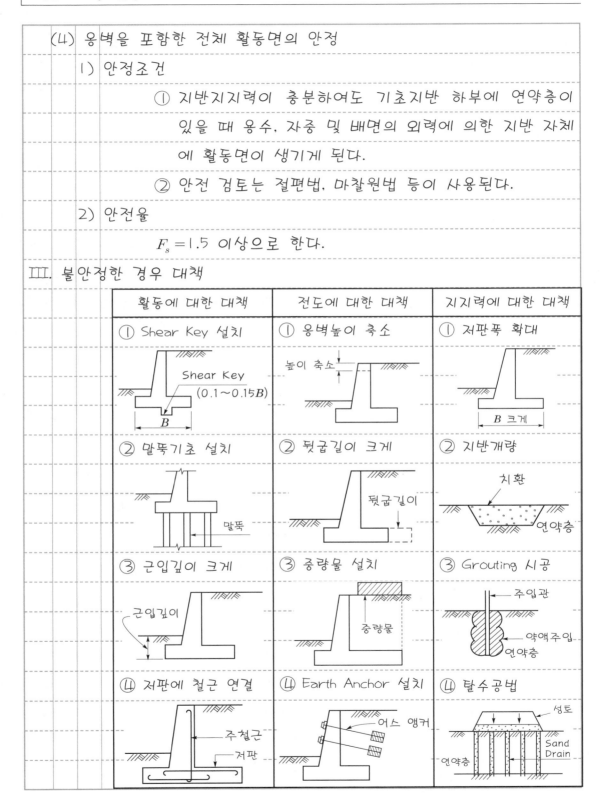

활동에 대한 대책	전도에 대한 대책	지지력에 대한 대책
① Shear Key 설치	① 옹벽높이 축소	① 저판폭 확대
② 말뚝기초 설치	② 뒷굽길이 크게	② 지반개량
③ 근입깊이 크게	③ 중량물 설치	③ Grouting 시공
④ 저판에 철근 연결	④ Earth Anchor 설치	④ 탈수공법

IV. 현장경험 및 결언

① 현장경험

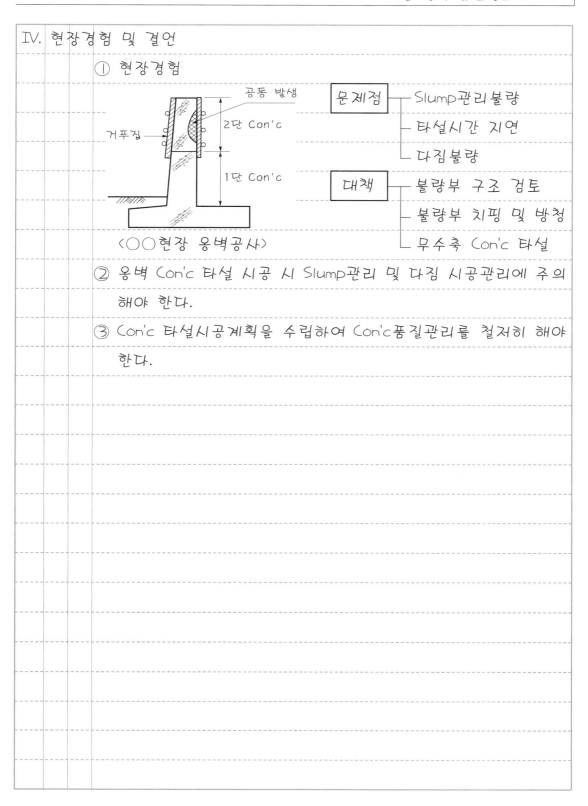

〈○○현장 옹벽공사〉

문제점	— Slump관리불량
	— 타설시간 지연
	— 다짐불량

대책	— 불량부 구조 검토
	— 불량부 치핑 및 방청
	— 무수축 Con'c 타설

② 옹벽 Con'c 타설 시공 시 Slump관리 및 다짐 시공관리에 주의 해야 한다.

③ Con'c 타설시공계획을 수립하여 Con'c품질관리를 철저히 해야 한다.

문제 3.		장마철 배수불량에 의한 옹벽 붕괴사고의 원인과 대책에 대하여 설명하시오.

답.

I. 개요

① 옹벽구조물의 안전 여부는 배면에 작용하는 수압의 유무에 따라 지대한 영향을 받게 되므로 옹벽설계 시 배수공의 설계를 합리적으로 수행하여 수압이 작용하지 않도록 하여야 한다.

② 특히 우기 시에는 침투수가 유입 및 옹벽 전면으로 흐르는 것을 방지하고 배수시설 설치로 수압의 저감이 필요하다.

II. 배수불량으로 인한 옹벽 붕괴사고의 원인

1) 옹벽 배면 주동토압 증가

$$\text{토압} \quad P_a = \frac{1}{2}\gamma_{sat}H^2 K_a$$

$$\text{수압} \quad U = \frac{1}{2}\gamma_w H^2$$

옹벽 토압 수압

① 우기 시 주동토압은 건기 시보다 약 2배 증가하여 옹벽을 압박

② 배면에 수압작용 시 옹벽의 전도에 대한 안정성이 저하됨

2) 배수시설 유지관리 불량

배수공(Weep Hole) 구멍 막힘

3) 다짐 시공불량

① 200~300mm간격으로 층다짐불량

② 다짐불량 시 흙의 저항력 감소

③ 주동토압 증가 및 우기 시 흙의 단위중량이 크게 증가

4) 지반침하 발생

　　우기 시 지반의 연약화로 지반침하가 발생

5) 뒤채움재료가 점성토인 경우 투수성 저하 발생 → 사면활동 파괴

　　① 투수통로의 형성 부족으로 투수성 저하 및 배수불량

　　② 점성토의 전단강도는 저하되고 사면의 활동력은 증가

　　③ 사면의 안정성이 부족하여 사면활동 파괴가 발생되며 옹벽 붕괴

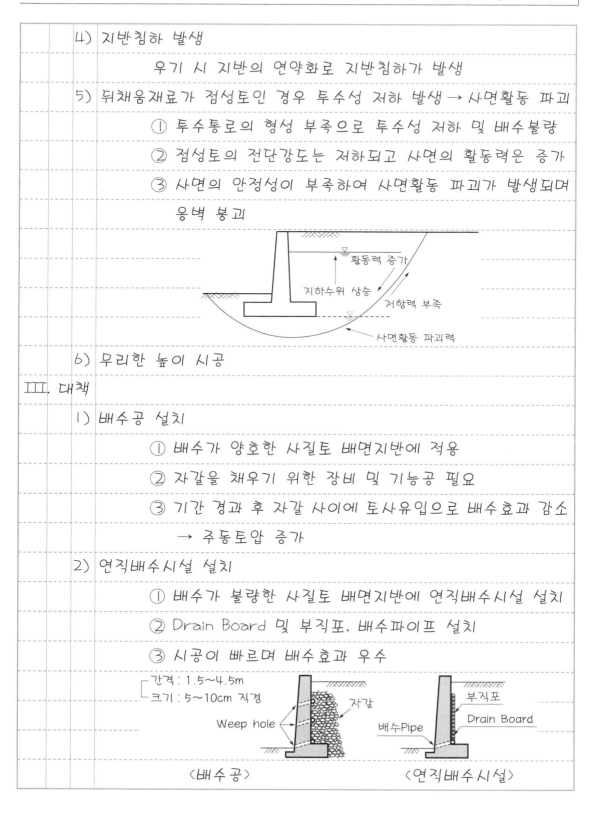

6) 무리한 높이 시공

III. 대책

1) 배수공 설치

　　① 배수가 양호한 사질토 배면지반에 적용

　　② 자갈을 채우기 위한 장비 및 기능공 필요

　　③ 기간 경과 후 자갈 사이에 토사유입으로 배수효과 감소

　　　　→ 주동토압 증가

2) 연직배수시설 설치

　　① 배수가 불량한 사질토 배면지반에 연직배수시설 설치

　　② Drain Board 및 부직포, 배수파이프 설치

　　③ 시공이 빠르며 배수효과 우수

〈배수공〉　　　　　　　　〈연직배수시설〉

3) 배수시설 유지관리 철저

　　　우기 전에 사전·정기점검으로 파손부와 막힌 부분 보수

4) 뒤채움다짐 철저

　　① 1회 다짐폭과 다짐횟수 준수

　　② 층따기 시공으로 절성토경계부에 균열 발생 방지

5) 적절한 뒤채움재료 선정

기능	내용
투수성 확보	• 입도분포가 양호한 사질재료 사용 • $C_u > 10$, $1 < C_g < 3$
세립토 최소화	• 세립률이 15% 이하인 자갈, 모래질흙 • 소성지수(PI) < 10
지지력 확보	• Interlocking 및 전단강도가 큰 재료 • $\tau = c + (\sigma - u)\tan\phi$
토압 경감	• 내부마찰각이 커야 함 • 경량재료(EPS)를 사용하면 효과적
팽창성 및 압축성	• 수분에 의한 팽창이 적은 재료 • 압축성이 적어 침하의 발생이 적은 재료

6) 옹벽의 안정성 확보

　　　활동, 전도, 지지력에 대한 안정성 확보

7) 옹벽 배면에 구배(0.4%) 시공 및 배수용 측구 설치

8) 뒤채움재료가 점성토일 경우 경사배수재 설치

유선 최소화 → 배수거리 단축

① 배면토가 점성토 및 세립토일 때는 투수가 불량하여 배수효과 저하

② 연직배수시설보다 배면지반포화 시 작용하는 횡토압이 감소

구분	주동토압크기
배수시설 없음	100%
연직배수시설	50%
경사배수시설	30%

IV. 옹벽의 보강방법

보강방법	내용
구조적 보강	• 콘크리트옹벽의 균열 속에 수지를 주입
기초의 보강	• Sheet Pile, 강관파일, 콘크리트말뚝 등으로 주변 보강
	• 약액주입하여 흙입자 간의 간극 충진
	• 지지력 증대를 위해 기초저판의 폭 넓힘
외력 저감	• 뒤채움 비탈면에 모르타르를 뿜어 불투수층 설치
	• 배수시설 추가 설치
	• EPS공법으로 옹벽 배면의 토압 감소
	• Earth Anchor 시공하여 옹벽을 지반에 정착
교체	• 손상이 심한 옹벽은 제거하여 새로운 옹벽 설치

V. 결론

① 옹벽 붕괴는 대부분 우기 시 옹벽 배면토의 간극수압 증가로 인해 발생하므로 옹벽 설계 시 우수에 의한 간극수압의 영향을 고려한 안정성 검토가 필요하다.

② 옹벽 배면의 토질에 따라 적절한 배수시설을 설치하고 정기적으로 배수기능을 점검하여야 한다.

문제 4.	보강토공법의 특징과 적용성에 대하여 설명하시오.

답.

I. 서언

① 점착력이 적은 흙에 인장강도가 큰 보강재를 삽입하여 자중이나 외력에 대하여 강화된 성토체 또는 벽체를 구축하는 것이다.

② 보강토공법의 원리

II. 보강토공법의 특징

(1) 장점

1) 시공이 신속

2) 높은 옹벽축조 가능

〈보강토옹벽〉

① 옹벽높이 : 최대 32m 시공

② 높은 옹벽축조가 가능하므로 용지폭이 작다.

③ 경제성이 우수하다.

3) 연약지반 시공 가능

① 자중이 적어 특별한 기초지반이 불필요하다.

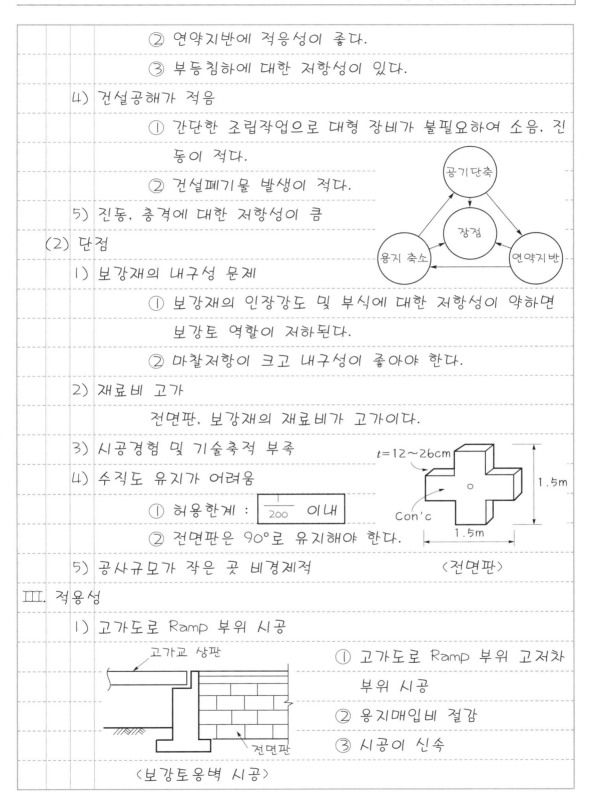

② 연약지반에 적응성이 좋다.

③ 부등침하에 대한 저항성이 있다.

4) 건설공해가 적음

　① 간단한 조립작업으로 대형 장비가 불필요하여 소음, 진

　동이 적다.

　② 건설폐기물 발생이 적다.

5) 진동, 충격에 대한 저항성이 큼

(2) 단점

1) 보강재의 내구성 문제

　① 보강재의 인장강도 및 부식에 대한 저항성이 약하면

　보강토 역할이 저하된다.

　② 마찰저항이 크고 내구성이 좋아야 한다.

2) 재료비 고가

　전면판, 보강재의 재료비가 고가이다.

3) 시공경험 및 기술축적 부족

4) 수직도 유지가 어려움

　① 허용한계 : $\boxed{\dfrac{1}{200}}$ 이내

　② 전면판은 90°로 유지해야 한다.

5) 공사규모가 작은 곳 비경제적

$t=12\sim26cm$

1.5m

Con'c

1.5m

〈전면판〉

III. 적용성

1) 고가도로 Ramp 부위 시공

고가교 상판

전면판

〈보강토옹벽 시공〉

① 고가도로 Ramp 부위 고저차

　부위 시공

② 용지매입비 절감

③ 시공이 신속

2) 연약지반 성토 시공

① 성토체 내부 → 보강재 삽입
    → 점착력 확보
② 부등침하예상지역 성토부에
    보강재 시공

3) 연약지반 옹벽축조

① 자중이 적은 특성을
    이용 연약지반 시공
② 전면판은 90°로
    유지

4) 소규모 댐 축조

소규모 저수용 댐에 적용하며 배면 Con'c벽체 타설에
주의

5) 안벽구조물 시공

① 안벽의 전면에
    시공
② 보강재의 부식에
    대한 대책 강구
③ 잔류수압 검토

6) 기타 용도

토류시설, 교대, 사면보강 등에 적용

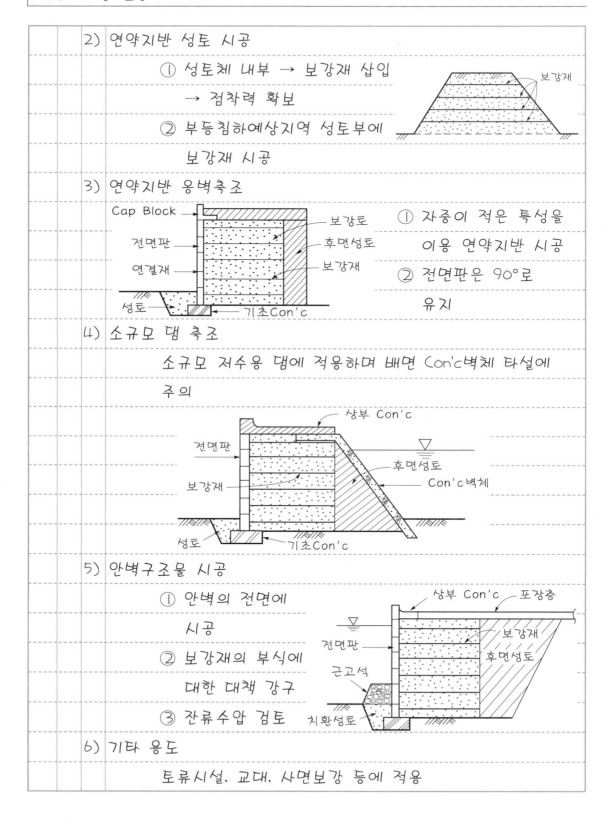

Ⅳ. 보강토 옹벽의 안정조건

1) 활동, 전도, 지지력, 원호활동에 대한 안정

    ① 안전율 확보 및 수직 시공

    ② Geogrid 뒷길이 ≥ 옹벽높이의 $0.7 \sim 0.8H$

    ③ 기초지반개량(Con'c 기초 및 암버력으로 치환 등)

    ④ 뒤채움다짐 철저 : 200mm 층다짐, 다짐도 95%

2) Geogrid 절단 및 인발

    그리드방향으로 다짐(앞 → 뒤), 그리드 내구성 확보

3) 지표수 유입에 대한 안정

    배면 1m 자갈채움, Cap Block 시공, 지표면 불투수화

4) 보강토 옹벽 부상검토

    지하수위조사, 양질의 뒤채움재 시공

5) 인장파괴 유의

    Geogrid 절단 방지, 뒤채움재의 내부마찰각 크게

Ⅴ. 결언

    ① 보강토공법은 경제성, 기초처리의 단순화, 시공성, 미관 및 구조적 안전성이 있어 종래의 Con'c옹벽에 비해 유리한 점이 많다.

    ② 보강재의 다양화, 성토재료의 선정기준 설정, 재료비 절감대책 등을 세워 활용범위를 확대해 나가야 할 것이다.

세계의 3대 종교

종교	다른 명칭	예배장소 (지도자)	예배대상	경 전	내 세	특 징
기독교	개신교 (신교)	교회 (목사)	하나님 (예수님)	성경 (신약, 구약)	천국과 지옥	· 절대신 하나님을 믿는 종교 · 三位一體 하나님 성부 – 여호와 하나님 성자 – 예수님 성령 – 성령
	가톨릭 (구교)	성당 (신부)				
이슬람교 (회교)	수니파 쉬어파	사원	알라	코란 (구약성경)	천국과 지옥	· 마호메트가 아라비아에서 창설 · 기독교의 하나님을 아라비아어 로 알라라 부른다. · 기독교 성경에 나오는 아담, 노아, 아브라함, 모세, 솔로몬, 예수를 예언자로 보고 마호메 트를 최후의 예언자로 본다.
불교	소승불교 대승불교	사찰 (스님)	석가모니 (부처님)	불경		· 스스로 욕심을 버리는 깨침의 종교 · 절대신 숭배 아닌 수행강조

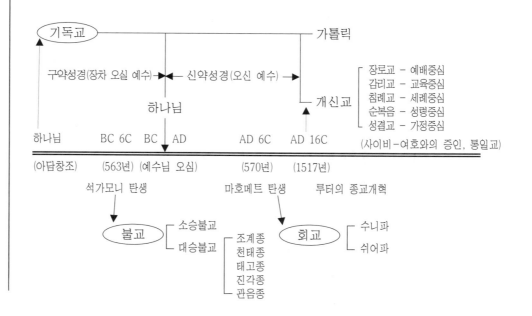

토 공

··

제5절 건설기계

문제 1 흙다짐기계의 종류와 특성에 대하여 설명하시오.

문제 2 토공작업에 있어서 장비 선정 시 고려사항에 대하여 설명하시오.

문제 3 토공작업 시 굴착장비와 운반장비의 경제적인 장비조합에 대하여 설명하시오.

문제 4 준설선의 종류와 선정 시 유의사항에 대하여 설명하시오.

문제 1.	흙다짐기계의 종류와 특성에 대하여 설명하시오.

답.

Ⅰ. 서언

① 흙다짐기계의 선정 시에는 토질조건, 시공장소, 공사규모, 공사종류 등을 고려 선정해야 한다.

② 흙다짐기계의 선정

토질별	다짐방법	다짐기계
점성토	전압식	불도저, 로드롤러, 탬핑롤러, 타이어롤러
사질토	진동식	진동롤러, 진동콤팩터, 진동 타이어롤러
혼합토(소규모)	충격식	래머, 탬퍼

③ 다짐의 목적

```
압축성 저하                          투수성 저하
              ┌─────────┐
              │ 다짐의 목적 │
              └─────────┘
전단강도 증대                        지지력 증대
```

Ⅱ. 다짐기계의 종류와 특성

(1) 전압식 다짐기계

1) 정의

　　Roller의 자체 중량을 이용 다짐하는 원리

2) Road Roller

① 쇄석, 자갈 등의 포장기층이나 아스팔트포장의 끝마무리다짐에 주로 사용

② 요철이 많고 침하가 큰 초기 지반다짐은 부적합

〈탠덤롤러〉

③ 종류 ┬ Macadam Roller(3륜)
       └ Tandem Roller(2륜)

3) Tire Roller

〈타이어롤러〉

① 고무타이어의 압력으로 다지는 기계
로서 타이어의 공기압을 가감시키면
서 지지력을 증대

② 노상, 노반, 아스팔트포장의 다짐

4) Tamping Roller

① 철륜에 다수의 돌기를 붙여
접지압을 높인 것으로 깊은 다짐,
고함수지반의 다짐 사용

② 점성토 및 역질토의 다짐

③ 흙댐, Rock Filldam점토 심벽 사용

〈탬핑롤러〉

5) Bulldozer

① 원래 다짐기계는 아니지만 고함수비점토지반에서는
습지도저 사용

② 모든 토질의 성토 시 부설용으로 사용

6) 롤러의 시간당 다짐토량

$$Q = 1,000\,VWDE\frac{f}{N}$$

┌ Q : 시간당 다짐토량(m³/h)   ┌ D : 흙펴기두께(m)
├ W : 롤러의 유효폭(m)   ├ f : 토량환산계수
├ E : 작업효율   └ V : 다짐속도(km/h)
└ N : 소요다짐횟수

(2) 진동식 다짐기계

1) 정의

① 기계의 자중 부족을 보완하기 위해 진동력을 이용하는 원리

② 일반적으로 사질토 지반다짐

2) 기계종류별 특징

종류	특징
진동 Roller	• 사질·자갈토에 적합 • 포장보수에 많이 이용 • 점성토 지반에는 효과 적음
진동 Tire Roller	• 진동과 자중을 함께 이용 • 다짐효과가 크며 사질토 지반에 적합
진동 Compactor	• 취급이 용이 • 좁은 장소의 다짐에 적합 • 도로, 제방, 활주로 등의 보수공사 • 배관공사의 성토부 다짐

〈진동콤팩터〉   〈진동타이어롤러〉

(3) 충격식 다짐기계

1) 정의

① 기계의 낙하 및 튀어 오를 때 충격하중을 이용 다짐

② 대부분 토질에 적용하며 대형 기계의 다짐이 곤란한 장소의 접속부, 뒤채움 등의 좁은 장소 다짐

2) Rammer

① 소형, 경량으로 운반이 용이하고 협소한 장소 다짐

② 보수공사, 옹벽 및 뒤채움다짐 적합

3) Tamper

① 래머에 비해 다짐도는 낮으나 조작 용이

② 구조물의 근접 공사, 절성토부 다짐에 적합

③ 배관공사 기초다짐에 사용

III. 결언

① 성토공사의 다짐공법 선정 시에는 실내다짐시험 및 현장다짐 시험을 실시하여 토질조건에 적합한 흙다짐기계를 선정해야 한다.

② 다짐관리의 순서

실내다짐		현장시험		본공사다짐		품질관리
최적함수비 최대 건조밀도	⇒	다짐기준 결정 들밀도시험	⇒	전압식 진동식	⇒	다짐도 판정 다짐도 분석

| 문제 2. | 토공작업에 있어서 장비 선정 시 고려사항에 대하여 설명 |
| | 하시오. |

답.

I. 서언

① 토공작업에 사용되는 장비는 일반적으로 굴착, 운반, 적재, 정지, 다짐장비로 구분할 수 있으며 공사의 요구성에 따라 선정해야 한다.

② 작업효율을 극대화하기 위해서는 각 장비의 장·단점을 비교 분석하여 장비와 규격을 합리적으로 조합하여 사용해야 한다.

③ 기계화 시공의 목적

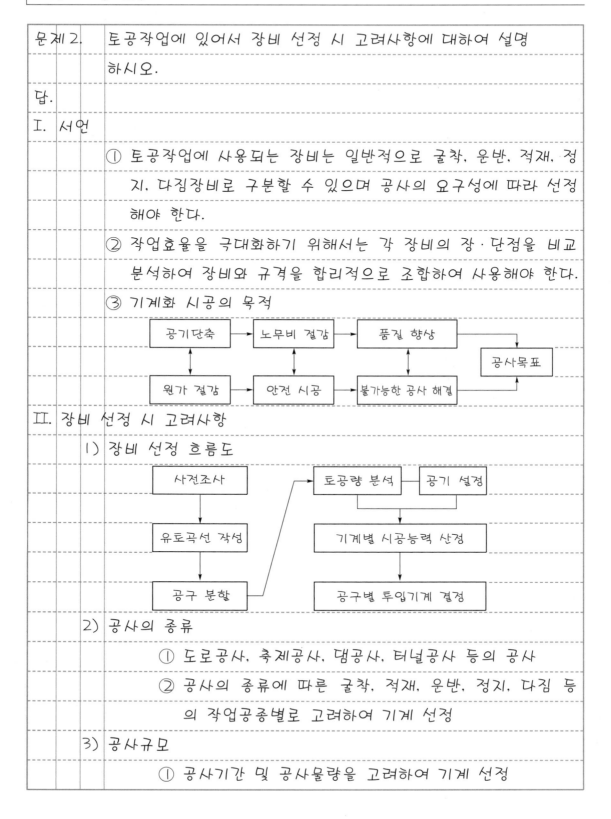

II. 장비 선정 시 고려사항

1) 장비 선정 흐름도

2) 공사의 종류

① 도로공사, 축제공사, 댐공사, 터널공사 등의 공사

② 공사의 종류에 따른 굴착, 적재, 운반, 정지, 다짐 등의 작업공종별로 고려하여 기계 선정

3) 공사규모

① 공사기간 및 공사물량을 고려하여 기계 선정

② 공사규모별 장비 선정

대규모 공사	대용량의 표준기계
중규모 공사	중용량의 표준기계
소규모 공사	임대장비 사용

4) 토질조건 검토

　① 토질조건에 따른 충분한 검토

　② Trafficability, Ripperability, 암괴상태 등 고려

　③ 육상조건과 수중조건 고려

5) 운반거리

　① 공사현장의 지형상태,
　　 토공량, 토질 등을 고려하여
　　 장비기종 선정

　② 운반거리별 장비 선정

　┌ 50m 이하 : 불도저
　├ 50m ~ 500m : 스크레이퍼
　└ 500m 이상 : 덤프트럭

〈시공비용곡선〉

6) 표준기계와 특수기계 선정

표준기계	특수기계
• 구입과 임대차 용이	• 구입과 임대차 적기 사용 곤란
• 전매와 전용 용이	• 전문업체 하도급 시공

7) 기계용량

　① 기계용량이 커지면 작업
　　 효율성은 크나 공사비 고가

　② 기계용량과 기계경비의
　　 관계를 고려 경제적인
　　 장비 선정 필요

〈기계용량과 경비곡선〉

8) 기계경비

　공종별 기계의 시공량과 기계경비를 비교하여 장비 선정

9) 기계의 주행성(Trafficability)

　① 흙의 종류, 함수비에 따라 장비 주행성 상이

　② Cone관입시험을 하여 Cone지수로 나타냄

　③ 장비주행이 가능한 Cone지수의 최소치

기계종류	Cone지수(kPa)
습지불도저	300 이상
중형~대형 불도저	500~700 이상
스크레이퍼	1,000 이상
덤프트럭	1,500 이상

10) 리퍼의 작업성

　암강도를 탄성파속도(km/s)로 측정하여

　굴착기계 선정

11) 환경오염방안 수립

　① 세륜장 및 세륜기 설치

　② 이동로 주변 민원대책 수립 및 지역홍보활동

　③ 지역주민과의 유대 강화

12) 지형조건 고려

　┌ 산악지형 : 자주식 기계, 기진력이 큰 기계

　├ 습지공사 : 무한궤도 및 작업로 정비

　└ 평지공사 : 장비선택의 폭이 큼

13) 범용성

　　보급도가 높고 사용범위 넓은 장비 사용

14) 시공성

　　작업효율이 좋은 기계

15) 경제성

　　운전경비 적은 기계

16) 안전성

　　안전성이 확보되는 기계

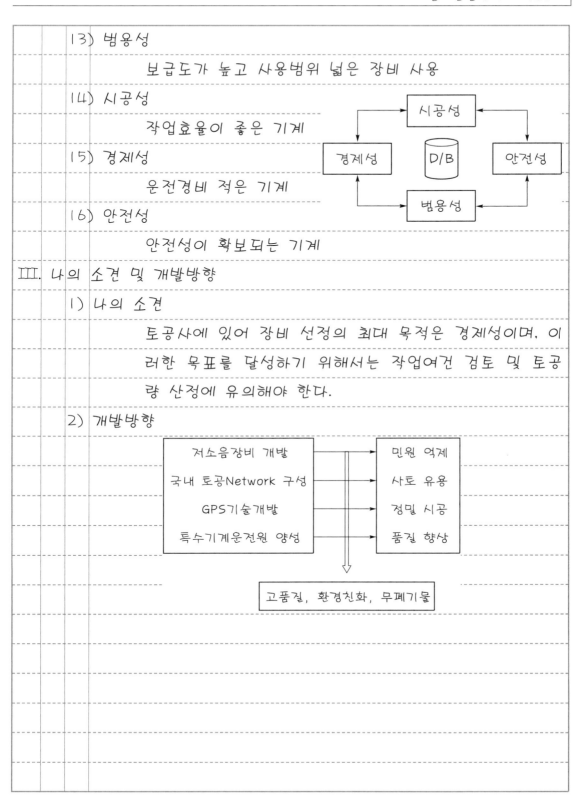

Ⅲ. 나의 소견 및 개발방향

1) 나의 소견

　　토공사에 있어 장비 선정의 최대 목적은 경제성이며, 이
러한 목표를 달성하기 위해서는 작업여건 검토 및 토공
량 산정에 유의해야 한다.

2) 개발방향

| 문제 3. | 토공작업 시 굴착장비와 운반장비의 경제적인 장비조합에 |
| 대하여 설명하시오. |

답.

I. 서언

　① 장비의 조합은 공사물량, 공사규모, 운반로, 공기, 장비의 장·
　단점을 고려 장비기종 및 규격을 합리적으로 조합하여 최대
　한 효과를 얻어야 한다.

　② 장비조합의 원칙 ┬ 작업능력의 균형
　　　　　　　　　　├ 조합작업의 감소
　　　　　　　　　　└ 조합작업의 중복화

II. 경제적인 장비조합

1) 각 기계의 시공속도

　① 덤프트럭과 적재기계의 작업
　　능률조화
　② 대기시간 없이 연속작업

2) 주작업의 시공속도

　┬ 주작업 시공속도 결정 → 주작업기계 선정
　├ 주작업 시공속도 늘어지면 종속작업도 늘어짐
　└ 공기를 고려 주작업 시공속도 결정

3) 종속작업의 시공속도

　주작업 시공속도와 동일하게 하거나 약간 크게 결정

4) 조합작업의 시공속도

최대 시공속도	작업효율의 최소치
각 작업의 최소치에 한정	각 작업의 시간손실이 상호 중복되지 않고 독립

5) 기계능력의 산정

$$Q = \frac{60qfE}{C_m}$$

- Q : 덤프트럭 1시간당 운반 토량(m^3/h)
- q : 1회 적재토량(m^3)
- f : 토량환산계수
- E : 작업효율
- C_m : Cycle Time(분)

6) 운반장비의 용량

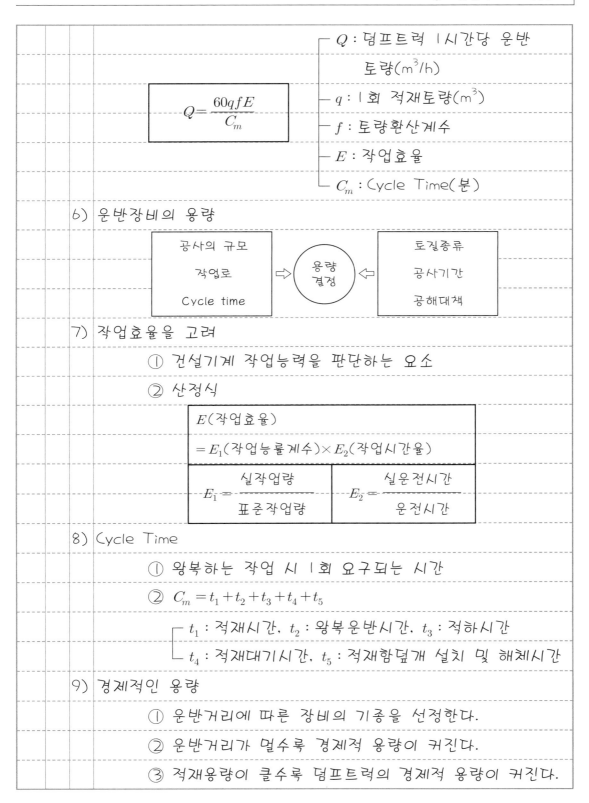

7) 작업효율을 고려

① 건설기계 작업능력을 판단하는 요소

② 산정식

E(작업효율)

$= E_1$(작업능률계수) $\times E_2$(작업시간율)

$$E_1 = \frac{\text{실작업량}}{\text{표준작업량}} \qquad E_2 = \frac{\text{실운전시간}}{\text{운전시간}}$$

8) Cycle Time

① 왕복하는 작업 시 1회 요구되는 시간

② $C_m = t_1 + t_2 + t_3 + t_4 + t_5$

- t_1 : 적재시간, t_2 : 왕복운반시간, t_3 : 적하시간
- t_4 : 적재대기시간, t_5 : 적재함덮개 설치 및 해체시간

9) 경제적인 용량

① 운반거리에 따른 장비의 기종을 선정한다.

② 운반거리가 멀수록 경제적 용량이 커진다.

③ 적재용량이 클수록 덤프트럭의 경제적 용량이 커진다.

10) 토량환산계수(f)

(L)　　　　　(C)

본바닥흙
(부피 1)

흐트러진 토량　　다져진 토량
(1.2~1.3)　　　(0.85~0.95)

① 굴착(자연상태)과 운반(흐트러진 상태)의
토량변화율
② L값과 C값으로 구함

11) 운반단가 영향

적재장비의 용량이 덤프트럭 운반단가 영향

12) 건설공해 및 민원 발생 고려

환경오염

소음, 분진

생태계
파괴

① 공해 발생이 적은
장비 선정
② 주민설명회 개최
하여 민원 발생
최소화

13) 시공성 검토

① 시간당 작업량을 늘림
② 1일 순작업시간을 증대시켜 가동률 향상
③ 작업효율이 좋은 장비 선정

14) 토공기계의 조합의 예

구분	굴착	적재	운반	정지	다짐
도로공사	Bulldozer	Pay Loader	Dump Truck	Grader	Roller
댐공사	Bulldozer	Pay Loader	Dump Truck Belt-Conveyer	Bulldozer	Roller
축제공사	Bulldozer	Pay Loader	Dump Truck	Bulldozer	Roller

15) 조합장비의 향상률 대책 고려

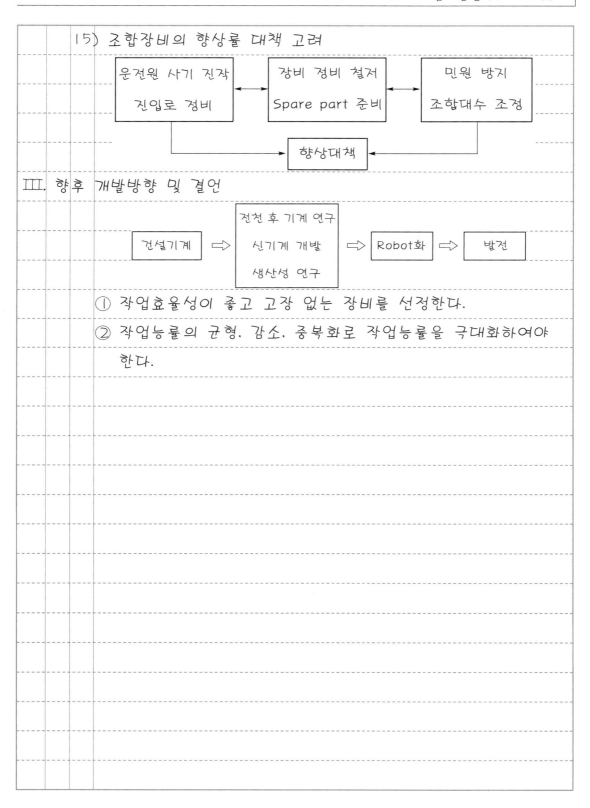

Ⅲ. 향후 개발방향 및 결언

① 작업효율성이 좋고 고장 없는 장비를 선정한다.

② 작업능률의 균형, 감소, 중복화로 작업능률을 극대화하여야

   한다.

문제 4.	준설선의 종류와 선정 시 유의사항에 대하여 설명하시오.

답.

I. 서언

① 준설선은 항만수심을 깊게 하거나 항만구조물 설치를 위해 해저토사를 파내는 작업선을 말한다.

② 준설선을 선정할 경우 수심, 토질조건, 운반처리방법, 공사규모 등을 고려하여 선정해야 한다.

③ 준설선의 종류

```
┌─────────────┐                    ┌──────────────────┐
│ Pump 준설선   │                    │ Bucket 준설선     │
│ Dipper 준설선 │  ⇨   ( 종류 )  ⇦   │ Drag suction 준설선│
│ Grab 준설선   │                    │ 쇄암선            │
└─────────────┘                    └──────────────────┘
```

II. 준설선의 종류

(1) Pump 준설선

1) 정의

작업선에 설치된 Sand Pump를 이용 해저토사 흡입

2) 특징

- 매립 및 대량준설 적합 : $400 \sim 1,000 m^3/h$
- 토운선 불필요 → 배송관 이용 처리
- 해저작업지반 요철 큼
- 배송관 설치로 항로준설 곤란

(2) Dipper 준설선

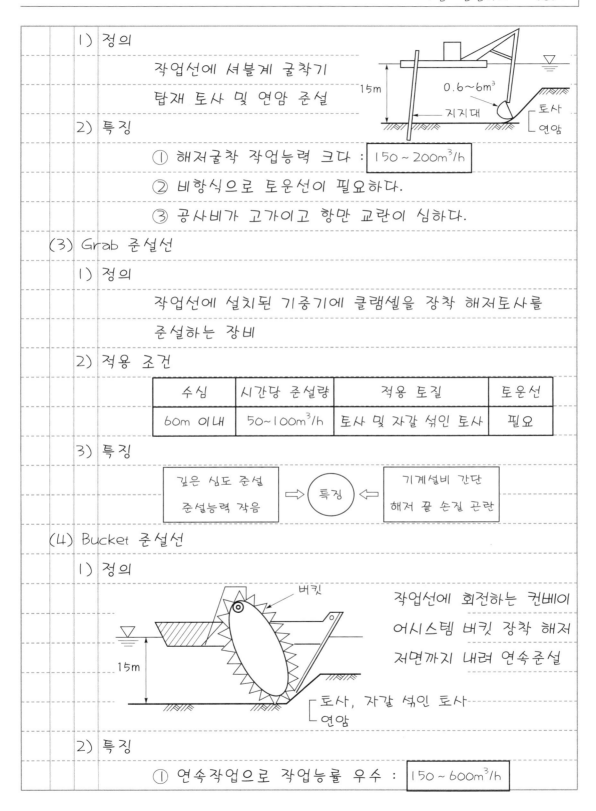

1) 정의

  작업선에 셔블계 굴착기
  탑재 토사 및 연암 준설

15m   0.6~6m³
지지대   토사
      연암

2) 특징

  ① 해저굴착 작업능력 크다 : 150 ~ 200m³/h

  ② 비항식으로 토운선이 필요하다.

  ③ 공사비가 고가이고 항만 교란이 심하다.

(3) Grab 준설선

1) 정의

  작업선에 설치된 기중기에 클램셸을 장착 해저토사를
  준설하는 장비

2) 적용 조건

수심	시간당 준설량	적용 토질	토운선
60m 이내	50~100m³/h	토사 및 자갈 섞인 토사	필요

3) 특징

  깊은 심도 준설
  준설능력 작음 ⇨ 특징 ⇦ 기계설비 간단
                  해저 끝 손질 곤란

(4) Bucket 준설선

1) 정의

  버킷

  작업선에 회전하는 컨베이
  어시스템 버킷 장착 해저
  저면까지 내려 연속준설

15m

  토사, 자갈 섞인 토사
  연암

2) 특징

  ① 연속작업으로 작업능률 우수 : 150 ~ 600m³/h

② 토운선 필요

③ 바람, 조류 영향 적고 해저 끝손질 양호

(5) Drag Suction 준설선

자항식(Suction Pump 탑재) ──┬── 항로준설 유리
　　　　　　　　　　　　　　　└── 토운선 불필요

① 경질토사 준설, 수심은 15m 이내

② 파랑 영향 없어 작업능률 향상

(6) 쇄암선

해저암반을 파쇄하여 준설하며 낙하중추식과 공기타격식
이 있다.

Ⅲ. 선정시 유의사항

1) 수심 확인

음파

〈Echo Sounder 탐지〉

① 1,500m/s 음파를 발사, 반사
를 측정하여 수심 확인

② 조위에 따라 수심이 다르므
로 보정을 해야 함

2) 지반조사

① 시추선을 이용하여 지반
조사

② 지반지내력 및 지층구성,
지층두께 확인

③ 토성시험 실시하여 연약
지반 확인

보링기　권양기

지지대

Casing

〈시추선 지반조사〉

3) 항해선박조사

┌ 입·출항 선박운항조사
└ 준설작업시간에 미치는 영향분석

4) 토질조건에 적합한 장비 선정

구분		장비 선정	비고
토사	연질	B G D P 쇄암선	$N=10$ 미만
	중질		$N=10 \sim 20$
	경질		$N=20 \sim 30$
	최경질		$N=30$ 이상
자갈 섞인 토사	연질	D 쇄암선 발파	$N=30$ 미만
	경질		$N=30$ 이상
암반	연암		D로 준설 가능
	경암		D로 준설 불가능

※ P : Pump, D : Dipper, B : Bucket, G : Grab

5) 기상영향 검토

① 조류, 조위, 유속 등을 조사

② 바람, 풍향, 비, 기온조사

③ 해상작업한계

구분	작업한계	비고
풍속	평균 최대 풍속 15m/s 이상	부산연안 작업일수 17일/월
파고, 강우	파고 3m 이상, 강우 10mm 이상	

6) 준설토 처리방법 검토 → 공해상투기, 매립

7) 공사규모 고려 : 공사기간, 공사물량

Ⅳ. 결언

① 준설작업 전 환경오염 및 생태계파괴대책을 수립하여 작업에 착수해야 한다.

② 준설계획 수립 시에는 자연조건, 준설목적, 공사기간 등을 고려하여 경제성 있고 안전하게 시공할 수 있는 준설계획을 수립해야 한다.

5

永生의 길잡이 - 다섯

불교

석가모니 탄생

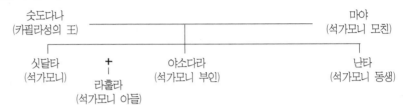

```
        숫도다나                                                              마야
    (카필라성의 王)                                                      (석가모니 모친)

    싯달타            +           야소다라                          난타
  (석가모니)        │        (석가모니 부인)                  (석가모니 동생)
                   라훌라
               (석가모니 아들)
```

· 싯달타(석가모니)는 카필라성 왕국의 왕자로 태어나 16세에 야소다라와 결혼하여 13년 후인 29세 때 아들 라훌라를 낳고 그 해 출가하였다.

출가한 동기

· 도대체 인간은 왜 괴로움 속에서 살아가야 하며 그 괴로움의 원인은 무엇인가? 하는 의문을 해결하기 위하여 출가하였다.
· 싯달타는 보리수 아래서 인간이 무엇인가를 항상 얻으려 하고, 그칠 줄 모르는 근원적 욕망이 존재함을 알았고, 그 욕망이 소멸되어짐으로써 괴로움이 극복되어짐을 깨달았다.

최초의 석가모니는?

· 석가모니란 말은 깨달은 자(覺者)를 의미하며 부처라고도 한다.
· 싯달타는 최초의 깨달은 자가 되므로 석가모니, 즉 부처님이 되었으며, 모든 인간은 싯달타처럼 깨닫기만 하면 석가모니, 즉 부처가 될 수 있다.
· 최초로 석가모니가 된 싯달타를 보통 석가모니라 한다.

석가모니의 유언

· 열반(별세)에 들면서 제자들에게 하신 말씀으로 "나는 예배와 신앙의 대상이 아니다." 그러므로 불교는 무신론의 종교가 된 근본인 바, 차후 후대에 석가모니(부처님)를 절대자로 신격화하는 현상이 생겨남.
· 불교는 원래부터 부처(깨달은 자)가 되는 것을 가르치는 종교다.

윤회란?

· 윤회란 말은 석가모니가 태어나기 전 이미 인도사람들이 가지고 있던 세계관 또는 인생관으로 인도인들은 옛부터 불사(不死), 즉 죽음 뒤에 永生을 마음 속으로 강하게 희구했으며 신의 세계에서 찾으려 했다.
· 불교가 성립되기 이전의 인도인의 인생관이던 윤회를 후대에 불교에서 도입하는 현상이 나타남.

불교란?

· 스스로 고행, 금욕, 수도로서 인간의 본성을 깨달아 괴로움으로부터 탈피하여 모든 사람은 부처(석가모니)가 될 수 있는 무신론의 종교임.

참고문헌

불교입문, 우리출판사, 著者 홍사성(불교신문사 편집부장, 불교방송국 제작부장)
알기 쉽게 풀어쓴 불교입문, 장승출판사, 著者 유경훈(불교학자)

제2장 ▶ 기 초

제1절 흙막이공

문제 1.			지하구조물 시공 시 토류벽 배면의 지하수위가 굴착면보다 높은 경우 굴착 시 유의사항과 용수대책에 대하여 설명하시오.
답.			
Ⅰ. 서언			
		①	지하구조물 축조에 있어 토류벽 배면의 지하수위는 토류벽의 안전 시공 및 주변 지반에 미치는 영향이 크다.
		②	공법 선정 시 고려사항

벽체 강성 大 차수성 인접 지반 영향	⇒	고려 사항	⇐	지반상태 경제성 시공성, 안전성

③ 지하수처리대책

		흙막이식	Sheet Pile, Slurry Wall
차수공법	약액주입	Cement, Asphalt, LW
	고결공법	생석회, 소결, 동결공법
배수공법	중력배수	Deep Well
	강제배수	Well Point
	복수공법	주수, 담수공법

Ⅱ. 굴착 시 유의사항			
	1)	적정한 공법의 선정	

① 경제성, 시공성, 안전성을 검토하여 적정 공법 선정

② 차수성능의 비교

　　H-pile < Sheet Pile < Slurry Wall

③ 지하공간 활용도 고려

　　㉠ Earth Anchor : 지중 장애물 장애

　　㉡ 버팀식 흙막이 : 지중 장애물과 무관

(시공성 / 경제성 — 검토 — 안전성)

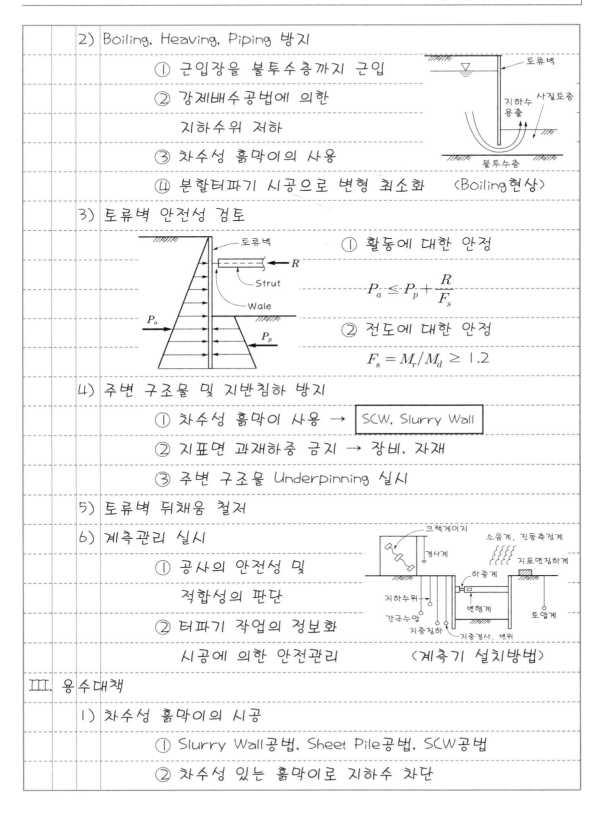

2) Boiling, Heaving, Piping 방지

　　① 근입장을 불투수층까지 근입

　　② 강제배수공법에 의한

　　　지하수위 저하

　　③ 차수성 흙막이의 사용

　　④ 분할터파기 시공으로 변형 최소화　　〈Boiling현상〉

3) 토류벽 안전성 검토

　　① 활동에 대한 안정

$$P_a \leq P_p + \frac{R}{F_s}$$

　　② 전도에 대한 안정

$$F_s = M_r / M_d \geq 1.2$$

4) 주변 구조물 및 지반침하 방지

　　① 차수성 흙막이 사용 → SCW, Slurry Wall

　　② 지표면 과재하중 금지 → 장비, 자재

　　③ 주변 구조물 Underpinning 실시

5) 토류벽 뒤채움 철저

6) 계측관리 실시

　　① 공사의 안전성 및

　　　적합성의 판단

　　② 터파기 작업의 정보화

　　　시공에 의한 안전관리　　〈계측기 설치방법〉

Ⅲ. 용수대책

1) 차수성 흙막이의 시공

　　① Slurry Wall공법, Sheet Pile공법, SCW공법

　　② 차수성 있는 흙막이로 지하수 차단

③ 연약지반의 토압, 수압 큰 경우 사용

2) 약액주입공법 시공

① 약액주입공법의 종류

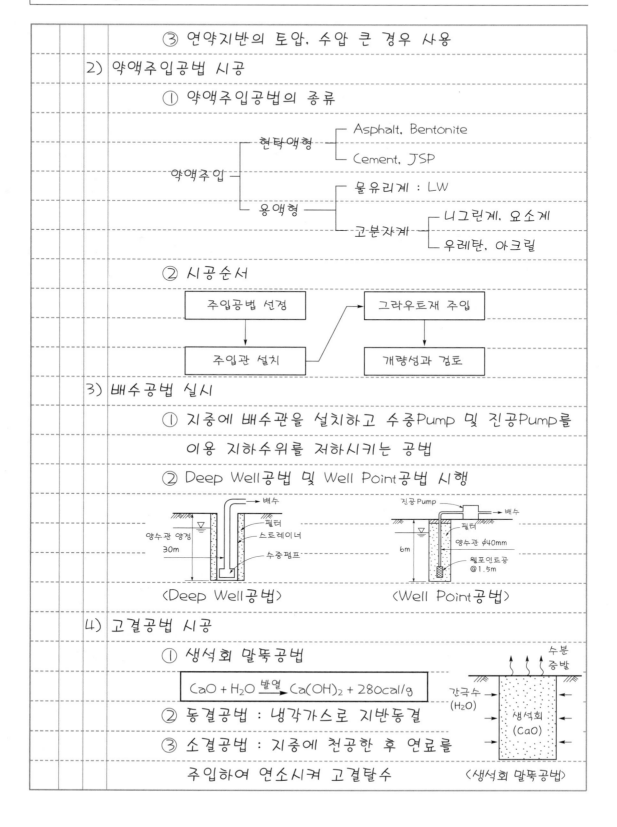

② 시공순서

```
┌──────────────┐      ┌──────────────┐
│  주입공법 선정  │ ───→ │  그라우트재 주입 │
└──────────────┘      └──────────────┘
       │                      │
       ↓                      ↓
┌──────────────┐      ┌──────────────┐
│  주입관 설치   │ ───→ │  개량성과 검토  │
└──────────────┘      └──────────────┘
```

3) 배수공법 실시

① 지중에 배수관을 설치하고 수중Pump 및 진공Pump를
　 이용 지하수위를 저하시키는 공법

② Deep Well공법 및 Well Point공법 시행

〈Deep Well공법〉　　　　　〈Well Point공법〉

4) 고결공법 시공

① 생석회 말뚝공법

$$CaO + H_2O \xrightarrow{\text{발열}} Ca(OH)_2 + 280cal/g$$

② 동결공법 : 냉각가스로 지반동결

③ 소결공법 : 지중에 천공한 후 연료를
　 주입하여 연소시켜 고결탈수

〈생석회 말뚝공법〉

5) 복수공법 시행

　① 주수 및 배수공법의 동시 시행으로 지하수위를 조절

　하고 인접 구조물 피해 최소화

　② 복수공법의 도해

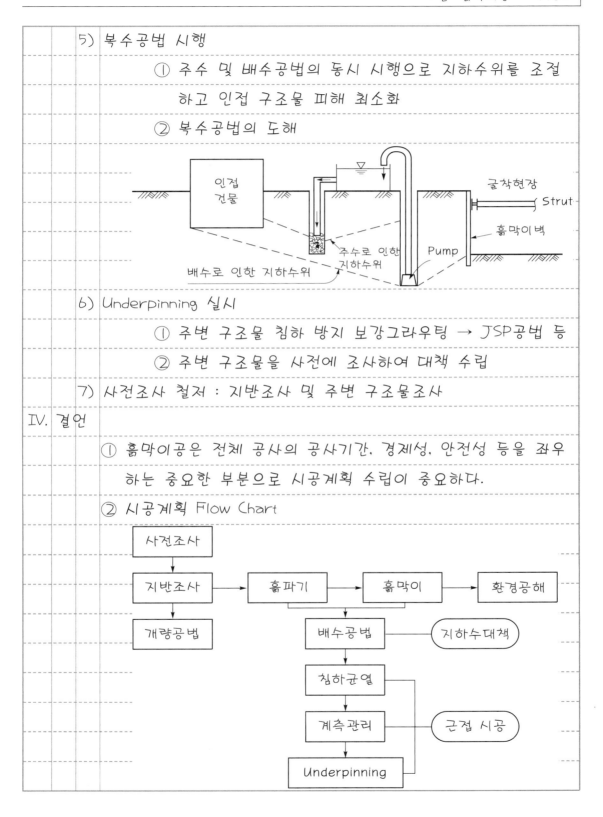

6) Underpinning 실시

　① 주변 구조물 침하 방지 보강그라우팅 → JSP공법 등

　② 주변 구조물을 사전에 조사하여 대책 수립

7) 사전조사 철저 : 지반조사 및 주변 구조물조사

Ⅳ. 결언

① 흙막이공은 전체 공사의 공사기간, 경제성, 안전성 등을 좌우

하는 중요한 부분으로 시공계획 수립이 중요하다.

② 시공계획 Flow Chart

| 문제 2. | 지하철공사를 개착식(open cut) 공법으로 시공 시 문제점과 |
| | 대책에 대하여 설명하시오. |

답.

I. 서언

① 개착식 공법으로 시공 시 흙막이 배면토압 및 지하수에 의한 벽체붕괴에 유의해야 한다.

② 2m 이상 흙막이 가시설의 구조적 안전성 검토

활동에 대한 안정

$$P_a \leq P_p + \frac{R}{F_s}$$

전도에 대한 안정

$$F_s = M_r / M_d \geq 1.2$$

II. 시공 시 문제점

1) 지반침하 발생

① 차수 시공불량으로 탈수현상 발생

② 지반압밀침하

③ Boiling, Heaving현상 발생으로 지반침하

〈침하 발생〉

④ 상부구조물 변형 및 균열 유의

2) 토류벽 변형 발생

　　① 흙막이공법 부적정으로 벽체변형

　　② 벽체강성이 큰 Slurry Wall공법 시공

3) 근접 구조물 침하 발생

　　① 지하수 변동에 따른 지반변위

　　② 근접 구조물의 균열 및 경사 발생

　　③ 구조물의 침하 및 전도 발생

구조물 전도
침하

4) 지중구조물의 파손

　　① 지중에 매설된 상하수도관 파손 → 누수 발생 우려

　　② 통신Cable 및 동력파손

5) 지반공동현상 발생

H-pile
토류벽
공동
피압수

　　① Piping현상으로 토사유출

　　② 차수성이 낮은 흙막이벽 시공

　　③ 주변 구조물 전도 및 지중구조물 파손위험 초래

6) Strut변형 발생

　　— 과다 측압 발생

　　— Strut간격 부적절 및 시공불량

　　— 띠장변형 및 Strut좌굴 발생

7) 지하수의 고갈

　　① 굴착면에서 배수에 따른 수위 저하

　　② 인근 지하수의 고갈현상 초래

III. 대책

1) 수밀성 있는 흙막이 시공

　　① 벽체강성이 크고 수밀성 있는 Slurry Wall 시공

　　② 벽체이음부 누수 발생 유의

③ 수밀성 정도

Slurry Wall 〉 SCW 〉 Sheet Pile 〉 H-pile

2) Underpinning공법 시공

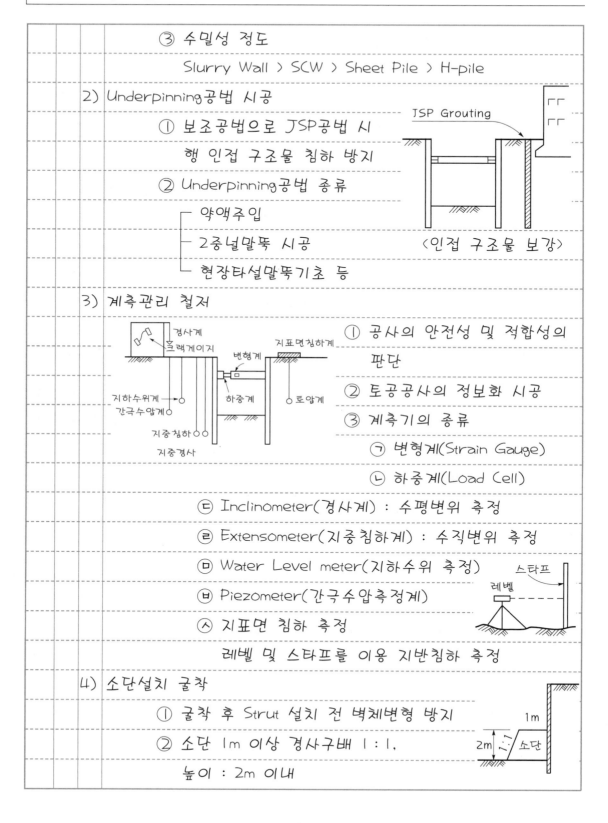

① 보조공법으로 JSP공법 시

행 인접 구조물 침하 방지

② Underpinning공법 종류

┌ 약액주입

├ 2중널말뚝 시공

└ 현장타설말뚝기초 등

〈인접 구조물 보강〉

3) 계측관리 철저

① 공사의 안전성 및 적합성의

판단

② 토공공사의 정보화 시공

③ 계측기의 종류

㉠ 변형계(Strain Gauge)

㉡ 하중계(Load Cell)

㉢ Inclinometer(경사계) : 수평변위 측정

㉣ Extensometer(지중침하계) : 수직변위 측정

㉤ Water Level meter(지하수위 측정)

㉥ Piezometer(간극수압측정계)

㉦ 지표면 침하 측정

레벨 및 스타프를 이용 지반침하 측정

4) 소단설치 굴착

① 굴착 후 Strut 설치 전 벽체변형 방지

② 소단 1m 이상 경사구배 1:1,

높이 : 2m 이내

5) 흙막이벽 시공관리 철저

    ① 뒤채움 시공 철저 → 양질모래로 층다짐(물다짐)

    ② 과대한 토압이 발생하지 않도록 Strut

       시공 철저 → 굴착폭이 넓을 경우 中간 Pile 설치

    ③ 계측관리 철저히 하여 변형 사전 방지

6) 지중구조물안전대책 수립

    ① 지중구조물의 종류

종류	도시가스	상수도관	통신관	지중전선
관련기관	가스공사	상수도사업소	통신공사	한국전력

    ② 굴착공사 전 협의하여 이설원칙

    ③ 부득이한 경우 지지파일 시공 후 매달기

7) 공사 시 민원 및 공해 발생 예방 → 보상, 방지계획 수립

IV. 현장경험 및 결언

1) 현장경험

    ① 굴착 전 사전조사 시 지반조건상 건물부 등 침하예상

    ② 건물 지반보강 필요

    ③ JSP Grouting 시공하여 건물 부등침하 방지

2) 결언

    ① 도심지 굴착공사는 지상 및 지중에 구조물이 존재하고 있어 시공 시 유의해야 한다.

    ② 특히 민원 발생에 의한 공사추진에 지장을 초래하고 있으므로 안전 시공이 중요하다.

문제 3. 흙막이벽에 의한 지반굴착 시 근접 구조물의 침하원인 및 대책
에 대하여 설명하시오.

답.

I. 서언

① 흙막이벽은 굴착영향범위 이내 지역($2H$, H : 굴착깊이)의 지질
조사 및 차수대책 사전 검토가 중요하다.

② 구조물 피해

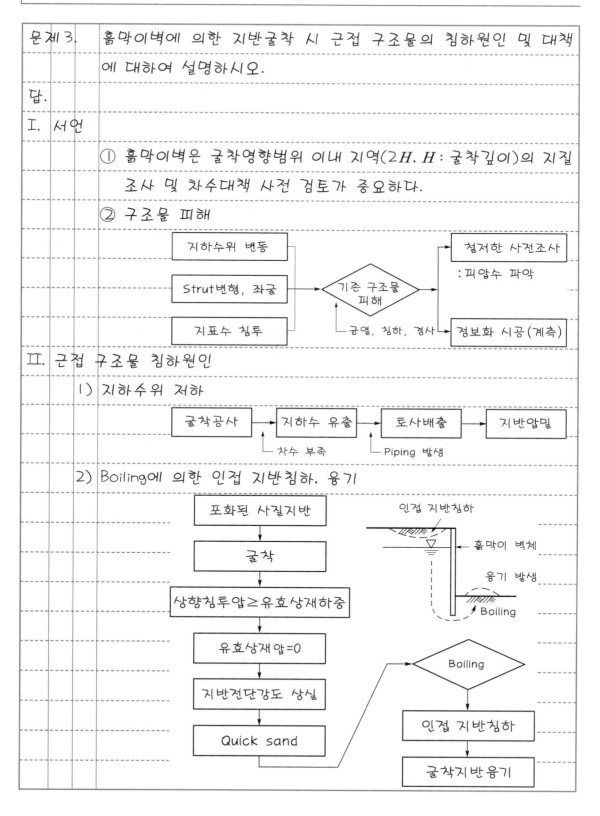

II. 근접 구조물 침하원인

1) 지하수위 저하

2) Boiling에 의한 인접 지반침하, 융기

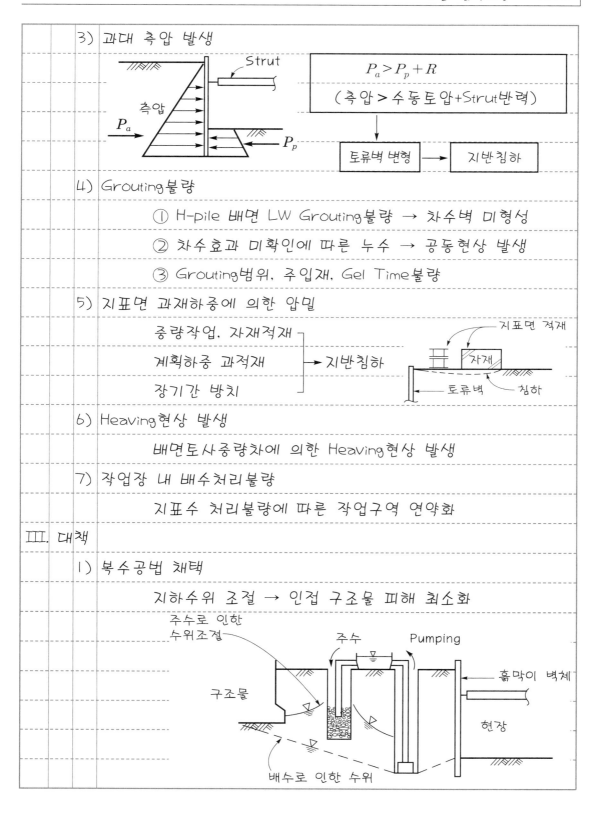

3) 과대 측압 발생

$$P_a > P_p + R$$

(측압 > 수동토압+Strut반력)

토류벽 변형 → 지반침하

4) Grouting불량

① H-pile 배면 LW Grouting불량 → 차수벽 미형성

② 차수효과 미확인에 따른 누수 → 공동현상 발생

③ Grouting범위, 주입재, Gel Time불량

5) 지표면 과재하중에 의한 압밀

중량작업, 자재적재 ⎤
계획하중 과적재 ⎬→ 지반침하
장기간 방치 ⎦

지표면 적재
자재
토류벽   침하

6) Heaving현상 발생

배면토사중량차에 의한 Heaving현상 발생

7) 작업장 내 배수처리불량

지표수 처리불량에 따른 작업구역 연약화

Ⅲ. 대책

1) 복수공법 채택

지하수위 조절 → 인접 구조물 피해 최소화

주수로 인한
수위조절
주수   Pumping
구조물   흙막이 벽체
현장
배수로 인한 수위

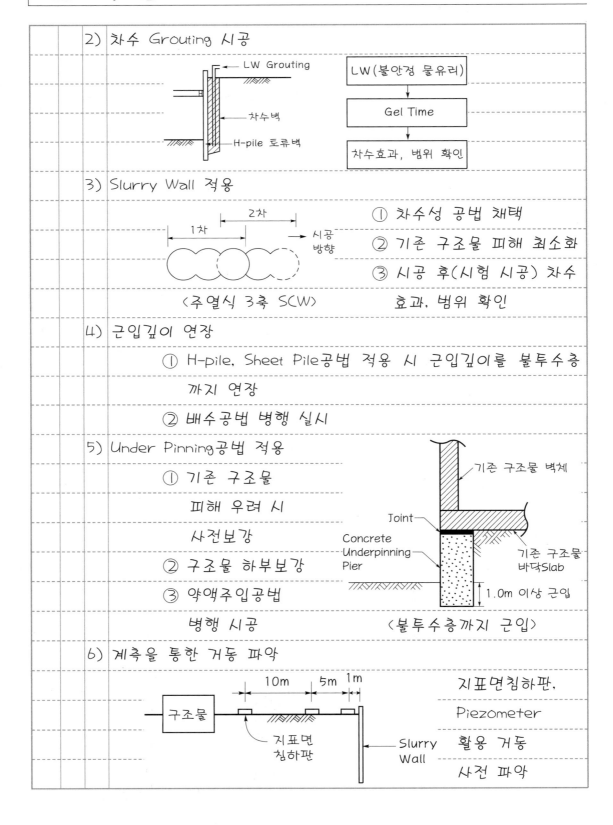

2) 차수 Grouting 시공

LW Grouting

차수벽

H-pile 토류벽

LW(불안정 물유리)

↓

Gel Time

↓

차수효과, 범위 확인

3) Slurry Wall 적용

1차   2차   시공방향

〈주열식 3축 S(W)〉

① 차수성 공법 채택

② 기존 구조물 피해 최소화

③ 시공 후(시험 시공) 차수
   효과, 범위 확인

4) 근입깊이 연장

① H-pile, Sheet Pile공법 적용 시 근입깊이를 불투수층
   까지 연장

② 배수공법 병행 실시

5) Under Pinning공법 적용

① 기존 구조물
   피해 우려 시
   사전보강

② 구조물 하부보강

③ 약액주입공법
   병행 시공

기존 구조물 벽체

Joint

Concrete
Underpinning
Pier

기존 구조물
바닥Slab

1.0m 이상 근입

〈불투수층까지 근입〉

6) 계측을 통한 거동 파악

10m   5m 1m

구조물

지표면
침하판

Slurry
Wall

지표면침하판,

Piezometer

활용 거동

사전 파악

Ⅳ. 지하안전평가 실시

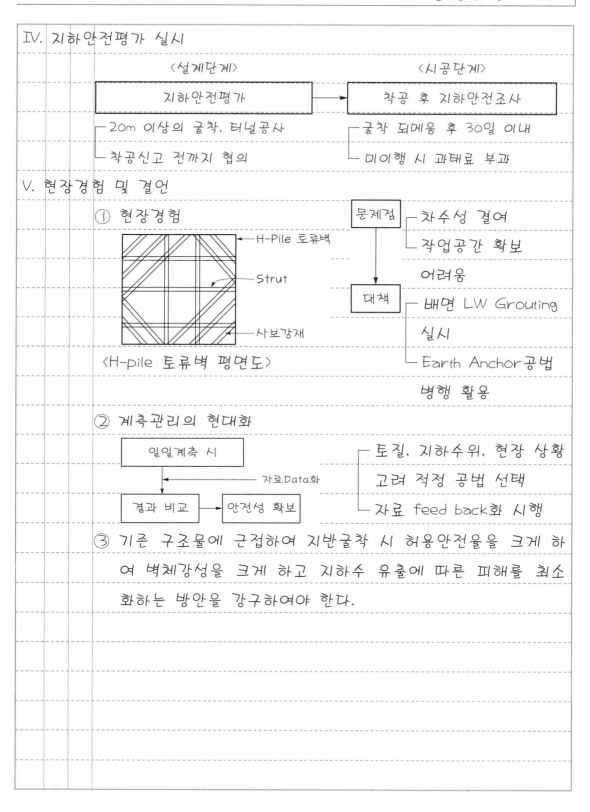

〈설계단계〉 〈시공단계〉

| 지하안전평가 | → | 착공 후 지하안전조사 |

─ 20m 이상의 굴착, 터널공사 ─ 굴착 되메움 후 30일 이내
─ 착공신고 전까지 협의 ─ 미이행 시 과태료 부과

Ⅴ. 현장경험 및 결언

① 현장경험

─ H-Pile 토류벽

─ Strut

─ 사보강재

〈H-pile 토류벽 평면도〉

문계점 ─ 차수성 결여
        ─ 작업공간 확보

          어려움

대책 ─ 배면 LW Grouting

        실시

       ─ Earth Anchor공법

        병행 활용

② 계측관리의 현대화

| 일일계측 시 |

자료Data화

| 결과 비교 | → | 안전성 확보 |

─ 토질, 지하수위, 현장 상황
  고려 적정 공법 선택
─ 자료 feed back화 시행

③ 기존 구조물에 근접하여 지반굴착 시 허용안전율을 크게 하
  여 벽체강성을 크게 하고 지하수 유출에 따른 피해를 최소
  화하는 방안을 강구하여야 한다.

문제 4.　흙막이공(토류벽)의 종류 및 특징에 대하여 설명하시오.

답.

I. 개요

1) 흙막이공법의 정의

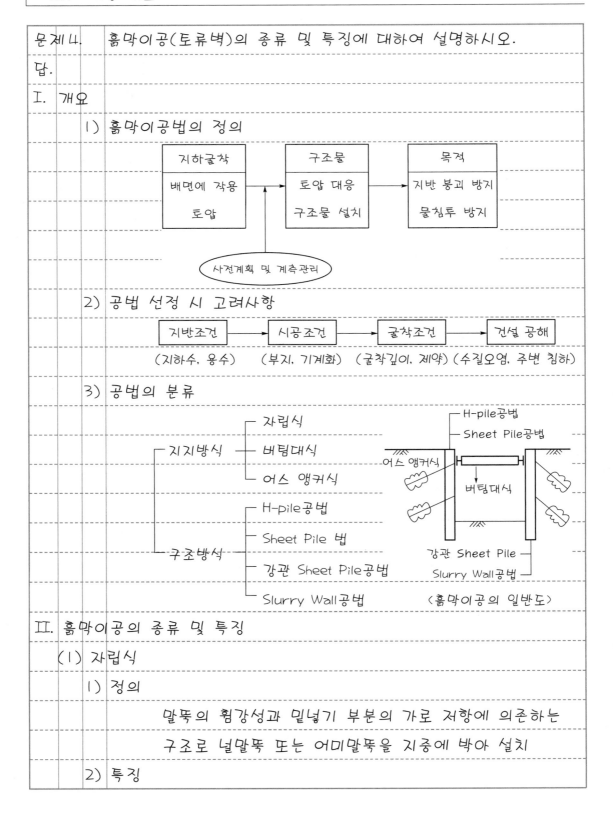

지하굴착	구조물	목적
배면에 작용 토압	토압 대응 구조물 설치	지반 붕괴 방지 물침투 방지

사전계획 및 계측관리

2) 공법 선정 시 고려사항

지반조건 → 시공조건 → 굴착조건 → 건설 공해
(지하수, 용수)　(부지, 기계화)　(굴착깊이, 제약)　(수질오염, 주변 침하)

3) 공법의 분류

- 지지방식 ─┬─ 자립식
　　　　　　├─ 버팀대식
　　　　　　└─ 어스 앵커식

- 구조방식 ─┬─ H-pile공법
　　　　　　├─ Sheet Pile 법
　　　　　　├─ 강관 Sheet Pile공법
　　　　　　└─ Slurry Wall공법

〈흙막이공의 일반도〉

II. 흙막이공의 종류 및 특징

(1) 자립식

1) 정의

　말뚝의 휨강성과 밑넣기 부분의 가로 저항에 의존하는
　구조로 널말뚝 또는 어미말뚝을 지중에 박아 설치

2) 특징

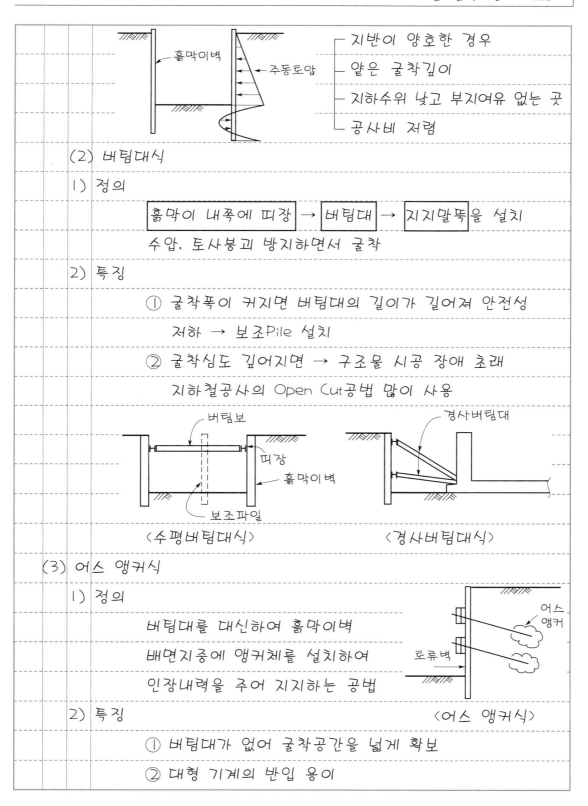

- 지반이 양호한 경우
- 얕은 굴착깊이
- 지하수위 낮고 부지여유 없는 곳
- 공사비 저렴

(2) 버팀대식

1) 정의

흙막이 내쪽에 띠장 → 버팀대 → 지지말뚝을 설치

수압, 토사붕괴 방지하면서 굴착

2) 특징

① 굴착폭이 커지면 버팀대의 길이가 길어져 안전성

   저하 → 보조Pile 설치

② 굴착심도 깊어지면 → 구조물 시공 장애 초래

   지하철공사의 Open Cut공법 많이 사용

〈수평버팀대식〉   〈경사버팀대식〉

(3) 어스 앵커식

1) 정의

버팀대를 대신하여 흙막이벽

배면지중에 앵커체를 설치하여

인장내력을 주어 지지하는 공법

〈어스 앵커식〉

2) 특징

① 버팀대가 없어 굴착공간을 넓게 확보

② 대형 기계의 반입 용이

③ 인접 구조물의 기초나 매설물이 있는 경우 부적합

④ 지하수위가 높은 지반 부적합

(4) H-pile공법

1) 정의

H-pile을 박고 굴착하면서 토류판을 끼우고 띠장과 버팀보로 지지하는 공법

2) 특징

지하수위 낮은 곳 공사비 저렴	↔	H-pile 회수 가능 장애물 처리 용이	↔	주변 지반 침하 인접 건물 영향

→ H-pile공법 ←

(5) Slurry Wall공법

1) 정의

안정액으로 벽체의 붕괴를 방지하면서 지하로 트렌치 굴착하여 철근망 삽입 후 Con'c 지하연속벽 축조

2) 특징

차수성 가장 우수 근접 공사 적합 벽체 강성 큼	⇒	Slurry wall	⇐	저소음, 저진동 공사비가 고가 공벽 붕괴 우려

3) 판넬 제작순서

P₁ S₁ P₂ S₂ P₃

① P1 → P2 → P3 : 인터로킹 Pipe 사용

② S1 → S2 : 인터로킹 Pipe 사용 안함

(6) Sheet pile공법

1) 정의

Sheet Pile을 지중에 박아 토압을 지지하는 공법

2) 특징

① 지하수위 높고 연약지반 적합

② 차수성이 우수하며 시공이 용이

③ 타입 시 진동·소음공해 발생

④ 자갈 섞인 토사 → 관입 곤란

〈U형〉　　　〈Z형〉

(7) 강관 Sheet Pile공법

강널말뚝의 강성을 보완하기 위해

개발된 것으로 강관말뚝을 이용,

이음장치하여 지중에 관입하는

공법

수밀성 확보　　연결이음

φ800mm

〈연결이음〉〈강관 Sheet Pile〉

III. 결언

① 흙막이공의 시공은 벽체의 강성이 크고 차수성이 우수해야

한다.

② 도심지 공사의 근접 흙막이 시공은 주변 영향이 적고 안전

성이 좋은 공법을 선정해야 한다.

| 문제 5. | Slurry wall공법의 특징과 시공 시 유의사항에 대하여 설명하시오. |

답.

I. 서언

① Slurry wall공법이란 토공사에서 흙막이 및 차수벽으로 사용하기 위하여 지하연속법으로 축조하는 공법이다.

② 저소음 저진동공법으로 주변 지반에 영향을 최소화할 수 있으며 차수성이 높아 도심지 구조물 근접 시공에 유리하다.

③ 종류

벽식 공법

• Bentonite에 의해 지반을 안정시킨 후 지중에 철근 Con'c 연속벽을 형성하는 공법

인터로킹 Pipe
P₁ S₁ P₂ S₂ P₃

시공순서 ┌ 첫 번째 Panel P1 → P2 → P3
        └ 두 번째 Panel S1 → S2

주열식 공법

• 지중에 현장타설 Con'c Pile을 연속 시공하여 벽체를 형성하는 공법

• SCW(Soil Cement Wall), CIP 등

⟨겹침형⟩   ⟨접접형⟩   ⟨어긋매김형⟩

II. 특징

(1) 장점

1) 벽체의 강성이 큼

① 철근 Con'c구조체로 형성되므로 강성이 크다.

② 지반조건에 따라 단면크기를 조절 가능하다.

2) 구조체의 전환사용

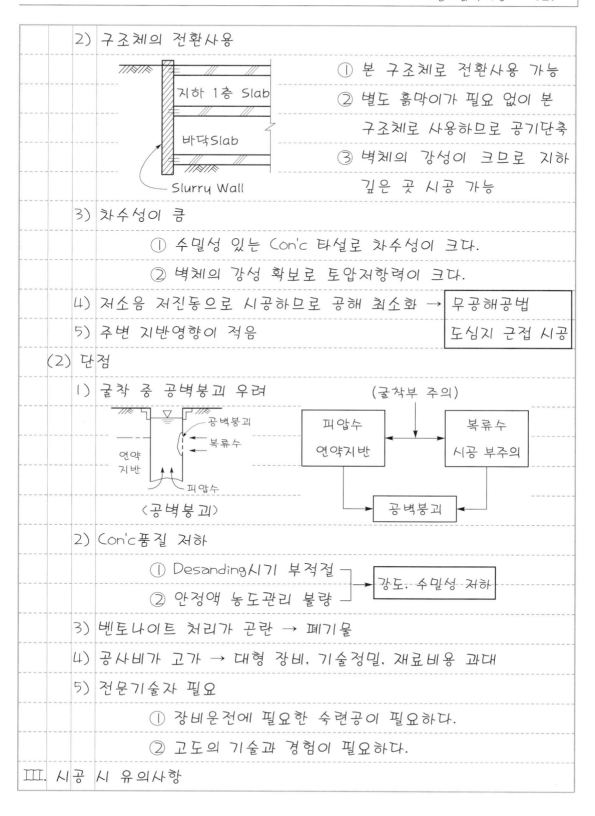

① 본 구조체로 전환사용 가능

② 별도 흙막이가 필요 없이 본 구조체로 사용하므로 공기단축

③ 벽체의 강성이 크므로 지하 깊은 곳 시공 가능

지하 1층 Slab

바닥Slab

Slurry Wall

3) 차수성이 큼

　　① 수밀성 있는 Con'c 타설로 차수성이 크다.

　　② 벽체의 강성 확보로 토압저항력이 크다.

4) 저소음 저진동으로 시공하므로 공해 최소화 → 무공해공법

5) 주변 지반영향이 적음　　　　　　　　　　　도심지 근접 시공

(2) 단점

1) 굴착 중 공벽붕괴 우려

　　공벽붕괴

　　복류수

연약지반

피압수

〈공벽붕괴〉

(굴착부 주의)

| 피압수 연약지반 | ↔ | 복류수 시공 부주의 |

　　　　　　　공벽붕괴

2) Con'c품질 저하

　　① Desanding시기 부적절

　　② 안정액 농도관리 불량　→ 강도, 수밀성 저하

3) 벤토나이트 처리가 곤란 → 폐기물

4) 공사비가 고가 → 대형 장비, 기술정밀, 재료비용 과대

5) 전문기술자 필요

　　① 장비운전에 필요한 숙련공이 필요하다.

　　② 고도의 기술과 경험이 필요하다.

III. 시공 시 유의사항

1) 시공순서 Flow Chart

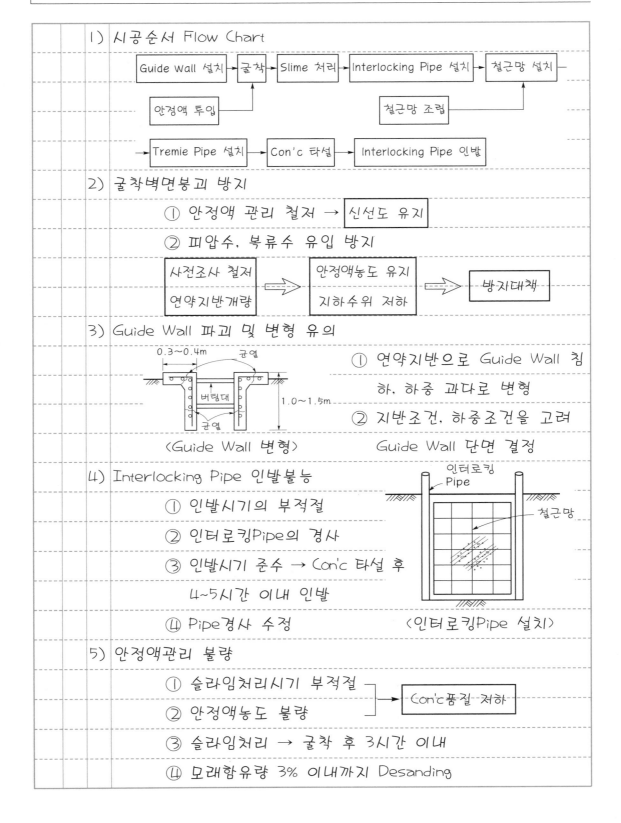

```
Guide Wall 설치 → 굴착 → Slime 처리 → Interlocking Pipe 설치 → 철근망 설치 ─

            안정액 투입                    철근망 조립

→ Tremie Pipe 설치 → Con'c 타설 → Interlocking Pipe 인발
```

2) 굴착벽면붕괴 방지

   ① 안정액 관리 철저 → 신선도 유지

   ② 피압수, 복류수 유입 방지

```
사전조사 철저        안정액농도 유지
연약지반개량   ⇒    지하수위 저하   ⇒   방지대책
```

3) Guide Wall 파괴 및 변형 유의

0.3~0.4m   균열

버팀대

1.0~1.5m

균열

〈Guide Wall 변형〉

   ① 연약지반으로 Guide Wall 침하, 하중 과다로 변형

   ② 지반조건, 하중조건을 고려 Guide Wall 단면 결정

4) Interlocking Pipe 인발불능

   ① 인발시기의 부적절

   ② 인터로킹Pipe의 경사

   ③ 인발시기 준수 → Con'c 타설 후 4~5시간 이내 인발

   ④ Pipe경사 수정

인터로킹 Pipe

철근망

〈인터로킹Pipe 설치〉

5) 안정액관리 불량

   ① 슬라임처리시기 부적절 ┐
   ② 안정액농도 불량　　　┘ → Con'c품질 저하

   ③ 슬라임처리 → 굴착 후 3시간 이내

   ④ 모래함유량 3% 이내까지 Desanding

6) 이음부 불량에 의한 누수

누수원인	대책
• 굴착수직도 불량	• 굴착수직도 유지 : 1/150 ~ 1/200
• 이음부 슬라임 집적	• 슬라임 제거 철저
• 인터로킹 Pipe 시공불량	• 누수 부위 주입공법 시공

7) 철근망 근입불량

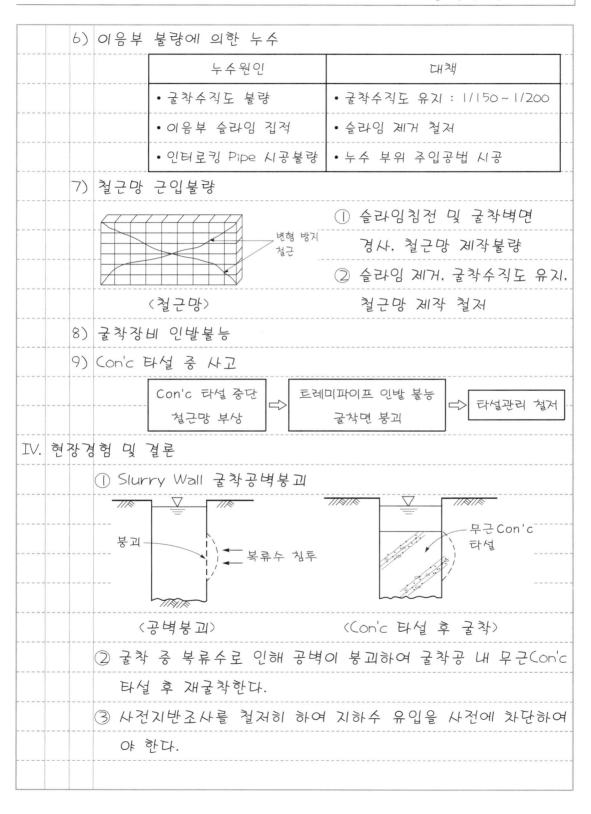

〈철근망〉

① 슬라임침전 및 굴착벽면 경사, 철근망 제작불량

② 슬라임 제거, 굴착수직도 유지, 철근망 제작 철저

8) 굴착장비 인발불능

9) Con'c 타설 중 사고

Con'c 타설 중단 철근망 부상 ⇒ 트레미파이프 인발 불능 굴착면 붕괴 ⇒ 타설관리 철저

IV. 현장경험 및 결론

① Slurry Wall 굴착공벽붕괴

〈공벽붕괴〉　　　　　　〈Con'c 타설 후 굴착〉

② 굴착 중 복류수로 인해 공벽이 붕괴하여 굴착공 내 무근Con'c 타설 후 재굴착한다.

③ 사전지반조사를 철저히 하여 지하수 유입을 사전에 차단하여야 한다.

문제 6. 흙막이공에 적용되는 계측기 종류와 설치위치에 대하여 설명하시오.

답.

I. 서언

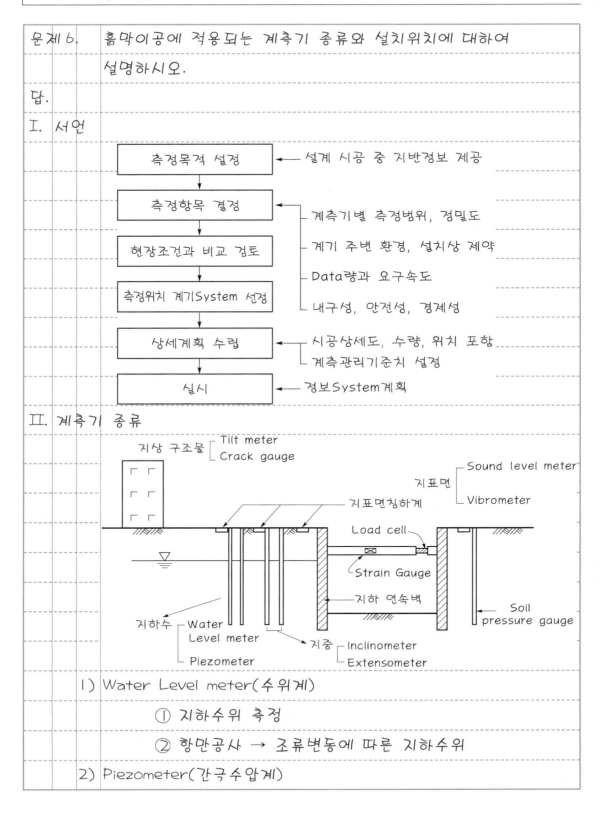

측정목적 설정 ← 설계 시공 중 지반정보 제공

측정항목 결정

현장조건과 비교 검토

측정위치 계기System 선정

├ 계측기별 측정범위, 정밀도
├ 계기 주변 환경, 설치상 제약
├ Data량과 요구속도
└ 내구성, 안전성, 경제성

상세계획 수립
├ 시공상세도, 수량, 위치 포함
└ 계측관리기준치 설정

실시 ← 정보System계획

II. 계측기 종류

지상 구조물 ┌ Tilt meter
            └ Crack gauge

지표면 ┌ Sound level meter
       └ Vibrometer

지표면침하계

Load cell

Strain Gauge

지하 연속벽

Soil pressure gauge

지하수 ┌ Water Level meter
       └ Piezometer

지중 ┌ Inclinometer
     └ Extensometer

1) Water Level meter(수위계)

　① 지하수위 측정

　② 항만공사 → 조류변동에 따른 지하수위

2) Piezometer(간극수압계)

① 지중의 간극수압

② 과잉간극수압 소산 여부

3) Tiltmeter(경사계)

① 구조물 변형

② 건축물의 기울기 등

4) Crack Gauge(균열측정계)

① 구조물의 균열 정도

② 균열발달과정

5) Level(지표면침하계)

① 지표면의 침하 정도

② 공사 전·후 지반상태

6) Sound Level meter(소음측정계)

① 소음 측정

② 규준치 준수 여부

7) Vibrometer(진동측정계)

① 진동 측정

② 진동범위

8) Load Cell(하중계)

① 흙막이 부재축압

② Earth Anchor 인장력

9) Strain Gauge(변형계)

① Strut변형 측정

② 좌굴 여부 확인

10) Soil Pressure Gauge(토압계)

① 배면토압

② 흙막이 안정성

11) Inclinometer(지중변위계)

      ① 측압에 의한 흙막이 기울기

      ② 가시설 안정성

12) Extensometer(지중침하계)

      수위변동에 따른 지중침하 측정

Ⅲ. 계측기 설치위치

1) Water Level meter

$$\left.\begin{array}{c}\text{흙막이 배면}\\\text{인접 구조물}\end{array}\right\} \longrightarrow \text{공사에 따른 지하수변동 확인}$$

2) Piezometer

간극수압 상승	→	압밀 발생	→	지반침하 우려

  ┌ 지하수위계 설치위치에 동일하게 계측
  └ 흙막이 굴착으로 인한 간극수의 흐름 측정

3) Tiltmeter, Crack Gauge

    ① 인접 구조물 외벽에 설치

    ② Crack 발생된 곳은 일일점검

                                 Crack / 핀

4) Level

Slurry Wall / Strut / 사보강재 / 1m 5m 10m / 침하계

  ① 거리별 침하계 설치

  ② 지표면 상태 일일점검

  ③ 굴착심도에 따른 배치계획

〈Level 설치 평면도〉

5) Sound Level meter, Vibrometer

    공사장 주변 도로나 구조물 주변에서 측정

6) Load Cell

　　　　버팀대 (Strut)에 설치하여 축하중변화 측정

7) Strain Gauge

　　　　육안검사와 더불어 Strut에 설치 변형검사

8) Soil Pressure Gauge

　　　　심도가 깊은 곳　　　　┐　┌──────────────┐
　　　　　　　　　　　　　　　　├→│ 흙막이 배면 5m │
　　　　도로, 구조물 위치방향　┘　│ 이내 설치　　　 │
　　　　　　　　　　　　　　　　　└──────────────┘

9) Inclinometer, Extensometer

　　　　지하수위가 높을 경우 침하가 우려되는 곳에

　　　　설치 · 확인

IV. SMART 계측관리 및 결언

┌──────────────┐
│ 흙막이 3D 모델링 │　① 사전 문제점 파악 및 대책 수립
└──────────────┘
　　　　↓　　　　　　　　　　가능
┌──────────────┐
│ 계측센서 설치　 │　② 실시간 흙막이 변형계측 및 3D
└──────────────┘
　　　　↓　　　　　　　　　　Modeling에 반영
┌──────────────┐
│ 데이터 연동　　 │　③ 작업환경 파악
└──────────────┘
　　　　↓　　　　　　　　　④ 안전 시공 가능
┌──────────────┐
│ 실시간 계측 시행 │　　→ 붕괴예측, 근로자재해예방
└──────────────┘

문제 7.   Earth anchor의 지지방식, 특징 및 적용 범위에 대하여 설명하시오.

답.

I. 서언

1) Earth anchor의 역학적 특성

① 주동토압(P_a)

$$P_a = \frac{1}{2} r_t H^2 K_a, \quad K_a = \tan^2\left(45° - \frac{\phi}{2}\right)$$

② 인장체 저항력(T)

$$P_a = T\cos\alpha \rightarrow T = \frac{P_a}{\cos\alpha} = \tau\pi D l_a$$

(τ : 정착장부착력, πD : 앵커 주변장)

③ 정착장길이(l_a)

$$T F_s = \frac{P_a}{\cos\alpha} F_s = \tau\pi D l_a F_s \qquad \left[\begin{array}{l} \text{영구 : } 2 \sim 3 \\ \text{임시 : } 1.5 \end{array}\right.$$

$$\therefore l_a = \frac{P_a F_s}{\tau\cos\alpha\,\pi D}$$

④ 자유장길이(l_b)

$$\left[\begin{array}{l} \text{주동파괴면거리} + 0.15H \\ \text{4m 이상 규정} \end{array}\right.$$

2) Earth Anchor 지지방식의 분류 ─┬ 마찰방식
　　　　　　　　　　　　　　　　├ 지압방식
　　　　　　　　　　　　　　　　└ 복합방식

II. Earth Anchor의 지지방식

1) 마찰형 지지방식

① $T = \tau\pi D l_a$

② Anchor체의 주변 마찰저항에

의해 인장력에 저항

③ 주변 마찰저항력은 Anchor체의 길이에 비례하지만

일정 길이 이상은 효과가 없음

2) 지압형 지지방식

① $T=qA$ ┌ q : 지압저항력

└ A : 지압저항면적

② Anchor체의 일부 또는 대부분을

확공하여 정착장 앞쪽면의 수동

토압으로 인장력에 저항

〈지압형〉

3) 복합형 지지방식

① $T=\tau\pi Dl_a + qA$

② Anchor체 앞면의 수동토압

저항과 주변 마찰력합에

의해 인장력 저항

〈복합형〉

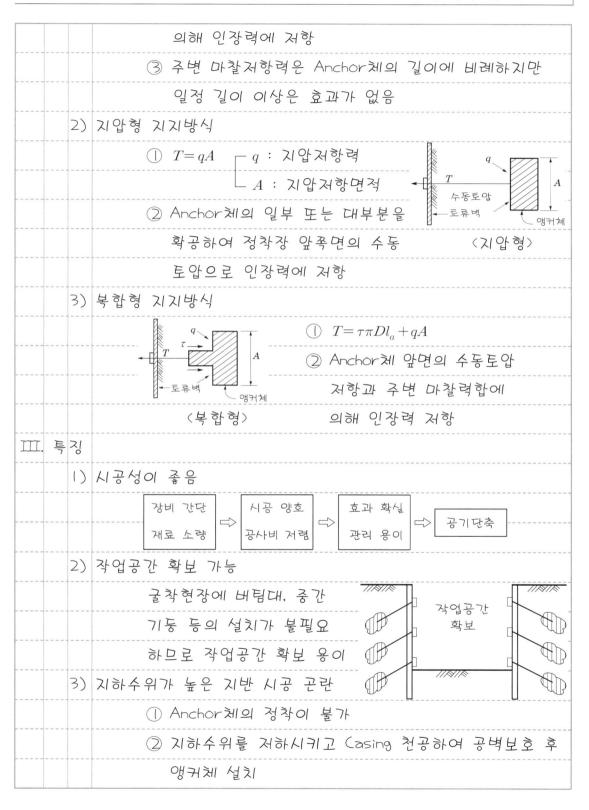

Ⅲ. 특징

1) 시공성이 좋음

| 장비 간단 재료 소량 | ⇨ | 시공 양호 공사비 저렴 | ⇨ | 효과 확실 관리 용이 | ⇨ | 공기단축 |

2) 작업공간 확보 가능

굴착현장에 버팀대, 중간

기둥 등의 설치가 불필요

하므로 작업공간 확보 용이

작업공간
확보

3) 지하수위가 높은 지반 시공 곤란

① Anchor체의 정착이 불가

② 지하수위를 저하시키고 Casing 천공하여 공벽보호 후

앵커체 설치

4) 인접 구조물 영향이 큼

시공 배면의 지중에 구조물이 매설되어 있는 경우 시공 곤란

5) 작업설비가 간단

천공작업기계	지반의 천공, 드릴
인장기계	PS강선의 인장력 확인
Grout기계	철근부식 방지, 강도 증대요인

6) 시공 양부에 따라 정착력 상이

① 천공관리 ┌ 각도, 깊이
           └ 길이, 정착지층

② Grout품질관리 : 배합, 타설속도, 양생, 주입압력

7) 진동의 영향이 있는 지반이나 사질지반 시공 곤란

IV. 적용 범위

1) 흙막이공

흙막이

① 흙막이 안정지지용

② 지하철공사, 전력구, 통신구공사, 빌딩 기초터파기 공사에 사용

2) 사면안정

① 암반의 단층 및 절리 발달 사면의 사면안정공법

② 인장재의 부식에 주의

Rock Anchor

단층대

3) 구조물 부상 방지

① 양압력 및 부력에 불안정한 구조물은 영구 앵커를 이용 부상 방지

② 앵커인발시험을 철저히 실시

4) 옹벽보강

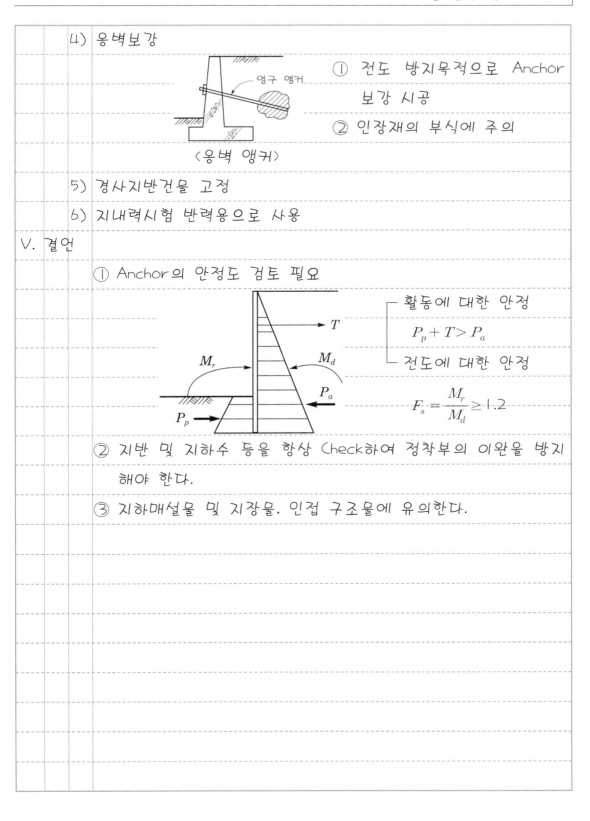

〈옹벽 앵커〉

① 전도 방지목적으로 Anchor
   보강 시공
② 인장재의 부식에 주의

5) 경사지반건물 고정

6) 지내력시험 반력용으로 사용

V. 결언

① Anchor의 안정도 검토 필요

활동에 대한 안정
$$P_p + T > P_a$$
전도에 대한 안정

$$F_s = \frac{M_r}{M_d} \geq 1.2$$

② 지반 및 지하수 등을 항상 Check하여 정착부의 이완을 방지
   해야 한다.

③ 지하매설물 및 지장물, 인접 구조물에 유의한다.

6

永生의 길잡이 - 여섯

선행으로 천국에 못가는 이유

"모든 사람이 죄를 범하였으매 하나님의 영광에 이르지 못하더니" 라고 했습니다.

(로마서 3 : 23)

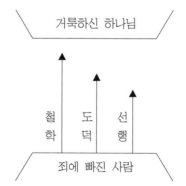

하나님은 거룩하시고 사람은 죄에 빠졌습니다. 그리하여 서로 사이에는 큰 간격이 생기게 되었습니다. 사람들은 철학이나 도덕 또는 선행 등 자기 힘으로 하나님께 도달하여 풍성한 삶을 누려보려고 애쓰고 있으나 이것은 불가능한 것입니다. 하나님께 도달하는 길은 오직 예수 그리스도를 통하여야 합니다.

제2장 ▶ 기 초

제2절 기초공

문제1.	말뚝기초를 분류하고 특징에 대하여 설명하시오.

답.

I. 서언

① 말뚝을 선정 시에는 하중, 지반조건, 시공위치, 구조물형태 등을 고려 선정해야 한다.

② 말뚝은 상부하중을 지지층에 전달할 수 있는 구조라야 하며 시공성 및 경제성이 있어야 한다.

③ 말뚝 선정 시 고려사항

지지층의 심도 지반조건 주변 구조물, 지반 영향	⇒	고려 사항	⇐	공사위치 구조물의 형태, 하중 공해 발생 검토

II. 말뚝의 분류 및 특징

(1) 용도별 분류

1) 분류

(지지말뚝)(마찰말뚝) (무리말뚝)   (사항)   (억지말뚝)

2) 지지말뚝

① 경질지반까지 말뚝을 정착시켜 선단지지력에 의해 지지

② 말뚝지지력 산정 시 마찰력은 무시

3) 마찰말뚝

① 말뚝 주변 마찰력에 의해 지지

② 시공 시 유의사항

부마찰력 발생 지반침하	⇒	지하수위 높음 진동충격	⇒	말뚝이음 연약지반	⇒	침하 발생

4) 무리말뚝

    ① 지반에 말뚝을 좁은 간격으로 타입하여 각 말뚝 간 응력이 중복되어 서로 영향을 미치도록 시공한 말뚝

    ② 무리말뚝 판별

$$S > D_o : 단말뚝 \qquad S : 말뚝간격$$
$$S < D_o : 무리말뚝 \qquad D_o : 영향범위$$

$$D_o = 1.5\sqrt{rl} \quad (r : 말뚝반경, \ l : 말뚝길이)$$

5) 억지말뚝

    사면 Sliding 방지목적으로 횡저항말뚝

6) 사항말뚝

    수평력이나 인장력에 저항하는 말뚝

(2) 재료별 분류

1) 나무말뚝

    ① → 소나무, 낙엽송 이용 말뚝

    ② 경제적이고 취급이 간편하나 지지력 작고 치수에 제한

2) RC말뚝

    철근 / 중공

    ① 공장제품으로 재료가 균질하고 강도 큼

    ② 말뚝길이 15m 이내 경제적

    ③ 타입 시 균열 발생 쉽고 이음부가 취약

    ④ 중량물이며 운반, 야적 시 균열 발생 주의

〈RC말뚝〉

3) PSC말뚝

    ① 사전에 PS강선에 인장력 주고 제작

    ② Prestress를 도입한 Con'c 말뚝

    ③ 균열이 적고 이음부 신뢰성 RC말뚝 보다 양호

    ④ 말뚝길이 15~25m 정도

PS강선 / 중공 〈PSC말뚝〉

4) PHC말뚝

① 설계지지력을 크게 확보

| 고강도 Con'c
프리텐싱
고압증기 양생 | ⇨ | 제작기간 단축
휨저항 大
내구성 大 | ⇨ | 시공성 양호
균열 최소화
선단지지력 大 | ⇨ | 특징 |

② 말뚝길이 30~35m 정도

5) 강관말뚝

① 깊은 기초말뚝 사용(25~35m)

② 대형 기초말뚝에 유리

③ 부식 방지에 대책 필요   〈강관말뚝〉

④ 휨강도(大) + 압축강도(大) → 수평저항말뚝 사용

6) H형 말뚝

← Flange
Web
〈H형강 말뚝〉

① 흙막이 및 가시설용으로 사용

② 운반취급이 용이

③ 선단지지말뚝으로 사용

7) 말뚝의 압축강도

구분	RC말뚝	PSC말뚝	PHC말뚝	강관말뚝
압축강도	40MPa	50MPa	80MPa	240MPa

Prestress 및 증기양생으로 고강도 콘크리트말뚝 제조

(3) 제조방법별 분류

종류	특징
기성말뚝	• 공장제품으로 품질 양호 • 시공이 쉽고 시공관리 용이
관입말뚝	• 직접케이싱 관입하여 Con'c 타설 • 짧은 말뚝에 적합 • 소형 구조물에 이용

종류	특징
굴착말뚝	• 현장에서 특수한 굴착장비를 이용하여 대구경 Con'c 말뚝 형성 • 무진동·무소음공법으로 긴 말뚝에 적합
Prepacked Con'c Pile	• 현장에서 오거로 굴착하여 공 내에 Con'c를 타설하는 말뚝

(4) 형상에 의한 분류

〈선단폐쇄말뚝〉   〈선단개방말뚝〉

(5) 거동에 의한 분류

① 일반구조물의 기초말뚝 : 기성말뚝

② 특수구조물의 깊은 기초말뚝 : 현장타설 굴착말뚝

Ⅲ. 결언

① 말뚝 시공 전 반드시 시험항타 실시

② Rebound Check를 실시 지지력 확인

〈Rebound량과 관입량〉

㉠ 최종 6회 평균 5mm 이하 타격 중지

㉡ 낙하고, 관입량 등 측정 지지력 확인

| 문제 2. | 말뚝의 지지력 산정방법에 대하여 설명하시오. |

답.

I. 일반사항

1) 개요

① 말뚝의 지지력은 말뚝선단지반의 지지력과 주면마찰력의 합을 말하며, 말뚝의 허용지지력은 말뚝선단의 지지력과 주면마찰력의 합을 안전율로 나눈 것을 말한다.

② 말뚝의 지지력에는 축방향 지지력, 수평지지력, 인발저항 등이 있으나, 말뚝의 지지력이라 하면 축방향 지지력을 말한다.

2) 허용지지력

$$R_a(허용지지력) = \frac{R_u(극한지지력)}{F_s(안전율)}$$

안전율 (F_s)	정역학적 공식	동역학적 공식		
		Sander	Engineering News	Hiley
	3	8	6	3

II. 지지력 산정방법

1) 정역학적 추정방법

① Terzaghi공식 : 토질시험에 의한 방법

$$R_u = R_p + R_f$$

R_p : 선단극한지지력

R_f : 주면극한마찰력

모래 $N_s A_s$

② Meyerhof공식

점토 $N_c A_c$

$$R_u = 30 N_p A_p + \frac{1}{5} N_s A_s + \frac{1}{2} N_c A_c$$

$N_p \quad A_p$

• 표준관입시험에 의한 방법

N_p : 말뚝선단 N치 A_p : 말뚝선단지지면적(m^2)

N_s : 모래지반 N치 A_s : 모래지반말뚝주면면적(m^2)

N_c : 점토지반 N치 A_c : 점토지반말뚝주면면적(m^2)

③ 설계 전에 재하시험 곤란 시 이용

2) 동역학적 추정방법

① Sander공식

$$R_u = \frac{WH}{S}$$

W : 타격에 유효한 무게(kg)

H : Hammer의 낙하고(cm)

S : 말뚝평균관입량(cm)

② Engineering News공식

Drop Hammer	Steam Hammer(복동식)
$R_u = \dfrac{WH}{S+2.54}$	$R_u = \dfrac{(W+ap)H}{S+0.254}$

a : 피스톤의 유효면적

p : 피스톤의 유효증기압(tf/cm^2)

③ Hiley공식

$$R_u = \frac{e_f F}{S + \dfrac{C_1 + C_2 + C_3}{2}} \left(\frac{W_H + e^2 W_P}{W_H + W_P} \right)$$

S : 말뚝의 최종관입량(cm) e_f : 해머의 효율

C_1 : 말뚝의 탄성변형량 F : 타격에너지($tf \cdot cm$)

C_2 : 지반의 말뚝변형량 W_H : 해머의 중량

C_3 : Cap Cushion 변형량 W_P : 말뚝의 중량

e^2 : 반발계수 : 탄성 = 1, 비탄성 = 0

※ 위 공식에서 C_1, C_2는 Rebound Check로 구한다.

④ 적용 조건

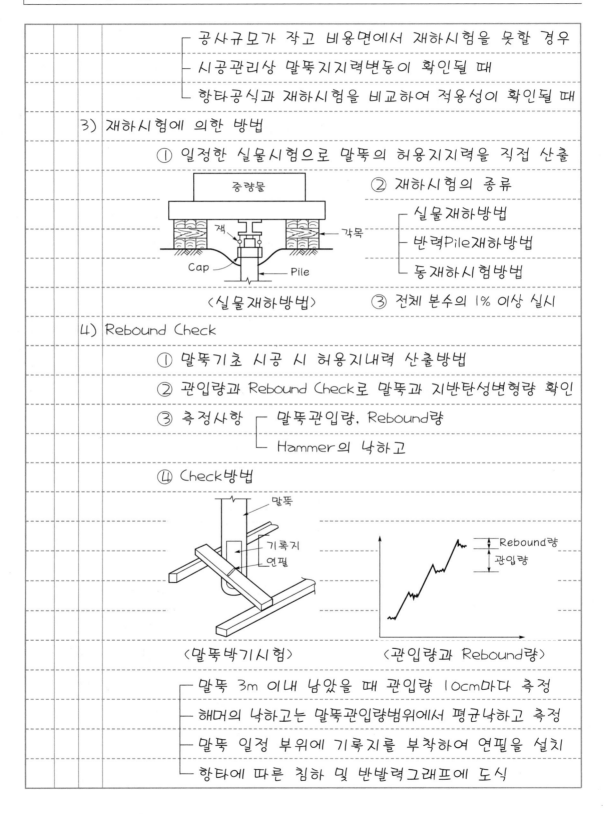

┌ 공사규모가 작고 비용면에서 재하시험을 못할 경우

├ 시공관리상 말뚝지지력변동이 확인될 때

└ 항타공식과 재하시험을 비교하여 적용성이 확인될 때

3) 재하시험에 의한 방법

① 일정한 실물시험으로 말뚝의 허용지지력을 직접 산출

중량물

잭

각목

Cap   Pile

〈실물재하방법〉

② 재하시험의 종류

┌ 실물재하방법

├ 반력Pile재하방법

└ 동재하시험방법

③ 전체 본수의 1% 이상 실시

4) Rebound Check

① 말뚝기초 시공 시 허용지내력 산출방법

② 관입량과 Rebound Check로 말뚝과 지반탄성변형량 확인

③ 측정사항 ┌ 말뚝관입량, Rebound량
           └ Hammer의 낙하고

④ Check방법

말뚝

기록지

연필

〈말뚝박기시험〉

Rebound량
관입량

〈관입량과 Rebound량〉

┌ 말뚝 3m 이내 남았을 때 관입량 10cm마다 측정

├ 해머의 낙하고는 말뚝관입량범위에서 평균낙하고 측정

├ 말뚝 일정 부위에 기록지를 부착하여 연필을 설치

└ 항타에 따른 침하 및 반발력그래프에 도식

5) 시험말뚝박기에 의한 방법

 ① 항타 시공장비 및 작업방법 선정

 ② 말뚝길이, 치수, 이음방법, 최종 1회 타격허용관입량

  으로 설계나 시공기간 결정

 ③ Rebound Check로 지지력 추정

6) 소음·진동에 의한 방법

 ① 말뚝박기 시 소음과 진동의 크기로 지지층 도달 확인

 ② 지지층 도달 전 1.5m 정도 관입 시 소음·진동 최대

7) 자료에 의한 방법

 인접 현장공사자료 참고하여 추정(간이추정방식)

Ⅲ. 말뚝의 시간경과효과(Time Effect)

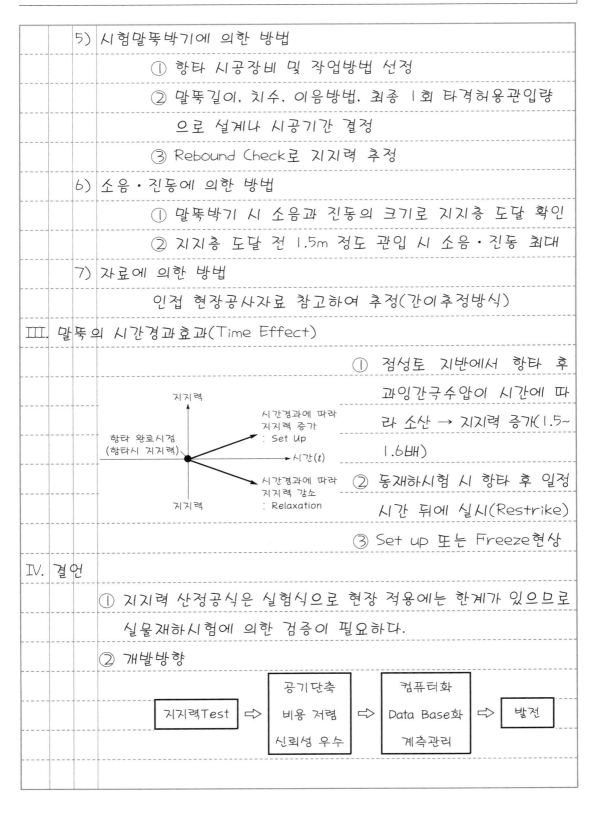

① 점성토 지반에서 항타 후 과잉간극수압이 시간에 따라 소산 → 지지력 증가(1.5~1.6배)

② 동재하시험 시 항타 후 일정 시간 뒤에 실시(Restrike)

③ Set up 또는 Freeze현상

Ⅳ. 결언

① 지지력 산정공식은 실험식으로 현장 적용에는 한계가 있으므로 실물재하시험에 의한 검증이 필요하다.

② 개발방향

| 지지력Test | ⇨ | 공기단축
비용 저렴
신뢰성 우수 | ⇨ | 컴퓨터화
Data Base화
계측관리 | ⇨ | 발전 |

문제 3. 기성말뚝과 현장타설말뚝의 특징을 설명하시오.

답.

I. 서언

① 말뚝기초는 상부하중을 직접기초로 지지하기 어려울 때 단단한 지반에 전달하는 구조물이다.

② 말뚝의 종류

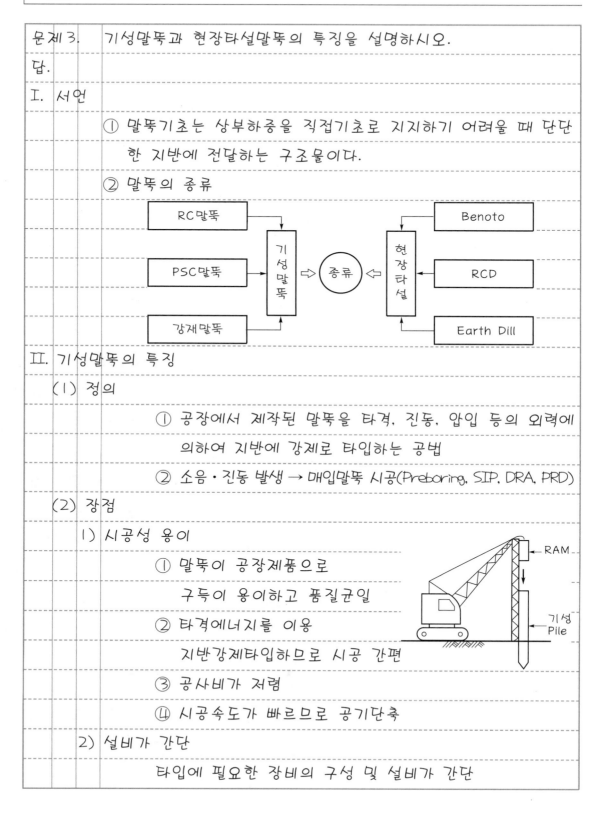

II. 기성말뚝의 특징

(1) 정의

① 공장에서 제작된 말뚝을 타격, 진동, 압입 등의 외력에 의하여 지반에 강제로 타입하는 공법

② 소음·진동 발생 → 매입말뚝 시공(Preboring, SIP, DRA, PRD)

(2) 장점

1) 시공성 용이

① 말뚝이 공장제품으로 구득이 용이하고 품질균일

② 타격에너지를 이용 지반강제타입하므로 시공 간편

③ 공사비가 저렴

④ 시공속도가 빠르므로 공기단축

2) 설비가 간단

타입에 필요한 장비의 구성 및 설비가 간단

3) 지지력 확인이 용이

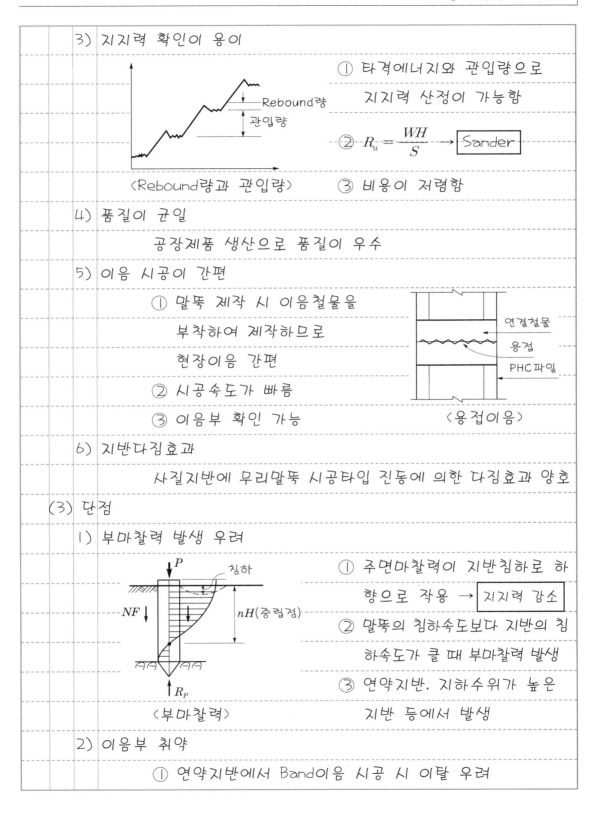

① 타격에너지와 관입량으로 지지력 산정이 가능함

② $R_u = \dfrac{WH}{S} \rightarrow$ Sander

③ 비용이 저렴함

〈Rebound량과 관입량〉

4) 품질이 균일

　　공장제품 생산으로 품질이 우수

5) 이음 시공이 간편

① 말뚝 제작 시 이음철물을 부착하여 제작하므로 현장이음 간편

② 시공속도가 빠름

③ 이음부 확인 가능

　　연결철물

　　용접

　　PHC파일

〈용접이음〉

6) 지반다짐효과

　　사질지반에 무리말뚝 시공타입 진동에 의한 다짐효과 양호

(3) 단점

1) 부마찰력 발생 우려

P　침하

NF　nH(중립점)

R_P

〈부마찰력〉

① 주면마찰력이 지반침하로 하향으로 작용 → 지지력 감소

② 말뚝의 침하속도보다 지반의 침하속도가 클 때 부마찰력 발생

③ 연약지반, 지하수위가 높은 지반 등에서 발생

2) 이음부 취약

① 연약지반에서 Band이음 시공 시 이탈 우려

② 타입 시 이음부 강도 저하

3) 도심지 시공이 곤란

① 기계 및 타격에 의한 소음·진동 발생

② 공해영향으로 민원 발생하여 시공 곤란

4) 지지력 저하

점성토 지반에서의 타입 시공 시 주변 지반을 교란하여 말뚝의 지지력 저하 발생

5) 타입 시 파일손상 큼 → 균열 발생

6) 경질지반타입 곤란

Ⅲ. 현장타설말뚝의 특징

(1) 정의

현장에서 소정의 위치에 굴착하여 철근을 관입하고 콘크리트를 타설하여 만드는 말뚝

(2) 장점

1) 깊은 심도 시공 가능

 ┌ 굴착장비 최신화
 ├ 지지층까지 굴착 용이
 ├ 깊은 심도 말뚝형성 가능
 └ 수상작업 가능

〈RCD공법〉

2) 저진동, 저소음공법 → 민원 해소

3) 토질에 제약 없음

굴착장비의 발달로 토사~경암까지 굴착 가능

4) 대구경 말뚝 시공 가능

① 굴착장비의 대형화로 말뚝 대구경 시공

② 상부하중이 큰 구조물에 적합

③ 수평 저항성이 큼

(3) 단점

1) 공벽붕괴 우려

① 굴착 중 피압수 존재,
기계인발 시 공벽붕괴위험

② Casing 및 안정액관리 철저

2) 시공속도 저하 발생

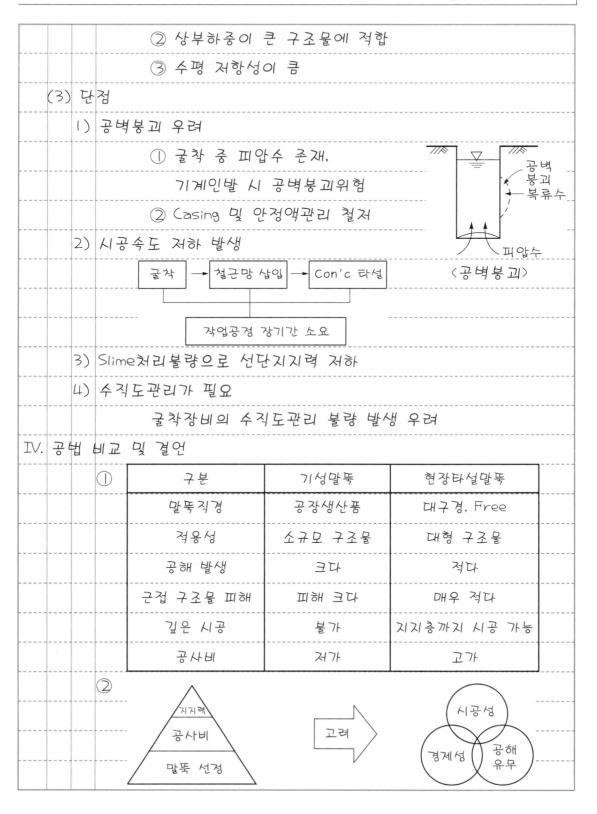

굴착 → 철근망 삽입 → Con'c 타설

작업공정 장기간 소요

〈공벽붕괴〉

3) Slime처리불량으로 선단지지력 저하

4) 수직도관리가 필요

굴착장비의 수직도관리 불량 발생 우려

Ⅳ. 공법 비교 및 결언

①

구분	기성말뚝	현장타설말뚝
말뚝직경	공장생산품	대구경, Free
적용성	소규모 구조물	대형 구조물
공해 발생	크다	적다
근접 구조물 피해	피해 크다	매우 적다
깊은 시공	불가	지지층까지 시공 가능
공사비	저가	고가

②

지지력 / 공사비 / 말뚝 선정

고려 ⇒

시공성 / 경제성 / 공해유무

| 문제 4. | 현장타설콘크리트 말뚝공법 중 Earth Drill공법, Benoto공법, |
| | RCD공법에 대하여 설명하시오. |

답.

I. 서언

① 현장타설콘크리트 말뚝공법은 상부하중이 크고 지지층이 깊은 곳의 기초공법으로 사용한다.

② 현장에서 소정의 위치에 굴착한 후 철근망을 삽입하고 콘크리트를 타설하여 제자리에서 말뚝을 축조하는 공법이다.

③ 현장타설Con'c 말뚝의 시방규정

종류	시방규정
물결합재비(W/B)	55% 이하
Slump	180 ~ 210mm 표준
굵은 골재 최대 치수	25mm 이하, 철근 순간격 1/2 이하
단위시멘트량	350kg/m³ 이상
철근피복두께	100mm 이상

II. Earth Drill공법

1) 정의

① 회전식 Drilling Bucket으로 필요한 깊이까지 굴착하고, 그 굴착공 내 철근망을 삽입, Con'c를 타설하여 지름 1~2m 정도의 대구경 제자리 말뚝을 만드는 공법

② 미국의 칼웰드사가 개발한 공법으로 칼웰드공법이라고도 함

2) 특징

① 제자리 Con'c Pile 중 진동소음이 가장 적은 공법

② 기계가 비교적 소형으로 굴착속도가 빠름

③ 좁은 장소에서 작업이 가능하고 지하수 없는 점성토 적당

④ 붕괴하기 쉬운 모래, 자갈층에는 부적당

⑤ 안정액 관리가 부적절하면 공벽붕괴

⑥ 중간 굴토층에 단단한 층이 있으면 굴착버킷이 옆으로 비켜나가 굴착공이 굽어지기 쉬움

3) 시공법

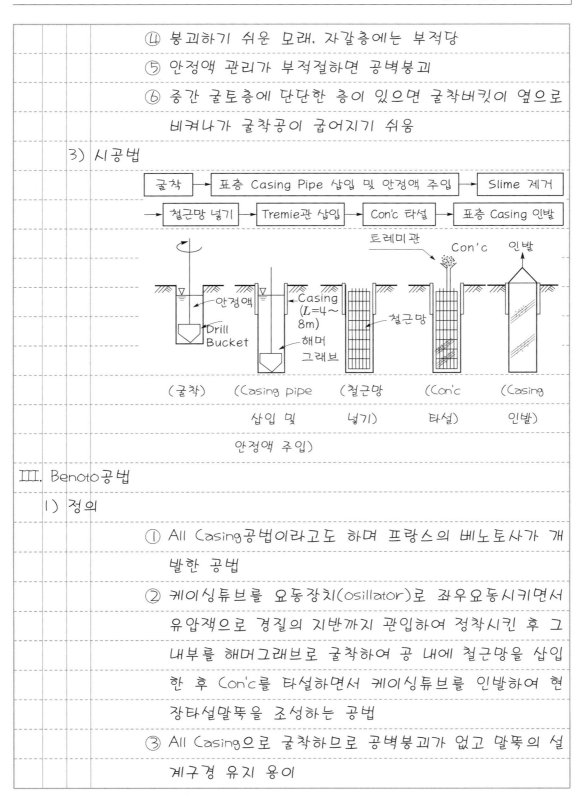

| 굴착 | → | 표층 Casing Pipe 삽입 및 안정액 주입 | → | Slime 제거 |

| → | 철근망 넣기 | → | Tremie관 삽입 | → | Con'c 타설 | → | 표층 Casing 인발 |

(굴착)　　(Casing pipe　　(철근망　　(Con'c　　(Casing

　　　　　 삽입 및　　 넣기)　　 타설)　　 인발)

　　　　　 안정액 주입)

III. Benoto공법

1) 정의

① All Casing공법이라고도 하며 프랑스의 베노토사가 개발한 공법

② 케이싱튜브를 요동장치(osillator)로 좌우요동시키면서 유압잭으로 경질의 지반까지 관입하여 정착시킨 후 그 내부를 해머그래브로 굴착하여 공 내에 철근망을 삽입한 후 Con'c를 타설하면서 케이싱튜브를 인발하여 현장타설말뚝을 조성하는 공법

③ All Casing으로 굴착하므로 공벽붕괴가 없고 말뚝의 설계구경 유지 용이

2) 특징

장점	단점
• All Casing공법	• 기계가 대형이고 기계경비 고가
• 붕괴성 토질 시공 가능	• 시공속도가 느림
• 굴착하면서 지지층 확인 용이	• 케이싱인발 시 철근공상 우려
• 수질오염이 없음	• 케이싱 수직도 관리 어려움
• 자갈모래층 시공 용이	• 암반층 시공 곤란

3) 시공법

(Casing   (굴착 및   (철근망   (Con'c   (Casing
건립)   Slime 제거)   넣기)   타설)   인발)

IV. RCD공법

1) 정의

① 독일 자르츠타사, Wirt사가 개발한 공법

② 리버스셔쿨레이션드릴로 회전굴착하고 정수압으로 공
내 안정을 유지하여 경질지반까지 관입한 후 철근망
삽입, Con'c 타설하여 현장타설말뚝을 조성하는 공법

2) 특징

① 사질토 및 연암층 시공 용이

② 시공속도가 빠르고 유지비가 비교적 경제적

③ 깊은 심도 시공 및 수상(해상) 시공 가능

④ 정수압관리가 적절치 못하면 공벽붕괴원인

⑤ 호박돌, 전석, 피압수 있는 층은 굴착 곤란

3) 시공법

표층 Casing 세우기 → 굴착 → Slime 제거 → 철근망 넣기

→ Con'c 타설 → 표층 Casing 인발

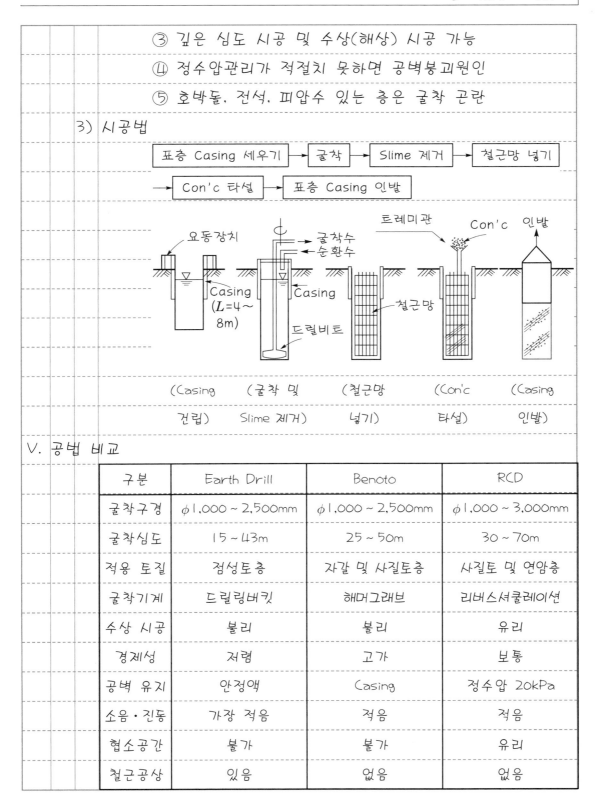

(Casing   (굴착 및   (철근망   (Con'c   (Casing

건립)   Slime 제거)   넣기)   타설)   인발)

V. 공법 비교

구분	Earth Drill	Benoto	RCD
굴착구경	$\phi 1,000 \sim 2,500mm$	$\phi 1,000 \sim 2,500mm$	$\phi 1,000 \sim 3,000mm$
굴착심도	$15 \sim 43m$	$25 \sim 50m$	$30 \sim 70m$
적용 토질	점성토층	자갈 및 사질토층	사질토 및 연암층
굴착기계	드릴링버킷	해머그래브	리버스서큘레이션
수상 시공	불리	불리	유리
경제성	저렴	고가	보통
공벽 유지	안정액	Casing	정수압 20kPa
소음·진동	가장 적음	적음	적음
협소공간	불가	불가	유리
철근공상	있음	없음	없음

| 문제 5. | 우물통(Open caisson)공사에서 침하촉진공법과 시공 시 |
| | 유의사항에 대하여 설명하시오. |

답.

I. 서언

① 우물통은 자중 또는 재하중에 의해 소정의 깊이까지
   침하시켜 기초로서의 지지력을 확보하여야 한다.

② 침하 시의 악조건에 의해 침하불능 시 지반과 우물통 벽면의
   마찰저항과 우물통 날 끝의 마찰력을 감소시킬 수 있는 방안
   을 검토해야 한다.

③ 침하조건식

$$W_L + W_C > F + P + U \ : \ 침하$$

- W_L : 재하중
- W_C : 케이슨자중
- F : 주면마찰력
- P : 선단지지력
- U : 양압력

II. 침하촉진공법

1) 재하중공법

① 우물통 상부에 철제, Con'c블록
   등을 재하하여 침하를 촉진

② 사질지반에 주로 사용

〈재하중공법〉

2) 자갈채움공법

〈자갈채움공법〉

① 우물통 주변에 표면이 매끄
   러운 둥근 자갈을 채움

② 우물통 외벽과 흙을 절연시
   켜 마찰력 감소

3) 주수공법

　　① 우물통 외벽 주변에 물을 분사하여 침하 촉진

　　② 지반 교란이 문제

4) 발파공법

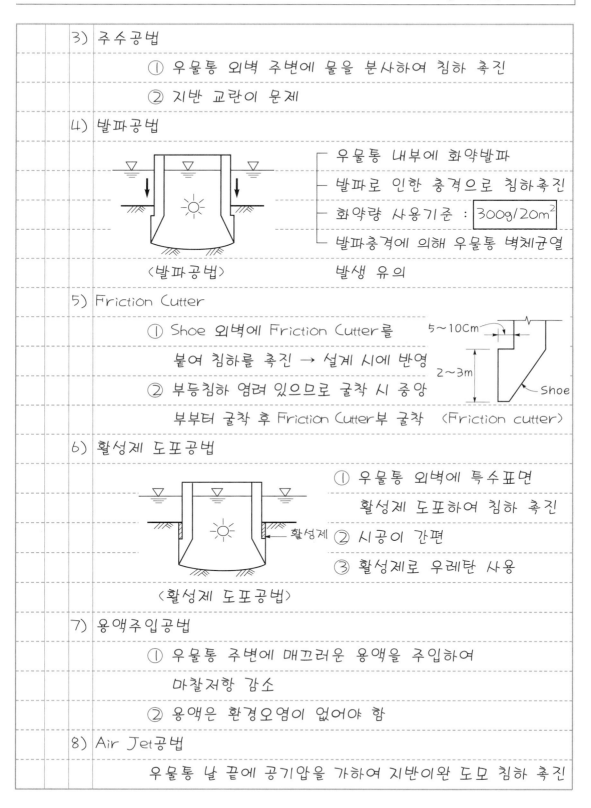

─ 우물통 내부에 화약발파

─ 발파로 인한 충격으로 침하촉진

─ 화약량 사용기준 : $\boxed{300g/20m^2}$

─ 발파충격에 의해 우물통 벽체균열

〈발파공법〉　발생 유의

5) Friction Cutter

　　① Shoe 외벽에 Friction Cutter를
　　　붙여 침하를 촉진 → 설계 시에 반영

　　② 부등침하 염려 있으므로 굴착 시 중앙
　　　부부터 굴착 후 Friction Cutter부 굴착

〈Friction cutter〉

6) 활성제 도포공법

　　① 우물통 외벽에 특수표면
　　　활성제 도포하여 침하 촉진

　　② 시공이 간편

　　③ 활성제로 우레탄 사용

〈활성제 도포공법〉

7) 용액주입공법

　　① 우물통 주변에 매끄러운 용액을 주입하여
　　　마찰저항 감소

　　② 용액은 환경오염이 없어야 함

8) Air Jet공법

　　우물통 날 끝에 공기압을 가하여 지반이완 도모 침하 촉진

9) 물하중공법

　　① 우물통 내부에 물을 넣어 침하 촉진

　　② 경제적이고 안정성이 우수

10) Water Jet공법

　　공기압 대신 물을 분사 침하 촉진

Ⅲ. 시공 시 유의사항

1) 굴착순서 준수

〈굴착순서〉

　① 대칭으로 굴착

　② 굴착순서가 불량하면 편기,
　　경사의 원인

2) 장애물 유의

　─ 날 끝에 전석 및 나무 등 돌출
　─ 편기, 경사의 원인이 되므로
　　굴착 시 유의
　─ 장애물 제거 시 안전에 유의

〈장애물 돌출〉

3) 연약지반의 부등침하

　　① 지반연약으로 인해 부등침하 발생

　　② 굴착 시 하중분포에 유의

4) 수압, 파랑, 조류의 영향으로 편기 발생 유의

5) 편심하중 유의

〈편심굴착〉

　① 굴착균형불량으로 편심하중
　　작용

　② 편기, 경사의 원인

　③ 굴착깊이를 check하여 대칭
　　으로 굴착

6) Shoe 하부굴착 유의

    ① 날 끝 하부굴착 시 안전사고 유의

    ② 시공속도를 천천히

    ③ 우물통 안전사고 큰 원인

〈굴착 유의〉

7) 이질지층 및 경사지층 굴착

    ① 지층경사 및 이질지층으로 편심하중작용

    ② 지반상태를 확인하여 굴착

8) 지지층 확인

    ① 사전지반조사결과와 최종지지층 토질 확인

    ② 확인방법 ┬ Core 채취강도, 균열 등 조사

               └ 육안검사

Ⅳ. 현장경험 및 결언

1) 현장경험

    ① ○○ 해상교량 우물통기초공사

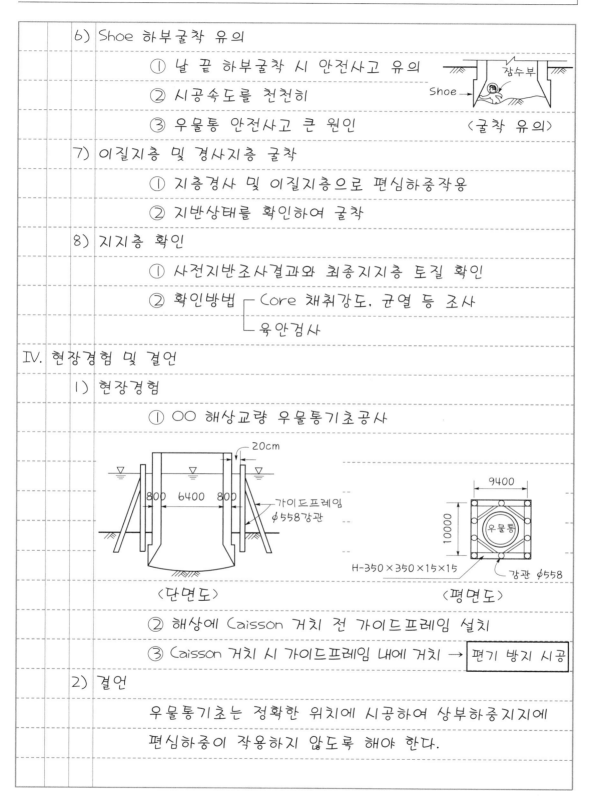

〈단면도〉　　　　　　　　　　　〈평면도〉

    ② 해상에 Caisson 거치 전 가이드프레임 설치

    ③ Caisson 거치 시 가이드프레임 내에 거치 → ┃편기 방지 시공┃

2) 결언

    우물통기초는 정확한 위치에 시공하여 상부하중지지에

    편심하중이 작용하지 않도록 해야 한다.

문제 6.	교량기초공법의 종류와 특징에 대하여 설명하시오.

답.

I. 서언

① 교량의 기초공법은 기성말뚝기초, 현장타설 말뚝기초, Open Caisson기초 등이 있으며 RCD공법과 Open Caisson공법을 주로 사용하고 있다.

② 기초공법 선정 시 고려사항

II. 교량기초공법의 종류와 특징

(1) 강관말뚝

- 깊은 기초말뚝 사용 : 25~35m
- 허용압축강도 : 240MPa
- 대형 기초말뚝에 유리
- 부식 방지대책 필요(희생양극법)

〈희생양극법〉

(2) RCD(Reverse Circulation Drill)공법

1) 정의

① 독일 자르츠타사, Wirt사가 개발한 공법

② 리버스셔쿨레이션드릴로 회전굴착하고 정수압으로 공내 안정을 유지하여 경질지반까지 굴착한 후 철근망 삽입, Con'c 타설하여 현장타설말뚝을 조성하는 공법

2) 특징

① 시공성

구분	굴착심도	굴착구경	적용 토질
능력	30~70m	$\phi 1,000 \sim 3,000mm$	사질토 및 연암층

② 시공속도 빠르고 공사비 비교적 저렴

③ 깊은 심도 시공 및 수상(해상) 시공 가능

④ 정수압관리가 불량하면 공벽붕괴원인

3) 시공순서

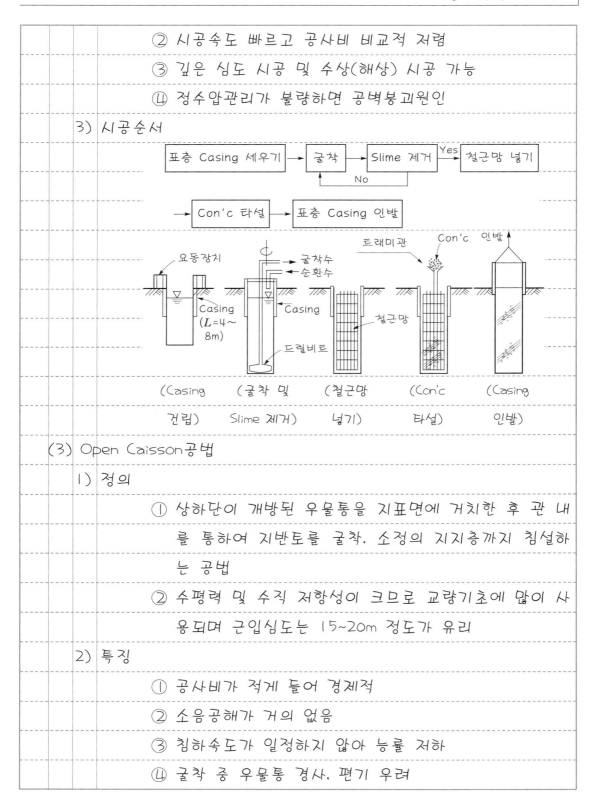

(3) Open Caisson공법

1) 정의

① 상하단이 개방된 우물통을 지표면에 거치한 후 관 내를 통하여 지반토를 굴착, 소정의 지지층까지 침설하는 공법

② 수평력 및 수직 저항성이 크므로 교량기초에 많이 사용되며 근입심도는 15~20m 정도가 유리

2) 특징

① 공사비가 적게 들어 경제적

② 소음공해가 거의 없음

③ 침하속도가 일정하지 않아 능률 저하

④ 굴착 중 우물통 경사, 편기 우려

⑤ 지지력 측정이 곤란

3) 시공순서

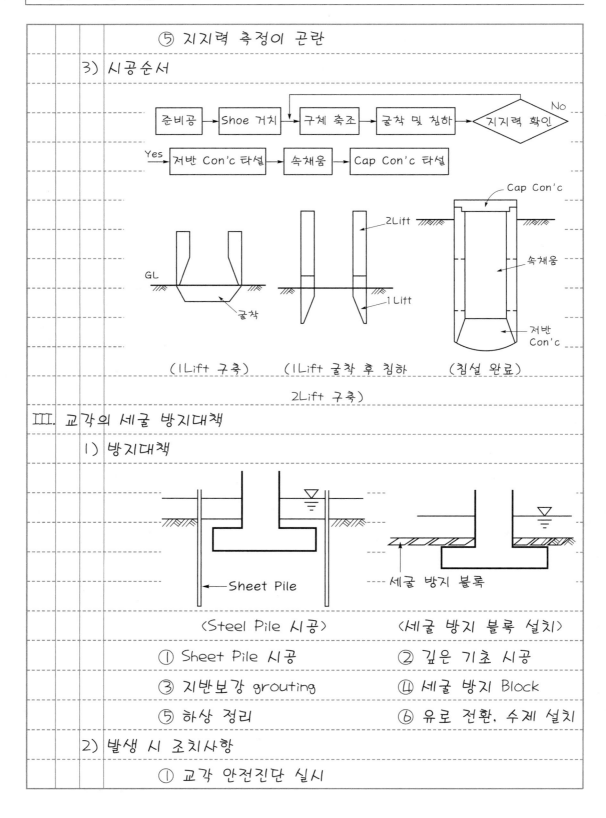

Ⅲ. 교각의 세굴 방지대책

1) 방지대책

(Steel Pile 시공)   (세굴 방지 블록 설치)

① Sheet Pile 시공   ② 깊은 기초 시공

③ 지반보강 grouting   ④ 세굴 방지 Block

⑤ 하상 정리   ⑥ 유로 전환, 수제 설치

2) 발생 시 조치사항

① 교각 안전진단 실시

② 하천 유로 변경

③ 세굴원인 우선 조치

④ 교각기초 보강

⑤ Underpinning 실시

IV. 복합말뚝이음부 처리

Composite ┌ 상부 수평변위저항 → 강관말뚝
Pile   └ 하부 연직하중지지 → PHC파일

① 용접이음 시 기상조건 유의, 비파괴검사 실시

② Bolt이음 시 항타로 인한 체결력 저하 유의

〈Composite Pile〉

V. 결언

① 교량기초는 주로 수중작업으로 굴착 중 장애물 제거가 곤란
하고 위험하므로 사전조사를 철저히 하여 시공계획을 수립해
야 한다.

② 사전조사 → 작업계획 수립 → 공법 선정 → 공사 착수

문제 7.	지하관거의 종류와 기초형식에 대하여 설명하시오.

답.

I. 개요

① 지하에 매설되는 관거 및 암거는 보통 긴 연장에 걸쳐 매설되는 경우가 많으므로 관의 종류에 따라 여러 종류의 토질에 적응할 수 있는 기초공법을 채택해야 한다.

② 적절한 기초 시공으로 지하에 매설된 관거의 변형, 침하, 이탈을 방지하여 관 내 물의 흐름을 원활하게 하여야 하고 누수 및 침입수를 최소화함이 중요하다.

II. 지하관거의 종류

(1) 사용용도에 따라

- 상수도관
- 하수도관
  - 분류식
    - 오수관 : 종말처리장으로 연결
    - 우수관 : 개천 또는 강으로 연결
  - 합류식(오수+우수)

(2) 관 재질에 따라

강성관	철근 콘크리트관	• 흄관(원심력RC관) : 저렴하나 누수가 많음
		• PC관(PS강선인장) : 내·외압과 부식에 강함
		• VR관(Roller전압콘크리트관) : 수밀성 저렴
	도관	• 내산, 내알칼리성 우수, 마모에 강함, 충격에 약함
연성관	덕타일주철관 (DCI관)	• 내압성과 내식성, 강성 우수
		• 중량이 무겁고 이음부 이탈 발생, 비쌈
	경질폴리염화 비닐관(PVC관)	• 경량으로 시공성, 내화학성 우수
		• 매끄러운 안쪽 벽면과 주름진 바깥쪽 면
	폴리에틸렌관 (PE관)	• 가볍고 취급이 쉬워 시공성 우수, 내식성 우수
		• 부력에 대한 대응, 고온에 약함, 소형관에 사용

연 성 관	파형강관	• 중량이 가볍고 내식성이 우수
		• 강관에 아연도금한 것으로 고가, 우수관로용
	유리섬유	• 내·외면에 유리섬유로 강화
	강화플라스틱관	• 연성관의 내구성 강화

III. 기초형식

1) 강성관 : 모래, 자갈, 쇄석, 콘크리트 기초

직접기초	모래기초	자갈, 쇄석기초
• 지지력이 좋은 원지반 위에 직접 부설 • 시공성 좋음, 공사비 절감	• 모래두께는 관 하단에서 10~30cm • 균등한 하중분포, 관 보호 목적	• 자갈·쇄석층의 두께는 20~30cm • 다짐하여 기초지반에 정착
콘크리트, 철근콘크리트기초	베개동목기초	말뚝기초
• 기초자갈 위에 콘크리트 타설 • 부등침하 방지, 외압이 클 때	• 관 밑에 받침을 두어 안정 • 관거의 경사 유지, 접합 용이	• 연약지반에서 대구경 관거매설 시 • 공사비가 고가

2) 연성관 : 자유받침+모래기초

모래기초	벼개동목기초
모래 또는 쇄석	벼개동목
• 강성관거의 모래기초에 준함 • 모래두께는 관 하단에서 　10~30cm	• 극연약지반에서 부등침하가 　우려되는 경우 • 덕타일주철관, 강관기초
포(布)기초	베드시트(bed geotextile)기초
콘크리트	시트
• Con'c를 띠모양으로 길게 시공 • 연성관의 보강 및 침하 방지	• Sheet로 흙의 수동저항 활용 • PVC관, PE관에 시공
소일시멘트(soil cement)기초	
소일시멘트	
• 수동저항을 위해 소일시멘트 시공 • PVC관, PE관에 시공	

Ⅳ. 지하관거 구비조건

1) 위생안전조건

　　관 재질로 인하여 물이 오염되지 않아야 함

2) 내·외압조건

　① 내압 : 실제로 사용하는 관로의 최대 정수압 및 수격압

　② 외압 : 토압, 노면하중, 지진력

　③ 보통 내압에 대하여 견딜 수 있는 구조 및 재질일 경

　우에는 외압에 대해 저항 가능

상수도관	하수도관
내압 + 외압(압송관)	외압(자연유하관)

3) 매설조건 : 내구성, 내식성

4) 매설환경조건 : 시공성

　① 관의 접합부 구조

　② 지하매설물현황

Ⅴ. 결론

① 기초공이 불안정하면 관거의 부등침하가 생기고 이음이 파손

　되어 관거의 파괴에까지 이르므로 관거의 크기, 노면하중, 매

　설깊이 등을 고려해서 적절한 기초공을 시행해야 한다.

② 도심지 내의 지하관거부설공사가 불가피한 점을 고려할 때

　교통량, 지반상태, 입지조건 등을 고려하여 주변 환경에 대한

　영향을 최소화할 수 있고 안전성과 경제성이 높은 매설공법

　의 개발이 필요하다.

문제 8.		지하관거 시공 시 유의사항 및 검사에 대하여 설명하시오.
답.		
I.	개요	

① 지하에 설치하는 상·하수도 관거는 선형공사로 인한 부등침하 발생 시 관 내에 흐르는 물의 누수 및 지하수의 관 내 유입·오염이 발생할 수 있으므로 철저한 시공관리가 필요하다.

② 추후 노후화되어 누수로 인한 지하공동 및 지반함몰, Sink Hole이 발생하지 않도록 누수검사 및 지하공간관리가 요구되며, 나아가 도시침수관리 및 물관리, 재이용계획에 대한 대책을 세워야 한다.

Ⅱ. 지하관거 파괴원인

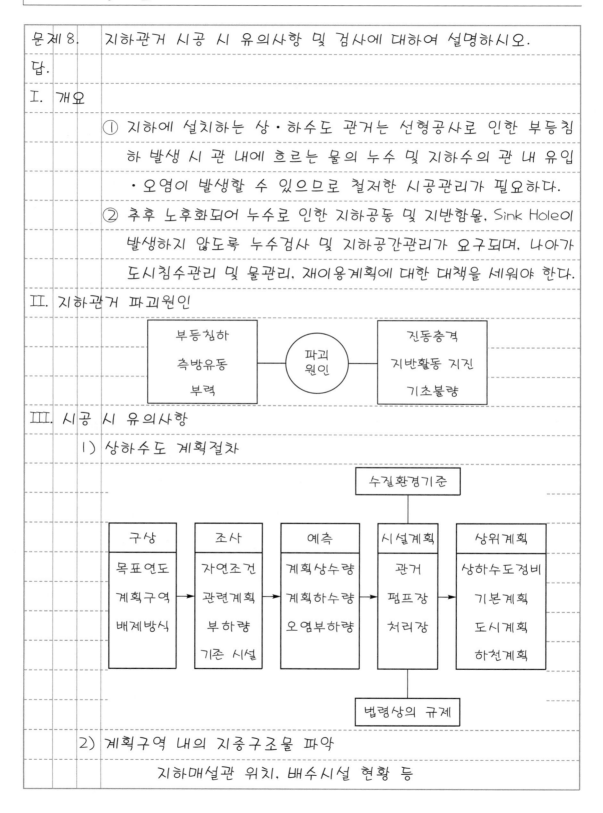

Ⅲ. 시공 시 유의사항

1) 상하수도 계획절차

2) 계획구역 내의 지중구조물 파악

지하매설관 위치, 배수시설 현황 등

3) 현장에 반입된 제품에 대해 2km마다 관리시험 실시 : 변형, 파손, 변색 등

4) 지반조건에 따른 관 기초 선정

    ① 강성관(콘크리트관 등) : 직접, 모래, 자갈, 쇄석, 침목, 사다리, 콘크리트, 말뚝기초

    ② 연성관(덕타일주철관, 합성수지관 등) : 모래, 벼개동목, 포, 베드시트, Soil Cement 기초

5) 관 주변 다짐 철저

    ① 층별로 물다짐(OMC)을 실시

    ② 관 주위는 다짐도 90%, 상단은 95%로 다짐

    ③ 관 상부 300mm는 모래 또는 양질의 토사로 되메우기 함

    ④ 상부 300mm 이하는 원지반 굴착토로 복토

6) 지하매설관 부설방향 : 하류측에서 상류측으로 부설

7) 관을 배열할 때에는 관 양쪽에 목재나 모래주머니 등으로 지지하여 관이 구르지 않도록 함

8) 관 병렬 시공 시 최소 이격거리 준수

관경기준	최소 이격거리
$D \leq 600mm$	300mm
$600 < D \leq 1,800mm$	$D/2$
$D \leq 1,800mm$	900mm

    ① 유량변화가 심할 경우 직렬방식에 비해 병렬방식이 공사비 및 유지관리비 저감 가능

② 인근 매설관에 영향을 미치지 않도록 기준거리 이상 이격

9) 이음부의 수밀성 확보

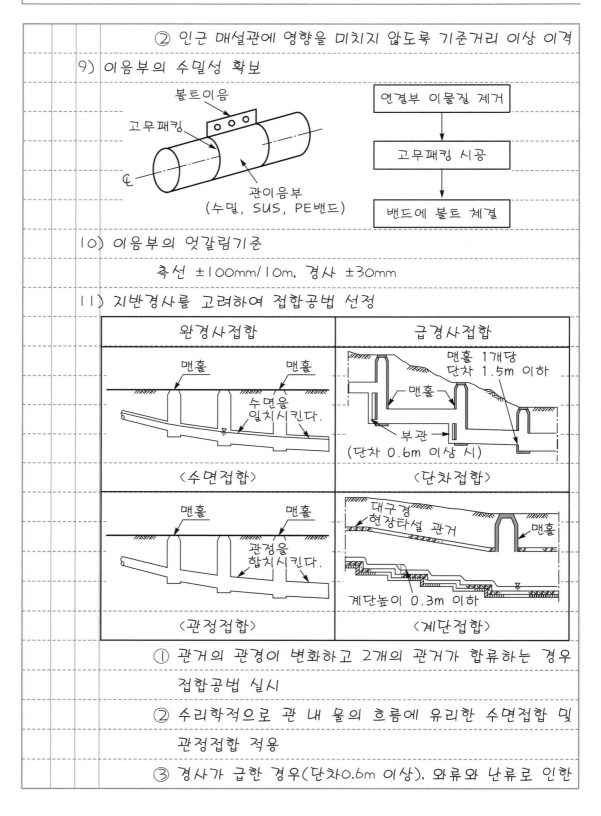

10) 이음부의 엇갈림기준

측선 ±100mm/10m, 경사 ±30mm

11) 지반경사를 고려하여 접합공법 선정

① 관거의 관경이 변화하고 2개의 관거가 합류하는 경우 접합공법 실시

② 수리학적으로 관 내 물의 흐름에 유리한 수면접합 및 관정접합 적용

③ 경사가 급한 경우(단차0.6m 이상), 와류와 난류로 인한

유하능력이 저하되지 않도록 부관 설치

IV. 관거의 검사

종류	내용
1) 내부검사	• 육안 또는 CCTV를 활용하여 관로 내부의 이상 유무 확인
2) 용접부검사	• 용접부에 대한 비파괴시험 시행
3) 누수검사	
① 침입수시험	• 지하수위가 관 상단 0.5m 이상 시, 관거 내에 침입수가 발생 시 실시
② 누수시험	• 지하수위가 관 상단 0.5m 미만 시, 물로 가득 찬 관거에서 누수량을 일정 시간 동안 측정
③ 공기압시험	• 공기가압을 통하여 관거 및 이음부의 수밀성 확인 • 측정된 최종 감압량(ΔP)이 허용감압량(ΔP_a)과 비교하여 합격 여부 판단
④ 연기시험	• 연기를 발생시켜 관거의 유입수(inflow)의 발생위치를 찾음
⑤ 수압시험	• 신설관거의 수압시험 • 규정수압으로 1시간 동안 유지할 때 압력강하가 0.02MPa를 초과하여서는 안 됨

V. 결론

① 상하수도 시공 시 지반여건, 공사규모, 공기, 주변 상황 등을 면밀히 검토하여 적정한 공법을 선정하여 공기단축과 공사비 절감을 하여야 한다.

② 도심지 작업 시는 민원의 발생을 억제하고 주변 지반의 침하나 구조물의 변형이 없도록 하여야 하며, 특히 관거의 경간 및 이음부의 누수 방지에 유의하고 시공 후 검사를 통해 시공의 안정성 및 품질 향상에 힘쓴다.

7

永生의 길잡이 - 일곱

하나님께 이르는 길

"내가 곧 길이요 진리요 생명이니 나로 말미암지 않고는 아버지께로 올 자가 없느니라"

(요 14 : 6)

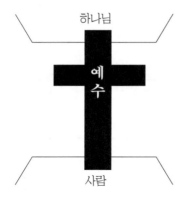

하나님은 2천년 전에 그의 외아들 예수 그리스도를 이 세상에 보내어 우리를 대신해서 십자가에 못박혀 죽게 하심으로써 하나님과 사람 사이에 구원의 다리를 놓아주셨습니다.

사람의 죄를 해결할 수 있는 분은 오직 예수 그리스도이십니다.

제3장 콘크리트

제1절 일반 콘크리트

문제1.	콘크리트구조물공사 착수 전에 시공계획과정에서 점검해야 할 사항에 대하여 설명하시오.

답.

I. 일반사항

1) 개요

Con'c공사는 사전준비단계에서부터 공법의 적정성 및 압축강도, 내구성, 수밀성 등에 대하여 시공계획을 통한 면밀한 검토가 있어야 한다.

2) 시공계획 Folw Chart

3) 점검해야 할 사항

II. 시공계획과정에서 점검해야 할 사항

(1) 사용재료

재료	규정
Water	청정수, 유기불순물 없는 물
Cement	강도가 크고 분말도가 적당
Sand/Gravel	입도가 좋고 불순물 없는 것
혼화재료	Con'c 성질 개선, 성능, 품질 적합

(2) 배합설계

1) 물결합재비

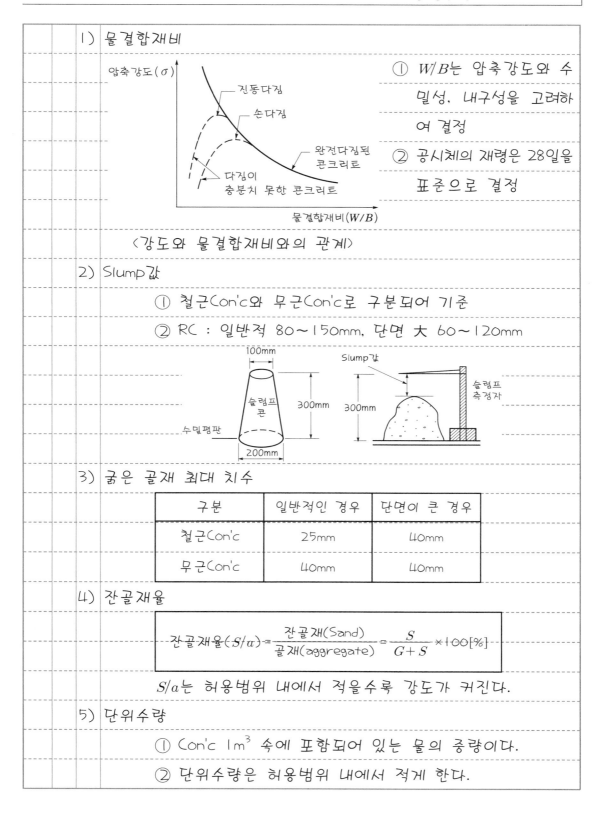

① W/B는 압축강도와 수밀성, 내구성을 고려하여 결정

② 공시체의 재령은 28일을 표준으로 결정

〈강도와 물결합재비와의 관계〉

2) Slump값

① 철근Con'c와 무근Con'c로 구분되어 기준

② RC : 일반적 80~150mm, 단면 大 60~120mm

3) 굵은 골재 최대 치수

구 분	일반적인 경우	단면이 큰 경우
철근Con'c	25mm	40mm
무근Con'c	40mm	40mm

4) 잔골재율

$$잔골재율(S/a) = \frac{잔골재(Sand)}{골재(aggregate)} = \frac{S}{G+S} \times 100[\%]$$

S/a는 허용범위 내에서 적을수록 강도가 커진다.

5) 단위수량

① Con'c 1m^3 속에 포함되어 있는 물의 중량이다.

② 단위수량은 허용범위 내에서 적게 한다.

(3) Con'c 생산

1) 계량

재료	계량오차
물	-2~+1%
시멘트	-1~+2%
골재	±3%
혼화재료	±3%

① 계량은 계량기 (Aggregate Batcher) 등으로 정확히 계량

② 중량계량과 용적계량이 있음

2) 비빔

① 믹서 ┌ 강제식 믹서 : 60초 이상/Batcher
        └ 가경식 믹서 : 90초 이상/Batcher

② 미리 정해둔 비빔시간의 [3배 이상] 금지

3) 운반

비빔생산 → 운반 → 대기 → 타설

4~5분 / 30~50분 / 10~20분 / 10분

대기온도 25℃ 이상 90분
대기온도 25℃ 이하 120분

(4) 거푸집 동바리 점검

① 거푸집 조립상태, 누수 여부상태, 변형상태
② 처짐 여부, 동바리 조립
③ 동바리 좌굴상태
④ 지반침하상태

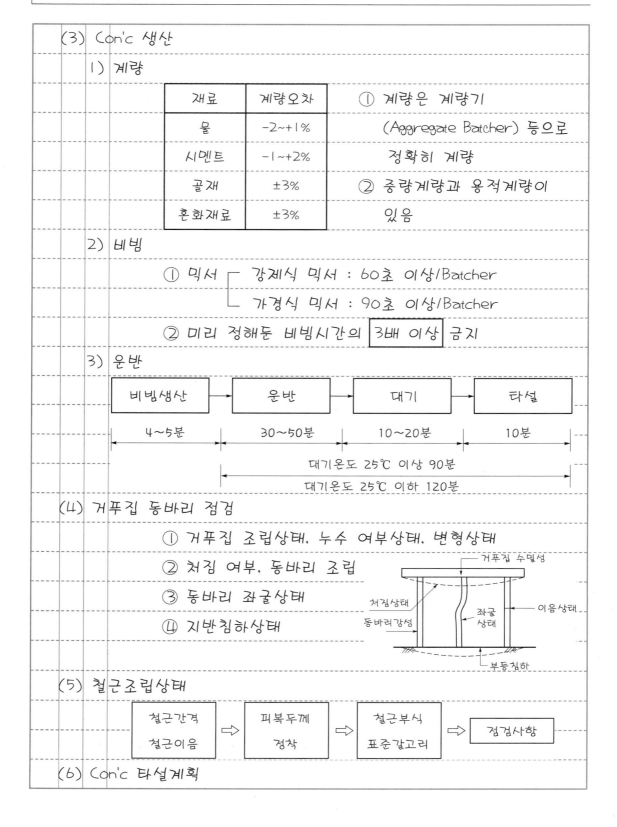

(5) 철근조립상태

철근간격 철근이음 ⇒ 피복두께 정착 ⇒ 철근부식 표준갈고리 ⇒ 점검사항

(6) Con'c 타설계획

1) 줄눈 시공

　　① 미리 정해진 위치 시공

　　② 수축이음(6~9m), 신축이음(15~18m), 시공이음

2) 타설계획

　　① 타설높이 : 1.5m 이내

　　② 타설속도 ┌ 여름 : 1.5m/h
　　　　　　　　└ 겨울 : 1.0m/h

　　③ 타설장비, 인원동원 점검

　　④ 1일 타설물량, 타설순서 결정

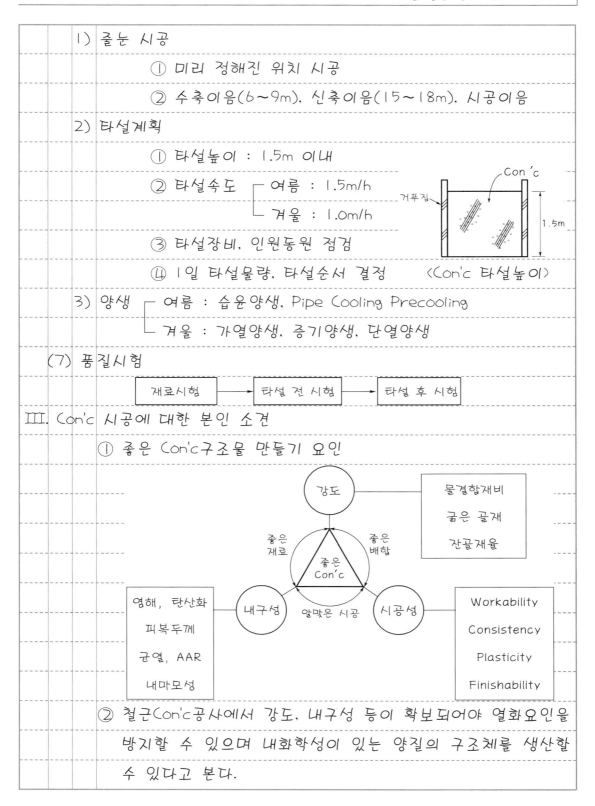

〈Con'c 타설높이〉

3) 양생 ┌ 여름 : 습윤양생, Pipe Cooling Precooling
　　　　└ 겨울 : 가열양생, 증기양생, 단열양생

(7) 품질시험

　　재료시험 → 타설 전 시험 → 타설 후 시험

Ⅲ. Con'c 시공에 대한 본인 소견

　　① 좋은 Con'c구조물 만들기 요인

강도 ── 물결합재비 / 굵은 골재 / 잔골재율

좋은 재료 / 좋은 배합 / 좋은 Con'c / 알맞은 시공

내구성 ── 염해, 탄산화 / 피복두께 / 균열, AAR / 내마모성

시공성 ── Workability / Consistency / Plasticity / Finishability

　　② 철근Con'c공사에서 강도, 내구성 등이 확보되어야 열화요인을
　　　방지할 수 있으며 내화학성이 있는 양질의 구조체를 생산할
　　　수 있다고 본다.

| 문제 2. | 동바리 시공 시 유의사항에 대하여 설명하시오. |

답.

I. 서언

① 동바리의 구조, 간격, 이음은 재하중 지지에 대하여 대단히 중요하므로 시공 시 유의해야 한다.

② 동바리의 종류와 요구조건

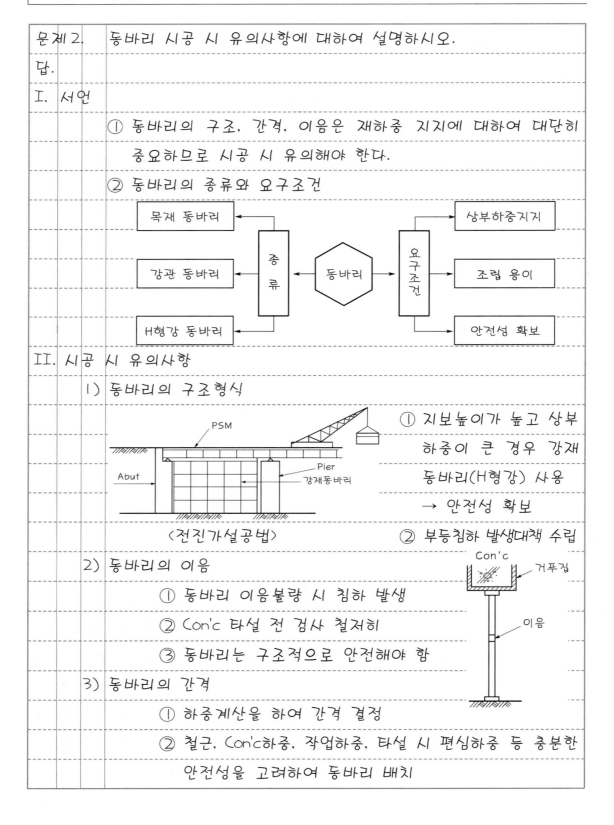

II. 시공 시 유의사항

1) 동바리의 구조형식

〈전진가설공법〉

① 지보높이가 높고 상부 하중이 큰 경우 강재 동바리(H형강) 사용 → 안전성 확보

② 부등침하 발생대책 수립

2) 동바리의 이음

① 동바리 이음불량 시 침하 발생

② Con'c 타설 전 검사 철저히

③ 동바리는 구조적으로 안전해야 함

3) 동바리의 간격

① 하중계산을 하여 간격 결정

② 철근, Con'c하중, 작업하중, 타설 시 편심하중 등 충분한 안전성을 고려하여 동바리 배치

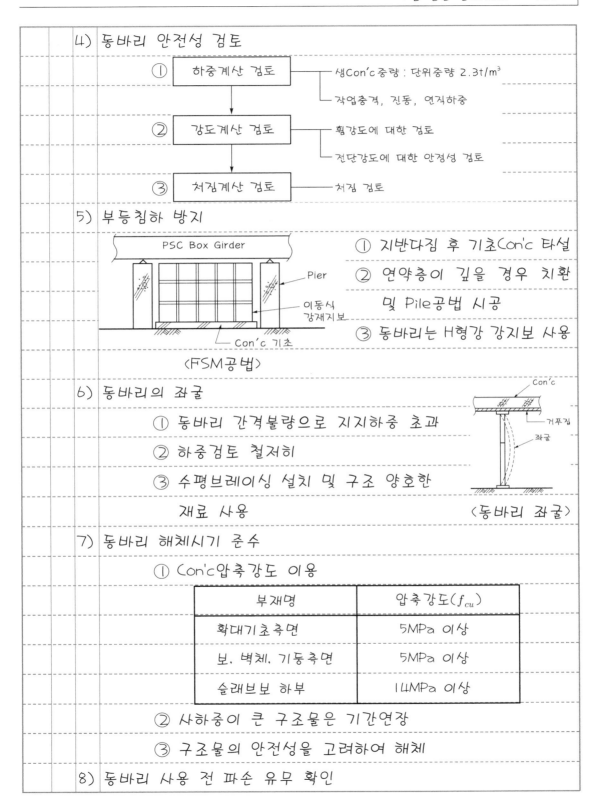

4) 동바리 안전성 검토

① 하중계산 검토 ── 생Con'c중량 : 단위중량 2.3t/m³
 └ 작업충격, 진동, 연직하중

② 강도계산 검토 ── 휨강도에 대한 검토
 └ 전단강도에 대한 안정성 검토

③ 처짐계산 검토 ── 처짐 검토

5) 부등침하 방지

PSC Box Girder

Pier

이동식 강재지보

Con'c 기초

〈FSM공법〉

① 지반다짐 후 기초Con'c 타설

② 연약층이 깊을 경우 치환 및 Pile공법 시공

③ 동바리는 H형강 강지보 사용

6) 동바리의 좌굴

① 동바리 간격불량으로 지지하중 초과

② 하중검토 철저히

③ 수평브레이싱 설치 및 구조 양호한 재료 사용

Con'c
거푸집
좌굴

〈동바리 좌굴〉

7) 동바리 해체시기 준수

① Con'c압축강도 이용

부재명	압축강도(f_{cu})
확대기초측면	5MPa 이상
보, 벽체, 기둥측면	5MPa 이상
슬래브보 하부	14MPa 이상

② 사하중이 큰 구조물은 기간연장

③ 구조물의 안전성을 고려하여 해체

8) 동바리 사용 전 파손 유무 확인

재료의 사용성 여부 판단

9) 동바리 솟음 설치

〈솟음 설치〉

① Con'c 타설 시 침하예상 솟음 설치

② 침하량 산정 솟음 설치

③ 무리한 시공은 변형 발생

10) 동바리 처짐 및 침하 발생 경우 대책

① Con'c 타설 중지

② Jack Up

③ 추가동바리 설치

④ 수평 및 X브레싱 설치

⑤ 신속한 보강작업

11) Con'c 타설순서

① 편심하중이 발생하지 않도록 좌우측 균형되게 타설

② 처짐이 작용하는 것을 고려 타설

12) 동바리 접속부 유의

접속부 틈이 생기지 않도록 밀착

13) 철저한 동바리검사

위치		이음		작업 중		
간격	⇒	침하	⇒	변형	⇒	붕괴사고 방지

14) 동바리 재료선택

① 목재동바리 ┌ 곧은 재료 선택
            └ 강도가 큰 재료 사용

② 강재동바리 : 강관, H형강 사용

③ 사하중 크기 및 반복성, 높이 고려 선택

Ⅲ. 거푸집 및 동바리에 작용하는 풍하중

1) 설계풍하중 산정식

$$W_f = P_f A \,[\text{kN}]$$

여기서, W_f : 설계풍하중(kN)

A : 작용면적(m^2)

P_f : 가설구조물의 풍압(kN/m^2)

① 풍하중에 의해 부재의 낙하·비례·전도 발생

② 인명사고 우려 → 안전점검 실시

2) 풍속할증계수 고려

기본할증계수	경사면이 있는 경우
1.0 (경사면이 없는 경우)	• 경사지 : 1.05~1.27 • 산, 구릉 : 1.11~1.61

Ⅳ. 거푸집 및 동바리 안전점검 (Check Point)

① 구조해석　　　　② 동바리 조립

③ 좌굴안정성 검토　④ 동바리 이음

⑤ 조립도　　　　　⑥ 수평연결재상태

⑦ 규격제품　　　　⑧ 부등침하 여부

Ⅴ. 본인의 현장경험 및 맺음말

① 본인의 현장 시공 시 동바리 설계조건

② 동바리의 좌굴은 구조물 설치공사에서 대형사고 발생 우려가 있으므로 특히 주의 시공이 필요하다.

문제 3.	콘크리트의 혼화재료에 대하여 설명하시오.

답.

I. 서언

1) 정의

① 혼화재료

시멘트, 물, 골재	→	시공성, 품질 향상

혼화재료 첨가

② 시멘트중량에 대한 첨가량 ┌ 혼화제 : 5% 미만
└ 혼화재 : 5% 이상

2) 사용목적

```
              ┌──────────────┐
         ┌───→│   응결 조절    │───┐
         │    └──────────────┘   │
         │          │            ↓
┌──────────┐    ┌──────────────┐    ┌──────────┐
│ 시공연도 개선 │──→│  혼화재료 목적  │←──│ 내구성 증진 │
└──────────┘    └──────────────┘    └──────────┘
         ↑          ↑            │
         │    ┌──────────────┐   │
         └────│   슬럼프 조정   │←──┘
              └──────────────┘
```

II. 콘크리트의 혼화재료

(1) 혼화제의 종류

1) AE제(Air Entraining Agent)

① AE제의 메커니즘

┌ 자연 발생 : Entrapped Air 1~2% ┐
│   ├ 4~7%
└ AE제 : Entrained Air 3~4%   ┘
    └→ Ball-Bearing 역할 → 워커빌리티 향상
              └→ W/B↓, 강도↑ 균열↓

② 특징

장점	단점
• 단위수량 적음	• 공기량 증가 시 철근과

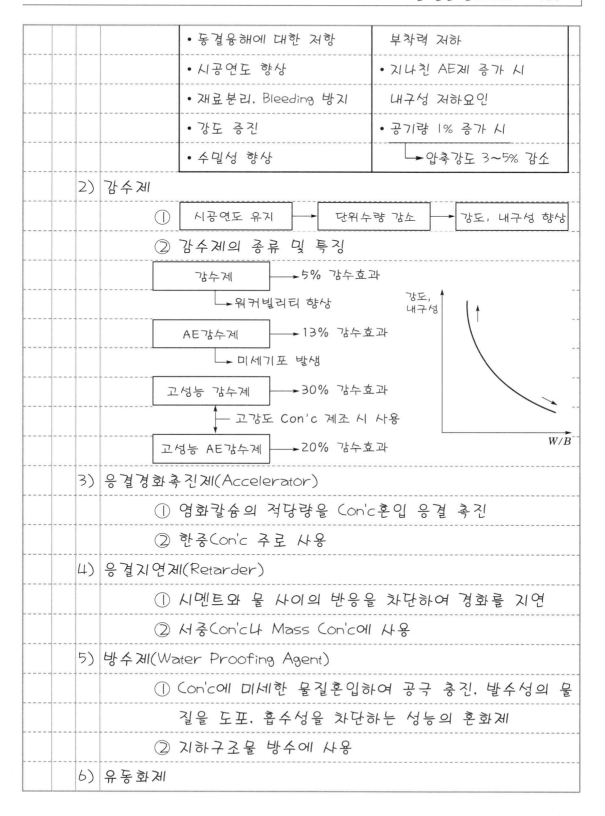

• 동결융해에 대한 저항	부착력 저하
• 시공연도 향상	• 지나친 AE제 증가 시
• 재료분리, Bleeding 방지	내구성 저하요인
• 강도 증진	• 공기량 1% 증가 시
• 수밀성 향상	└→ 압축강도 3~5% 감소

2) 감수제

　　　① 시공연도 유지 → 단위수량 감소 → 강도, 내구성 향상

　　　② 감수제의 종류 및 특징

　　　　┌────────┐
　　　　│ 감수제 │ →5% 감수효과
　　　　└────────┘
　　　　　└→ 워커빌리티 향상

　　　　┌────────┐
　　　　│ AE감수제 │ →13% 감수효과
　　　　└────────┘
　　　　　└→ 미세기포 발생

　　　　┌────────┐
　　　　│ 고성능 감수제 │ →30% 감수효과
　　　　└────────┘
　　　　　├─ 고강도 Con'c 제조 시 사용

　　　　┌────────┐
　　　　│ 고성능 AE감수제 │ →20% 감수효과
　　　　└────────┘

3) 응결경화촉진제(Accelerator)

　　　① 염화칼슘의 적당량을 Con'c혼입 응결 촉진

　　　② 한중Con'c 주로 사용

4) 응결지연제(Retarder)

　　　① 시멘트와 물 사이의 반응을 차단하여 경화를 지연

　　　② 서중Con'c나 Mass Con'c에 사용

5) 방수제(Water Proofing Agent)

　　　① Con'c에 미세한 물질혼입하여 공극 충진, 발수성의 물질을 도포, 흡수성을 차단하는 성능의 혼화제

　　　② 지하구조물 방수에 사용

6) 유동화제

① 감수제의 기능을 더욱 향상시켜 시공연도 향상

② Slump 80→210mm까지 직선 상승

③ Con'c 수밀성 향상

④ 사용시간은 첨가 후 30분 이내까지 타설

〈유동화제와 Slump의 관계〉

7) 방청제(Corrosion Inhibiting Agent)

Con'c 중의 염분에 의한 철근부식 억제

8) 방동제

Con'c 동결을 방지하기 위해 염화칼슘, 식염 등 사용

9) 수중불분리성

수중에 투입되는 Con'c가 물의 세척작용을 받아 골재 재료분리가 되는 것을 방지

(2) 혼화재의 종류

1) Pozzolan

2) 고로Slag

① 제철소 용광로에서 얻어지는 Slag분말을 Con'c혼입

② Con'c 내화성 개선

3) Fly Ash

① 화력발전소 등의 보일러에서 발생된 석탄재

② 특징

장점	단점
• 초기강도 小, 장기강도 大	• 연행공기량 감소
• 시공연도 개선	• 응결시간이 길어짐

		• 알칼리골재반응 억제	• 초기강도 저하
		• 황산염에 대한 저항성	• 풍화관리 중요

4) 팽창재

    ① 물과 반응하여 경화하는 과정
      에서 Con'c가 팽창하는 성질

    ② 보통 Con'c 비해 균열 적음

    ③ 균열보수, 그라우팅재료 사용

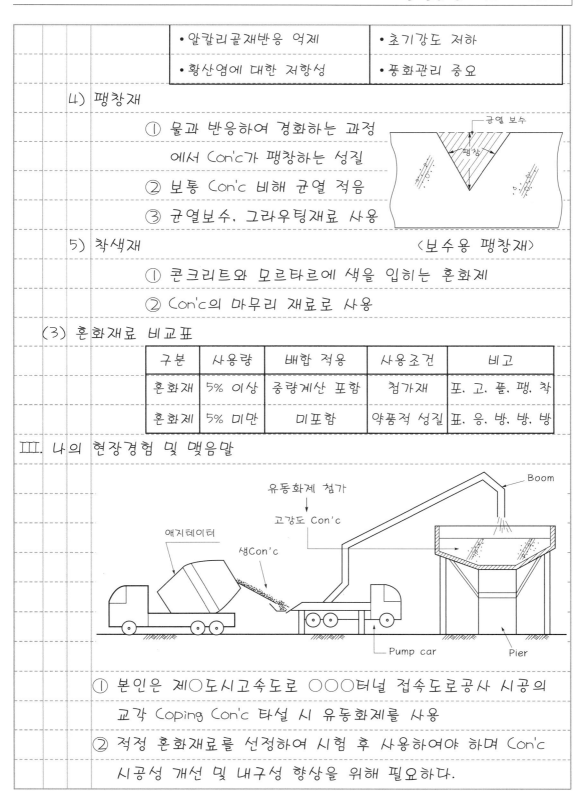

〈보수용 팽창재〉

5) 착색재

    ① 콘크리트와 모르타르에 색을 입히는 혼화제

    ② Con'c의 마무리 재료로 사용

(3) 혼화재료 비교표

구분	사용량	배합 적용	사용조건	비고
혼화재	5% 이상	중량계산 포함	첨가재	포, 고, 플, 팽, 착
혼화제	5% 미만	미포함	약품적 성질	표, 응, 방, 방, 방

Ⅲ. 나의 현장경험 및 맺음말

① 본인은 제○도시고속도로 ○○○터널 접속도로공사 시공의
    교각 Coping Con'c 타설 시 유동화제를 사용

② 적정 혼화재료를 선정하여 시험 후 사용하여야 하며 Con'c
    시공성 개선 및 내구성 향상을 위해 필요하다.

문제 4.   레미콘 운반에서 타설 전까지의 품질규정에 대하여 설명하시오.

답.

I. 일반사항

1) 품질특성

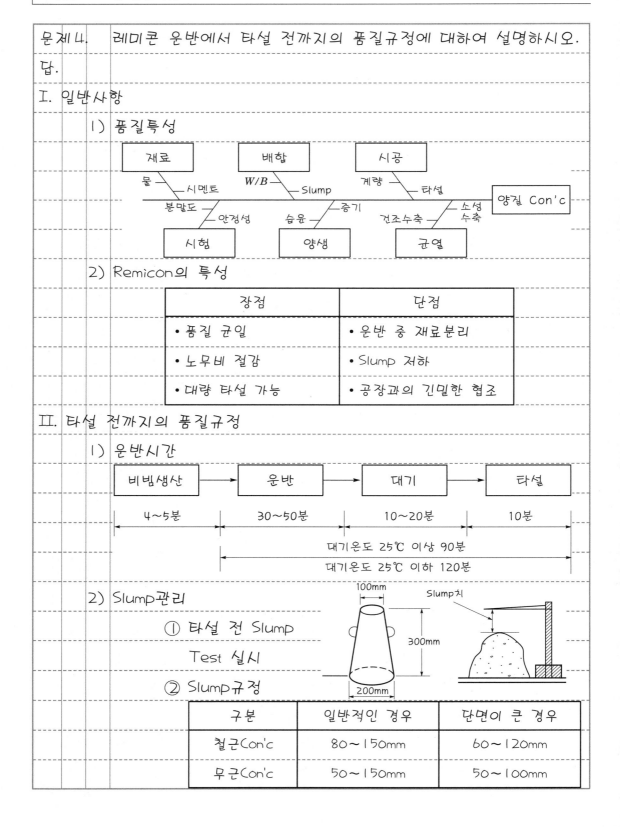

2) Remicon의 특성

장점	단점
• 품질 균일	• 운반 중 재료분리
• 노무비 절감	• Slump 저하
• 대량 타설 가능	• 공장과의 긴밀한 협조

II. 타설 전까지의 품질규정

1) 운반시간

비빔생산	→	운반	→	대기	→	타설
4~5분		30~50분		10~20분		10분

대기온도 25℃ 이상 90분
대기온도 25℃ 이하 120분

2) Slump관리

① 타설 전 Slump Test 실시

② Slump규정

구분	일반적인 경우	단면이 큰 경우
철근Con'c	80~150mm	60~120mm
무근Con'c	50~150mm	50~100mm

③ 품질검사관리기준

검사항목		허용치
Slump	80mm 이상	±25mm
	50~65mm	±15mm

3) 공기량관리

① 보통 Con'c 경우 4.5%, 경량 Con'c 5%

② 워싱턴 에어미터기를 이용 검사

③ 품질검사관리기준

검사항목		허용치
공기량	보통 Con'c	±1.5%
	경량 Con'c	±1.5%

4) 염화물함량관리

① 질산은측정법, 이온전극법, 시험지법 이용검사

② 품질검사관리기준

검사항목		허용치
Con'c 염화물 함량	철근 Con'c	$0.3kg/m^3$ 이하
	무근 Con'c	$0.6kg/m^3$ 이하

5) 압축강도관리

① $150m^3$당 1회 3개 압축강도시험

② 공시체($\phi 150 \times 300mm$) 제작 후 재령 28일 양생

③ 품질검사관리기준

검사항목		허용치
압축강도	1회 측정	호칭강도 85% 이상
	3회 측정	호칭강도 이상

6) 레미콘 운반시간과 품질관리

① Slump 저하

온도	혼화제 미첨가			혼화제 첨가		
	30분	60분	90분	30분	60분	90분
20℃	5mm	10mm	15mm	10mm	25mm	40mm

② Slump 저하 고려 예측반영

③ 공기량 손실 1~2시간 0.5% 감소

④ 온도변화 ┌ 한중Con'c : 생산온도 저하 방지대책
　　　　　 └ 서중Con'c : 0.5~1.5℃ 상승, 온도 상승대책

⑤ 강도변화 : 운반시간 ┌ 2시간 이내 20% 상승
　　　　　　　　　　　 └ 4시간 이후 급격히 강도 감소

7) 가수금지관리

① 50kg/m³ 가수 시 30% 강도 저하

　 및 균열 증대

② 유동화제를 사용 시공연도 개선

③ 운반타설시간 준수

8) 펌프압송과 품질변화

① Slump 5~20mm 감소 ┐
② 공기량 1% 이내 감소 ┘ → 유동화제 사용

9) 유동화제 사용

① Con'c 타설 전 30분 이내 첨가

② 감수효과가 크며 워커빌리티 개선효과

③ Con'c 내구성, 수밀성이 증가

〈유동화제와 Slump의 관계〉

10) 장비사용계획 수립

① 레미콘 운반차량, 펌프카, 다짐장비 사용계획

② 1일 타설량을 고려 예비장비 확보

11) 레미콘공장 선정

운반거리		운반 능력		KS허가업체		
제조능력	⇨	기술수준	⇨	운반시간	⇨	고려사항

12) 레미콘 송장 확인

```
         레미콘 송장

 강도 :          공기량 :

 Slump :         염화율 :

 출발시간 :       물량 :

 도착시간 :
```

① Con'c압축강도 확인

압축강도

25 - 24 - 150

굵은 골재 최대 치수   Slump값

② 배차시간, 도착시간의 확인

③ Con'c 총물량의 확인

13) 레미콘 운반로 정비 → 재료분리 방지, 운반시간 단축

14) 레미콘 수분증발 방지 → Agitator 단열막 설치

15) 1일 Con'c 타설계획 수립 → 타설물량, 레미콘 운반간격

16) 단위수량시험 실시(KCI RM-101)

　① 1일 1회, 120m³마다 실시

　② 시방기준(185kg/m³)±20kg/m³ 이내 확인

　③ 단위수량에 따라 콘크리트의 강도 추정 및 수화반응 정도 판단

Ⅲ. Con'c 시공에 대한 본인의 소견

레미콘 운반 시 운반시간 준수, 가수행위금지, 온도변화, 수분증발 등에 유의하여 운반함으로써 현장에서 양질의 레미콘을 공급받을 수 있을 것으로 사료된다.

| 문제 5. | 굳지 않은 콘크리트의 단위수량 추정에 대한 시방기준과 신속시험방법에 대하여 설명하시오. |

답.

I. 개요

① 최근 콘크리트의 가수 등으로 인하여 강도 저하로 인한 사고가 빈번하게 발생하고 있으며, 이에 따라 신속시험방법이 도입·시행되었다.

② 한국콘크리트학회의 표준(KCI-RM101)을 따르며 레미콘타설 현장에서 굳지 않은 콘크리트의 단위수량을 정전용량법, 단위용적질량법(에어미터법), 고주파 가열법, 마이크로파법 등을 이용하여 신속하게 측정할 수 있는 시험방법에 대하여 규정한다.

③ 레미콘 가수에 따른 강도변화

가수 50kg 시
30% 강도 저하 발생

II. 콘크리트 단위수량 신속시험방법의 필요성

III. 콘크리트 단위수량 시방기준

구분	기준	시험시기
콘크리트 단위수량	185±20kg/m³	• 생산자 변경 시마다 • 120m³마다

① 별도 감독원 요청 시 추가시험 가능

② 측정기기 및 시험기구는 사전에 검교정 수행 및 품질 관리자에게 결과 제출·승인

IV. 콘크리트 단위수량 신속시험방법

1) 정전용량법에 의한 추정

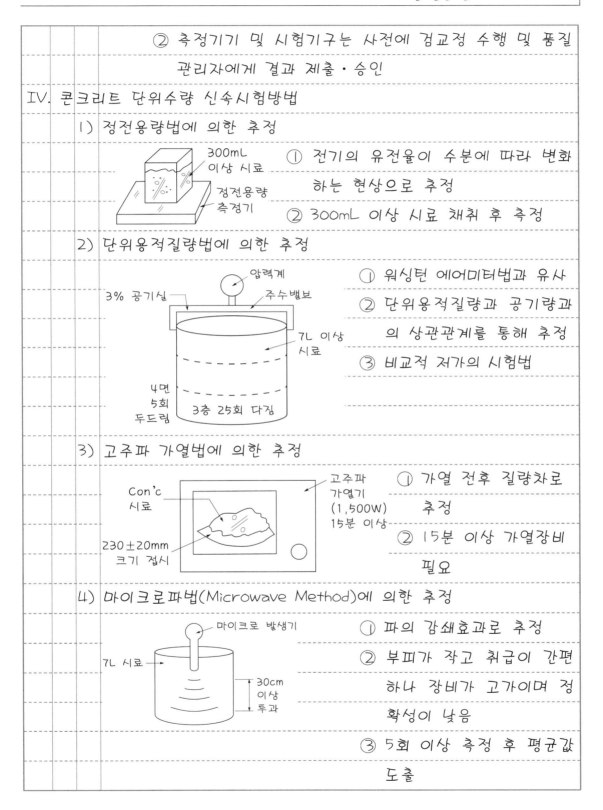

① 전기의 유전율이 수분에 따라 변화 하는 현상으로 추정

② 300mL 이상 시료 채취 후 측정

2) 단위용적질량법에 의한 추정

① 워싱턴 에어미터법과 유사

② 단위용적질량과 공기량과의 상관관계를 통해 추정

③ 비교적 저가의 시험법

3) 고주파 가열법에 의한 추정

① 가열 전후 질량차로 추정

② 15분 이상 가열장비 필요

4) 마이크로파법(Microwave Method)에 의한 추정

① 파의 감쇄효과로 추정

② 부피가 작고 취급이 간편하나 장비가 고가이며 정확성이 낮음

③ 5회 이상 측정 후 평균값 도출

V. 각 시험방법별 특징 비교

구분	정전용량법	단위용적질량법	고주파 가열법	마이크로파법
원리	유전율차이	부피차이	가열 전후 질량치	파감쇄원리
시료크기	300mL	7L	230±20mm	7L
정확성	보통	보통	높은	낮음
시험시간	보통	보통	김	짧음
경제성	고가	보통	보통	고가

VI. 마이크로파법의 시험절차도

측정기기 설치 → 재료입도 선정 → 골재의 흡수율 입력 → 콘크리트 시료 채취

→ 공기량 측정 → 단위용적질량 측정 → 시료 준비 → 프로브 삽입

→ 프로브 측정면 밀실화 → 단위수량 측정 → 동일시료 5회 반복 측정 → 단위수량 측정결과 확인

VII. 마이크로파법의 단위수량 추정식

$$W = W_1 - W_{agg} - W_{ad}$$

$$W_1 = \theta \frac{\gamma_c}{100}$$

여기서, W : 추정단위수량(kg/m^3)

θ : 콘크리트함수율(%)

γ_c : 콘크리트 단위용적질량(kg/m^3)

W_{agg} : 골재에 흡수된 물의 양(kg/m^3)(배합비와 골재의 종류에 따라 다름)

W_{ad} : 화학혼화제에 포함된 물의 양(kg/m^3)

VIII. 기록 및 보고사항

① 측정일자, 온도 및 습도

② 시방배합표

③ 단위수량 측정방법(정전용량법, 단위용적질량법(에어미터법), 고주파 가열법)

④ 측정단위수량값

⑤ 측정소요시간

Ⅸ. 콘크리트 단위수량시험법 도입의 문제점

1) 외산장비의 의존성이 높음

① 마이크로파법의 경우 장비가 외산이며 고가

② 현장에서 구비하기 어려운 경향(중소현장)

2) 낮은 정확성으로 인한 이해관계 충돌

① 시험 후 시험결과 변경 가능

② 이해관계 충돌로 발생 및 확대 가능

3) 현장의 낮은 인지로 확대속도가 더딤

4) 갑작스런 정책 변경으로 인한 혼동 발생

① 갑작스런 현장 도입으로 현장 불만 속출

② 충분한 계도기간 필요

Ⅹ. 결언

| • 현장 인식 개선
• 장비 국산화
• 품질기준 재정립 | + | • 현장교육
• 품질, 장비교육
• 장비지원비 | = | • 고품질
• 고강도 Con'c
• 장수명 |

문제 6.	콘크리트펌프 사용 시 문제점과 대책에 대하여 설명하시오.

답.

I. 서언

　　1) 정의

　　　　① 최근 구조물의 고층화, 고도화, 대형화, 복잡화되고 있는 과정에서 Con'c펌프는 구조물 시공현장에서 타설공정에 획기적인 발전을 가져왔다.

　　　　② Con'c펌프는 G_{max}, W/B, S/a, 슬럼프 등에 의해 시공성이 현저하게 달라지는 건설기계이다.

　　2) 콘크리트펌프의 특징

II. 사용 시 문제점

　　1) Slump 저하

　　　　① 펌프 사용 시 배관길이, 외기온도 등의 영향으로 Slump변화 발생

　　　　② Slump는 콘크리트의 시공성 및 품질의 영향요인으로 큰 변화가 발생된다.

　　2) 재료분리 발생

〈재료분리 발생〉

　　　　① 압송관의 경사, 길이, 낙하 높이 등의 영향으로 Con'c 재료분리 발생

　　　　② 재료분리 발생이 심할수록 압송능력 저하

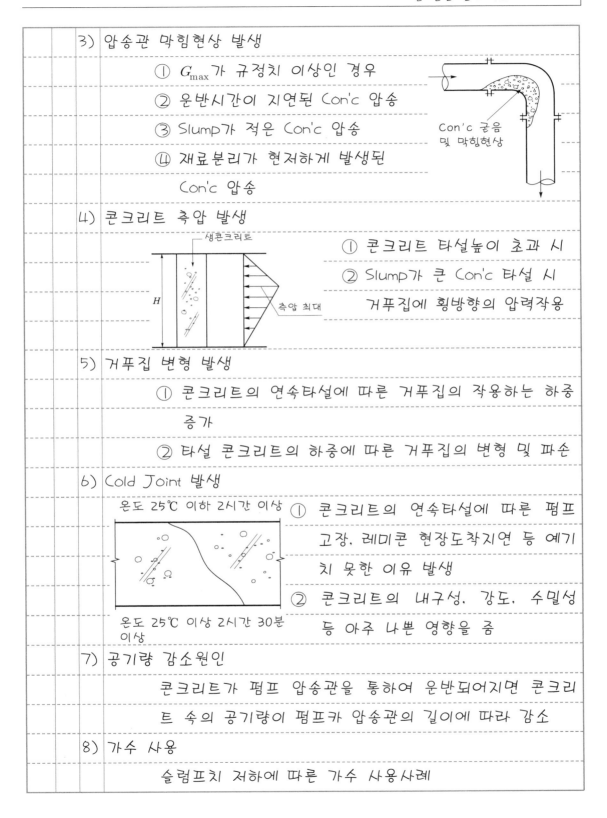

3) 압송관 막힘현상 발생

  ① G_{max}가 규정치 이상인 경우

  ② 운반시간이 지연된 Con'c 압송

  ③ Slump가 적은 Con'c 압송

  ④ 재료분리가 현저하게 발생된
     Con'c 압송

Con'c 굳음
및 막힘현상

4) 콘크리트 측압 발생

생콘크리트

H

측압 최대

  ① 콘크리트 타설높이 초과 시

  ② Slump가 큰 Con'c 타설 시
     거푸집에 횡방향의 압력작용

5) 거푸집 변형 발생

  ① 콘크리트의 연속타설에 따른 거푸집의 작용하는 하중
     증가

  ② 타설 콘크리트의 하중에 따른 거푸집의 변형 및 파손

6) Cold Joint 발생

온도 25℃ 이하 2시간 이상

온도 25℃ 이상 2시간 30분
이상

  ① 콘크리트의 연속타설에 따른 펌프
     고장, 레미콘 현장도착지연 등 예기
     치 못한 이유 발생

  ② 콘크리트의 내구성, 강도, 수밀성
     등 아주 나쁜 영향을 줌

7) 공기량 감소원인

  콘크리트가 펌프 압송관을 통하여 운반되어지면 콘크리
  트 속의 공기량이 펌프카 압송관의 길이에 따라 감소

8) 가수 사용

  슬럼프치 저하에 따른 가수 사용사례

III. 대책

1) 타설속도 준수

   ┌ 콘크리트 압송량의 규정준수 및 압송량 조절

   ├ 압송속도 상향조정은 장비고장 초래

   └ 타설 Con'c의 측압 발생 방지목적

2) G_{max} 규정 준수

   ① 콘크리트펌프를 사용하여 콘크리트 타설 시 굵은 골재의 최대 치수를 40mm 이하 사용

   ② 일반적으로 굵은 골재 최대 치수의 25mm 이하 시공

   ③ 시방서에 의한 굵은 골재 사용규정

구분	일반골재	경량골재
일반 단면	25mm	25mm
단면이 클 때	40~25mm	25mm

3) 유동화제 사용으로 슬럼프 향상

   ① 운반시간이 경과된 콘크리트의 Slump 증가목적

   ② 시공연도 향상

   ③ 규정량의 유동화제 사용

    └ Slump 회복

   ④ 콘크리트 타설은 30분 이내 완료

4) 배관 사전점검 실시

   ① 펌프배관의 수밀성 유지

   ② 연결조인트점검

볼트 확인
수밀성 확인
고무패킹 확인

5) 소모성 부품준비 철저

   ① 소모가 심한 부품은 미리 준비

   ② 정비업체와 항상 비상체계 확립

6) 장비 정밀점검 실시

① 냉각수, 작동유, 윤활유 점검

② 소모성 부품상태 점검

③ 압송장치 점검상태, 배관연결부 점검

④ 점검은 실명제 도입 시행

장비점검표			
점검일시	2020. 7. 10.	점검자	홍길동
1. 세부적 점검항목			
① 장비 정비상태 이상 유무		이상 없음	

〈실명제 장비점검표의 예〉

7) 품질시험 철저

─ 타설 전 슬럼프, 블리딩, 공기량 등 품질시험

─ 가수행위 근절하여 Con'c강도, 수밀성, 내구성 향상

─ 현장 염화물측정 실명화

8) 펌프배관 운송거리 준수

① 콘크리트의 슬럼프치, 공기량 등 감안하여 운송거리 준수

② 운송거리는 50~100m 정도 적당

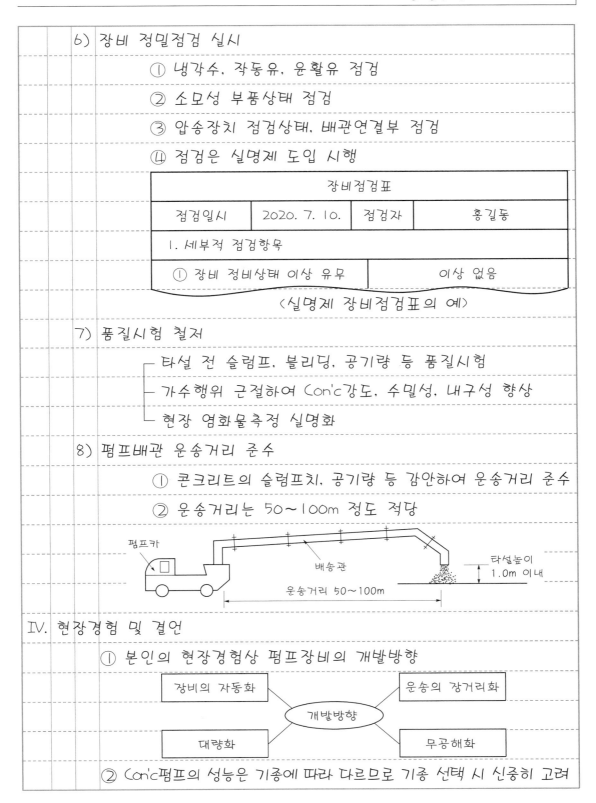

Ⅳ. 현장경험 및 결언

① 본인의 현장경험상 펌프장비의 개발방향

② Con'c펌프의 성능은 기종에 따라 다르므로 기종 선택 시 신중히 고려

문제 7. 콘크리트부재이음의 종류를 들고 그 기능 및 시공법에 대하여 설명하시오.

답.

I. 서언

① Con'c 시공 시 건조수축, 온도변화, 기타 하중에 의한 균열제어 및 연속적인 타설작업을 하기 위해 이음을 설치한다.

② 부재이음의 종류

II. 부재이음의 종류, 기능, 시공법

(1) 시공이음(Construction Joint)

1) 정의

- 경화된 Con'c에 다시 Con'c 쳐서 잇기 위한 이음
- Con'c 시공상 형편에 따라 만든 이음

2) 기능

〈Box 시공이음〉

① 일일 시공 마무리
② 분할 시공으로 경제적인 시공관리와 가설재의 안정성
③ Cold Joint 방지
④ Con'c 타설의 연속적 작업

3) 시공방법

① 위치

㉠ 휨모멘트, 전단응력, 압축응력, 인장응력 적은 곳

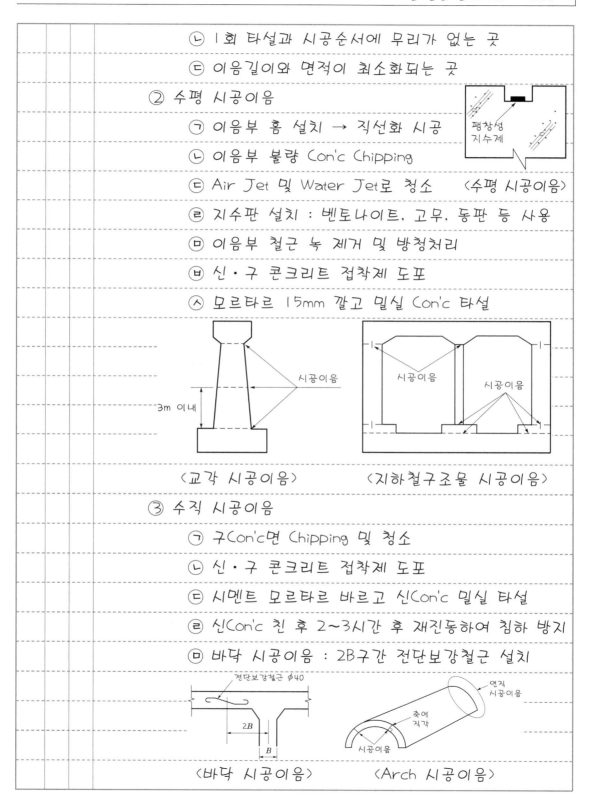

ⓛ 1회 타설과 시공순서에 무리가 없는 곳

ⓒ 이음길이와 면적이 최소화되는 곳

② 수평 시공이음

　㉠ 이음부 홈 설치 → 직선화 시공

　㉡ 이음부 불량 Con'c Chipping

　㉢ Air Jet 및 Water Jet로 청소　〈수평 시공이음〉

　㉣ 지수판 설치 : 벤토나이트, 고무, 동판 등 사용

　㉤ 이음부 철근 녹 제거 및 방청처리

　㉥ 신·구 콘크리트 접착제 도포

　㉦ 모르타르 15mm 깔고 밀실 Con'c 타설

〈교각 시공이음〉　　　〈지하철구조물 시공이음〉

③ 수직 시공이음

　㉠ 구Con'c면 Chipping 및 청소

　㉡ 신·구 콘크리트 접착제 도포

　㉢ 시멘트 모르타르 바르고 신Con'c 밀실 타설

　㉣ 신Con'c 친 후 2~3시간 후 재진동하여 침하 방지

　㉤ 바닥 시공이음 : 2B구간 전단보강철근 설치

〈바닥 시공이음〉　　　〈Arch 시공이음〉

(2) 신축이음(Expansion Joint)

   1) 정의

      Con'c구조물의 규격에 따라 적정한 간격으로 설치하여 Con'c 온도변화 및 건조수축에 의한 균열 등을 방지할 목적으로 설치하는 이음

   2) 기능

      ① 온도변화 및 건조수축에 의한 신축활동

      ② 균열 방지

      ③ 부등침하 유도용 이음

〈신축이음〉

   3) 시공법

      ① 구조물 양쪽 부분을 완전히 절연

      ② 전단력이 작용하는 곳은 홈 및 Slipbar 설치

      ③ 이음부는 실란트 등을 사용 채움 → 이음폭 : 10~40mm

      ④ 수밀을 요하는 곳은 지수판 사용

      ⑤ 설치간격 ┌ 두꺼운 벽 : 15~18m
               └ 얇은 벽 : 6~9m

(3) 수축이음(Contraction Joint)

   1) 정의

      미리 정해진 장소에 균열을 집중시키기 위해 소정의 간격으로 단면결손부를 설치하여 균열을 강제적으로 유도하는 이음

   2) 기능

      ① Con'c의 건조수축 균열제어

      ② 균열 유도

      ③ 습도, 온도 변화의 수축대응

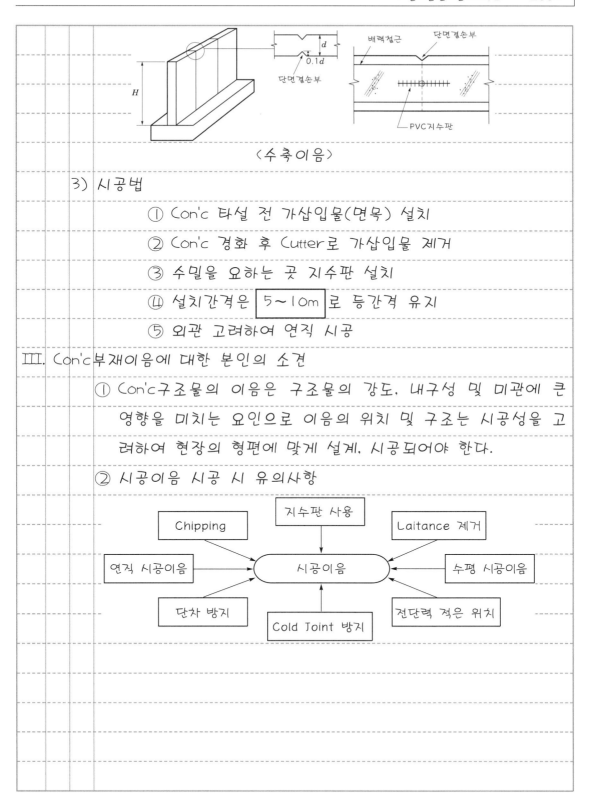

〈수축이음〉

3) 시공법

　　① Con'c 타설 전 가삽입물(면목) 설치

　　② Con'c 경화 후 Cutter로 가삽입물 제거

　　③ 수밀을 요하는 곳 지수판 설치

　　④ 설치간격은 5~10m 로 등간격 유지

　　⑤ 외관 고려하여 연직 시공

Ⅲ. Con'c부재이음에 대한 본인의 소견

　① Con'c구조물의 이음은 구조물의 강도, 내구성 및 미관에 큰
　　영향을 미치는 요인으로 이음의 위치 및 구조는 시공성을 고
　　려하여 현장의 형편에 맞게 설계, 시공되어야 한다.

　② 시공이음 시공 시 유의사항

| 문제 8. | 콘크리트 배합설계방법에 대하여 설명하시오. |

답.

I. 서언

① Con'c 배합설계라 함은 시멘트, 물, 골재, 혼화재료 등을 적절한 비율로 배합하여 강도, 내구성, 수밀성을 가진 경제적인 Con'c를 얻기 위한 설계를 말한다.

② 배합의 요구성능

```
   소요강도 확보                        내구성 확보
                    ┌──────────────┐
                    │  배합 요구성능  │
                    └──────────────┘
   균일한 시공연도                      단위수량 감소
```

③ 배합의 종류

　　㉠ 시방배합 : 시방서, 책임기술자에 의한 배합

　　㉡ 현장배합 : 현장의 여건에 따라 정해지는 배합

II. 배합설계방법

1) 설계기준강도(f_{ck})

① 콘크리트의 28일 압축강도

② 구조물의 특성·성능에 따라 구조적으로 필요한 강도

종류	기준
일반 콘크리트	28일 압축강도
댐 콘크리트	91일 압축강도
도로 콘크리트	28일 휨강도

2) 배합강도(f_{cr})

① 설계기준강도보다 충분히 크게 정함

② 설계기준강도 이하로 되는 확률 5% 이하

③ 설계기준강도보다 3.5MPa 이하로 되는 확률이 1% 이하여야 함

④ 배합강도 결정($f_{cq} \leq 35$MPa인 경우)

$$f_{cr} \geq f_{cq} + 1.34s \, [MPa]$$

$$f_{cr} \geq (f_{cq} - 3.5) + 2.33s \, [MPa]$$

⇨ 두 식 중 큰 값

여기서, s : 압축강도의 표준편차(MPa)

3) 공기량

① Con'c에 적당한 양의 연행공기분포 시 Con'c의 시공연도 향상

② AE제 첨가 시 4~7% 이하 표준

③ 공기량 1% 증가 시 Slump는 20mm 커지고, 단위수량은 3% 감소

4) 물결합재비(W/B)

① W/B 선정방법

압축강도기준	$W/B = \dfrac{51}{f_{28}/k + 0.31}$
내구성기준	• 내화학성 기준으로 할 경우 $W/B = 45 \sim 50\%$ • 내동해성 기준으로 할 경우 $W/B = 45 \sim 60\%$
수밀성기준	$W/B = 50\%$ 이하

② W/B 적정 범위
- 보통con'c : 65% 이하
- 한중·경량Con'c : 60% 이하
- 수밀Con'c : 50% 이하
- 수중·고강도Con'c : 50% 이하

5) 슬럼프치

① 콘크리트의 시공연도(Workability) 양부를 판단

② 표준Slump값(시방서 규정)

종류	일반적인 경우	단면이 큰 경우
철근콘크리트	80~150mm	60~120mm
무근콘크리트	50~150mm	50~100mm

6) 굵은 골재 최대 치수

  ① 굵은 골재 최대 치수는 시공이 확보되는 범위 내에서 가능하면 크게 하는 것이 Con'c의 강도를 증대시킨다.

  ② 굵은 골재의 최대 치수(G_{max})

종류	일반적인 경우	단면이 큰 경우
철근Con'c	25mm	40mm
무근Con'c	40mm	40mm

7) 잔골재율

  ① 잔골재율 산정식

$$\frac{S}{a} = \frac{\text{Sand용적}}{\text{Gravel용적} + \text{Sand용적}} \times 100[\%]$$

  ② Con'c품질이 얻어질 수 있는 범위 내에서 적게

8) 단위수량

  ① Con'c 1m³ 중에 포함되어 있는 물의 중량

  ② 단위수량 多 → 슬럼프치 大 → 강도, 내구성 小

  ③ 단위수량은 설계기준강도와 시공연도가 허용되는 한도 내에서 최소

9) 시방배합

  ① 계량은 1회 계량분의 0.5% 정밀도 유지

  ② 투입 시 동일한 조합Con'c는 소량 Mixing하고, 믹서 내면에 시멘트풀을 발라줌

  ③ 비빔시간을 일반적으로 3분으로 하고 10분 이상 비빔할 경우 강도 증가는 없음

④ Slump의 조정 ┌ 180mm 이하 : 약 1.2%
　　　　　　　　└ 180mm 이상 : 1.5%

⑤ 골재분리와 유동성 조정

⑥ 공기량 조정 → Slump강도, 단위수량변동 유의

10) 현장배합

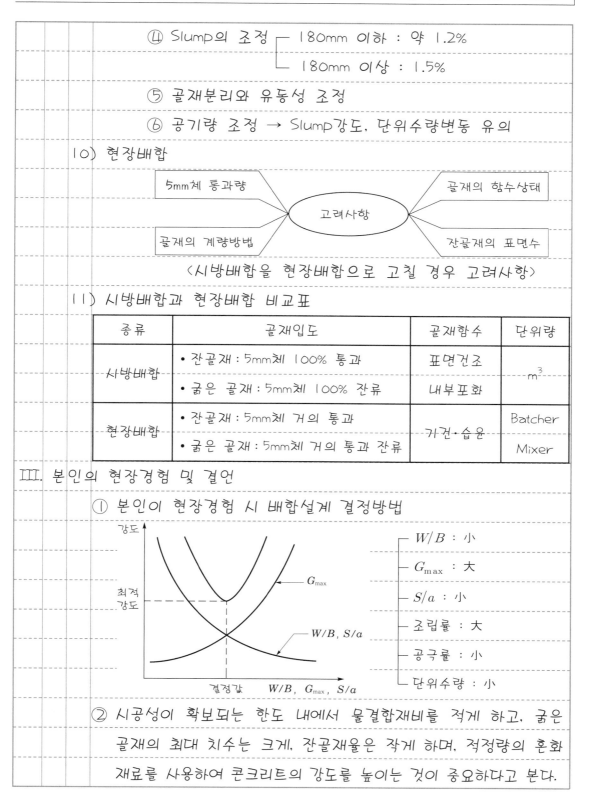

〈시방배합을 현장배합으로 고칠 경우 고려사항〉

11) 시방배합과 현장배합 비교표

종류	골재입도	골재함수	단위량
시방배합	• 잔골재 : 5mm체 100% 통과 • 굵은 골재 : 5mm체 100% 잔류	표면건조 내부포화	m³
현장배합	• 잔골재 : 5mm체 거의 통과 • 굵은 골재 : 5mm체 거의 통과 잔류	기건·습윤	Batcher Mixer

Ⅲ. 본인의 현장경험 및 결언

① 본인이 현장경험 시 배합설계 결정방법

- W/B : 小
- $G_{\max}$: 大
- S/a : 小
- 조립률 : 大
- 공극률 : 小
- 단위수량 : 小

② 시공성이 확보되는 한도 내에서 물결합재비를 적게 하고, 굵은 골재의 최대 치수는 크게, 잔골재율은 작게 하며, 적정량의 혼화재료를 사용하여 콘크리트의 강도를 높이는 것이 중요하다고 본다.

| 문제 9. | 콘크리트구조물의 시공 중 발생하기 쉬운 균열의 원인과 대책에 대하여 설명하시오. |

답.

I. 서언

① Con'c공사 Flow Chart

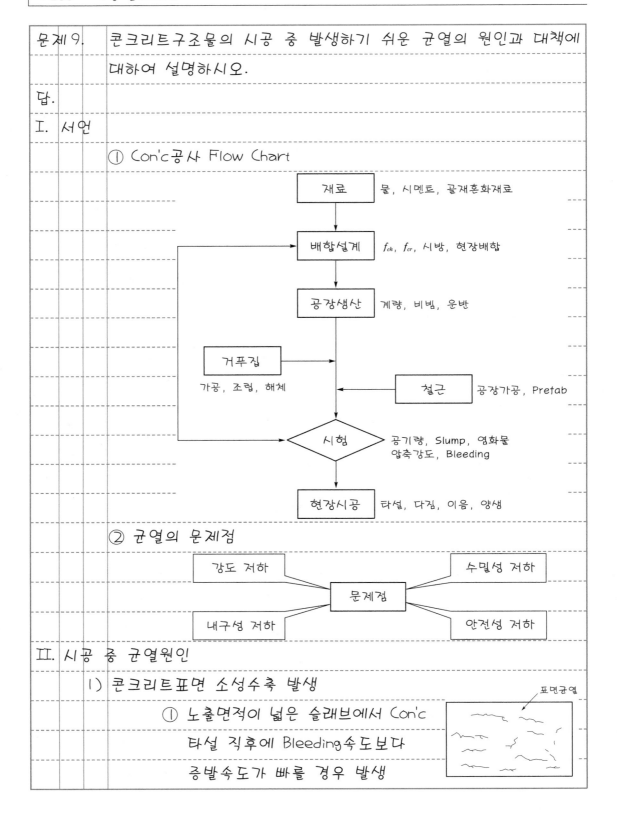

재료 — 물, 시멘트, 골재혼화재료

배합설계 — f_{ck}, f_{cr}, 시방, 현장배합

공장생산 — 계량, 비빔, 운반

거푸집 — 가공, 조립, 해체

철근 — 공장가공, Pretab

시험 — 공기량, Slump, 염화물 압축강도, Bleeding

현장시공 — 타설, 다짐, 이음, 양생

② 균열의 문제점

강도 저하　수밀성 저하　문제점　내구성 저하　안전성 저하

II. 시공 중 균열원인

1) 콘크리트표면 소성수축 발생

① 노출면적이 넓은 슬래브에서 Con'c 타설 직후에 Bleeding속도보다 증발속도가 빠를 경우 발생

표면균열

② 건조한 바람이나 고온저습한 외기에 노출될 경우에

　　일어나는 급격한 습윤손실을 방지해야 함

2) 콘크리트 타설 표면침하 발생

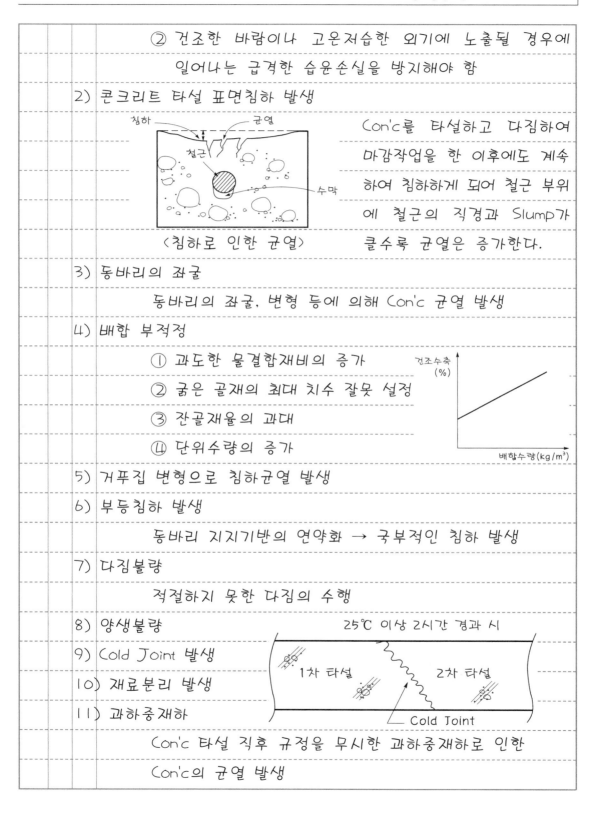

〈침하로 인한 균열〉

Con'c를 타설하고 다짐하여 마감작업을 한 이후에도 계속하여 침하하게 되어 철근 부위에 철근의 직경과 Slump가 클수록 균열은 증가한다.

3) 동바리의 좌굴

　　동바리의 좌굴, 변형 등에 의해 Con'c 균열 발생

4) 배합 부적정

　　① 과도한 물결합재비의 증가

　　② 굵은 골재의 최대 치수 잘못 설정

　　③ 잔골재율의 과대

　　④ 단위수량의 증가

5) 거푸집 변형으로 침하균열 발생

6) 부등침하 발생

　　동바리 지지기반의 연약화 → 국부적인 침하 발생

7) 다짐불량

　　적절하지 못한 다짐의 수행

8) 양생불량

9) Cold Joint 발생

10) 재료분리 발생

11) 과하중재하

　　Con'c 타설 직후 규정을 무시한 과하중재하로 인한

　　Con'c의 균열 발생

III. 균열 방지대책

1) 철저한 온도관리

① Con'c의 두께가 두꺼운 경우 온도구배에 의한 온도균
열이 발생한다.

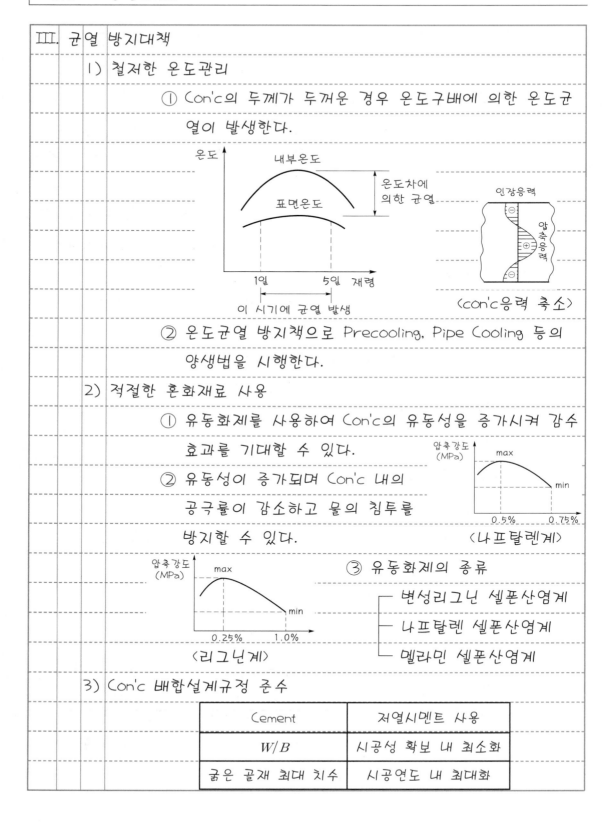

② 온도균열 방지책으로 Precooling, Pipe Cooling 등의
양생법을 시행한다.

2) 적절한 혼화재료 사용

① 유동화제를 사용하여 Con'c의 유동성을 증가시켜 감수
효과를 기대할 수 있다.

② 유동성이 증가되며 Con'c 내의
공극률이 감소하고 물의 침투를
방지할 수 있다.

③ 유동화제의 종류

├ 변성리그닌 셀폰산염계
├ 나프탈렌 셀폰산염계
└ 멜라민 셀폰산염계

3) Con'c 배합설계규정 준수

Cement	저열시멘트 사용
W/B	시공성 확보 내 최소화
굵은 골재 최대 치수	시공연도 내 최대화

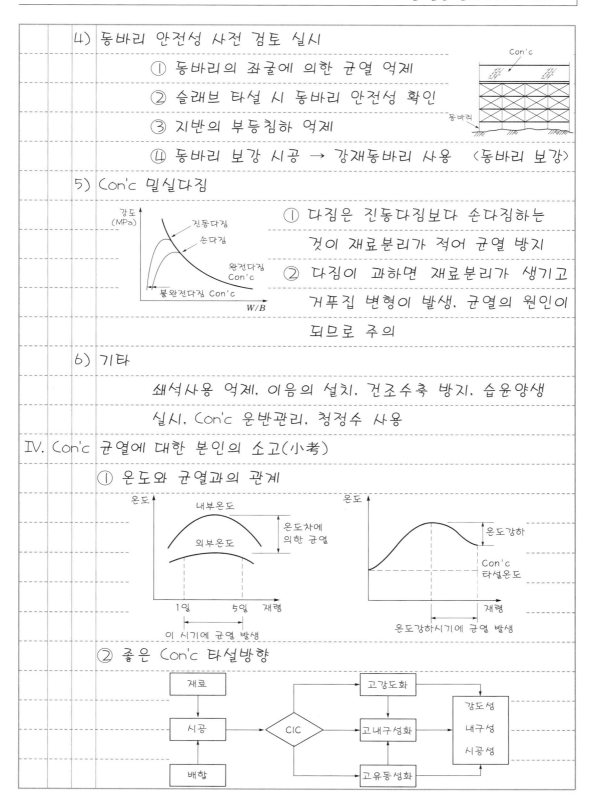

4) 동바리 안전성 사전 검토 실시

    ① 동바리의 좌굴에 의한 균열 억제

    ② 슬래브 타설 시 동바리 안전성 확인

    ③ 지반의 부등침하 억제

    ④ 동바리 보강 시공 → 강재동바리 사용 〈동바리 보강〉

5) Con'c 밀실다짐

    ① 다짐은 진동다짐보다 손다짐하는 것이 재료분리가 적어 균열 방지

    ② 다짐이 과하면 재료분리가 생기고 거푸집 변형이 발생, 균열의 원인이 되므로 주의

6) 기타

    쇄석사용 억제, 이음의 설치, 건조수축 방지, 습윤양생 실시, Con'c 운반관리, 청정수 사용

IV. Con'c 균열에 대한 본인의 소고(小考)

    ① 온도와 균열과의 관계

    ② 좋은 Con'c 타설방향

문제 10. 지하 콘크리트 Box구조물의 균열원인과 균열제어대책에 대하여 설명하시오.

답.

I. 서언

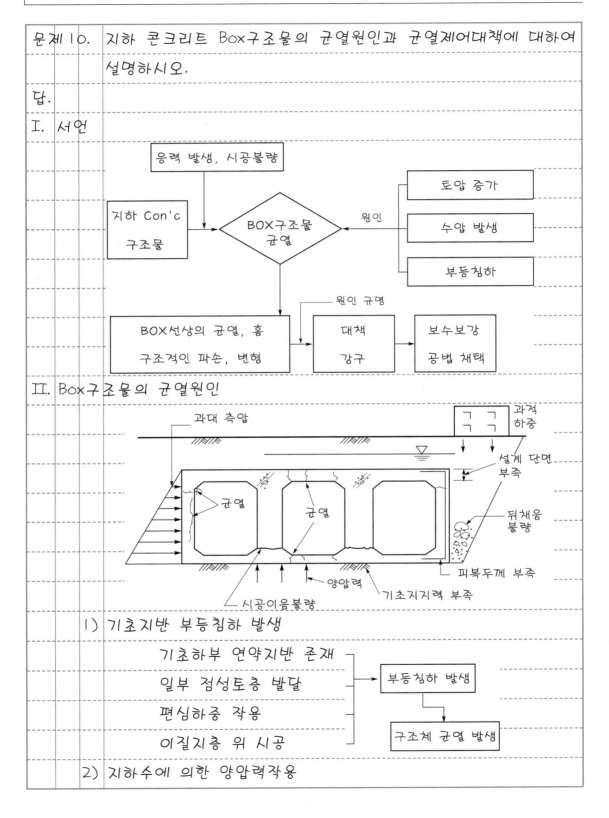

II. Box구조물의 균열원인

1) 기초지반 부등침하 발생

기초하부 연약지반 존재
일부 점성토층 발달 → 부등침하 발생
편심하중 작용
이질지층 위 시공 → 구조체 균열 발생

2) 지하수에 의한 양압력작용

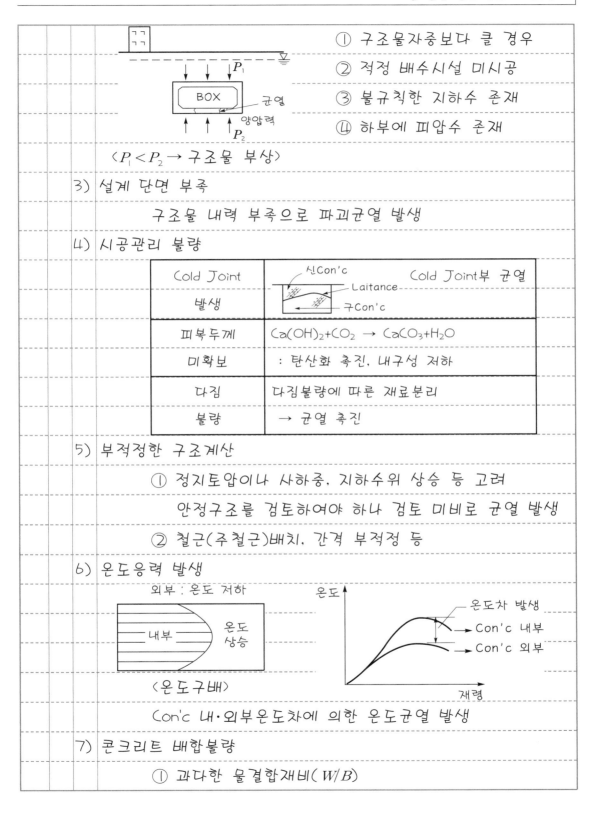

① 구조물자중보다 클 경우

② 적정 배수시설 미시공

③ 불규칙한 지하수 존재

④ 하부에 피압수 존재

〈 $P_1 < P_2$ → 구조물 부상 〉

3) 설계 단면 부족

    구조물 내력 부족으로 파괴균열 발생

4) 시공관리 불량

Cold Joint 발생	신Con'c, Laitance, 구Con'c	Cold Joint부 균열
피복두께 미확보	$Ca(OH)_2 + CO_2 \rightarrow CaCO_3 + H_2O$: 탄산화 촉진, 내구성 저하	
다짐 불량	다짐불량에 따른 재료분리 → 균열 촉진	

5) 부적정한 구조계산

    ① 정지토압이나 사하중, 지하수위 상승 등 고려

      안정구조를 검토하여야 하나 검토 미비로 균열 발생

    ② 철근(주철근)배치, 간격 부적정 등

6) 온도응력 발생

〈온도구배〉

    Con'c 내·외부온도차에 의한 온도균열 발생

7) 콘크리트 배합불량

    ① 과다한 물결합재비(W/B)

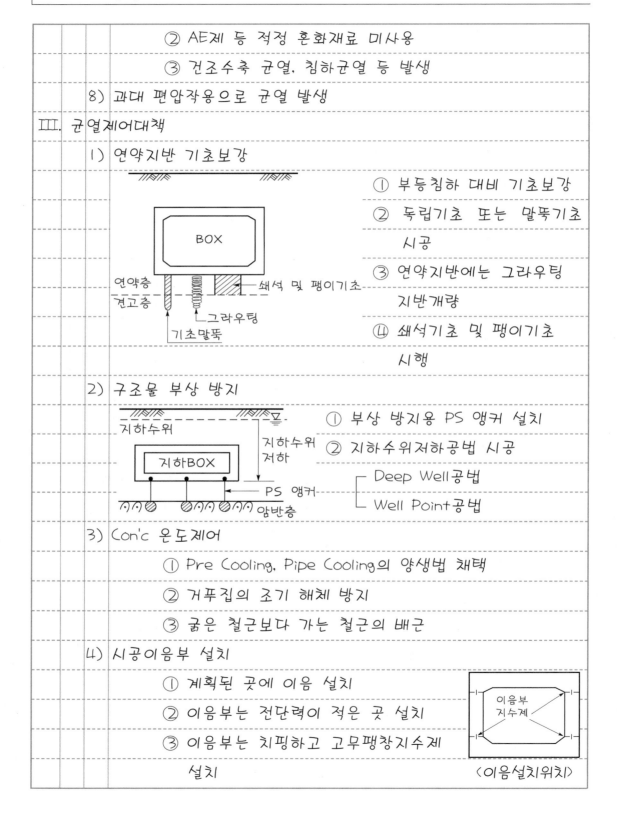

② AE제 등 적정 혼화재료 미사용

③ 건조수축 균열, 침하균열 등 발생

8) 과대 편압작용으로 균열 발생

Ⅲ. 균열제어대책

1) 연약지반 기초보강

BOX

연약층

견고층

그라우팅

기초말뚝

쇄석 및 팽이기초

① 부등침하 대비 기초보강

② 독립기초 또는 말뚝기초 시공

③ 연약지반에는 그라우팅 지반개량

④ 쇄석기초 및 팽이기초 시행

2) 구조물 부상 방지

지하수위

지하BOX

지하수위 저하

PS 앵커

암반층

① 부상 방지용 PS 앵커 설치

② 지하수위저하공법 시공

┌ Deep Well공법
└ Well Point공법

3) Con'c 온도제어

① Pre Cooling, Pipe Cooling의 양생법 채택

② 거푸집의 조기 해체 방지

③ 굵은 철근보다 가는 철근의 배근

4) 시공이음부 설치

① 계획된 곳에 이음 설치

② 이음부는 전단력이 적은 곳 설치

③ 이음부는 치핑하고 고무팽창지수제 설치

이음부 지수제

〈이음설치위치〉

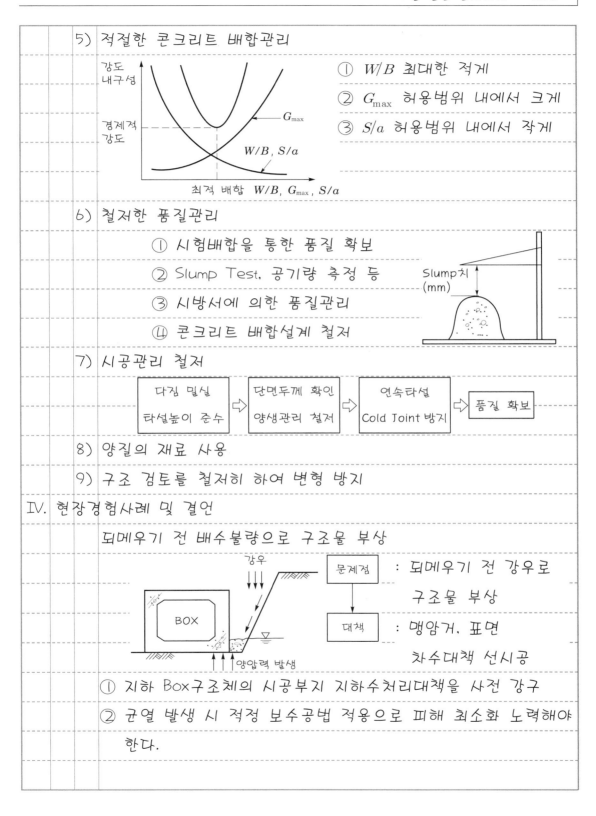

5) 적절한 콘크리트 배합관리

① W/B 최대한 적게

② G_{max} 허용범위 내에서 크게

③ S/a 허용범위 내에서 작게

6) 철저한 품질관리

① 시험배합을 통한 품질 확보

② Slump Test, 공기량 측정 등

③ 시방서에 의한 품질관리

④ 콘크리트 배합설계 철저

7) 시공관리 철저

| 다짐 밀실
타설높이 준수 | ⇒ | 단면두께 확인
양생관리 철저 | ⇒ | 연속타설
Cold Joint 방지 | ⇒ | 품질 확보 |

8) 양질의 재료 사용

9) 구조 검토를 철저히 하여 변형 방지

IV. 현장경험사례 및 결언

되메우기 전 배수불량으로 구조물 부상

문제점 : 되메우기 전 강우로 구조물 부상

대책 : 맹암거, 표면 차수대책 선시공

① 지하 Box구조체의 시공부지 지하수처리대책을 사전 강구

② 균열 발생 시 적정 보수공법 적용으로 피해 최소화 노력해야 한다.

문제 11. 콘크리트구조물의 균열원인과 방지대책에 대하여 설명하시오.

답.

I. 서언

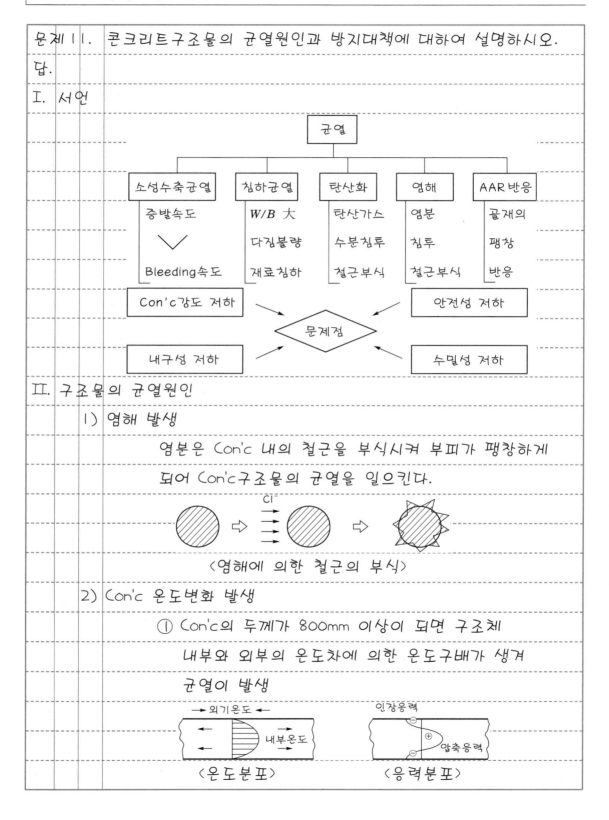

II. 구조물의 균열원인

1) 염해 발생

염분은 Con'c 내의 철근을 부식시켜 부피가 팽창하게

되어 Con'c구조물의 균열을 일으킨다.

〈염해에 의한 철근의 부식〉

2) Con'c 온도변화 발생

① Con'c의 두께가 800mm 이상이 되면 구조체

내부와 외부의 온도차에 의한 온도구배가 생겨

균열이 발생

〈온도분포〉   〈응력분포〉

② 재료관리 및 타설 시 온도관리 부적절로 균열 발생

3) 알칼리골재반응 작용

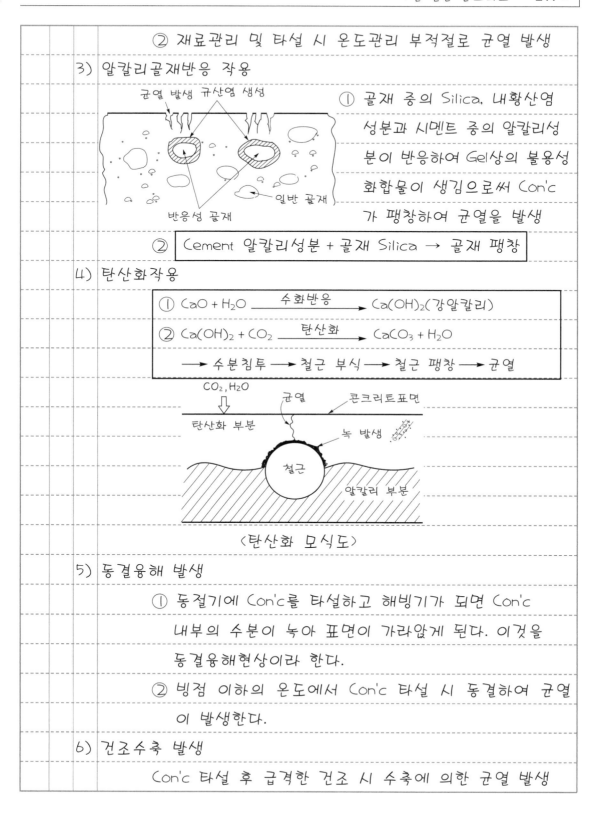

① 골재 중의 Silica, 내황산염

성분과 시멘트 중의 알칼리성

분이 반응하여 Gel상의 불용성

화합물이 생김으로써 Con'c

가 팽창하여 균열을 발생

② Cement 알칼리성분 + 골재 Silica → 골재 팽창

4) 탄산화작용

① $CaO + H_2O$ ──수화반응── $Ca(OH)_2$(강알칼리)

② $Ca(OH)_2 + CO_2$ ──탄산화── $CaCO_3 + H_2O$

── 수분침투 ── 철근 부식 ── 철근 팽창 ── 균열

〈탄산화 모식도〉

5) 동결융해 발생

① 동절기에 Con'c를 타설하고 해빙기가 되면 Con'c

내부의 수분이 녹아 표면이 가라앉게 된다. 이것을

동결융해현상이라 한다.

② 빙점 이하의 온도에서 Con'c 타설 시 동결하여 균열

이 발생한다.

6) 건조수축 발생

Con'c 타설 후 급격한 건조 시 수축에 의한 균열 발생

7) 기타 원인

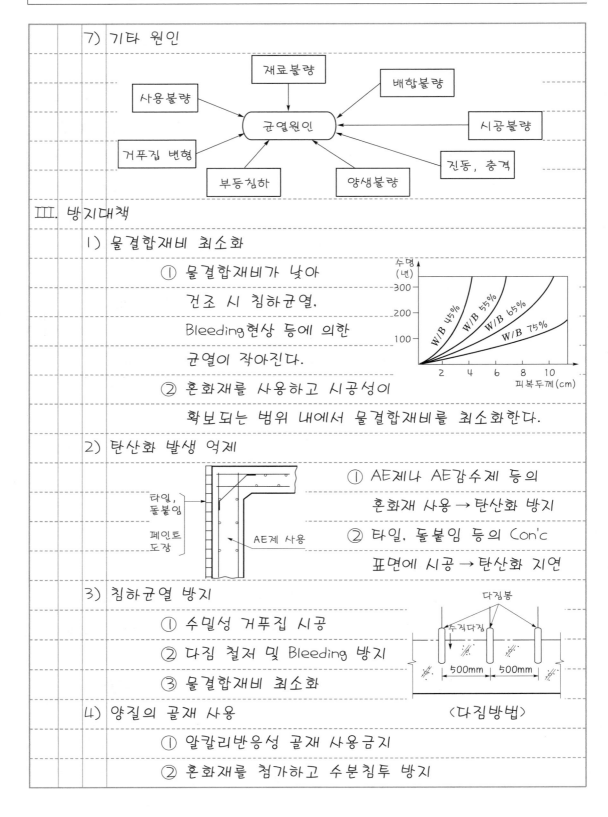

Ⅲ. 방지대책

1) 물결합재비 최소화

① 물결합재비가 낮아
   건조 시 침하균열,
   Bleeding현상 등에 의한
   균열이 작아진다.

② 혼화재를 사용하고 시공성이
   확보되는 범위 내에서 물결합재비를 최소화한다.

2) 탄산화 발생 억제

① AE제나 AE감수제 등의
   혼화재 사용 → 탄산화 방지

② 타일, 돌붙임 등의 Con'c
   표면에 시공 → 탄산화 지연

3) 침하균열 방지

① 수밀성 거푸집 시공

② 다짐 철저 및 Bleeding 방지

③ 물결합재비 최소화

〈다짐방법〉

4) 양질의 골재 사용

① 알칼리반응성 골재 사용금지

② 혼화재를 첨가하고 수분침투 방지

5) 철근부식 방지

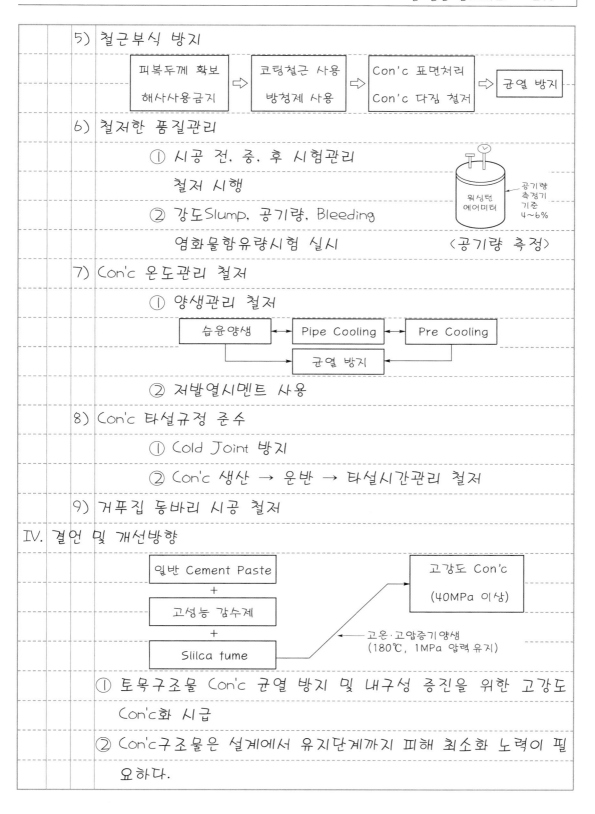

```
┌──────────────┐     ┌──────────────┐     ┌──────────────┐     ┌──────────┐
│ 피복두께 확보 │ ⇨  │ 코팅철근 사용 │ ⇨  │ Con'c 표면처리│ ⇨ │ 균열 방지 │
│ 해사사용금지  │     │ 방청제 사용   │     │ Con'c 다짐 철저│    └──────────┘
└──────────────┘     └──────────────┘     └──────────────┘
```

6) 철저한 품질관리

　　① 시공 전, 중, 후 시험관리

　　　 철저 시행

　　② 강도Slump, 공기량, Bleeding

　　　 염화물함유량시험 실시

공기량
측정기
기준
4~6%

워싱턴
에어미터

〈공기량 측정〉

7) Con'c 온도관리 철저

　　① 양생관리 철저

```
┌──────────┐    ┌──────────────┐    ┌──────────────┐
│ 습윤양생  │◄──►│ Pipe Cooling │◄──►│ Pre Cooling  │
└──────────┘    └──────────────┘    └──────────────┘
      │              ┌──────────┐            │
      └─────────────►│ 균열 방지 │◄───────────┘
                     └──────────┘
```

　　② 저발열시멘트 사용

8) Con'c 타설규정 준수

　　① Cold Joint 방지

　　② Con'c 생산 → 운반 → 타설시간관리 철저

9) 거푸집 동바리 시공 철저

IV. 결언 및 개선방향

```
┌──────────────────┐
│ 일반 Cement Paste │
└──────────────────┘                    ┌──────────────────┐
         +                              │   고강도 Con'c    │
┌──────────────────┐                    │   (40MPa 이상)    │
│  고성능 감수제    │─────────────────►  └──────────────────┘
└──────────────────┘            
         +               ← 고온·고압증기양생
┌──────────────────┐       (180℃, 1MPa 압력 유지)
│   Silica fume     │
└──────────────────┘
```

① 토목구조물 Con'c 균열 방지 및 내구성 증진을 위한 고강도

　　Con'c화 시급

② Con'c구조물은 설계에서 유지단계까지 피해 최소화 노력이 필

　　요하다.

문제12. 콘크리트구조물의 균열보수보강공법에 대하여 설명하시오.

답.

I. 서언

① 콘크리트구조물의 균열은 재료분리, 건조수축, 온도변화 등에 의해 발생하며 구조상 안전성, 내구성에 악영향을 미치게 된다.

② 구조물의 균열원인

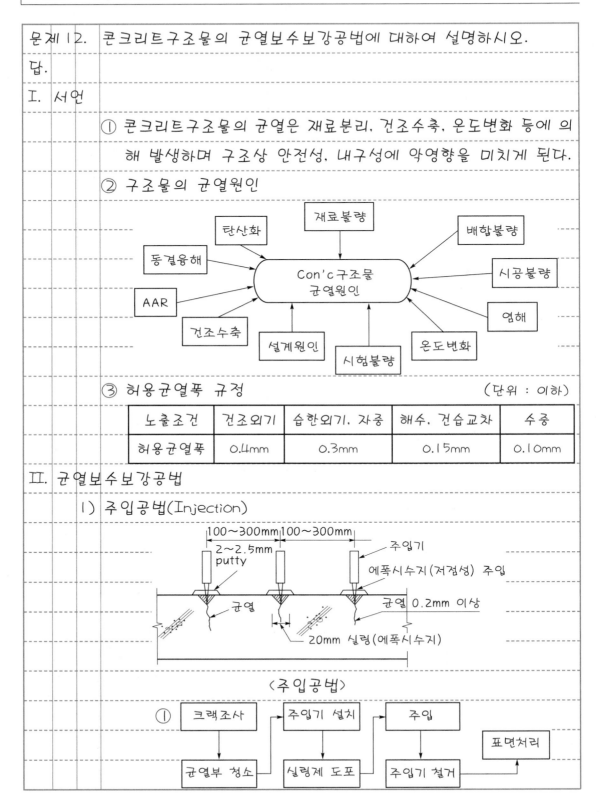

③ 허용균열폭 규정   (단위 : 이하)

노출조건	건조외기	습한외기, 자중	해수, 건습교차	수중
허용균열폭	0.4mm	0.3mm	0.15mm	0.10mm

II. 균열보수보강공법

1) 주입공법(Injection)

〈주입공법〉

② 주입간격은 균열크기 및 구조물의 사용성 고려 결정

③ 균열 0.2mm 이상의 구조물 보수

④ 수밀성 구조물 및 내화성 구조물 등의 보수 사용

2) 표면처리공법

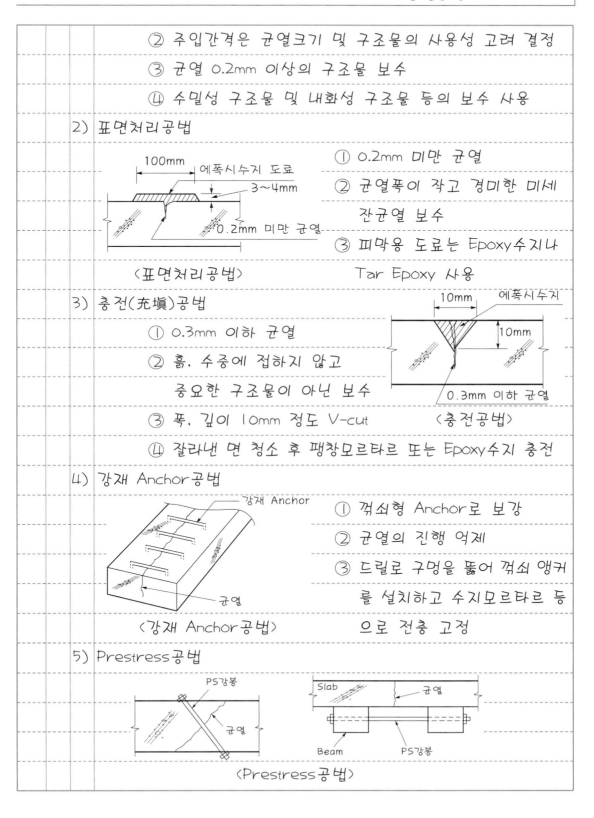

① 0.2mm 미만 균열

② 균열폭이 작고 경미한 미세 잔균열 보수

③ 피막용 도료는 Epoxy수지나 Tar Epoxy 사용

〈표면처리공법〉

3) 충전(充塡)공법

① 0.3mm 이하 균열

② 홈, 수중에 접하지 않고 중요한 구조물이 아닌 보수

③ 폭, 깊이 10mm 정도 V-cut

④ 잘라낸 면 청소 후 팽창모르타르 또는 Epoxy수지 충전

〈충전공법〉

4) 강재 Anchor공법

① 꺾쇠형 Anchor로 보강

② 균열의 진행 억제

③ 드릴로 구멍을 뚫어 꺾쇠 앵커를 설치하고 수지모르타르 등으로 전충 고정

〈강재 Anchor공법〉

5) Prestress공법

〈Prestress공법〉

① 균열부의 깊이가 깊고 구조체의 절단 염려 경우 적용

② 보에 구멍을 뚫어 PS강봉 설치 후 그라우팅

③ 부재 외측에 설치

④ 균열부에 직각으로 설치

6) 강판부착공법

에폭시수지 채움

균열

강판

에폭시   Anchor bolt

〈강판부착공법〉

① 균열부에 보강Plate를 설치
  균열진행 억제

② 앵커볼트로 보강판을 고정

③ 앵커볼트는 에폭시채움 고정

7) 치환공법

① 표면균열이 많고 경미할 때 적용

② 균열 부위 및 마모, 파손 부위를
  제거하고 치환보수

무수축 모르타르 등

접착제
도포

〈치환공법〉

③ 무수축모르타르, 고강도 팽창성
  모르타르, 수지모르타르 사용

8) 탄소섬유sheet공법

① 강화섬유sheet인 탄소섬유sheet를 접착제로 콘크리트
  표면에 접착시켜 보강하는 공법

② 시공이 편리하며 복잡한 형상의 구조물에 적용 가능

Ⅲ. 보수 후 검사 확인

1) 육안검사

① 외부상태를 확인

② 육안검사로 의심스러운 경우 Core 채취 및 비파괴검사

2) Core 채취

① 주입공법 접착강도 확인

② 압축강도시험규정

시험구분	3개 압축강도	3개 중 1개 압축강도
합격규정	평균 85% 이상	75% 이하 불합격

3) 비파괴검사

① 구조체 손상 없이 확인 가능

② 반발경도법, 초음파법, 방사선법 등이 있음

IV. 결언

① 균열보수·보강 Flow Chart

균열 발생 → 원인 및 건전도평가 → 보수·보강방안 결정

→ 공법 선정 → 보수·보강 → 결과 확인 → 유지관리

② 콘크리트균열은 유지관리점검을 통하여 조기에 보수·보강을 실시함으로써 구조물의 내구연한을 증대시켜야 한다.

문제 13. 콘크리트구조물에 적용할 수 있는 비파괴시험방법에 대하여 설명하시오.

답.

I. 개요

① 비파괴시험은 구조물의 기능이나 형상을 변화시키지 않고 물리적 성질을 이용하여 검사하는 방법이다.

② 압축강도 확인, 내구성 파악, 균열 및 철근위치 확인 등에 이용된다.

II. 콘크리트구조물의 비파괴시험방법

1) 슈미트해머법(반발경도법)

① 특징

　㉠ 비용이 저렴하고 사용하기 편리함

　㉡ F(압축강도, MPa)$= -18.4 + 1.3 R_o$(수정반발경도)

② 검사방법

측정위치 : 벽, 보, 기둥 등의 측면

측정지점 : 교차점 20개소

수치보정 : 타격각도, 응력상태, 습윤상태, 재령

③ 적용

구분	N형	L형	P형	M형
콘크리트	보통	경량	저강도	Mass

2) 진동법

① 콘크리트공시체에 진동을 주어 탄성계수 측정

② 전기적 신호 → 기계적 신호 → 진동 → 기계적 신호 → 전기적 신호

3) 초음파법(음속법)

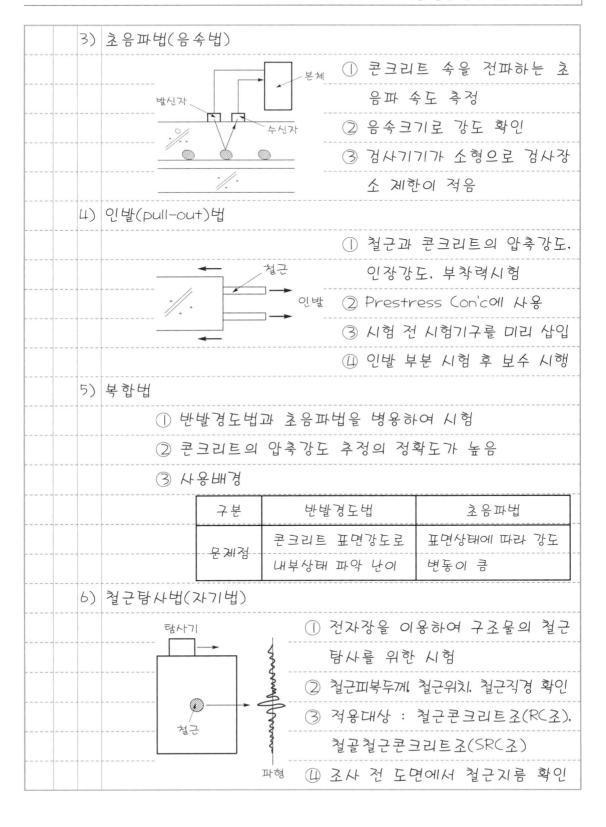

① 콘크리트 속을 전파하는 초음파 속도 측정

② 음속크기로 강도 확인

③ 검사기기가 소형으로 검사장소 제한이 적음

4) 인발(pull-out)법

① 철근과 콘크리트의 압축강도, 인장강도, 부착력시험

② Prestress Con'c에 사용

③ 시험 전 시험기구를 미리 삽입

④ 인발 부분 시험 후 보수 시행

5) 복합법

① 반발경도법과 초음파법을 병용하여 시험

② 콘크리트의 압축강도 추정의 정확도가 높음

③ 사용배경

구분	반발경도법	초음파법
문제점	콘크리트 표면강도로 내부상태 파악 난이	표면상태에 따라 강도 변동이 큼

6) 철근탐사법(자기법)

① 전자장을 이용하여 구조물의 철근 탐사를 위한 시험

② 철근피복두께, 철근위치, 철근직경 확인

③ 적용대상 : 철근콘크리트조(RC조), 철골철근콘크리트조(SRC조)

④ 조사 전 도면에서 철근지름 확인

7) 방사선법

① X, γ선을 이용하여 철근위치·크기, 내부결함조사

② 장비가 대형이기 때문에 검사장소 제한

8) 관입 저항법

① 총을 사용하여 탐침을 콘크리트 내 관입

② 침투깊이 측정으로 압축강도, 균질성 평가

③ 정확한 콘크리트강도 파악 및 탐침 제거가 어려움

9) Maturity법

① Maturity 산정식

$$M = \sum (\theta + A)\Delta t \, [\text{℃} \cdot \text{day}]$$

여기서, M : 적산온도(℃·day)

A : 상수(10), Δt : 재령(일)

θ : 일평균양생온도(℃)

$f = \alpha + \beta \log M$
(α, β : 상수)

〈Plowman공식〉

② 압축강도 산정

| Ⓐ Maturity 산정 |
| Ⓑ Plowman공식 대입 |
| Ⓒ 강도 추정 |

III. 겨울철 콘크리트 동해의 손상검사기법

① 콘크리트 동해는 겨울철 기온변화에 따라 콘크리트 수분이 밤에 동결하고 낮에 융해하는 현상을 말한다.

② 시설물의 노후화를 가속시키는 동해는 심한 손상이 발생하기 전에는 육안 확인이 어렵다.

③ 슈미트해머로 콘크리트를 타격 후 반발경도를 측정하여 동해의 진행 여부를 파악할 수 있다.

④ 동해 발생 시 : 반발경도값이 커짐, 융해 발생 시 : 반발경도값이 작아짐

⑤ 기존 검사기법과의 비교

구분	동탄성계수시험	반발경도시험
동결융해 순환횟수	200회 이상에서 측정 가능	50회 이상에서 측정 가능

IV. 결론

① 비파괴시험은 간편하고 시간과 비용을 절감시키며 내·외부평가가 가능하지만, 신뢰도가 떨어지고 평가와 해석의 객관성이 결여된다.

② 시험목적에 따른 적정 방법을 병행하여 신뢰성을 확보하도록 해야 한다.

문제14.		철근콘크리트와 Prestress콘크리트구조물의 특성과 응력해석상
		의 차이점에 대하여 설명하시오.

답.

I. 서언

   1) 정의

      ① RC(Reinforced Concrete) : Con'c 강봉·철근 등을 묻어서 두 재료가 일체가 되어 외력에 저항하도록 한 Con'c

      ② PSC(Prestressed Concrete) : Con'c에 발생하는 인장응력을 상쇄하기 위해 미리 Con'c에 PS강재로 압축력을 가한 Con'c

   2) PSC를 사용함으로써 RC구조물의 한계를 벗어나 장대교 시공 및 고강도의 Con'c 생산이 가능하게 되었다.

II. 구조물의 특성

(1) RC(철근콘크리트)

〈단순보〉　　　　〈보 단면도〉　〈응력도〉

   1) Concrete는 압축부재

      ① 중립축 상부의 Con'c는 압축부재로 압축력 받음

      ② 중립축 하부의 Con'c는 응력을 받지 않음

   2) 중립축 존재

      ① 상부 : 압축부재(Con'c가 압축력 받음)

      ② 하부 : 인장부재(철근이 인장력 받음)

3) 철근이 인장부재 작용

① RC 하부에 매입된 철근이 부재의 인장응력을 받아 인장력 작용

② SD240, SD300, SD350, SD400 등의 이형철근 사용으로 부착력을 강화시킴(Rib 부착)

③ 중립축 하부 철근은 인장력에만 저항하므로 복원성이 결여됨

4) 소규모 구조물 시공 용이

① 인력 시공 및 재료의 구득이 쉬워 소규모 구조물 시공이 가능함

② 철근과 Con'c의 부착강도가 높음

5) 장단점

장점	단점
• 인원, 장비 동원 유리	• Con'c 인장 부분 탄성 상실
• 환경적 제약이 덜함	• 인력작업으로 기계화 곤란
• 중·소구조물 시공 용이	• 장대교, 장Span 시공 곤란

(2) PSC(Prestressed Con'c)

ω(등분포하중)

P P

$\dfrac{P}{A}$ $\dfrac{M}{I}y$ $\dfrac{P}{A}+\dfrac{M}{I}y$

〈Prestressing + ω 작용〉   〈응력도〉

1) Prestress 작용

① Con'c 축면에 Prestress를 작용하여 압축력을 가함

2) 합성응력 발생

    ① Prestress가 Con'c에 작용(압축력 작용)

    ② ω(등분포하중)가 Con'c에 작용(Moment 발생)

    ③ Prestress와 하중으로 인한 압축력 및 Moment 발생

      으로 합성응력 발생

3) 응력 상쇄효과

    Prestress 도입으로 인한 인장응력 상쇄현상 발생

4) 하중 증대효과

    ① 인장축에 Prestress를 가해 하중에 의한 인장응력

      상쇄로 Con'c 내구성 증가

    ② 인장응력 상쇄로 인한 Con'c의 하중 증대효과 발생

5) 장단점

장점	단점
• 대량화, 공장생산 가능	• 제작장, 입지여건 필요
• 고강도Con'c 생산	• 설치비, 제작비 고가
• 장대교 장Span구조물 가능	• 제작 시 인장력 측정 필요

III. 응력해석 차이점

〈RC부재의 응력도〉   〈PSC부재의 응력도〉

1) RC의 응력

$$C=\frac{1}{2}\sigma_{ca}kdb$$

$$T=A_s\sigma_{sa}$$

2) PSC의 응력

$$\sigma = \frac{P}{A} \pm \frac{M}{I} y$$

3) RC와 PSC의 비교분석

비교	RC	PSC
압축응력	중립축 상부만 작용	전단면 유효
응력 상쇄	• 중립축 상부 : 압축력 • 중립축 하부 : 인장력	인장응력 상쇄 위해 Prestress(압축) 가함
응력변화	철근 인장력 동일 (Con'c 타설 → 최종)	• 긴장 전 : 무근Con'c • 긴장 중 : 최대 응력 • 긴장 후 : 초기응력
응력손실	철근 인장손실 거의 없음	• 즉시 : 탄성, Sliding, Friction • 장기 : 건조, Creep, 응력 이완

IV. 본인의 현장경험 및 결언

1) 남해고속도로 선형개량공사 시 PSC Beam교 제작장에서 PSC Beam 제작 중 정착단의 고정이 풀려 활동(Sliding) 발생으로 인장응력이 제대로 발생되지 않음

2) 보강방법

① 정착구를 다시 달아 정착단을 고정시킴

② 강재를 재인장하여 허용치 이내로 보정할 것

3) 결언

설계시점		시공시점		유지관리시점
RC 및 PSC 특성 및 적합성 결정	→	RC는 철근과의 부착강도 주력 PSC는 강재의 인장에 주력	→	RC는 주철근 직각방향 균열 주의 PSC는 인장재의 변형 여부 관찰

문제 15. Prestressed Concrete부재 제작, 시공과정에서의 응력분포변화와 시공상 유의사항에 대하여 설명하시오.

답.

I. 일반사항

1) Prestressed Concrete의 정의

① 콘크리트부재에 발생하는 인장응력을 상쇄하기 위하여 미리 콘크리트부재에 PS강재로 압축력을 가한 Con'c이다.

② PSC재료에는 PS강재, 콘크리트, Grouting 등이 있다.

2) Prestress 손실원인

- 즉시손실
  - Con'c 탄성수축
  - 정착단의 활동
  - 강재와 Sheath의 마찰
- 장기손실
  - Con'c 건조수축
  - Con'c Creep
  - 강재의 Relaxation

II. 제작, 시공과정에서의 응력분포변화

① 제작단계에서 긴장 전, 긴장 중, 긴장 후에 따라 각각 무근Con'c상태, 최대 응력상태, 초기응력상태로 된다.

② 운반 및 가설단계에서는 휨응력상태이다.

③ 최종단계에서는 유효응력상태가 된다.

단계별		응력변화상태
제작	긴장 전	무근Con'c상태
	긴장 중	최대 응력
	긴장 후	초기응력
운반·가설		휨응력
최종단계		유효prestress

Ⅲ. 시공상 유의사항

　1) 긴장 전

　　　① 지반침하 방지　　　④ 초기양생 주의

　　　② 거푸집 변형 방지　　⑤ 온도변화에 의한 균열 방지

　　　③ 동바리 변형 방지　　⑥ 건조수축에 의한 균열 방지

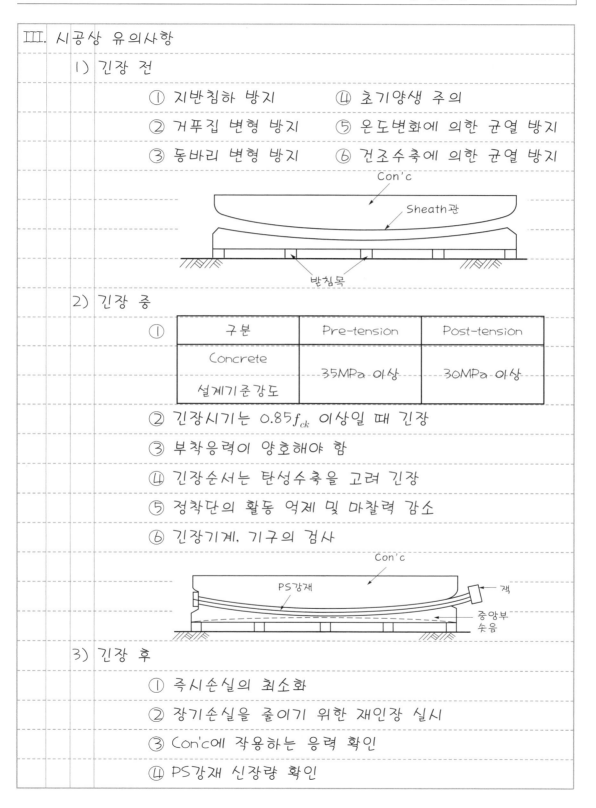

　2) 긴장 중

구분	Pre-tension	Post-tension
Concrete 설계기준강도	35MPa 이상	30MPa 이상

　　　② 긴장시기는 $0.85f_{ck}$ 이상일 때 긴장

　　　③ 부착응력이 양호해야 함

　　　④ 긴장순서는 탄성수축을 고려 긴장

　　　⑤ 정착단의 활동 억제 및 마찰력 감소

　　　⑥ 긴장기계, 기구의 검사

　3) 긴장 후

　　　① 즉시손실의 최소화

　　　② 장기손실을 줄이기 위한 재인장 실시

　　　③ Con'c에 작용하는 응력 확인

　　　④ PS강재 신장량 확인

⑤ 견고한 받침대 설치 후 Camber 관리

⑥ Con'c 양생 철저

4) 운반 및 가설 시

① 받침위치 배치 시 과대한 응력 발생 방지

② 지반침하 방지

③ 부재의 과다한 흔들림 방지

④ 부재의 뒤집힘이나 뒤틀림 방지

⑤ Lifting시 Wire각도는 30° 이상 유지

⑥ 운반로를 정비하여 진동이나 충격 방지

〈PSC Beam 인양〉

〈운반 중〉

5) 최종단계

① 설계하중보다 초과되는 하중금지

② 국부하중, 편심하중 금지

③ 반복하중에 의한 피로파괴 방지

④ 균열, 파손 방지

⑤ 정기적인 점검 및 보수관리 철저

IV. 현장경험 및 결언

1) 현장경험

공사진행사항	시공 시 고려사항
사전조사	• 제작장과 현장의 입지조건, 교통, 상호연락 등 조사해야 함
설계도서 파악	• Shop Drawing과 현장의 조건확인 • 가설 시 도면이 일치해야 함

공사진행사항	시공 시 고려사항
기상영향	• 기상영향을 적게 받으며 동절기, 한서기 시공 가능함
공기단축	• 기후에 영향을 받지 않고 동절기에 시공이 가능하여 공기단축 가능함
품질관리	• 규격품 생산으로 오차가 적으며 문제점 발생 시 부품교체 가능함
노무인력	• 전문숙련공이 절대적으로 필요함
공해	• 기계와 시공과 현장작업의 감소로 공해예방

2) 결언

```
┌─────────────┐
│  공기단축효과   │──┐
└─────────────┘  │
                 │
┌─────────────┐  │   ┌──────────────┐     ┌──────────────┐
│ 고강도 Con'c  │──┼──▶│ Prestressed  │────▶│ 대형화, 경량화  │
│  생산 용이    │  │   │  Concrete    │     │    구조물     │
└─────────────┘  │   └──────────────┘     └──────────────┘
                 │
┌─────────────┐  │
│ 공장제작으로   │──┘
│ 균질의 Con'c  │
└─────────────┘
```

8

永生의 길잡이 - 여덟

예수 그리스도는 누구십니까?

❖ 우리의 구주(救主)가 되시며(마태복음 1 : 21), 살아계신 하나님의 아들이십니다.
  (마태복음 16 : 16)

❖ 예수님은 유대땅 베들레헴 말구유에서 태어나셨습니다. 30년동안은 가정에서 가사를 돕
  는 일을 하셨고, 마지막 3년은 구속사업(救贖事業)을 완성하셨습니다.

❖ 예수님은 우리의 죄를 대신 짊어지고 십자가에 못박혀 죽으셨습니다.
  (마태복음 27 : 35)

❖ 예수님은 장사 지낸 후 3일만에 다시 살아나셔서 40일동안 10여차에 걸쳐 제자들에게
  나타나 보이셨다가 하늘로 올라가셨습니다.(사도행전 1 : 11)

❖ 우리는 예수 그리스도를 믿음으로만 구원을 받을 수 있습니다.(사도행전 4 : 12)

제3장 ▶ 콘크리트

제2절 특수 콘크리트

문제 1.	서중콘크리트 시공 시 문제점과 대책에 대하여 설명하시오.
답	

I. 서언

① 서중Con'c는 일평균기온이 25℃ 이상이고 일최고기온이 30℃ 이상인 경우의 Con'c 타설을 말한다.

② 서중Con'c 균열 발생 메커니즘

```
                    ┌─ 수화반응 촉진 ─┐
  서중 시 ⇒ ─┤               ├─ ⇒  경화시간 단축 ⇒ 균열 발생
                    └─ 수분증발 급속 ─┘
```

II. 시공 시 문제점

1) 문제점 종류

```
┌─────────────────┐          ┌──────┐          ┌──────────────┐
│ Cold Joint       │          │ 서중  │          │ 단위수량 증가  │
│ Construction Joint│  ⇒   │      │   ⇐   │ 균열 발생     │
│ Slump 저하       │          │ Con'c │          │ 수화반응 촉진  │
└─────────────────┘          └──────┘          └──────────────┘
                                  ⇓
                         ┌──────────────┐
                         │ 품질저하요인 발생 │
                         └──────────────┘
```

2) 수화반응 촉진

① $CaO + H_2O = Ca(OH)_2$ ← 수화반응식

② 수화반응으로 수분증발 급속

③ Con'c 경화시간 단축

④ Con'c 균열 발생

〈소성수축균열〉

3) 단위수량 증가

① 수화반응 촉진으로 수량 증가

② 수량 증가는 Con'c강도 저하

③ 건조수축 및 온도균열 발생

④ 최대한 적게 사용

〈σ과 W/B의 관계〉

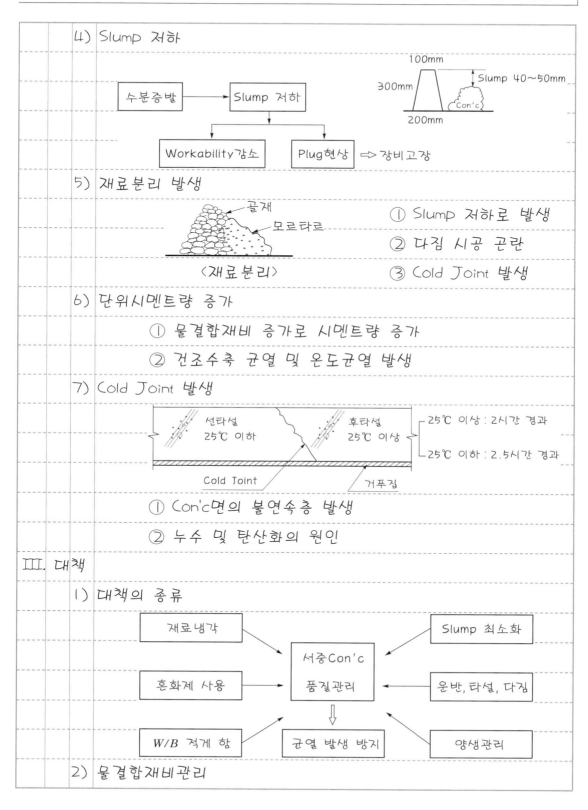

4) Slump 저하

```
수분증발 → Slump 저하
              ↓
Workability감소    Plug현상 ⇨ 장비고장
```

100mm
300mm
200mm
Slump 40~50mm
Con'c

5) 재료분리 발생

골재
모르타르

〈재료분리〉

① Slump 저하로 발생
② 다짐 시공 곤란
③ Cold Joint 발생

6) 단위시멘트량 증가

　　① 물결합재비 증가로 시멘트량 증가
　　② 건조수축 균열 및 온도균열 발생

7) Cold Joint 발생

선타설
25℃ 이하
후타설
25℃ 이상
25℃ 이상 : 2시간 경과
25℃ 이하 : 2.5시간 경과
Cold Joint
거푸집

　　① Con'c면의 불연속층 발생
　　② 누수 및 탄산화의 원인

Ⅲ. 대책

1) 대책의 종류

```
재료냉각              Slump 최소화
        ↘          ↙
혼화계 사용 → 서중Con'c ← 운반,타설,다짐
            품질관리
              ⇩
W/B 적게 함 → 균열 발생 방지 ← 양생관리
```

2) 물결합재비관리

① 물결합재비관리의 기준

구분	보통Con'c	경량·한중Con'c	수밀Con'c	수중·고강도Con'c
기준	65% 이하	60% 이하	50% 이하	50% 이하

② 허용범위 내에서 최대한 적게 사용

2) Con'c 양생관리

　　① 차양막 설치 : 직사광선으로부터 Con'c 보호

　　② 습윤양생 : 타설 후 5일 이상 습윤양생 실시

　　③ 보온덮개 사용

수화열에 의한 수분증발 방지 Con'c표면의 건조수축 방지	→	Sheet, 비닐 양생포

　　④ 피막양생 : 2회 이상, 습윤상태 Con'c표면에 살포

3) Con'c 타설규정 준수

　　① 타설속도 준수

구분	여름	겨울
타설속도	1.5m/h	1.0m/h

　　② 연속타설 → Cold Joint 방지

4) 저열시멘트 사용

　　① 중용열 포틀랜드시멘트를 사용

　　② 수화발열량 적은 시멘트 사용 → 건조수축, 온도균열 방지

5) 적합한 혼화제 사용

① 응결지연제 사용 → 응결경화시간 늘임

② AE제

분산제   → Workability 개선 → 균열 방지

6) Con'c 운반시간 준수

```
┌────────┐    ┌──────┐    ┌──────┐    ┌──────┐
│ 비빔생산 │ → │ 운반  │ → │ 대기  │ → │ 타설  │
└────────┘    └──────┘    └──────┘    └──────┘
   4~5분        30~50분      10~20분      10분

                    25℃ 이상 90분
                    25℃ 미만 120분
```

7) Con'c이음 시공 철저

① 계획된 시공이음 시공 → Cold Joint 방지

② 균열 방지 및 균열유도로 구조물 내구성 저하 방지

IV. 현장경험 및 결언

1) 현장경험

① 남해고속도로 Interchange 개량공사 교량Slab 시공 시 한여름이라 서중Con'c 시공법으로 구조물 시공

② 구조물 Con'c 타설 후 양생포를 덮지 않아 수분 급격히 증발 → 표면에 소성수축균열 및 건조수축균열 발생

③ 차후 Con'c 서중공사 때는 수분증발 방지를 위해 시공 뿐 아니라 양생관리도 철저히 함

2) 결언

시공 전	시공 중	시공 후
• 재료의 냉각	• Cold Joint 유의	• 서중양생관리
• 레미콘 운반 검토	• 다짐 철저	• 피막양생제
• 배합 시 혼화제 투입	• Slump Test	• Pipe Cooling
(AE제 등)	• 시공속도 준수	• 수분증발 방지

| 문제 2. | 한중콘크리트의 온도관리방안에 대하여 설명하시오. |

답.

I. 개요

① 한중콘크리트란 일평균기온이 4℃ 이하인 경우 또는 타설 후 24시간 동안 일최저기온이 0℃ 이하가 예상되는 조건에서 타설되는 콘크리트를 말하며, 초기동해 방지가 가장 중요하다.

② 소정의 품질을 갖는 콘크리트를 만들기 위해서는 일반적으로 실시하는 관리시험 외에 외기온도, 콘크리트치기온도, 양생 중 온도 또는 보온된 공간의 온도를 측정할 필요가 있다. 이처럼 한중콘크리트는 온도관리가 중요하다.

II. 한중콘크리트의 온도관리 관련 품질시험기준

구분	시험·검사방법	시기·횟수	판정기준
외기온도	온도 측정	공사 전, 공사 중	일평균기온 4℃ 이하
타설온도			5~20℃ 이내 및 운반 및 타설에 적합한 계획된 온도범위
양생온도 혹은 보온양생 공간온도			양생에 적합한 계획된 온도범위 내, 10℃ 이상

III. 한중콘크리트의 온도관리방안

1) 온도관리 Flow Chart

외기온도 → 재료온도관리 → 타설온도관리 → 양생온도관리

- 외기온도
  - 온도별 시공대책 수립

- 재료온도관리
  - 시멘트는 직접 가열 금지
  - 골재는 65℃ 미만 가열
  - 물의 온도는 40℃ 내외 유지

- 타설온도관리
  - 비빔(40℃ 이하)
  - 운반(10℃ 이상)
  - 타설(5~20℃)

- 양생온도관리
  - 초기양생 (5℃ 이상 유지)
  - 소요압축강도 확보 후 2일간 0℃ 이상 유지

2) 외기온도에 대한 시공관리방안

일평균기온	시공관리방안
4℃ 이상	일반 Con'c 타설에 의한 시공관리
0~4℃	간단한 주의, 보온계획 수립
-3~0℃	물, 골재 가열, 보온대책 마련
-3℃ 미만	가열·보온양생 등 적극적 대책

3) 시멘트온도관리

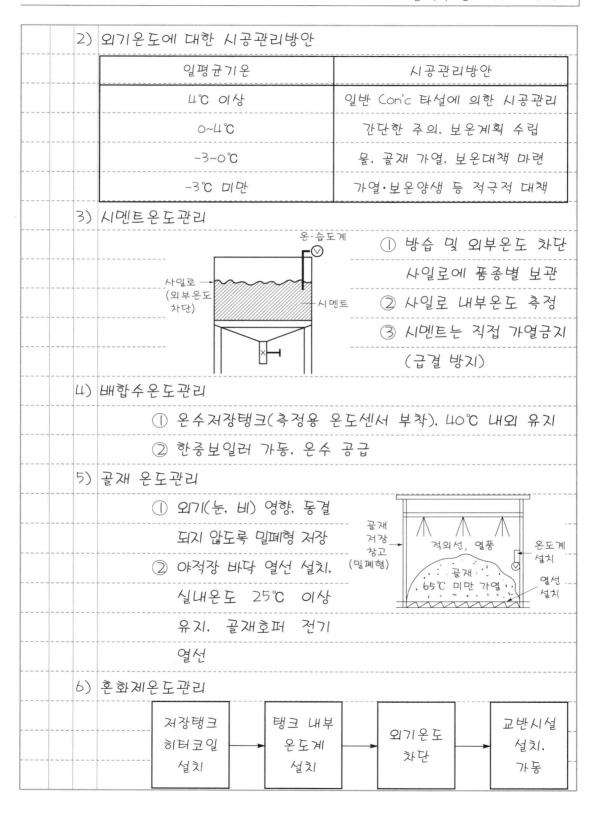

① 방습 및 외부온도 차단
   사일로에 품종별 보관
② 사일로 내부온도 측정
③ 시멘트는 직접 가열금지
   (급결 방지)

4) 배합수온도관리

① 온수저장탱크(측정용 온도센서 부착), 40℃ 내외 유지
② 한중보일러 가동, 온수 공급

5) 골재 온도관리

① 외기(눈, 비) 영향, 동결
   되지 않도록 밀폐형 저장
② 야적장 바닥 열선 설치,
   실내온도 25℃ 이상
   유지, 골재호퍼 전기
   열선

6) 혼화제온도관리

저장탱크 히터코일 설치 → 탱크 내부 온도계 설치 → 외기온도 차단 → 교반시설 설치, 가동

7) 비비기온도관리

① 외기온도, 운반시간 등 고려, 타설온도(5~20℃)가 확보

　　되도록 온도관리

② 비비기 순서

가열한 물 +굵은 골재	→	잔골재 설치	→	Mixer 내부 40℃ 이하 유지	→	시멘트

③ 물과 골재의 혼합물 온도는 40℃ 이하로 관리(시멘트

　　급결 방지)

8) 운반온도관리

〈Mixer Truck〉

① 운반차(Mixer Truck)

　에 보온덮개 설치로

　외기온도 차단

② 차량관제시스템(GPS)

　가동(대기시간 최소

　로 온도 감소 최소)

9) 타설온도관리

① 타설온도 : 5~20℃ 유지, 타설 전 거푸집, 철근 등의 빙

　　설 제거

② 저반 Con'c일 경우 지반동결 방지Sheet 설치나 해동 후

　　타설

③ 타설 완료된 Con'c는 노출면 장시간 외기노출금지, 단

　　열·보온조치

10) 양생온도관리

① 초기양생 유의 : 소요압축강도 확보 시까지 5℃ 이상으

　　로 유지

② 소요압축강도 확보 후 2일간은 0℃ 이상이 되도록 유지

Ⅳ. 양생 종료시기의 결정

1) 현장과 동일조건으로 양생시킨 공시체의 압축강도시험 결정방법

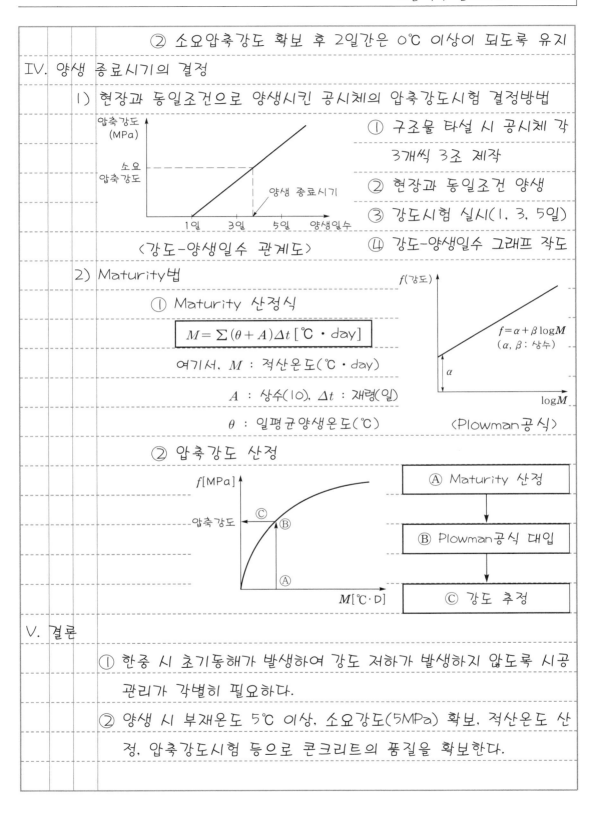

① 구조물 타설 시 공시체 각 3개씩 3조 제작

② 현장과 동일조건 양생

③ 강도시험 실시(1, 3, 5일)

④ 강도-양생일수 그래프 작도

〈강도-양생일수 관계도〉

2) Maturity법

① Maturity 산정식

$$M = \sum (\theta + A) \Delta t \ [℃ \cdot day]$$

여기서, M : 적산온도(℃ · day)

A : 상수(10), Δt : 재령(일)

θ : 일평균양생온도(℃)

$f = \alpha + \beta \log M$
(α, β : 상수)

〈Plowman공식〉

② 압축강도 산정

Ⓐ Maturity 산정

Ⓑ Plowman공식 대입

Ⓒ 강도 추정

Ⅴ. 결론

① 한중 시 초기동해가 발생하여 강도 저하가 발생하지 않도록 시공관리가 각별히 필요하다.

② 양생 시 부재온도 5℃ 이상, 소요강도(5MPa) 확보, 적산온도 산정, 압축강도시험 등으로 콘크리트의 품질을 확보한다.

| 문제 3. | 매스콘크리트에 있어서 온도균열제어방법에 대하여 설명하시오. |

답.

I. 일반사항

　1) 매스콘크리트의 정의

　　　부재의 최소 치수가 800mm 이상이고 하단이 구속된 경우
　　　에는 두께 500mm 이상의 벽체에 적용되는 Con'c를 말한다.

　2) 온도균열 발생원인

　　① 수화발열량에 의한 내부온도의 상승과 콘크리트
　　　표면의 온도냉각으로 발생

　　② Con'c 내외의 온도차에 의해 온도구배로 인장균열 발생

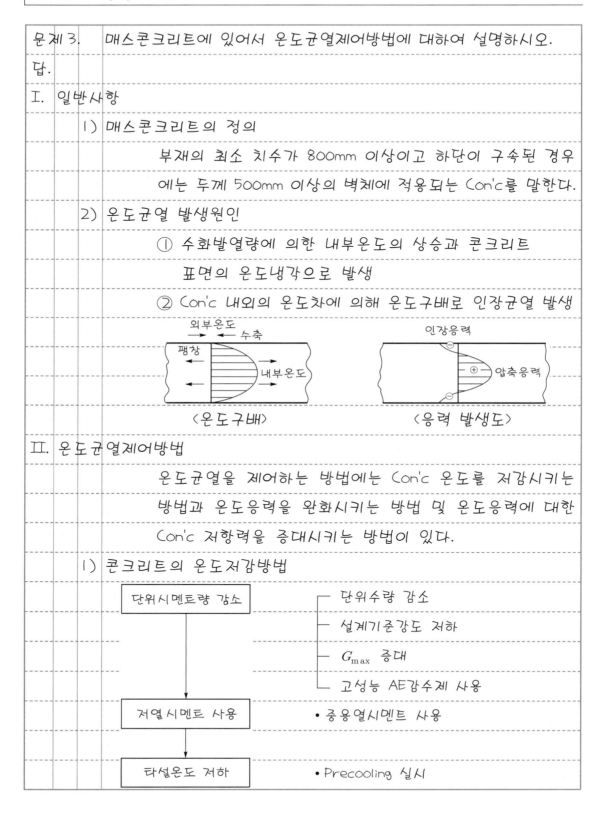

〈온도구배〉　　　　　〈응력 발생도〉

II. 온도균열제어방법

　　　온도균열을 제어하는 방법에는 Con'c 온도를 저감시키는
　　　방법과 온도응력을 완화시키는 방법 및 온도응력에 대한
　　　Con'c 저항력을 증대시키는 방법이 있다.

　1) 콘크리트의 온도저감방법

　　단위시멘트량 감소 ── 단위수량 감소
　　　　　　　　　　 ── 설계기준강도 저하
　　　　　　　　　　 ── G_{max} 증대
　　　　　　　　　　 ── 고성능 AE감수제 사용

　　저열시멘트 사용 ── • 중용열시멘트 사용

　　타설온도 저하 ── • Precooling 실시

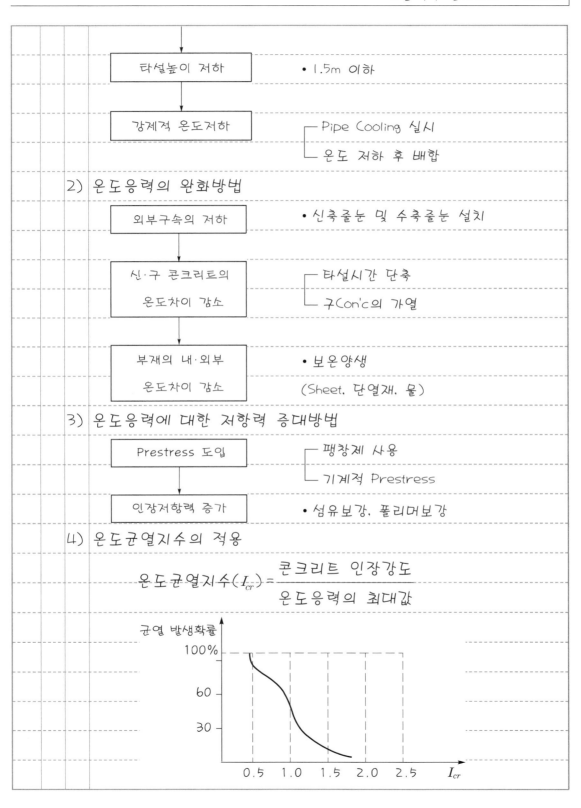

타설높이 저하
- 1.5m 이하

강제적 온도저하
- Pipe Cooling 실시
- 온도 저하 후 배합

2) 온도응력의 완화방법

외부구속의 저하
- 신축줄눈 및 수축줄눈 설치

신·구 콘크리트의 온도차이 감소
- 타설시간 단축
- 구Con'c의 가열

부재의 내·외부 온도차이 감소
- 보온양생
  (Sheet, 단열재, 물)

3) 온도응력에 대한 저항력 증대방법

Prestress 도입
- 팽창제 사용
- 기계적 Prestress

인장저항력 증가
- 섬유보강, 폴리머보강

4) 온도균열지수의 적용

$$온도균열지수(I_{cr}) = \frac{콘크리트\ 인장강도}{온도응력의\ 최대값}$$

균열 발생확률

구분	규정
균열을 방지할 경우	$1.5 \leq I_{cr}$
균열 발생을 제한할 경우	$1.2 \leq I_{cr} < 1.5$
유해한 균열 발생 제한	$0.7 \leq I_{cr} < 1.2$

5) 균열 발생 검토

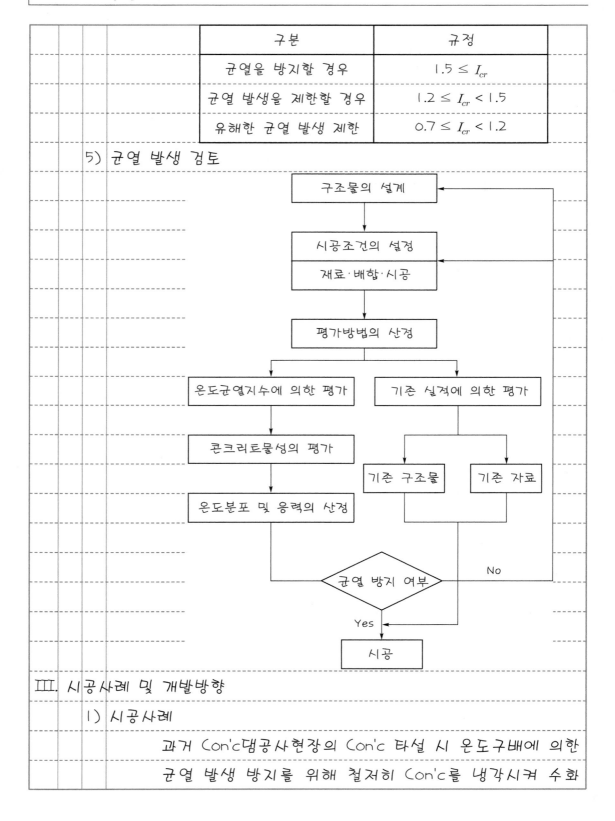

Ⅲ. 시공사례 및 개발방향

1) 시공사례

　　　과거 Con'c댐공사현장의 Con'c 타설 시 온도구배에 의한

　　　균열 발생 방지를 위해 철저히 Con'c를 냉각시켜 수화

열을 저감하여 균열을 방지하였다.

① Precooling

  ㉠ 골재는 서늘하게 저장

  ㉡ 물과 얼음의 혼합

  ㉢ Cement는 급랭시키지 않음

② Pipe Cooling

  ㉠ Con'c 속에 Pipe를 미리 배관하여 Pipe 내에 냉각수나 찬 공기 순환

  ㉡ Pipe는 1.5m 간격으로 배치

  ㉢ Cooling 완료 후 Pipe 속은 그라우팅

2) 내구성(균열 없는) Con'c 개발방향

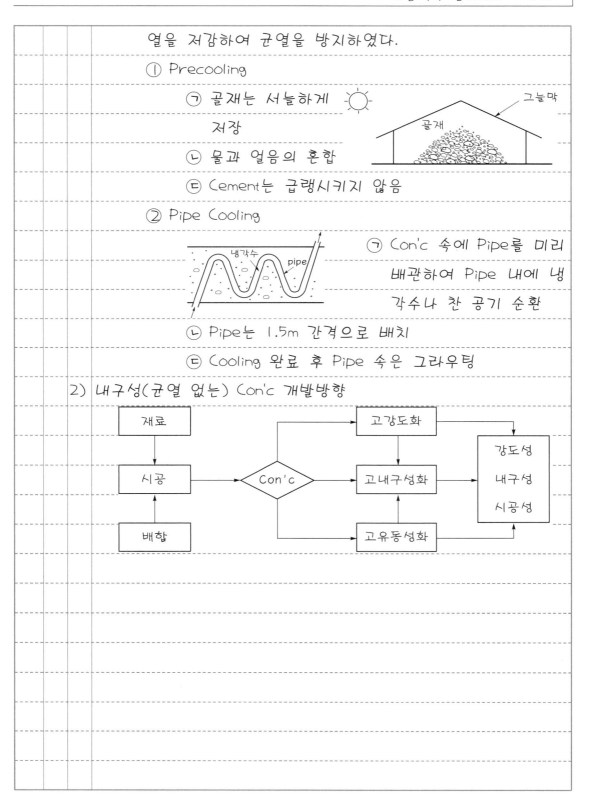

| 문제 4. | 해양콘크리트의 특성 및 염해대책에 대하여 설명하시오. |

답.

I. 개요

① 해양콘크리트란 해양환경(해안 1km 이내)에 노출된 콘크리트이며, 30MPa 이상의 소요강도를 확보하여 내구성을 높여야 한다.

② 염분침투 저항성, 동결융해 저항성, 해수면 내에서의 joint, 재료분리에 유의해야 한다.

③ 해양환경 내 콘크리트표면의 염화물농도

해안으로부터의 거리(m)	해안선	100	250	500	1,000
염화물농도(kg/m^3)	9.0	4.5	3.0	2.0	1.5

II. 해양콘크리트의 필요성

① 파도가 튀어 오르는 5m까지 부식 극심

② 표면처리, coating 등 손상부 보강 필요

III. 해양콘크리트 시공장비

IV. 해양콘크리트의 특성

1) 염화물(Cl^-) 노출로 염해(salt damage) 발생

① 염소이온, 물(H_2O), 산소(O_2)가 콘크리트를 통과하여

철근과 만나면서 적색의 녹 발생

② 염해 발생 → Con'c강도 50% 감소

$$Fe^{2+}+2Cl^- \rightarrow FeCl_2$$
$$FeCl_2+2H_2O \rightarrow Fe(OH)_2+2H^++2Cl^-$$
$$Fe(OH)_2+\frac{1}{2}H_2O+\frac{1}{4}O_2 \rightarrow Fe(OH)_3$$

2) 초기보양 : mortar 유실 방지

　　타설 후 5일간 보양·보호 필요

3) 해상작업 workability 확보

4) Con'c품질관리 필요 → 소요강도(30MPa 이상) 확보

5) Construction joint위치 준수

① 만조 시 해수면

(high waterlevel)보다

0.6m 높이 설치

② 연속타설이 기본

시공이음

HWL

0.6m 이상

수중
콘크리트

6) 내구성 저하 우려

　　염분침투 저항성, 동결융해 저항성, 기상작용

7) 수밀성 확보(watertightness)

8) 수중 불분리성 혼화제 사용

① 시공성을 향상시키면서 재료분리 저감 가능

② 사용 시 감수제, AE감수제와 동시 사용

③ bleeding현상 억제 → 강도·내구성 & 시공성·압송성

V. 해양콘크리트의 염해대책

1) 피복두께 확보

① 염화이온(Cl^-) 침투 억제

필요

내구성 확보
염해 억제

피복
두께

피복두께(100mm)

       ② 철근부식 및 팽창 억제로 구조물 내구성 확보

2) Con'c 제조 시 방청제 사용

3) 초기양생 철저관리로 염분침투 방지, 균열 방지

4) 콘크리트 내부염화물 저감

구분	대책
모래	건조중량의 0.02% 이하
콘크리트	0.3kg/m³ 이하
배합수	0.04kg/m³ 이하

해양 Con'c 내부의 염화물을 저감시켜 염해에 대한 저항성 증대

5)

다짐 철저	→	Con'c 공극률 저감	→	강성 증대

6) 물결합재비(W/B)기준 준수

    ① 수밀성 확보 : 50% 이하

    ② 물보라지역 : 45% 이하

7) 철근부식 방지대책

구분	방지대책
아연도금	• 철근의 이온반응 억제역할
Epoxy Cating	• 평균도막두께 150~300μm
부동태막보호	• 강알칼리성 유지(pH12~13)
방청제 사용	• 아질산계 방청제 • 철근의 부식 방지로 염해 저감

8) 단위시멘트량기준 준수

G_{max}	물보라지역	해상 대기	해중
25mm	330kg/m³	330kg/m³	300kg/m³
40mm	300kg/m³	300kg/m³	280kg/m³

9) 물결합재비기준 준수

시공방법	물보라지역	해상 대기	해중
현장 시공	45%	45%	50%
공장 시공	45%	50%	50%

10) 공기량기준 준수

G_{max}	물보라지역	해상 대기	해중
25mm	6%	4.5%	4%
40mm	5.5%	4.5%	4%

11) 해상작업 전 안전교육 및 장비 착용, 기상 파악

VI. 결론

① 해양환경에 노출된 콘크리트는 타설 시 작업성이 저하되고 철근의 부식으로 구조물의 내구연한이 최고 50%까지 감소된다는 연구결과가 있다.

② Con'c구조물의 내구연한 감소를 방지하기 위해 염해에 대한 대책이 요구되며 시공계획 시부터 적용이 필요하다.

| 문제 5. | 정수장 수조구조물의 누수원인과 시공대책에 대하여 설명하시오. |

답.

I. 서언

① Con'c구조물의 누수는 구조물 기능을 저하시키고 내구성을 저하시키므로 구조물에 악영향을 미친다.

② Con'c 타설 시공계획 시 구조물의 환경조건을 고려하여 수밀성 있는 구조물을 축조해야 한다.

③ 누수가 미치는 영향

〈구조물 기능 저하〉 〈내구성, 강도 저하〉 영향 〈철근부식〉 〈구조물 열화원인〉

II. 수조구조물의 누수원인

1) 거푸집 누수

〈거푸집 누수〉

① 거푸집 이음 시공불량으로 누수 발생

② 동바리 부등침하 및 Con'c 측압에 의한 거푸집 변형

③ 침하균열 발생

2) 콘크리트 피복두께 부족

① 콘크리트 피복두께 부족으로 할렬균열 발생

② 수밀성 저하되어 철근부식

〈할렬균열〉

3) 콘크리트균열 발생

화학적 영향
기상영향   ⇒ 균열 발생 ⇒ 누수원인
기계적 영향

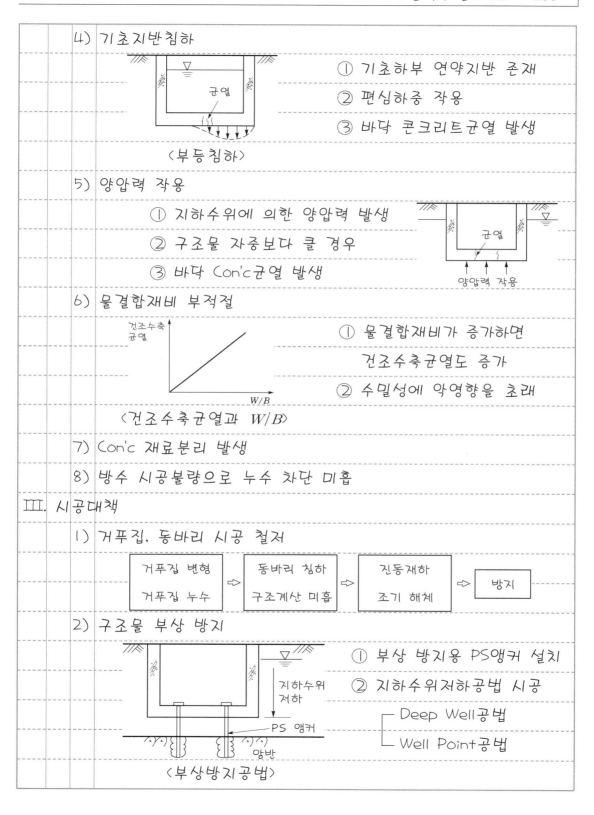

4) 기초지반침하

〈부등침하〉

① 기초하부 연약지반 존재

② 편심하중 작용

③ 바닥 콘크리트균열 발생

5) 양압력 작용

① 지하수위에 의한 양압력 발생

② 구조물 자중보다 클 경우

③ 바닥 Con'c균열 발생

6) 물결합재비 부적절

〈건조수축균열과 W/B〉

① 물결합재비가 증가하면
　건조수축균열도 증가

② 수밀성에 악영향을 초래

7) Con'c 재료분리 발생

8) 방수 시공불량으로 누수 차단 미흡

Ⅲ. 시공대책

1) 거푸집, 동바리 시공 철저

| 거푸집 변형
거푸집 누수 | ⇒ | 동바리 침하
구조계산 미흡 | ⇒ | 진동재하
조기 해체 | ⇒ | 방지 |

2) 구조물 부상 방지

〈부상방지공법〉

① 부상 방지용 PS앵커 설치

② 지하수위저하공법 시공

- Deep Well공법
- Well Point공법

3) 연약지반 기초보강

    ① 지반조사를 실시 개량공법 선정

    ② Pile공법 및 그라우팅지반공법 시공

    ③ 시공성과 경제성 고려

4) 철근 피복두께 준수

    ① 규정 피복두께 준수 균열 방지

    ② Con'c 수밀성, 내구성을 증가시킴

    ③ 철근 피복두께 규정

조건	구조물		피복두께
흙에 접하지 않는 경우	슬래브, 벽체, 장선	D35 초과	40mm
		D35 이하	20mm
	보, 기둥		40mm
흙에 영구히 묻히는 구조물			75mm
수중 타설 콘크리트			100mm

5) W/B의 최소화

〈강도와 W/B〉

    ① 수밀Con'c의 물결합재비는 50% 이하

    ② 허용범위 내 최소한 적게 함

6) 방수 시공 철저

    ① 건조한 상태로 방수 시공

    ② 시트방수 및 아스팔트방수

    ③ 벤토나이트방수 시공 → 염분 고려

7) 품질관리시험 철저

8) Con'c 타설관리 철저

타설높이 : 1.5m
낙하고 : 1m
타설속도 ┌ 여름 : 1.5m/h └ 겨울 : 1.0m/h
다짐 시공 철저

→ 밀실 시공 강도 확보 → 균열 방지

9) 알맞은 배합설계로 품질 확보

10) 적정 혼화제 사용 → 균열 방지

Ⅳ. 수밀콘크리트에 대한 의견

① 수밀Con'c의 W/B를 줄이고 혼화재 등의 혼입으로 고수밀성을 확보하고 외부로부터 침투할 수 있는 열화요인들에 대한 저항력을 증대시킨다.

② 수밀Con'c 구성요소

W/B	小
G_{max}	大
S/a	小

염해 탄산화, AAR 동결, 융해	대책 수립

Consistency
Workability
Finishability
Pumpability

9

永生의 길잡이 - 아홉

성경은 무슨 책입니까?

우리의 신앙과 생활의 유일한 법칙은 신구약 성경입니다.
성경은 하나님의 정확무오(正確無誤)한 말씀으로
구약 39권, 신약 27권 합 66권으로 되어 있습니다.
구약은 선지자, 신약은 사도들이 성령의 감동을 받아서 기록하였습니다.
(디모데후서 3 : 16)

❖ 구약에 기록된 내용은 ① 천지만물의 창조로부터
　　　　　　　　　　　　 ② 인간창조와 타락
　　　　　　　　　　　　 ③ 인류구속을 위한 메시야의
　　　　　　　　　　　　　 탄생을 예언하고 있습니다.
　　　　　　　　　　　　　　(이사야 7 : 14)

❖ 신약에 기록된 내용은 ① 예수 그리스도의 탄생으로부터
　　　　　　　　　　　　 ② 역사의 종말과
　　　　　　　　　　　　 ③ 내세에 관한 일까지 기록하고 있습니다.
　　　　　　　　　　　　　　(요한계시록 22 : 18)

성경을 매일매일 읽고 묵상하되, 그대로 지키려고 힘써야 합니다.

제4장 ▶ 도 로

| 문제 1. | 아스콘포장과 콘크리트포장의 구조적 차이점에 대하여 설명하시오. |

답.

I. 서언

1) 정의

① 아스콘포장(Asphalt Concrete Pavement)

→ 가요성 포장 으로 교통하중 작용 시 상부층의 하중을 점점 넓게 분산시켜 최소의 하중을 노상이 지지토록 하는 구조

② 콘크리트포장(Cement Concrete Pavement)

→ 강성 포장 으로 보조기층 위의 Con'c Slab판이 하중을 지지하는 구조

2) 아스콘포장과 콘크리트포장의 차이

탄성계수가 큰 재료의 위치와 하중지지층의 구조에 따라 달라진다.

II. 구조적 차이점

1) 아스콘포장

① 가요성 포장 : 상부하중을 하부로 전달하고 포장체 자체가 변형 및 복원하는 구조

② 포장구조도

③ 상부층으로 갈수록 탄성계수가 큰 재료 사용

④ 교통하중을 분산시켜 하부층에 전달

⑤ 노상의 허용지지력 이하

⑥ 구조적 특징

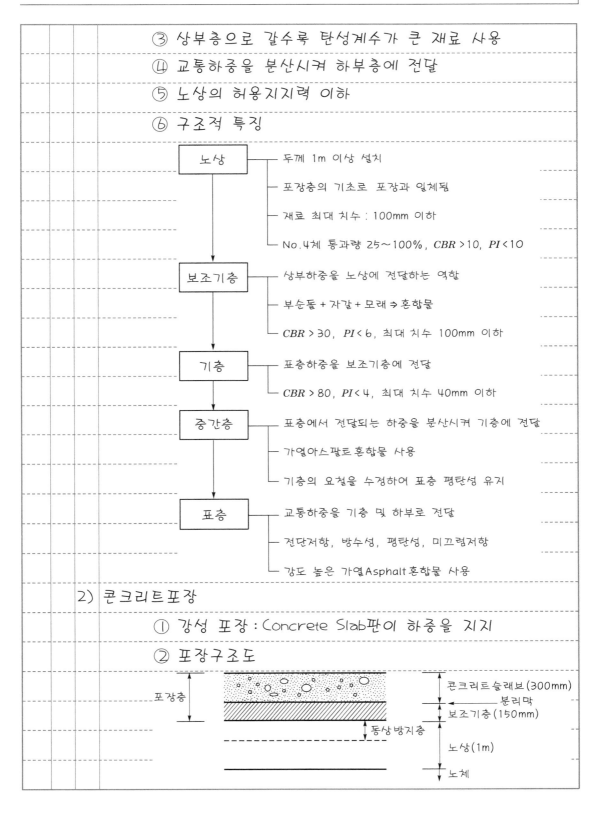

노상
- 두께 1m 이상 설치
- 포장층의 기초로 포장과 일체됨
- 재료 최대 치수 : 100mm 이하
- No.4체 통과량 25~100%, $CBR > 10$, $PI < 10$

보조기층
- 상부하중을 노상에 전달하는 역할
- 부순돌 + 자갈 + 모래 ⇒ 혼합물
- $CBR > 30$, $PI < 6$, 최대 치수 100mm 이하

기층
- 표층하중을 보조기층에 전달
- $CBR > 80$, $PI < 4$, 최대 치수 40mm 이하

중간층
- 표층에서 전달되는 하중을 분산시켜 기층에 전달
- 가열아스팔트 혼합물 사용
- 기층의 요철을 수정하여 표층 평탄성 유지

표층
- 교통하중을 기층 및 하부로 전달
- 전단저항, 방수성, 평탄성, 미끄럼저항
- 강도 높은 가열 Asphalt 혼합물 사용

2) 콘크리트포장

① 강성 포장 : Concrete Slab판이 하중을 지지

② 포장구조도

포장층

콘크리트슬래브(300mm)
분리막
보조기층(150mm)
동상방지층
노상(1m)
노체

③ 노상이나 보조기층보다 탄성계수가 큰 콘크리트가
  하중을 지지하는 구조

④ 줄눈 및 분리막 설치가 필요함

⑤ 구조적 특징

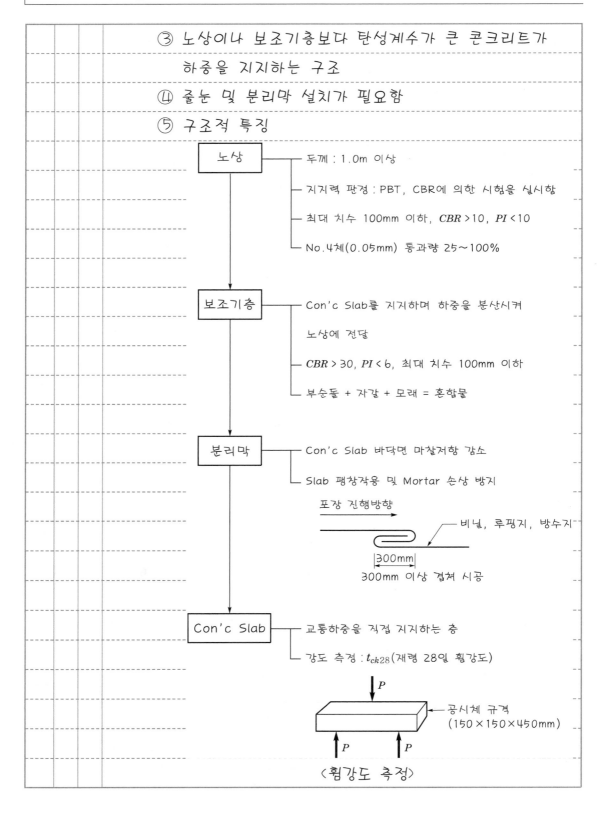

노상 ── 두께 : 1.0m 이상

── 지지력 판정 : PBT, CBR에 의한 시험을 실시함

── 최대 치수 100mm 이하, $CBR > 10$, $PI < 10$

── No.4체(0.05mm) 통과량 25~100%

보조기층 ── Con'c Slab를 지지하며 하중을 분산시켜
          노상에 전달

── $CBR > 30$, $PI < 6$, 최대 치수 100mm 이하

── 부순돌 + 자갈 + 모래 = 혼합물

분리막 ── Con'c Slab 바닥면 마찰저항 감소

── Slab 팽창작용 및 Mortar 손상 방지

포장 진행방향

비닐, 루핑지, 방수지

|300mm|

300mm 이상 겹쳐 시공

Con'c Slab ── 교통하중을 직접 지지하는 층

── 강도 측정 : t_{ck28}(재령 28일 휨강도)

P

공시체 규격
(150×150×450mm)

P P

〈휨강도 측정〉

3) 아스콘포장과 콘크리트포장 비교

구분	아스팔트포장	콘크리트포장
지지구조	가요성 포장	강성 포장
구조체 수명	5~10년	20~30년
평탄성 구조	평탄한 구조	다소 평탄구조
시공성	즉시 교통 소통 가능	양생 후 교통 소통
경제성	유지관리비 과다	초기투자비 과다
내구성	불리	유리
주행구조	유리	불리

Ⅲ. 현장경험 및 결언

1) 현장경험

① 남해고속도로 확장공사 시 민원 및 현장 제반 여건으로 인하여 초기에 공정률 부진

② 준공에 임박하여 공사기간 부족으로 당초 Con'c포장을 Ascon'c포장으로 변경 시행

```
┌──────────────┐    ┌──────────────┐     ┌──────────────┐
│ 공사기간 부족 │───▶│  Con'c 포장  │ ═▶ │  아스콘포장  │
└──────────────┘    └──────────────┘     └──────────────┘
                         ╭─────────────────╮
                         │  공사기간 단축  │
                         ╰─────────────────╯
                         ╭─────────────────╮
                         │ 유지관리비용 과다 │
                         ╰─────────────────╯
```

2) 결언

```
┌──────────────┐    ┌──────────────┐    ┌──────────────┐
│    시공 전   │───▶│    시공 중   │───▶│   유지관리   │
├──────────────┤    ├──────────────┤    ├──────────────┤
│   토질조사   │    │ 포장특성 파악 │    │  주행성 유지 │
│ 포장공법 선정 │    │  시공성 관리 │    │  평탄성 유지 │
│ 경제성 검토  │    │  평탄성 관리 │    │   포장보수   │
└──────────────┘    └──────────────┘    └──────────────┘
```

문제 2.			도로포장공사에서 노상, 노반의 안정처리공법에 대하여 설명하시오.

답.

I. 서언

　① 노상은 포장층의 기초로서 포장에 작용하는 모든 하중을 최종적으로 지지해야 하는 중요한 부분이다.

　② 설계CBR이 2 미만의 연약한 노상인 경우 안정처리공법을 적용하여 노상토의 지지력을 증대시켜야 한다.

　③ 공법의 분류

```
                        ┌─ 치환공법
         물리적 공법 ────┼─ 입도조정공법
                        └─ 함수비 조절·다짐공법

                        ┌─ 시멘트안정처리공법
         첨가제에        ├─ 역청안정처리공법
         의한 공법   ────┼─ 석회안정처리공법
                        └─ 화학적 안정처리공법

         기타 ────────── Macadam공법, Membrane공법
```

II. 안정처리공법

(1) 물리적 공법

　1) 치환공법

　　① 노상의 연약 부분을 양질토사로 치환

양질토사로 치환
연약 부분
노상

　　② 처리깊이 깊을 땐 시공 곤란

　　③ 연약 부분 1m 이상 굴착 후 CBR 3 이상인 양질토사로 치환

2) 입도조정공법

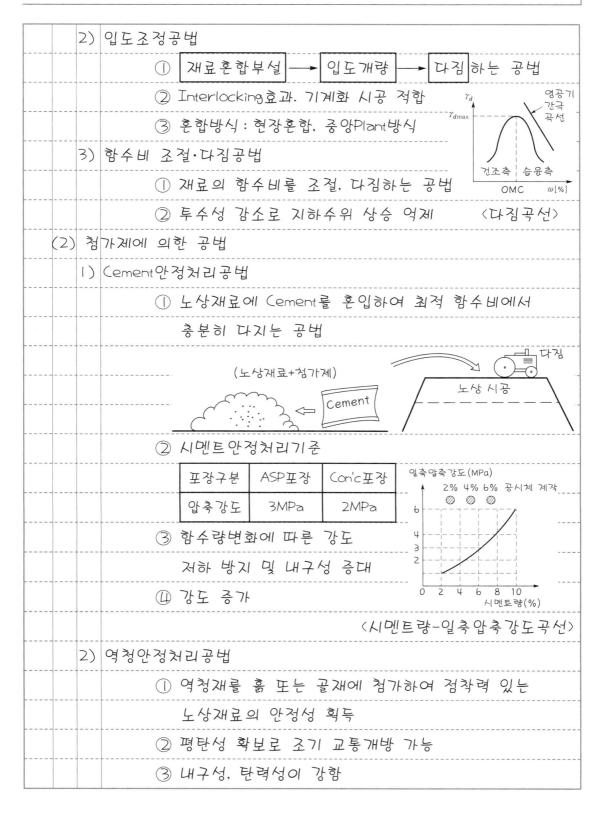

① 재료혼합부설 → 입도개량 → 다짐하는 공법

② Interlocking효과. 기계화 시공 적합

③ 혼합방식 : 현장혼합, 중앙Plant방식

3) 함수비 조절·다짐공법

① 재료의 함수비를 조절, 다짐하는 공법

② 투수성 감소로 지하수위 상승 억제

〈다짐곡선〉

(2) 첨가제에 의한 공법

1) Cement안정처리공법

① 노상재료에 Cement를 혼입하여 최적 함수비에서 충분히 다지는 공법

(노상재료+첨가제)

Cement

노상 시공

다짐

② 시멘트안정처리기준

포장구분	ASP포장	Con'c포장
압축강도	3MPa	2MPa

③ 함수량변화에 따른 강도 저하 방지 및 내구성 증대

④ 강도 증가

〈시멘트량-일축압축강도곡선〉

2) 역청안정처리공법

① 역청재를 흙 또는 골재에 첨가하여 점착력 있는 노상재료의 안정성 획득

② 평탄성 확보로 조기 교통개방 가능

③ 내구성, 탄력성이 강함

3) 석회안정처리공법

　　① 노상재료에 석회를 혼입하여 노상재 개선

　　② 노상강도(장기강도) 발현효과 우수

　　③ 점성토안정처리기능을 발휘 노상재료 확보

4) 화학적 안정처리공법

　　① (노상재료+염화칼슘, 염화나트륨) 사용

　　②
| 염화나트륨 혼입 | → | 동결온도 저하, 수분 증가 저하 |
| 염화칼슘 혼입 | | 건습에 따른 강도변화 감소 |

(3) 기타 공법

1) Macadam공법

　　① 원리

다짐 / 채움골재(공극채움) / 큰 골재 부설

　　② 큰 입자 주골재 부설하여 Interlocking이 확보되도록 다진 후 채움골재로 공극을 채우는 공법

　　③ 종류 ─┬─ 물다짐 Macadam공법
　　　　　　　├─ 모래다짐 Macadam공법
　　　　　　　└─ 쐐기돌 Macadam공법

2) Membrane공법

　　① Sheet Plastic, 역청질막 형성

　　② 물 차단으로 노상재료 함수량 조절 가능

IV. 현장경험 및 결언

1) 현장경험

　　① 본인이 현장감독원으로 근무한 남해고속도로 Inter Change 공사현장의 노상다짐 중 Sponge현상 발생

② Cement 및 역청재와 혼합한 노상재료로 치환하여 지지력 및 CBR기준치 유지

2) 결언

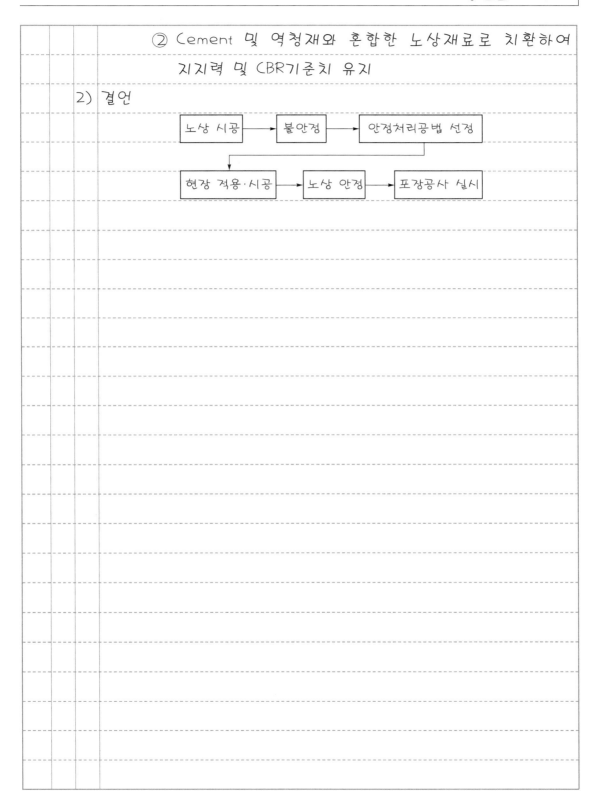

노상 시공 → 불안정 → 안정처리공법 선정

현장 적용·시공 → 노상 안정 → 포장공사 실시

문제 3.	아스팔트포장공사 시 시공순서와 해당 장비에 대하여 설명하시오.

답.

I. 서언

1) 개요

① 아스팔트콘크리트포장은 가요성 포장으로서 축조된 보조기층 위에 가열된 아스팔트혼합물을 평탄하게 포설하는 작업을 말한다.

② 생산플랜트, 운반, 다짐, 포설장비의 적절한 선정으로 포장의 품질을 향상시켜야 할 것이다.

2) 시공순서 Flow Chart

```
┌─────────┐        ┌─────────┐
│ 보조기층 │        │   계량   │ ◄──── 중량계량
└─────────┘        └─────────┘
     │                  │
┌─────────┐        ┌─────────┐
│   기층   │        │   혼합   │ ◄──── 145~160℃ 유지
└─────────┘        └─────────┘
     │                  │
┌──────────────┐   ┌─────────┐
│ Prime Coating│   │   운반   │ ◄──── 덤프트럭
│ Tack Coating │   └─────────┘
└──────────────┘       │
     └────────┬─────────┘
              ▼
        ┌─────────┐
        │   포설   │ ◄──── 아스팔트 피니셔
        └─────────┘
              │
        ┌─────────┐
        │   다짐   │ ◄──── 마카담, 타이어, 탠덤롤러
        └─────────┘
```

II. 시공순서와 해당 장비

(1) 보조기층 시공

① 하천골재나 혼합골재를 노상 위에 포설

② 기층을 지지하는 층으로 강성이 요구

③ 그레이더 및 다짐장비 사용

(2) 기층 시공

1) 개요

① 포장체의 기초가 되는 층으로 충분한 강도가 나오도록 안정처리공법 적용

② 입도조절 기층, 시멘트안정처리 기층, 역청안정처리

기층으로 사용

2) 시공장비

피니셔 및 다짐장비 사용

(3) 혼합물 생산

1) 개요

① 현장까지 운반거리 고려 생산Plant 선정

② 계량방법에 따라 Batch Type,

Continuous Type으로 구분

2) 시공장비 : 아스팔트믹싱플랜트

Batch Plant
℃
온도관리
145~160℃

(4) 운반

① 재료분리 발생 유의

② 15cm 내부에서 10℃ 이내의

온도 저하가 되도록 보온

③ 시공장비 : Dump Truck(15ton)

보온덮개
보온장치

(5) Prime 및 Tack Coating

1) 개요

① 기층 및 중간층 위에 혼합물을 포설하기 전 부착성을

향상시키기 위해 살포

② Cutback Asphalt와 유화Asphlt 사용

Cutback Asphalt	Asphalt + 용제 = 액체Asphalt
유화Asphalt	Asphalt + 유제 = 수용액Asphalt

2) 시공장비

Sprayer, Distributor(3,800L)

(6) 포설

1) 개요

① 혼합물을 고르게 동일두께로 포설

② 포설속도 ┌ 중간층 : 10m/분 이하

　　　　　　└ 표층 : 6m/분 이하

2) 시공장비

　　Finisher($B=3\sim6m$)

(7) 다짐

1) 개요

구분	목적	온도관리
1차 다짐	전압 목적	110~140℃
2차 다짐	Interlocking 목적	70~90℃
3차 다짐	평탄성, 바퀴자국 제거, 표면처리	60℃ 이상

2) 시공장비

　┌ 1차 다짐 : 머캐덤롤러(8~10ton)

　├ 2차 다짐 : 타이어롤러(10~15ton)

　└ 3차 다짐 : 탠덤롤러(12ton)

(8) 장비조합의 예

구분	혼합	운반	포설	다짐		
				1차	2차	마무리
소규모 (200t/일)	Plant (20t/h)	D/T	Finisher (1)	Macadam R. (1)	Tire R. (1)	Tandam R. (1)
중규모 (300t/일)	Plant (30t/h)	D/T	Finisher (1)	Macadam R. (2)	Tire R. (1)	Tandam R. (1)
대규모 (500t/일)	Plant (60t/h)	D/T	Finisher (2)	Macadam R. (2)	Tire R. (2)	Tandam R. (2)

III. 결언

① 아스팔트포장장비의 조합원칙

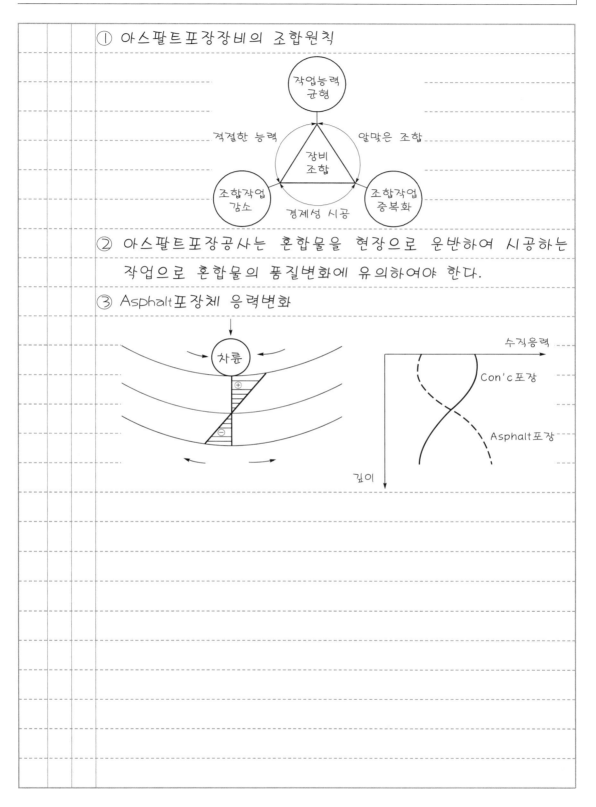

② 아스팔트포장공사는 혼합물을 현장으로 운반하여 시공하는
작업으로 혼합물의 품질변화에 유의하여야 한다.

③ Asphalt포장체 응력변화

문제 4.		아스팔트포장의 파괴원인과 대책에 대하여 설명하시오.
답.		
I.	서언	
	1)	개요
		아스팔트포장의 파손은 노상의 지지력 부족 및 포장두께 부족, 교통하중 및 기상영향으로 발생한다.
	2)	포장의 Life Cycle개념과 보수

공용성능 / 신설 / 보수 / 보수 / 재포장 / 포장의 파괴 / 경과연수(누적교통량)

	II.	포장의 파괴원인
	1)	반복되는 교통하중

교통체증 과적차량 ⇒ 피로누적 ⇒ 포장파괴 / 직선자 / 요철 〈소성변형〉

① 소성변형 발생
② 원상회복이 어려움

| | 2) | 아스팔트포장 기층 이하 지지력 부족 |

지표수침투 / A scon / 균열 / 보조기층 / 부등침하 / 노상 / 노체 / 지하수 용출

① 지표수 및 지하수침투로 노상토 침하
② 지하수위 상승으로 지반연약
③ 배수처리불량으로 침투수 유입
④ 다짐 시공불량

| | 3) | 다짐 시공불량 |

다짐불량으로 혼합물 내 과다 공극 발생으로 강도 저하

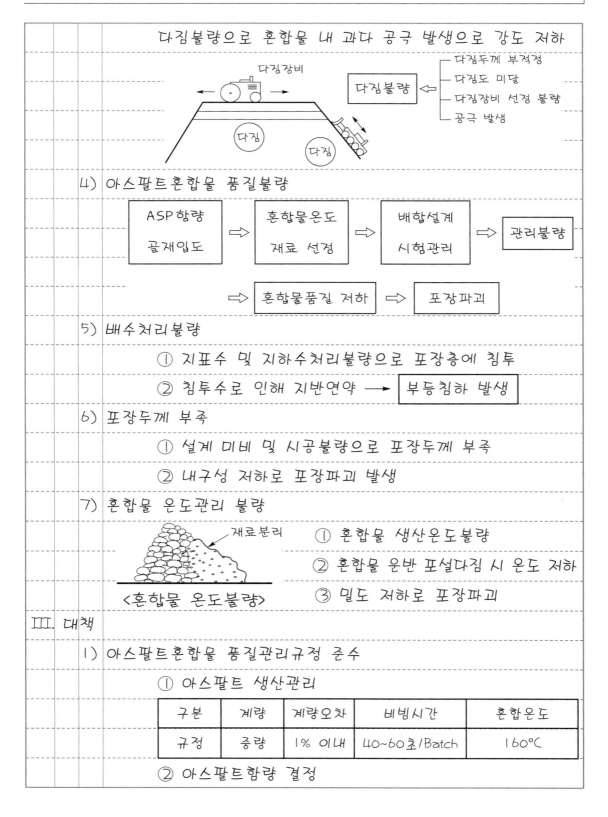

4) 아스팔트혼합물 품질불량

ASP함량 골재입도 ⇨ 혼합물온도 재료 선정 ⇨ 배합설계 시험관리 ⇨ 관리불량

⇨ 혼합물품질 저하 ⇨ 포장파괴

5) 배수처리불량

　① 지표수 및 지하수처리불량으로 포장층에 침투

　② 침투수로 인해 지반연약 ⟶ 부등침하 발생

6) 포장두께 부족

　① 설계 미비 및 시공불량으로 포장두께 부족

　② 내구성 저하로 포장파괴 발생

7) 혼합물 온도관리 불량

재료분리

　① 혼합물 생산온도불량

　② 혼합물 운반 포설다짐 시 온도 저하

　③ 밀도 저하로 포장파괴

〈혼합물 온도불량〉

Ⅲ. 대책

1) 아스팔트혼합물 품질관리규정 준수

　① 아스팔트 생산관리

구분	계량	계량오차	비빔시간	혼합온도
규정	중량	1% 이내	40~60초/Batch	160℃

　② 아스팔트함량 결정

$ASP\ 함량 = \dfrac{5+6}{2} = 5.5\%$

공통으로 만족하는 범위를 설계 ASP 함량으로 결정

③ 혼합물 품질시방서 규정

구분	공극률	안정도	흐름값
표층	3~6%	7.5kN 이상	2~4mm
중간층	3~10%	3.5kN 이상	1~4mm

2) 혼합물 다짐 시공 철저

① 다짐순서에 맞는 적절한 다짐장비 사용

② 혼합물 온도관리 철저

③ 다짐방법

구분	다짐온도	다짐횟수	다짐장비	다짐목적
1차 다짐	140℃ 이상	2회	머캐덤	전압
2차 다짐	120℃ 이상	충분 다짐	타이어	엇물림
3차 다짐	60~100℃	2회	탠덤	평탄성

3) 노상토 지지력 확인

| CBR
PBT | ⇒ | 동탄성계수
Proof Rolling | ⇒ | 지지력시험 |

4) 적절한 재료 선정관리

- 유동 저항성 큰 재료 사용 → 최고 60℃ 이상
- 내유동성, 미끄럼 저항성, 내변형성이 큰 재료
- 용도 및 교통량, 기후조건 고려 재료 선정

5) 배수처리시설 설치

① 측구, 맹암거 등 배수구 설치

② 포장층에 침투수가 유입되지 않도록 함

6) 혼합물 운반 철저

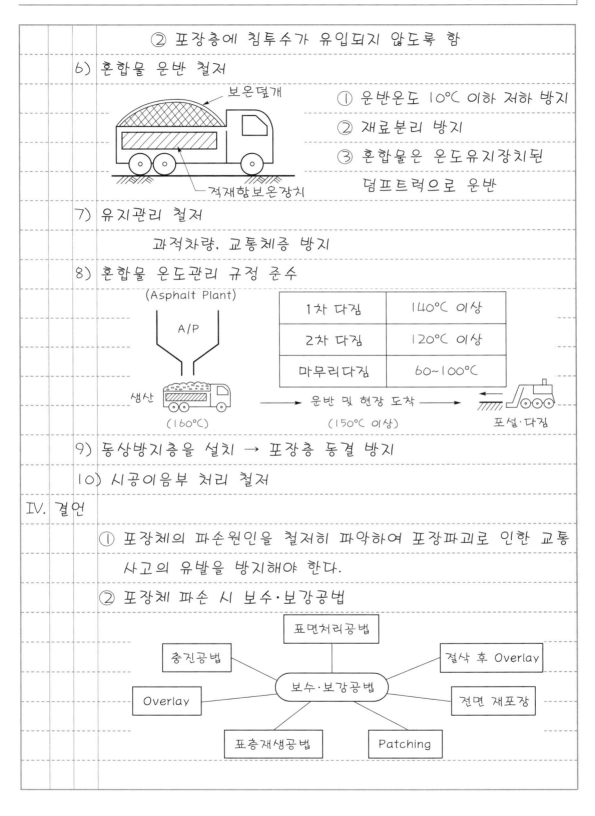

보온덮개

적재함보온장치

① 운반온도 10℃ 이하 저하 방지

② 재료분리 방지

③ 혼합물은 온도유지장치된
덤프트럭으로 운반

7) 유지관리 철저

과적차량, 교통체증 방지

8) 혼합물 온도관리 규정 준수

(Asphalt Plant)

A/P

생산
(160℃)

1차 다짐	140℃ 이상
2차 다짐	120℃ 이상
마무리다짐	60~100℃

운반 및 현장 도착
(150℃ 이상)

포설·다짐

9) 동상방지층을 설치 → 포장층 동결 방지

10) 시공이음부 처리 철저

IV. 결언

① 포장체의 파손원인을 철저히 파악하여 포장파괴로 인한 교통
사고의 유발을 방지해야 한다.

② 포장체 파손 시 보수·보강공법

보수·보강공법

표면처리공법

충진공법

Overlay

절삭 후 Overlay

전면 재포장

표층재생공법

Patching

문제 5.	아스팔트포장의 소성변형 발생원인과 방지대책에 대하여
	설명하시오.

답.

I. 서언

① 아스팔트의 소성변형이란 도로에서 교통하중에 의해 횡방향
으로 변형을 일으켜 원상회복이 되지 않은 변형을 말한다.

② 아스팔트 소성변형은 요철 부위에 우기 시 물이 고여 미끄럼
저항성이 저하되어 교통사고의 원인이 된다.

③ 소성변형의 메커니즘

교통하중 시공불량 배합불량	⇒	반복하중 증가	⇒	피로누적	⇒	포장파손

II. 소성변형 발생원인

1) 혼합물 온도불량

① 혼합물 온도불량으로 밀도 저하

② 안전성, 인장강도, 피로 저항성,
내구성 등의 저하로 포장파손

③ 배합, 시공불량으로 발생

2) 아스팔트함량 과다

재료분리 발생 밀도 저하 안정도 저하 흐름값 부적정	⇒	포장파손

3) 다짐 시공불량

① 아스팔트다짐이 불량하면 밀도 저하

② 인장강도 부족으로 아스팔트파손

③ 다짐 시 온도, 다짐장비, 다짐횟수 등 불량

4) 반복되는 교통하중

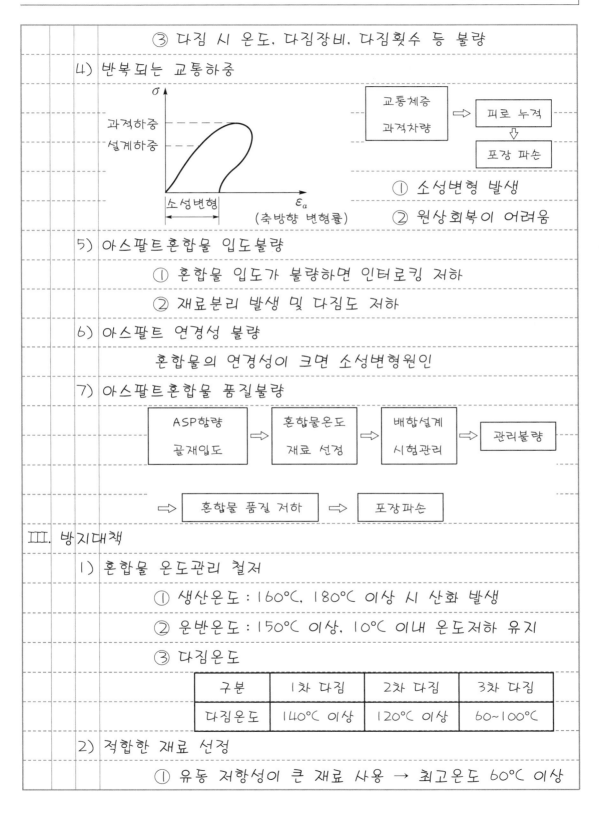

① 소성변형 발생

② 원상회복이 어려움

5) 아스팔트혼합물 입도불량

① 혼합물 입도가 불량하면 인터로킹 저하

② 재료분리 발생 및 다짐도 저하

6) 아스팔트 연경성 불량

혼합물의 연경성이 크면 소성변형원인

7) 아스팔트혼합물 품질불량

Ⅲ. 방지대책

1) 혼합물 온도관리 철저

① 생산온도 : 160℃, 180℃ 이상 시 산화 발생

② 운반온도 : 150℃ 이상, 10℃ 이내 온도저하 유지

③ 다짐온도

구분	1차 다짐	2차 다짐	3차 다짐
다짐온도	140℃ 이상	120℃ 이상	60~100℃

2) 적합한 재료 선정

① 유동 저항성이 큰 재료 사용 → 최고온도 60℃ 이상

② 내유동성, 미끄럼 저항성, 내변형성이 큰 재료

③ 용도 및 교통량, 기후조건 고려 재료 선정

```
                   ┌─────────┐   ┌──────────┐
              ┌───→│ 내마모성 │──→│ 내변형성  │──┐
┌──────────┐  │   └─────────┘   └──────────┘  │   ┌──────────┐
│ 개질아스팔트│─→┤                             ├──→│ 내구성 증대│
└──────────┘  │   ┌─────────┐   ┌──────────┐  │   └──────────┘
              └───→│ 내유동성 │──→│미끄럼 저항성│──┘
                   └─────────┘   └──────────┘
```

3) 혼합물 다짐 시공 철저(1, 2, 3차)

　　① 다짐순서에 맞는 적절한 다짐장비 사용

　　② 다짐횟수 준수 및 혼합물 온도관리 철저

4) 아스팔트혼합물 배합규정 준수

ASP량	포화도	공극률	밀도
5~6%	75~85%	4~6%	$2.3t/m^3$

5) 골재입도관리 철저

　　① 굵은 골재 : D=2.5~25mm, 부순돌, 자갈, Slag

　　② 잔골재 : D=2.5~0.074mm, 일반모래

　　③ 표준배합 입도범위 내 유지, 원활한 입도곡선 확보

6) 침입도(mm)가 낮은 아스팔트 선정

　　① AP-3 : 85~100　　② AP-5 : 60~70

　　③ Guss : 20~40　　④ SMA : 60~70

7) 마샬안정도시험 실시

　　① 안정도, Flow치, 공기량 등 측정

　　② 시험규정

구분	안정도	Flow치
일반도로	5kN 이상	2~4mm
고속도로	7.5kN 이상	2~4mm

8) 석분 사용

　　① 석분은 석회암분말, 시멘트 또는 화성암분쇄 사용

② 굵은 골재 간의 틈을 채워주는 |채움재, 보강재| 역할

9) 유지관리 철저

포장보수, 과적차량 단속, PMS 운영

IV. 도로 함몰

1) 정의

도로 하부지반의 공동으로 직경 0.8m 이상의 침하 발생

2) 발생원인

① 상하수도 손상

② 부적절한 지반굴착공사

③ 도로 하부지하수위 저하

④ 포장체 동상 발생

⑤ 석회 공동 확대

3) 서울시 도로 함몰사례

건수	하수관 손상	상수관 손상	지반굴착공사
총 176건	50%	12%	38%

4) 복구기준

등급	분류기준	복구기준
긴급복구	포장균열깊이 50% 이상	4시간 내 즉시 복구
우선복구	포장균열깊이 10~50%	신속한 복구
일반복구	긴급·우선·관찰복구 외	우기철 이전 복구
관찰	폭 0.8m 미만	

V. Asphalt포장 시공에 대한 본인의 소견

① Asphalt포장의 소성변형은 혼합물의 불량, 골재불량, 다짐불량, 중차량통과, 교통체증 등의 원인에 의한 것이다.

② 설계·재료·배합·시공·유지관리 등 단계별 품질관리를 시행하여 소성변형을 방지하고 포장수명을 증대시켜야 한다.

문제 6.		시멘트콘크리트포장의 줄눈 종류와 시공방법에 대하여 설명 하시오.	

답.

I. 서언

① 콘크리트포장의 줄눈은 Con'c Slab의 신축활동과 불규칙한 균열 발생 방지, 건조수축제어, 1일 시공 마무리를 위해 설치한다.

② 줄눈의 설치목적

신축활동 / 균열제어 / 줄눈 목적 / 건조수축제어 / 국부적 응력제어

③ 줄눈 시공위치 평면도해

차선 / 차선 / 가로팽창줄눈(120m) / (시공줄눈) 중앙분리대 / 6m 이하 / 가로수축줄눈 / 4.5m 이하 / 4.5m 이하 / 4.5m 이하 / 4.5m 이하 / 세로수축줄눈

II. 줄눈 종류와 시공방법

(1) 세로줄눈

1) 정의

　　　Con'c포장의 세로방향 균열 억제 줄눈

2) 시공방법

줄눈$(B=6\sim13mm, H=\frac{t}{3})$
Tie bar / 방청페인트

① 시공위치 : 차선구분위치, $L=4.5m$ 이하

② 줄눈폭 $B=6\sim13mm$, 높이 $H=t/3$

③ 줄눈 자르기는 타설 후 72시간 이내

④ 줄눈 자른 후 실란트 주입

(2) 가로팽창줄눈

　1) 정의

　　Con'c 슬래브 좌굴 방지, 온도 상승에 의한 Blow Up 방지

　　위해 줄눈 설치

　2) 시공방법

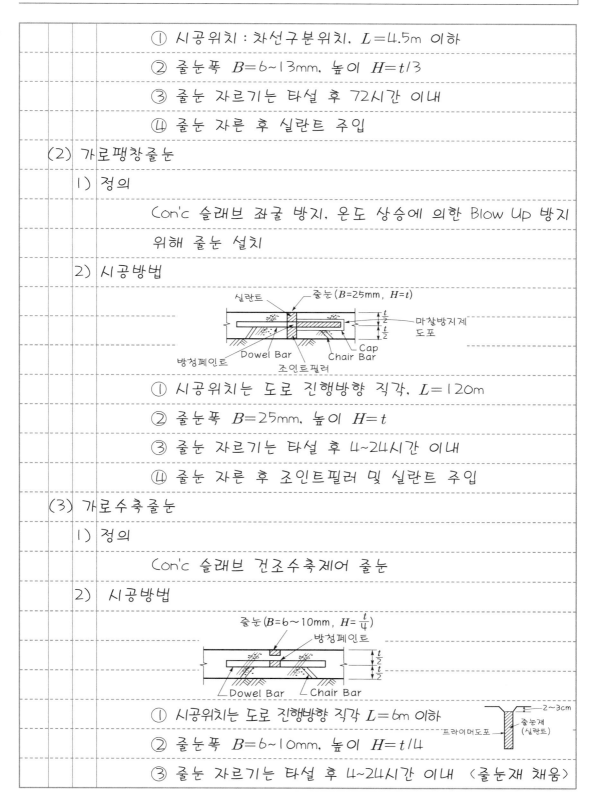

① 시공위치는 도로 진행방향 직각, $L=120m$

② 줄눈폭 $B=25mm$, 높이 $H=t$

③ 줄눈 자르기는 타설 후 4~24시간 이내

④ 줄눈 자른 후 조인트필러 및 실란트 주입

(3) 가로수축줄눈

　1) 정의

　　Con'c 슬래브 건조수축제어 줄눈

　2) 시공방법

① 시공위치는 도로 진행방향 직각 $L=6m$ 이하

② 줄눈폭 $B=6\sim10mm$, 높이 $H=t/4$

③ 줄눈 자르기는 타설 후 4~24시간 이내 (줄눈재 채움)

④ 줄눈 자른 후 실란트 주입

(4) 시공줄눈

1) 정의

Con'c포장 1일 시공 마무리 지점에 설치하며 가로팽창줄눈 위치에 설치

2) 시공방법

① 기존 팽창줄눈 시공법에 의해 시공

② 시공위치는 1일 Con'c포장시공계획 지점

Ⅲ. 줄눈 시공 시 주의사항

1) 줄눈 자르기

① 절단시기는 타설 후 ┌ 가로줄눈 : 4~24시간
                      └ 세로줄눈 : 72시간 이내

② 줄눈규격 ┌ 가로수축줄눈 : 폭=6~10mm, 높이=$\frac{t}{4}$
           ├ 세로줄눈 : 폭=6~13mm, 높이=$\frac{t}{3}$
           └ 가로팽창줄눈 : 폭=25mm, 높이=t

③ 절단길이 일정, 2~3회 왕복

④ 정확한 위치 설치 → 인조점 설치(외측)

2) 줄눈재 주입

① 압축공기로 토사 제거

② Back Up재는 폭보다 25~30% 두꺼운 것 사용

③ Primer는 건조 후 내외부 도포

④ 실란트는 Con'c경화한 후 건조상태 주입

⑤ 실란트 높이는 Slab 윗면보다 20~30mm 낮게 충진

⑥ 주입재와 경화제 혼합비율 준수

IV. Con'c포장줄눈 비교표

줄눈종류	용도	줄눈폭	간격	보강재
세로줄눈	세로방향 균열 억제	6~13mm	4.5m 이하	Tie bar
가로팽창줄눈	시공이음, 파손 방지	25mm	120m	Dowel bar
가로수축줄눈	균열 유도	6~10mm	6m 이하	Dowel bar

V. 향후 개발방향 및 결언

① 개발방향

포장줄눈공법 ⇨ 재료 복합화 신기술개발 공법연구 ⇨ Data Base화 ⇨ 발전

② Con'c포장줄눈의 중요한 것은 정확한 위치설치, 줄눈 자르기 및 줄눈채움 시공이 불량하면 포장파손의 원인이 된다.

문제 7.	콘크리트포장 파손원인과 대책에 대하여 설명하시오.

답.

I. 서언

① Con'c포장은 강성 포장으로 보조기층 위에 설치된 얇은 Con'c Slab판으로 간주하고 노상이나 보조기층보다 탄성계수가 큰 Con'c로 하중을 지지하는 구조이다.

② Con'c포장구조도

③ 분리막의 역할

II. Con'c포장파손원인

1) 줄눈의 시공불량

① 가로수축줄눈 및 세로줄눈 시공불량

② 가로팽창줄눈 설치불량

③ 줄눈 시공간격 미준수

종류	설치간격
가로팽창줄눈	120m
가로수축줄눈	6m 이하
세로줄눈	4.5m 이하

2) 분리막 미설치

① 분리막 미설치로 Con'c판 신축활동 불량

② 보조기층면과 마찰력 발생

③ Slab Con'c의 수분손실로 인한 품질불량

3) Con'c Slab 시공불량

　　① Con'c Slab 재료불량

　　② 포설, 다짐, 양생, 품질관리 미비

4) 지반의 연약화

　　지표수침투에 의한 지반 연약화

5) 보조기층 불량

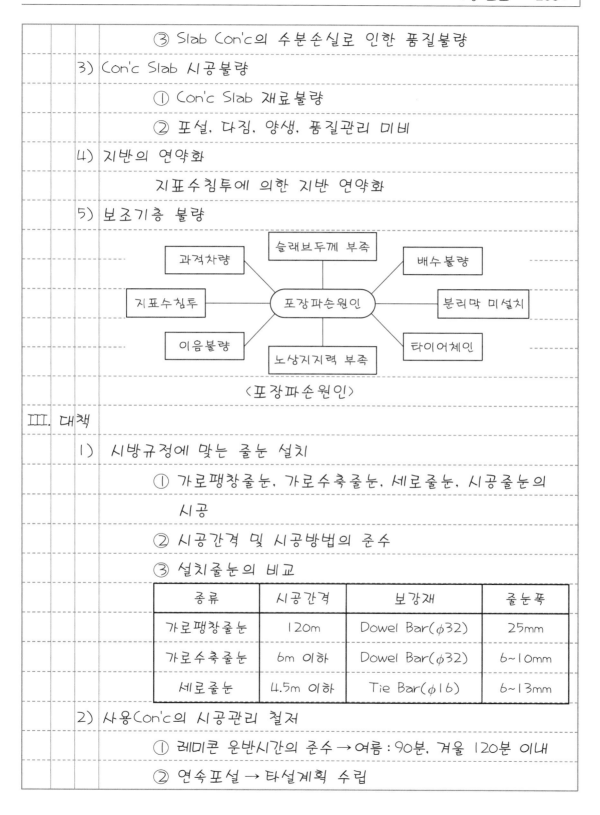

〈포장파손원인〉

Ⅲ. 대책

1) 시방규정에 맞는 줄눈 설치

　　① 가로팽창줄눈, 가로수축줄눈, 세로줄눈, 시공줄눈의 시공

　　② 시공간격 및 시공방법의 준수

　　③ 설치줄눈의 비교

종류	시공간격	보강재	줄눈폭
가로팽창줄눈	120m	Dowel Bar(ϕ32)	25mm
가로수축줄눈	6m 이하	Dowel Bar(ϕ32)	6~10mm
세로줄눈	4.5m 이하	Tie Bar(ϕ16)	6~13mm

2) 사용 Con'c의 시공관리 철저

　　① 레미콘 운반시간의 준수 → 여름 : 90분, 겨울 120분 이내

　　② 연속포설 → 타설계획 수립

③ 사용Con'c품질관리

시험종목	시험빈도	규정
Slump	50m³	±25mm
공기량	50m³	±1.0%
염화물함유량	50m³	0.3kg/m³
평탄성	횡방향 : 50m, 종방향 300m	160mm/km 이하

3) Slip Form Paver 시공 시 유의사항

① 일정 속도로 운행

② 연속 시공

③ 기설치된 Dowel Bar Assembly와 충돌 유의

④ Tie Bar가 처지지 않게 삽입

⑤ 다짐 철저로 Con'c 재료분리 방지

⑥ 시공 중 물 추가금지 → Slab 모서리 깨짐 유의

4) 분리막의 설치

① Con'c Slab의 신축활동을 원활하게 유지

② 분리막의 재질 : 폴리에틸렌필름, Kraft Paper 방수지

③ 분리막의 이음 시공

포장 진행방향

ㄱ 300mm 이상 겹쳐 시공

ㄴ 강우 시 우수가 스며들지

30cm

않도록 겹이음 시공

5) Slab 양생 철저

소성수축균열 방지, 습윤양생, 초기동해 방지

6) 교통하중 제한

설계 이상의 초과하중차량 통행 제한 → 과적차량 단속 철저

7) 기층의 안정처리 실시 → 입도조정, 시멘트혼합 등

8) 지표수 배수처리 철저 → 맹암거, 측구, 횡단구배 준수 등

Ⅳ. Con'c포장에 대한 본인의 소견

① Con'c포장과 Asphalt포장의 하중 전달

Con'c포장	Asphalt포장
교통하중을 Con'c Slab가 직접지지	교통하중을 표층 → 기층 → 보조기층 → 노상분산

② Con'c포장의 개발방향

다웰바 어셈블리	다웰바 자동삽입기
• 보조기층 고정불량 • Paver 진동·압력영향 • 밀림, 솟음, 수평엇갈림, 수직 엇갈림 발생	• DBI시험 시공 실시 (장비성능, 시공속도) • 시공정밀도 증가, 수명 증대 • 터널구간은 적용 난이

| 문제 8. | 교면포장의 요구사항과 시공 시 유의사항을 설명하시오. |

답.

I. 개요

① 교면포장이란 교통하중에 의한 충격, 빗물, 기타 기상조건 등으로부터 교량의 슬래브를 보호하고 통행차량의 쾌적한 주행성 확보를 목적으로 교량슬래브 위에 시공하는 포장이다.

② 교면포장은 강성이 큰 교량 상판 위에 놓이는 혼합물로서 유동에 약하기 때문에 특히 내유동성이 뛰어난 것이어야 한다.

II. 교면포장 구조도 및 시공순서

1) 구조도

$T = 60 \times 80mm$

2) 시공순서

표면처리 → 접착층 → 방수층 → 배수시설 → 기층/택코팅 → 표층교면포장

III. 교면포장의 요구사항

요구사항	내용
내유동성	교량 상판과 포장층 사이의 변형에 대한 신축성 필요
내구성	강도 및 변형에 대한 저항성
부착성	교량 상판과 포장층의 일체화
교량	강상판 부식 및 Slab 열화 방지
상판보호	(염화물, 수분침투 방지)

요구사항	내용
방수성, 배수성	우수가 하중으로 작용하거나 구조체에 화학적 작용 하지 않도록 함
주행성, 미끄럼 저항성	통행차량의 쾌적성

Ⅳ. 시공 시 유의사항

1) 교면포장아스팔트 선정

교면포장종류	내용
Guss아스팔트포장	변형에 대한 저항성으로 내유동성 좋음
SMA포장	조골재와 개질제로 소성변형에 대한 저항성 우수
SBS, Chemcrete	개질아스팔트를 사용하여 소성변형 방지

2) 교량 상판의 이물질 및 Laitance 제거하여 부착성 향상

　　교량 상판 위의 진흙, 기름 등 유해한 이물질 및 Laitance 제거, 건조상태로 만듦

3) 방수층 설치로 교량 상판의 부식 유의

　　① 교량 상판의 부식을 방지할 목적으로 설치하는 층

　　② 시트계, 도막계 및 포장 등으로 형성하여 빗물침투 방지

　　③ 배수를 위한 유공관 설치 필요

4) 적정 교면방수공법 선정

교면방수종류	두께	내용
침투계 방수층	0.4~1mm	무기화합물계, 유기화합물계
도막계 방수층	0.4~1mm	합성고무계, 에폭시수지계, 아스팔트계
시트계 방수층	1.5~4mm	역청함침부직포(Bituminized Fabric)
포장계 방수층	15~25mm	Guss Asphalt, Mastic Asphalt

　　① 구비조건 : 방수성, 화학적 안정성, 접착성, 시공성, 내산성, 내염성, 내열성 등

② 차량의 급발진 및 급정거 시 손상 우려가 있으므로 유의

5) 하부포장층과 상부포장층 사이의 Tack Coat 양생 철저

6) 콘크리트 Slab의 내구성 저하 유의

→ 염해, 탄산화, 알칼리골재반응(AAR) 등

7) 접착층 시공 시 포장과의 부착성 확보

① 얼룩이 없도록 균일하게 살포

② 연석, 난간 등을 더럽히지 않도록 살포

③ 적정 살포량 준수

④ 강우 시 작업금지

⑤ 살포 후 휘발분이 증발할 때까지 충분한 양생

8) 상판 Slab 위 LMC콘크리트포장 시공

구분	Latex 콘크리트포장	Asphalt 콘크리트포장	시멘트 콘크리트포장
설치형식	LMC / 상판 Slab ↕50mm	Asphalt Con'c / 상판 Slab ↕50mm 방수층	방수층 / 시멘트 Con'c / 상판 Slab ↕50mm
초기투자비	크다	보통	적다
방수효과	양호	보통	불량
시공성	다소 복잡	양호	양호
유지관리	양호	보통	불량
상판영향 여부	내구성 증진, 열화 방지	방수층 손상 시 상판열화 발생	마모층 균열 발생 시 수분 및 염화물 침투

① 라텍스포장(LMC)

콘크리트에 천연고무를 혼입한 교면포장

② 방수성이 우수하여 별도의 방수층 시공 불필요

③ 콘크리트 교면포장의 취약점인 반복하중으로 인한 미세균열에 대한 충진효과로 균열확산 억제

9) 아스팔트혼합물 온도관리 철저

① 생산온도 : 160℃, 180℃ 이상 시 산화 발생

② 운반온도 : 150℃ 이상, 10℃ 이내 온도저하 유지

③ 다짐온도

구분	1차 다짐	2차 다짐	3차 다짐
다짐온도	140℃ 이상	120℃ 이상	60~100℃

Ⅴ. 결론

① 교면포장은 교량슬래브와의 부착성과 우수침입을 방지할 수 있는 방수성을 겸비하고 내유동성이 있는 재료를 선정하여야 한다.

② 하자 발생예상구간(배수시설, 시·종점, 신축이음부) 등에 대한 방수처리가 중요하다.

10

永生의 길잡이 - 열

어느 사형수의 편지

어머님!

원수 악마도 저같은 원수 악마가 없을텐데 어머님이라 불러 끔찍하시겠지만 달리 부를 말이 없으니 용서해주시기 바랍니다. 저는 지금 제가 지은 죄의 엄청남에 한 없이 뉘우치며 몸부림치고 있습니다. 제 목숨 하나 없어지는 것으로 속죄할 길이 없으니 어떻게 해야 합니까? 어머님께서 사랑하는 자식과 그 가족이 살해되었다는 소식을 듣자마자 졸도하셨다는 검사님의 말을 듣고 제 마음은 갈기갈기 찢어졌습니다.

차라리 제가 형장의 이슬로 사라지는 대신 어머님이 원하시는 방법으로 죽어 조금이라도 마음이 풀어지실 수 있다면 그렇게 하겠지만, 저는 갇힌 몸이 되어 그럴 수도 없습니다. 더욱이 중령님의 아들이 살아 있다니 그에겐 어떻게 사죄해야 할는지 모르겠습니다…. 어머님의 믿음이 깊으시다기에 감히 말씀드립니다. 제발 짐승만도 못한 저를 용서하시고 속죄할 수 있도록 해주십시오. 무릎 꿇고 두 손 모아 빌겠습니다. 저도 집사님의 인도를 받아 하나님을 믿기로 했습니다.

저같이 끔찍한 죄인이 회개한다고 죄사함을 받을 수는 없을지라도 속죄의 길을 찾아 보겠습니다. 제가 죽어서 천국에 가면 이 중령님을 꼭 만나뵙겠습니다. 제가 잘못을 빌어 용서를 받는다면 저는 그곳에서 중령님의 부하가 되어 뭐든 명령대로 복종하며 살겠습니다. 꼭 저를 용서해 주시기 바랍니다. 손자를 생각해서라도 건강하시고 오래 사시기를 빌겠습니다. 안녕히 계십시오.

자기의 죄를 숨기는 자는 형통하지 못하나 죄를 자복하고
버리는 자는 불쌍히 여김을 받으리라 (잠언 28 : 13)

· 사형수 고재봉(당시 27세)은 1963년 10월 19일 새벽 2시경 강원도 인제군 남면 어론리 195에서 병기대대장이었던 이 중령 일가족 6명을 도끼와 칼로 살해하는 만행을 저질러 사형선고를 받고 복역중 그리스도를 영접하고 새 사람이 되어 사형 집행인에게 "예수를 믿으십시오" 당부하고 찬송을 부르고 웃으면서 1964년 3월 10일 평안히 하나님의 앞으로 올라간 믿음의 형제이다.

예수 그리스도를 당신의 구세주로 영접하면

당신은 죄사함받고 구원받아 새로운 삶을 살게 됩니다.

제5장 > **교 량**

....

문제 1.	교량가설공법의 종류를 열거하고 그 특징과 적용 조건을 설명하시오.

답

I. 서언

① 교량의 가설공법에는 ILM, MSS, FCM, PSM 등이 주종을 이루고 있다.

② 공법 선정 시 고려사항

| 교량의 구조형식
하부공간조건
지형, 지질 | ⇒ | 고려
사항 | ⇐ | 건설공해 발생 유무
시공성과 경제성
안전성과 내구성 |

II. 가설공법의 종류

① ILM(Incremental Launching Method : 연속압출공법)

② MSS(Movable Scaffolding System : 이동지보공법)

③ FCM(Free Cantilever Method : 외팔보공법)

④ PSM(Precast Prestressed Segment Method)

III. 특징과 적용 조건

(1) ILM

〈ILM구조도〉

1) 특징

① 교대 후방 제작장에서 제작된 상부부재를 전방으로 밀어내는 공법

② 교량 하부조건에 영향 없음

③ 시공속도가 빠르고 경제적

④ 제작장 설치로 전천후 시공 가능

⑤ 동바리 설치가 필요 없음

⑥ Con'c 품질관리 용이

2) 적용 조건

① 직선, 단일곡선에만 시공 가능

② 제작장 부지 확보 용이한 곳

③ 최적 경간장 30~60m

④ 단면변화구간 시공 곤란

⑤ 교각높이가 높을 때 경제성 양호

(2) MSS

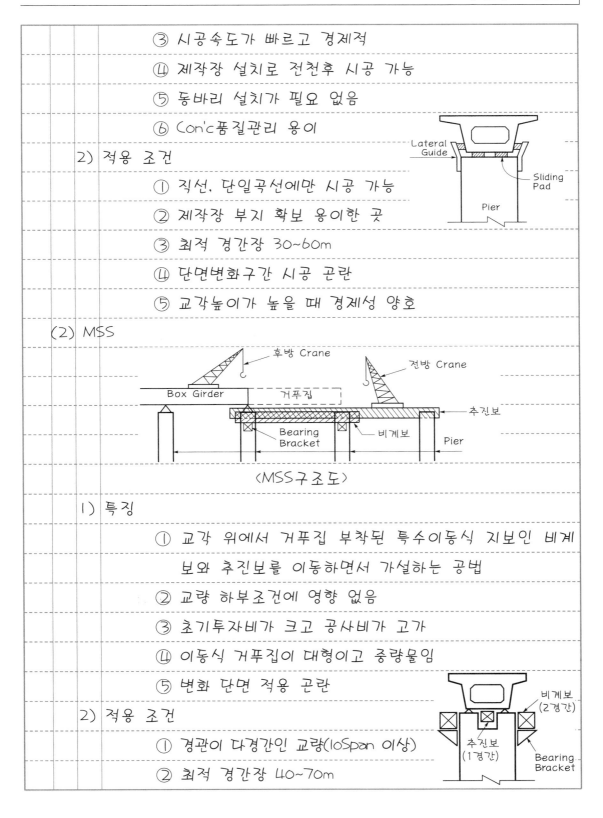

〈MSS 구조도〉

1) 특징

① 교각 위에서 거푸집 부착된 특수이동식 지보인 비계 보와 추진보를 이동하면서 가설하는 공법

② 교량 하부조건에 영향 없음

③ 초기투자비가 크고 공사비가 고가

④ 이동식 거푸집이 대형이고 중량물임

⑤ 변화 단면 적용 곤란

2) 적용 조건

① 경관이 다경간인 교량(10Span 이상)

② 최적 경간장 40~70m

③ 직선구간에 주로 사용

(3) FCM

〈FCM구조도〉

1) 특징

① 교각 위에서 이동식 거푸집을 이용, 교각을 중심으로 좌우로 균형을 유지하면서 상부구조물을 가설하는 공법

② 장대교량에 유리

③ 하부조건 무관, 동바리 필요 없음

④ 품질관리 용이, 시공 정도 높음

⑤ 전천후 시공 가능

⑥ 단면변화 적용성 좋음

〈Key Segment접합〉

2) 적용 조건

① 최적 경간장 : 90~160m

② 깊은 계곡, 유량이 많은 하천 시공 용이

③ 교통량이 많은 도로횡단(최대 경간장 : 200m 시공)

(4) PSM

1) 특징

① 제작장에서 각각의 Segment를 제작한 후 현장으로 운반하여 가설하는 공법

② 상·하부 동시작업하므로 시공속도가 빠름

③ 넓은 제작장 부지 필요

④ 시공비용이 고가

⑤ 기상조건에 무관하며 전천후 시공 가능

⑥ 단면변화 적용성이 좋으며 외관이 미려

2) 적용 조건

① 최적 경간장 : 30~120m

② 공해 발생 적어 도심지역 많이 적용

③ 제작장 확보 및 운반이 용이한 곳

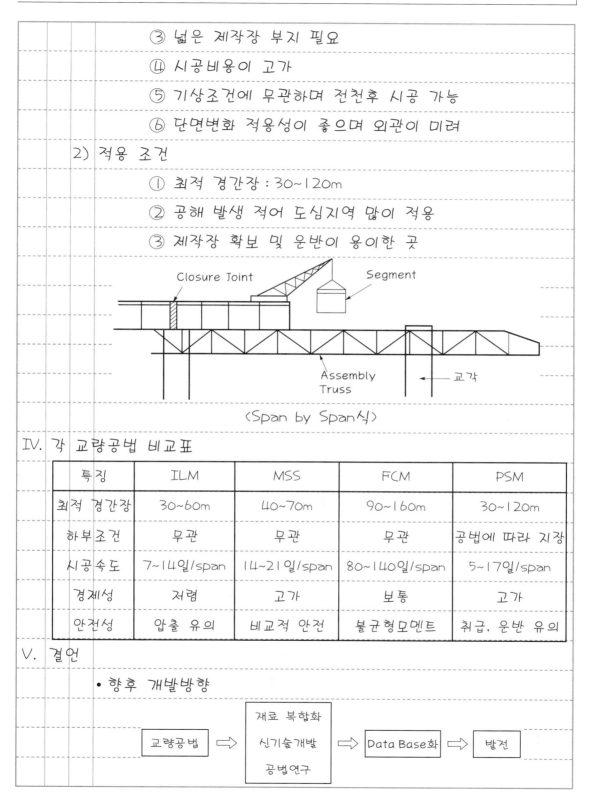

〈Span by Span식〉

IV. 각 교량공법 비교표

특징	ILM	MSS	FCM	PSM
최적 경간장	30~60m	40~70m	90~160m	30~120m
하부조건	무관	무관	무관	공법에 따라 지장
시공속도	7~14일/span	14~21일/span	80~140일/span	5~17일/span
경제성	저렴	고가	보통	고가
안전성	압출 유의	비교적 안전	불균형모멘트	취급, 운반 유의

V. 결언

• 향후 개발방향

교량공법 ⇨ 재료 복합화 / 신기술개발 / 공법연구 ⇨ Data Base화 ⇨ 발전

| 문제 2. | 3경간 연속 철근콘크리트교 시공 시 시공계획 및 시공 시 유의 |
| | 사항에 대하여 설명하시오. |

답

I. 서언

① 3경간 연속 철근콘크리트교는 동바리에 의해 3경간 연속 시
공하여 반복하중에 대한 응력을 크게 한 공법이다.

② 3경간 연속교 콘크리트 타설순서

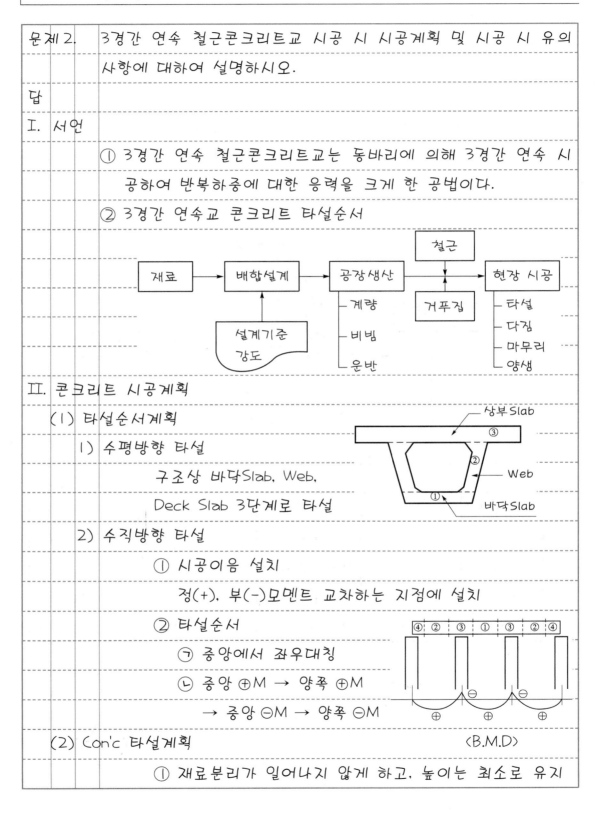

II. 콘크리트 시공계획

(1) 타설순서계획

1) 수평방향 타설

구조상 바닥Slab, Web,
Deck Slab 3단계로 타설

2) 수직방향 타설

① 시공이음 설치

정(+), 부(-)모멘트 교차하는 지점에 설치

② 타설순서

㉠ 중앙에서 좌우대칭

㉡ 중앙 ⊕M → 양쪽 ⊕M

→ 중앙 ⊖M → 양쪽 ⊖M

(2) Con'c 타설계획

① 재료분리가 일어나지 않게 하고, 높이는 최소로 유지

② 타설 시 철근 및 거푸집 등 변형 방지, 밀실 충전

③ 진동기 삽입간격은 500mm 이하

진동기

④ Con'c 윗면에 Cement Paste가

떠오를 때까지 계속 실시

500mm 이내

(3) 시공이음처리계획

1) 수평 시공이음

- 구조물의 강도상 영향 적은 곳 설치
- 부재 압축력 방향의 직각으로

이음면의 Laitance 제거

- 이음길이와 면적 최소화

2) 수직 시공이음

① Cold Joint로 인한 불연속층 방지

② 수화열, 외기온도에 의한 온도응력

및 건조수축균열 고려한 위치 결정

③ 방수를 요하는 곳 지수판 설치

④ 시공이음은 가능한 내지 않도록 함

(4) 마무리 계획

수직이음 부위는 철근 주위를 평탄하게 잘 다지고, 중앙

부위는 약간 높임

(5) 양생계획

① 습윤보양을 원칙, 거푸집면에 충분히 살수로 초기

수화열에 의한 건조수축균열 방지

② 한중에는 증기 및 전기양생

③ 서중에는 Precooling, Pipe Cooling 고려

Ⅲ. 시공 시 유의사항

1) 기초지반 처리

① 동바리 설치 지반이 연약하여 침하 발생 우려 시

② 지반처리로 침하 발생 방지

2) 거푸집 자재결함 방지

충분한 강성을 가지는 거푸집을 사용 국부적 침하 방지

3) 타설순서 준수

① 설계도서 및 시방규정의 타설순서 준수

② 구조물의 이상응력 발생 방지

4) 예비장비 보유

① 예기치 않은 Cold Joint 발생 방지 위하여

② 소모성이 큰 기계기구에 대한 여유분 확보

5) 품질관리

검사항목	허용오차
Slump	±25mm
공기량	±1.0%
염화물함량	0.3kg/m³↓

① 타설 전 Con'c의 Slump, 공기량, 염화물함량 등 필요한 시험 실시

② 허용오차 이내로 관리

6) 양생 철저

① 급속한 건조나 온도변화가 일어나지 않도록 양생

② 양생기간 중 진동, 충격 방지

③ 양생온도에 따른 콘크리트 조기강도 확보

압축강도(MPa)

18
15
12
9
6

양생온도 70℃(16MPa)
양생온도 21℃(14MPa)
양생온도 90℃(11MPa)

24   48   72   재령(시간)

7) 건조수축 발생 방지

① 급격한 수분증발을 방지하기 위한 조치

② 강렬한 직사광선으로부터 콘크리트 보호

8) 타설장비 및 인원증강

　　1일 타설량이 많은 경우 여러 조를 편성하여 무리한 작업이 되지 않도록 조치

9) 이음부 처리

　　이음부에는 다짐을

　　밀실하게 시행

IV. 현장경험 및 결언

1) 하절기 Con'c 타설결함 발생

① Con'c 타설 시 교통의 정체로 Cold Joint 발생

② 양생 부적절로 건조수축균열 유발

③ 사전계획의 미비

2) 결언

① 3경간 연속교 Con'c 타설 시 주안점은 설계도서에 명시된 타설순서에 준하여 Con'c를 타설하여

② 2차 응력 발생에 따른 균열 발생을 방지하는 것이 가장 중요하다.

문제 3.	교량가설에서 압출공법에 대하여 설명하시오.

답

I. 서언

① ILM공법은 교량의 상부구조물을 교대 후방에 설치한 제작장에서 한 세그먼트씩 제작하여 압출장비를 이용하여 전방으로 밀어내는 공법이다.

② 장대교량가설공법의 종류

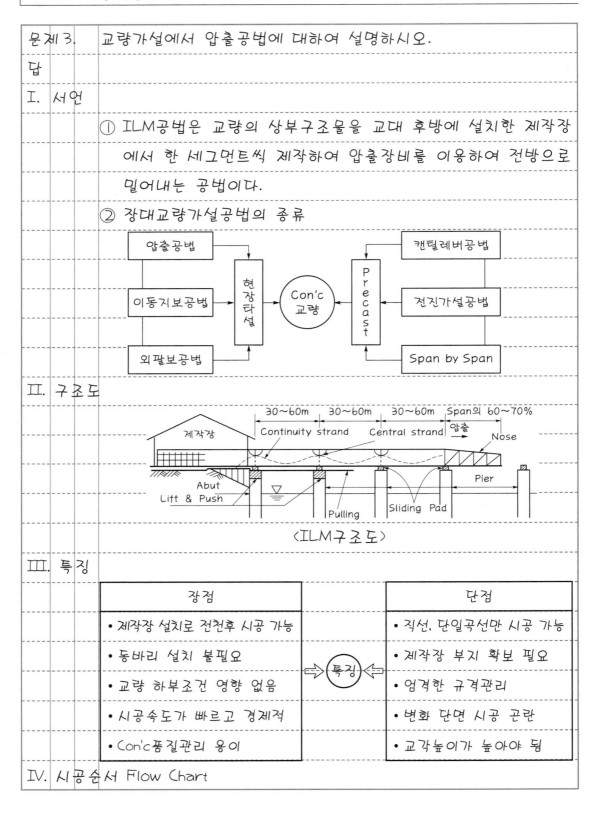

II. 구조도

〈ILM구조도〉

III. 특징

장점		단점
• 제작장 설치로 전천후 시공 가능		• 직선, 단일곡선만 시공 가능
• 동바리 설치 불필요		• 제작장 부지 확보 필요
• 교량 하부조건 영향 없음	⇨ 특징 ⇦	• 엄격한 규격관리
• 시공속도가 빠르고 경제적		• 변화 단면 시공 곤란
• Con'c품질관리 용이		• 교각높이가 높아야 됨

IV. 시공순서 Flow Chart

```
┌─────────────┐     ┌─────────────┐     ┌─────────┐
│  제작장 설치  │────▶│   Seg 제작   │────▶│ 압출작업 │
└──────┬──────┘     └──────┬──────┘     └────┬────┘
       │                   │                 │        ┌──────────────┐
       ▼                   ▼                 ▼   ┌───▶│ 교좌장치 고정 │
┌─────────────┐     ┌──────────────────┐ ┌─────────┐ └──────────────┘
│  Nose 설치   │     │  추진코 Box 거더연결 │ │ 강재 긴장 │
└─────────────┘     └──────────────────┘ └─────────┘
```

V. 시공순서

제작장 설치

— 충분한 면적 확보(Segment 2~3배)

— 배수처리시설

— 기초보강 → 연약지반 시 지반개량공법 선정

— Con'c 타설, 운반, 양생설비 확보

Nose 설치(추진코)

— Span의 60~70% 길이

— 가벼운 철골Truss구조

— 선단부 처짐량 조절을 위한 Jack 설치

Segment 제작

— 앞 Seg Web과 뒤 Seg 바닥을

　동시에 타설

— 긴장재, 철근망 설치 시 주의

추진코와 Box거더 연결

— 추진코와 Box거더의 연결은 압출 시 변형이 생기지

　않도록 견고하게 연결

압출작업

— 압출 Jack 및 Pulling, Lift & Push 이용

— 전방교각에 Sliding Pad 삽입

— 측방향 Guide 설치

— 압출작업 지휘, 관리 일원화

강재 긴장

― 제작 완료된 Segment 연결

― Central Strand, Continuity

Strand작업 시행

― 제작장 및 압출완료 후 긴장

교좌장치 고정

― 무수축 Mortar로 고정 → $f_{ck}=60MPa$

― 교각 위에서 Flat Jack으로 Girder를 들어 올린 후

가Shoe 제거

― 가Shoe 위에 영구교좌장치 설치

VI. 시공 시 주의사항

1) 압출 시 이탈 방지

① Pushing Jack을 이용

Pushing

② Lateral Guide를 부착하여

선행 및 이탈 방지

2) 제작장 지반

① 사전지반조사 → 지내력시험

② 연약지반일 경우 지반개량

3) 거푸집 선정

```
┌──────────┐   ┌──────────┐   ┌──────────┐   ┌──────────┐
│ 측압지지  │ → │ 수밀성 확보│ → │반복사용 가능│ → │거푸집 조건│
│ 내구성 양호│   │ 외력저항  │   │형상치수 정확│   └──────────┘
└──────────┘   └──────────┘   └──────────┘
```

4) Nose길이

Span의 60~70%

5) Con'c 타설 및 양생

① 양생 : 증기양생 60~70℃ 48시간 이상

② Con'c 타설은 타설순서 이행 및 Cold Joint 유의

③ 철근변형, PS Sheath 유의

VII. 개발방향 및 결언

① 개발방향

  ┌ 변형단면압출공법 적용

  └ 압축 시 PSC Box 손상 최소 대책

② 압출공법은 제작장에서 PSC Box의 제작 및 압출작업의 성과
에 따라 공정관리의 영향을 많이 미친다.

문제 4.	교량가설공법 중 PSM공법에 대하여 설명하시오.
답	

I. 일반사항

① 프랑스 Freyssinet사에서 개발한 공법으로, 별도 제작장에서 각각의 Segment를 제작한 후 현장으로 운반하여 가설하는 공법

② 콘크리트 교량가설공법의 분류

```
                      ┌─ FSM(동바리공법)
         ┌─ 현장타설공법 ─┼─ ILM(압출공법)
         │            ├─ MSS(이동지보공법)
         │            └─ FCM(외팔보공법)
         │
         │            ┌─ Precast Girder공법
         └─ Precast공법 ┤                  ┌─ Span by Span공법
                      └─ PSM공법 ─────────┼─ Cantilever공법
                                         └─ 전진가설공법
```

II. 특징

장점	특징	단점
• 품질관리 용이	⟹ 특징 ⟸	• 제작장 확보 필요
• 상·하부 동시 시공		• 시공비용 고가
• 공기단축		• 연결부 고도기술 필요
• 단면변화 무관		• 운반가설 대형 장비 필요

III. 시공순서

제작장 설치
- 교량 상판면적의 1.5배
- 기초보강, Con'c 타설, 양생설비

Seg 제작 및 저장
- 거푸집 이동식, 고정식(수평, 수직), 조립식

— 3~5m/개 제작

운반

— 운반로 정비, 운반속도 준수 : 4km/h 이내

— 급경사, 급커브 배제

가설

— 가설방법(Span by Span, Cantilever, 전진가설)

— 접합방법(Wide Joint, Match Joint, 혼합방식)

마무리 작업

IV. Segment 제작

1) 거푸집 이동식

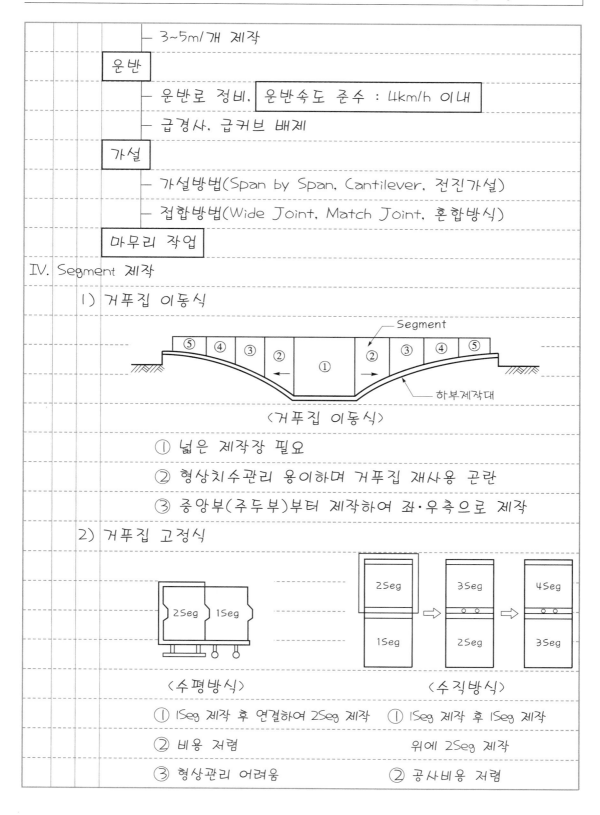

〈거푸집 이동식〉

① 넓은 제작장 필요

② 형상치수관리 용이하며 거푸집 재사용 곤란

③ 중앙부(주두부)부터 제작하여 좌·우측으로 제작

2) 거푸집 고정식

〈수평방식〉　　　　　　　　　〈수직방식〉

① 1Seg 제작 후 연결하여 2Seg 제작　① 1Seg 제작 후 1Seg 제작

② 비용 저렴　　　　　　　　　　　위에 2Seg 제작

③ 형상관리 어려움　　　　　　② 공사비용 저렴

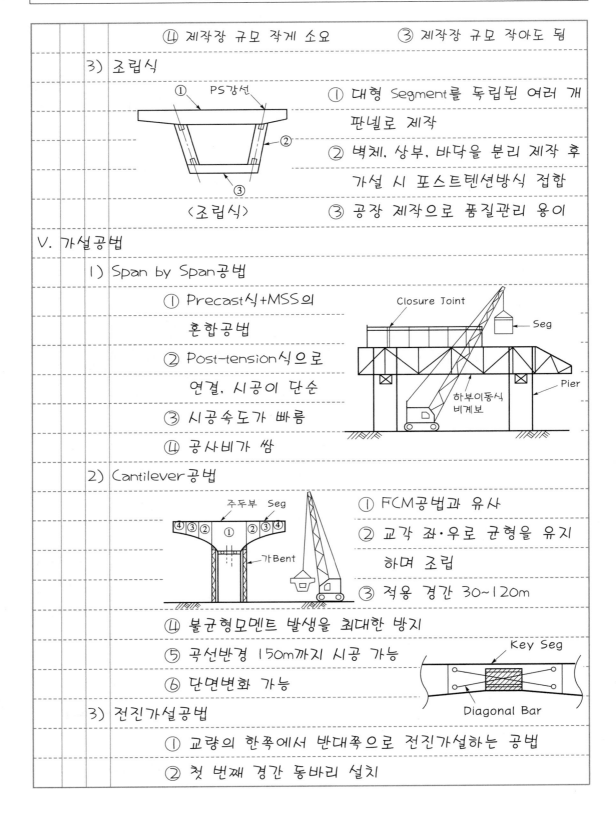

④ 제작장 규모 작게 소요   ③ 제작장 규모 작아도 됨

3) 조립식

〈조립식〉

① 대형 Segment를 독립된 여러 개 판넬로 제작

② 벽체, 상부, 바닥을 분리 제작 후 가설 시 포스트텐션방식 접합

③ 공장 제작으로 품질관리 용이

V. 가설공법

1) Span by Span공법

① Precast식+MSS의 혼합공법

② Post-tension식으로 연결, 시공이 단순

③ 시공속도가 빠름

④ 공사비가 쌈

2) Cantilever공법

① FCM공법과 유사

② 교각 좌·우로 균형을 유지하며 조립

③ 적용 경간 30~120m

④ 불균형모멘트 발생을 최대한 방지

⑤ 곡선반경 150m까지 시공 가능

⑥ 단면변화 가능

3) 전진가설공법

① 교량의 한쪽에서 반대쪽으로 전진가설하는 공법

② 첫 번째 경간 동바리 설치

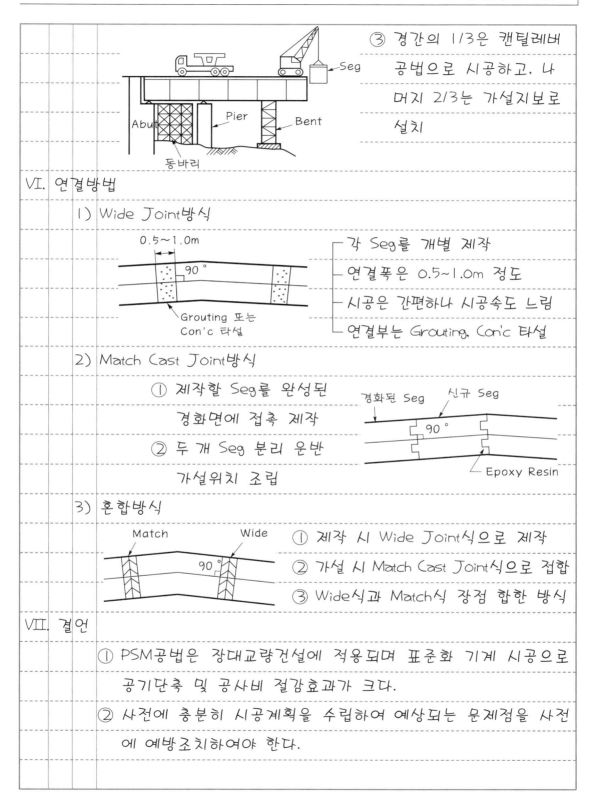

③ 경간의 1/3은 캔틸레버 공법으로 시공하고, 나머지 2/3는 가설지보로 설치

VI. 연결방법

1) Wide Joint방식

- 각 Seg를 개별 제작
- 연결폭은 0.5~1.0m 정도
- 시공은 간편하나 시공속도 느림
- 연결부는 Grouting, Con'c 타설

2) Match Cast Joint방식

① 제작할 Seg를 완성된 경화면에 접촉 제작

② 두 개 Seg 분리 운반 가설위치 조립

3) 혼합방식

① 제작 시 Wide Joint식으로 제작

② 가설 시 Match Cast Joint식으로 접합

③ Wide식과 Match식 장점 합한 방식

VII. 결언

① PSM공법은 장대교량건설에 적용되며 표준화 기계 시공으로 공기단축 및 공사비 절감효과가 크다.

② 사전에 충분히 시공계획을 수립하여 예상되는 문제점을 사전에 예방조치하여야 한다.

| 문제 5. | 케이블교량의 특징과 시공 시 유의사항에 대하여 설명하시오. |

답

I. 개요

① 해상장대교량의 시공 시 교각의 개수를 줄이고 장경간의 랜드마크적 효과를 위해 케이블교량을 시공하는 사례가 많아지고 있다.

② cable의 인장력(tension)을 활용하여 교량 상부구조에 작용하는 하중을 지반으로 전달시키며 사장교, 현수교, extradosed교의 종류로 구분된다.

II. 케이블교량의 특징

구분	사장교 (cable-stayed bridge)	현수교 (suspension bridge)
시공도	주탑 케이블	주케이블 / 보조 케이블
경간장	200~240m	300m 이상
하중전달 Mechanism	교각+주탑+케이블	행거+주케이블+앵커리지
하중 해석	비교적 용이	하중 해석 난해
보강거더	콘크리트 상판	강상판(box, truss)
주탑기초	고주탑 및 대형 기초	비교적 기초가 작음
앵커리지	불필요	중력식, 지중정착식, 터널식

III. 시공 시 유의사항

1) Cable 시공 시 풍하중 해석 유의

교량 및 인근 모형 제작 ⇒ 풍동 내 설치 ⇒ 100년간 최대 풍속

　　　① 구조물공사 시작 전 설계·시공상의 문제점들을 미리
　　　　수정 보완하기 위해 풍동시험(wind tunnel test) 실시
　　　② 원형 turn table을 바탕으로 사방에서 불어오는 바람
　　　　의 영향을 고려하며 특별히 cable에 작용하는 상향
　　　　풍하중에 유의
2) 케이블 가설 시 하중의 균형 유지 및 처짐관리
3) 가설오차를 시공 시의 실제 계측으로 조정
　　　① 계측자료를 분석하여 시공 시 오차량을 파악
　　　② 오차에 대한 수정과 그 영향을 파악하여 시공에 반영
　　　③ 자동계측을 위한 제어 및 계측시스템 구축
4) 강소선 cable의 부식 유의 : 피복(lapping)

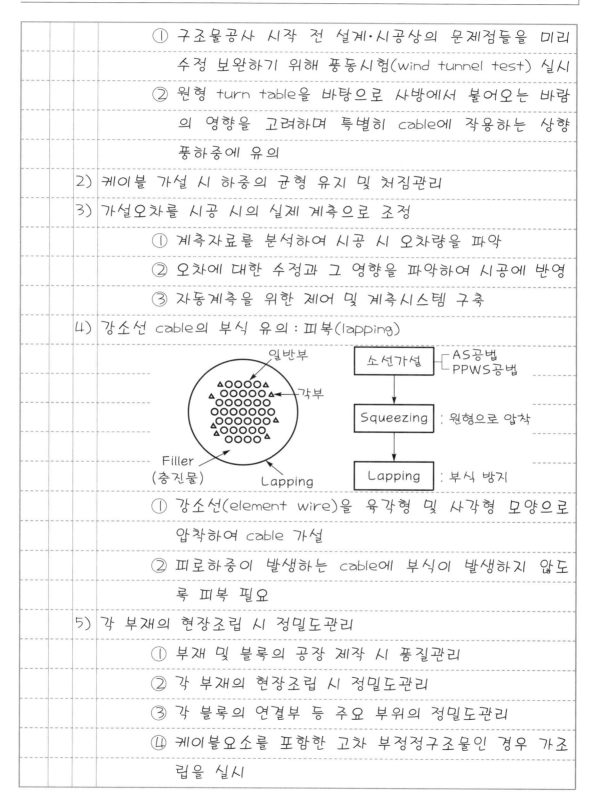

　　　① 강소선(element wire)을 육각형 및 사각형 모양으로
　　　　압착하여 cable 가설
　　　② 피로하중이 발생하는 cable에 부식이 발생하지 않도
　　　　록 피복 필요
5) 각 부재의 현장조립 시 정밀도관리
　　　① 부재 및 블록의 공장 제작 시 품질관리
　　　② 각 부재의 현장조립 시 정밀도관리
　　　③ 각 블록의 연결부 등 주요 부위의 정밀도관리
　　　④ 케이블요소를 포함한 고차 부정정구조물인 경우 가조
　　　　립을 실시

6) 주탑 및 앵커리지의 saddle 설치

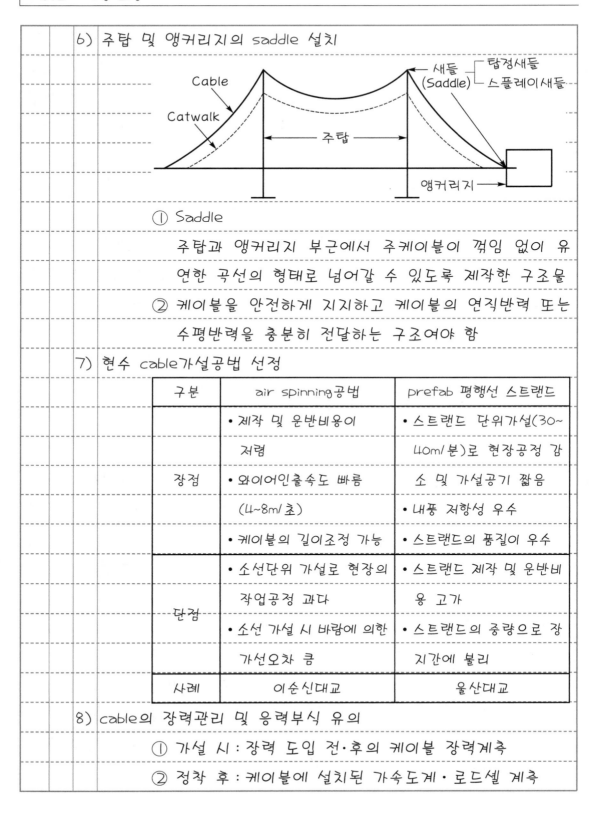

① Saddle

주탑과 앵커리지 부근에서 주케이블이 꺾임 없이 유연한 곡선의 형태로 넘어갈 수 있도록 제작한 구조물
② 케이블을 안전하게 지지하고 케이블의 연직반력 또는 수평반력을 충분히 전달하는 구조여야 함

7) 현수 cable가설공법 선정

구분	air spinning공법	prefab 평행선 스트랜드
장점	• 제작 및 운반비용이 저렴 • 와이어인출속도 빠름 (4~8m/초) • 케이블의 길이조정 가능	• 스트랜드 단위가설(30~40m/분)로 현장공정 감소 및 가설공기 짧음 • 내풍 저항성 우수 • 스트랜드의 품질이 우수
단점	• 소선단위 가설로 현장의 작업공정 과다 • 소선 가설 시 바람에 의한 가선오차 큼	• 스트랜드 제작 및 운반비용 고가 • 스트랜드의 중량으로 장지간에 불리
사례	이순신대교	울산대교

8) cable의 장력관리 및 응력부식 유의

① 가설 시 : 장력 도입 전·후의 케이블 장력계측
② 정착 후 : 케이블에 설치된 가속도계·로드셀 계측

9) 교각기초의 세굴보강 실시 ; sheet pile, con'c block, 사석부설

10) 계측관리

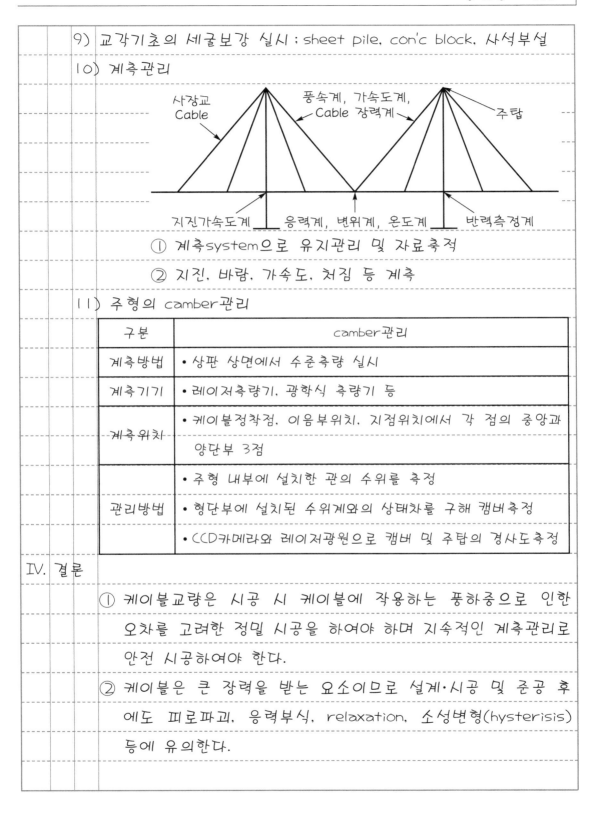

① 계측system으로 유지관리 및 자료축적

② 지진, 바람, 가속도, 처짐 등 계측

11) 주형의 camber관리

구분	camber관리
계측방법	• 상판 상면에서 수준측량 실시
계측기기	• 레이저측량기, 광학식 측량기 등
계측위치	• 케이블정착점, 이음부위치, 지점위치에서 각 점의 중앙과 양단부 3점
관리방법	• 주형 내부에 설치한 관의 수위를 측정 • 형단부에 설치된 수위계와의 상태차를 구해 캠버측정 • CCD카메라와 레이저광원으로 캠버 및 주탑의 경사도측정

Ⅳ. 결론

① 케이블교량은 시공 시 케이블에 작용하는 풍하중으로 인한 오차를 고려한 정밀 시공을 하여야 하며 지속적인 계측관리로 안전 시공하여야 한다.

② 케이블은 큰 장력을 받는 요소이므로 설계·시공 및 준공 후에도 피로파괴, 응력부식, relaxation, 소성변형(hysterisis) 등에 유의한다.

문제 6.	강교가설공법에 대하여 설명하시오.
답	
I.	서언

① 강교가설공법 선정 시에는 가설지점의 지형, 현장조건, 교량 구조형식, 공기, 안전성 등을 고려하여 최적의 공법을 선정해야 한다.

② 강교가설공법의 종류

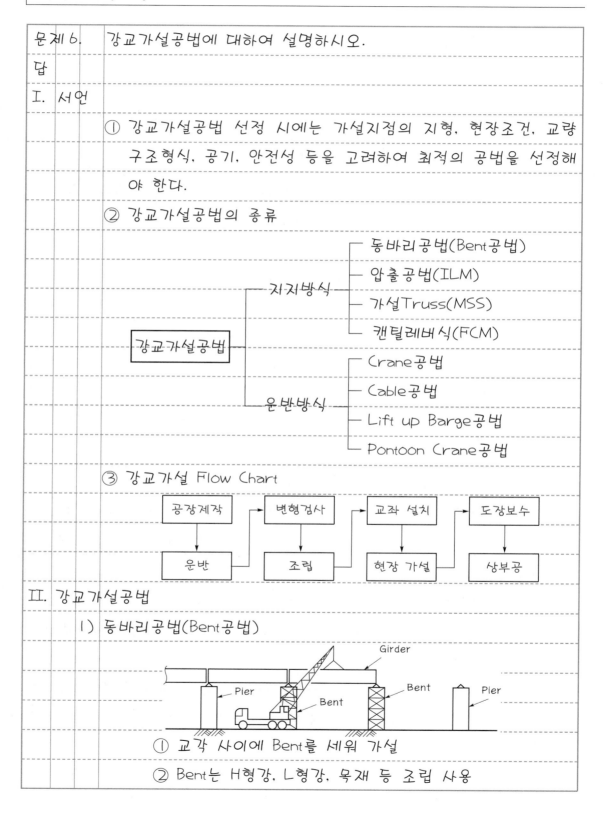

③ 강교가설 Flow Chart

공장제작 → 변형검사 → 교좌 설치 → 도장보수
↓ ↓ ↓ ↓
운반 → 조립 → 현장 가설 → 상부공

II. 강교가설공법

1) 동바리공법(Bent공법)

① 교각 사이에 Bent를 세워 가설

② Bent는 H형강, L형강, 목재 등 조립 사용

③ 하부공간 이용 가능한 지형 시공 가능

2) 압출공법(ILM공법)

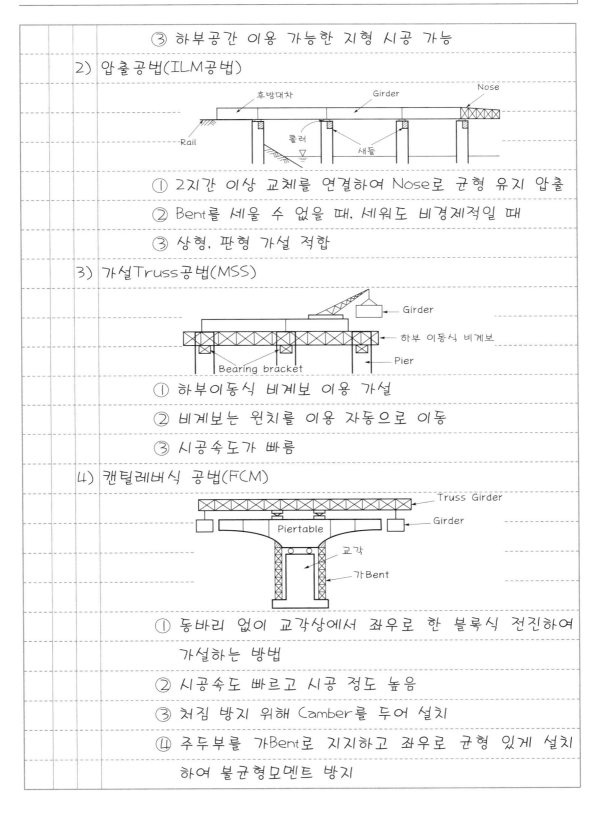

① 2지간 이상 교체를 연결하여 Nose로 균형 유지 압출

② Bent를 세울 수 없을 때, 세워도 비경제적일 때

③ 상형, 판형 가설 적합

3) 가설Truss공법(MSS)

① 하부이동식 비계보 이용 가설

② 비계보는 윈치를 이용 자동으로 이동

③ 시공속도가 빠름

4) 캔틸레버식 공법(FCM)

① 동바리 없이 교각상에서 좌우로 한 블록식 전진하여

가설하는 방법

② 시공속도 빠르고 시공 정도 높음

③ 처짐 방지 위해 Camber를 두어 설치

④ 주두부를 가Bent로 지지하고 좌우로 균형 있게 설치

하여 불균형모멘트 방지

5) Crane공법

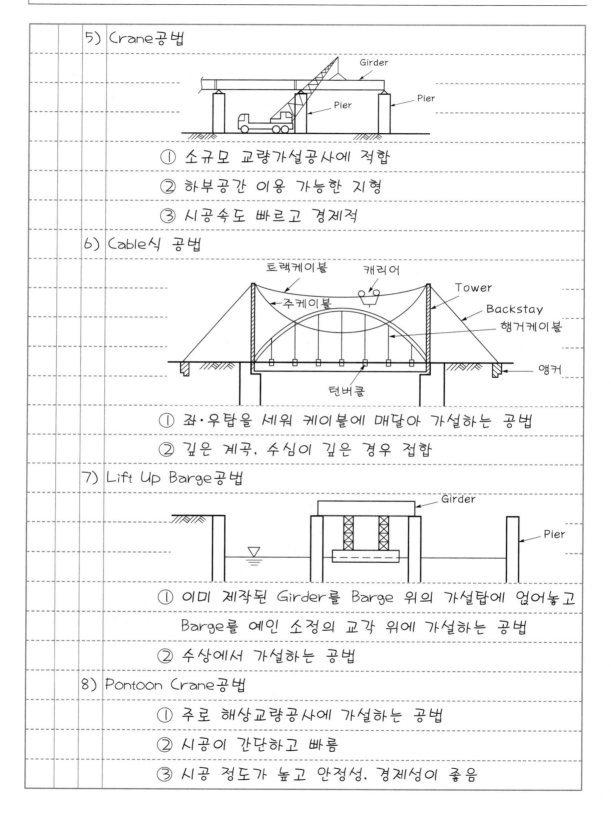

① 소규모 교량가설공사에 적합

② 하부공간 이용 가능한 지형

③ 시공속도 빠르고 경제적

6) Cable식 공법

① 좌·우탑을 세워 케이블에 매달아 가설하는 공법

② 깊은 계곡, 수심이 깊은 경우 접합

7) Lift Up Barge공법

① 이미 제작된 Girder를 Barge 위의 가설탑에 얹어놓고
   Barge를 예인 소정의 교각 위에 가설하는 공법

② 수상에서 가설하는 공법

8) Pontoon Crane공법

① 주로 해상교량공사에 가설하는 공법

② 시공이 간단하고 빠름

③ 시공 정도가 높고 안정성, 경제성이 좋음

④ 경간 150m 1회 시공 가능

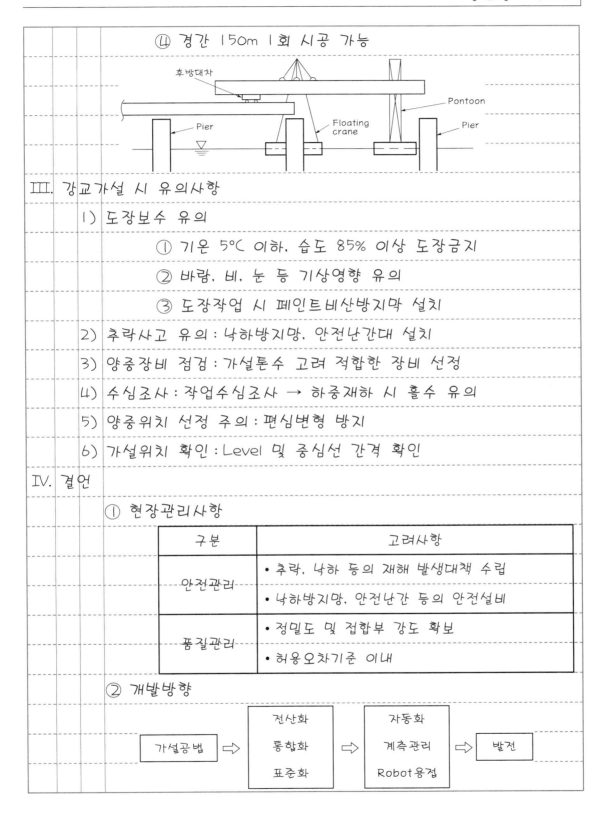

Ⅲ. 강교가설 시 유의사항

1) 도장보수 유의

① 기온 5℃ 이하, 습도 85% 이상 도장금지

② 바람, 비, 눈 등 기상영향 유의

③ 도장작업 시 페인트비산방지막 설치

2) 추락사고 유의 : 낙하방지망, 안전난간대 설치

3) 양중장비 점검 : 가설톤수 고려 적합한 장비 선정

4) 수심조사 : 작업수심조사 → 하중재하 시 흘수 유의

5) 양중위치 선정 주의 : 편심변형 방지

6) 가설위치 확인 : Level 및 중심선 간격 확인

Ⅳ. 결언

① 현장관리사항

구분	고려사항
안전관리	• 추락, 낙하 등의 재해 발생대책 수립 • 낙하방지망, 안전난간 등의 안전설비
품질관리	• 정밀도 및 접합부 강도 확보 • 허용오차기준 이내

② 개발방향

가설공법 ⇨ 전산화 통합화 표준화 ⇨ 자동화 계측관리 Robot용접 ⇨ 발전

문제 7. 강구조 부재연결방법의 종류를 열거하고 특징에 대하여 설명하시오.

답

I. 서언

① 강구조물의 연결은 작용응력의 전달을 확실하게 하기 위하여 용접, Bolt, 리벳, 핀 등을 이용하여 전체 부재가 일체가 되게 하는 것이다.

② 연결부 구비조건

간단한 구조		편심 발생 억제
	연결부 조건	
확실한 응력 전달		잔류응력 방지

II. 강구조 연결방법의 종류 및 특징

(1) 용접

1) 정의

부재를 짧은 시간에 국부적으로 가열 원자결합에 의한 접합방식

2) 특징

① 무소음 무진동공법
② 맞댐이음으로 강재 절약
③ 용접부검사 곤란
④ 응력 전달 명확

〈맞댐용접〉

보강살(3mm 이하), 목두께, 치수, 다리

3) 시공법

① 맞댐용접 : 부재를 서로 맞대 용접금속 접합

〈V형 용접〉   〈K형 용접〉   〈X형 용접〉

② Fillet용접 : 부재를 직각 또는 겹쳐서 접합

　　〈T형 용접〉　　　〈모서리용접〉　　　〈겹침용접〉

(2) 고장력 볼트

1) 정의

고탄소강 또는 합금강을 열처리한 항복강도 $7tf/m^2$(700MPa), 인장강도 $9tf/m^2$(900MPa) 이상의 고장력 볼트로 연결 방식

2) 특징

① 연결부 강도가 확실

② 시공 간단, 공기단축

③ 고소작업이고 검사 곤란

④ 응력집중적이고 반복응력 큼

　　〈TS볼트〉　　〈HTB〉

3) 시공법

① 지압접합

㉠ 부재 사이의 마찰력과 Bolt의 지압내력에 의해 힘 전달

㉡ Bolt축과 직각으로 응력 전달

② 마찰접합

㉠ Bolt조임력에 의해 생기는 접착면의 마찰내력으로 힘을 전달하는 방식

㉡ Bolt축과 직각방향으로 응력전달

㉢ 부재가 밀착되지 않으면 전단접합과 같은 힘 전달

③ 인장접합

Bolt

㉠ Bolt 축방향의 응력을 전달하는 인장형 응력방식

㉡ Bolt의 인장내력으로 힘 전달

4) 고장력 볼트의 검사

① 마찰면 처리 ─ 와셔지름의 2배만큼 청소

─ Scale 제거

─ Bolt의 허용내력

② Torque Test

㉠ $T = kdN$ ─ T : 토크(N·cm)

─ k : 토크계수치

─ d : 볼트축지름(mm)

─ N : 볼트의 축력(kN)

㉡ 규정Torque치의 90~110%이면 합격

③ Nut회전법 ─ Nut회전량과 Bolt 축력관계 이용

─ 1차, 2차 조임 시 Nut회전량 120±30° 범위이면 합격

(3) Rivet접합

1) 정의

미리 부재에 구멍을 뚫어 놓고 가열된 리벳을 구멍에 삽입 리벳해머로 압착하여 접합

2) 특징

① 소음 발생, 화재위험

② 시공능률이 낮음

③ 인성이 큼

④ 공장과 현장의 품질차이 큼   〈둥근머리리벳〉〈민머리리벳〉〈평리벳〉

3) 시공법

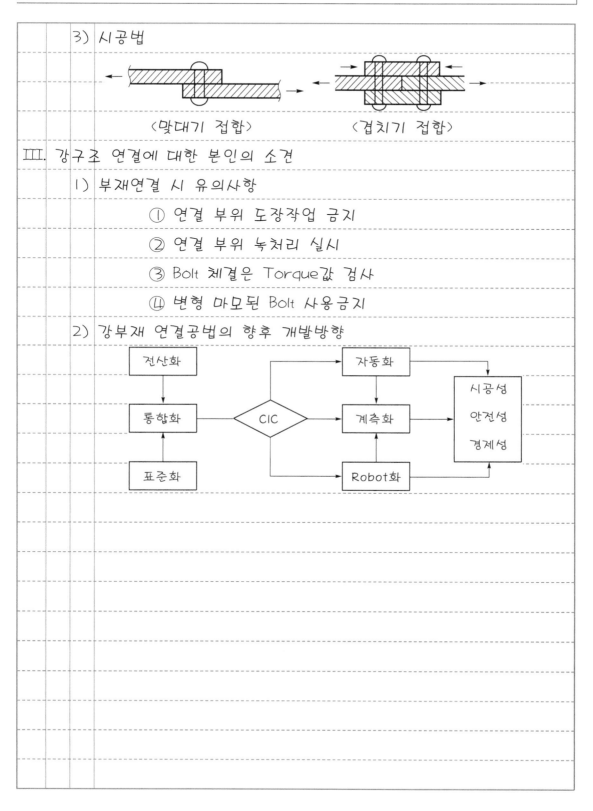

〈맞대기 접합〉　　　　　〈겹치기 접합〉

Ⅲ. 강구조 연결에 대한 본인의 소견

1) 부재연결 시 유의사항

① 연결 부위 도장작업 금지

② 연결 부위 녹처리 실시

③ Bolt 체결은 Torque값 검사

④ 변형 마모된 Bolt 사용금지

2) 강부재 연결공법의 향후 개발방향

| 문제 8. | 강재용접의 결함 종류 및 대책에 대하여 설명하시오. |

답

I. 개요

① 용접은 금속의 접합부를 열로 녹여 원자 간 결합에 의해 접합하는 방식으로 여러 가지 원인으로 결함이 발생한다.

② 용접결함은 재료, 용접공, 용접공법, 기후 등 여러 요인에 대하여 원인을 분석하고 대책을 마련해야 한다.

II. 용접결함의 종류

〈Groove welding〉　　〈Fillet welding〉

III. 용접결함의 원인

1) 설계적인 측면

　① 개선의 정밀도 부족

　② 용접위치 미표시

　③ 용접순서 미작성

2) 재료적인 측면

　① 용접봉 건조상태 불량

　② 재료 녹 발생

3) 시공적인 측면

　① 용접공 기량 부족

　　: 용접자세, 경험, 지식

▶ 용접속도(용접봉 5mm 기준)

용접자세	용접속도(cm/분)
하향	13~23
입향	8~12
횡량	15~25

② 용접속도 부적절

③ 용접 부위 청소불량 : 녹, 습기, 먼지 미제거

④ 기상 미고려 : 0℃ 이하, 바람, 강우, 습도 90% 이상 등

4) 관리적인 측면

① shop drawing 미작성

② 용접 전·중·후 검사 미흡

③ 안전관리 미흡

④ 전후관리 미실시

Ⅳ. 방지대책

1) 용접재료관리

① 용접봉, 운봉 등 재료
보관 시 사용순서별
분리보관

실내건조상태
용접재료

통풍,
환기

보관
창고

② 바닥, 벽과 이격, 환기
및 통풍 → 품질 확보

2) 예열 및 후열로 응력 발생 최소화 → 결함 방지

3) 기온, 바람, 우천 등 기상조건 확인 0℃ 이하, 습도 90% 이상,
우천 시 작업 중단

4) 잔류응력관리(제거)

용접부를 망치로 가격하여
잔류응력 제거 → 결함 발생
방지

망치

모재

5) 용접공의 기량 test

① 용접부 청소, 바탕처리, 용접자세, 운봉속도 등

② 경험, 결함 방지기술 등 확인 → 배치

6) end tab 및 back strip 취부

① 결함 발생이 쉬운 용접부

시작과 끝부분에 end tab

설치

② 용접 후 가스절단기로 제거

7) 용접 전·중·후 검사 실시로 품질 확보

① 용접 전 : 트임새모양, 자세

의 적부

② 용접 중 : 용접봉, 운봉, 전류

③ 용접 후 : 외관검사, 절단검사,

비파괴검사

〈초음파탐상법〉

V. 용접 부위의 비파괴검사

1) 방사선법

① X선, γ선을 용접부에 투

과하여 내부결함 검출

② 검사장소의 제한

③ 두꺼운 부재의 검사 가능

④ 검사관에 따라 판정차이가 큼

2) 초음파탐상법

① 용접부에 초음파 투입하여 결함

검출

② 결함의 종류·위치·범위 파악

③ 빠르고 경제적

④ 복잡한 형상의 검사는 불가능

3) 자기분말탐상법

① 용접 부위에 자분이 흡착되면서 표면결함을 검출하는

방법

② 육안검사 시 나타나지 않은 균열·흠집검출이 가능

③ 검사결과의 신뢰성 양호

4) 침투탐상법

① 용접 부위에 침투액을 도포

　→ 검사액 도포

② 검사가 간단함

③ 검사 1회에 넓은 범위 검사

　가능

④ 표면결함분석 용이

Ⅵ. 결론

① 용접의 결함은 재료, 사람, 기상 등 여러 요인에 의해 발생하므로 결함에 따라 원인을 분석하여 대책을 강구해야 한다.

② 용접재료보관, 용접순서 준수, 예열, 잔류응력관리 등 기본적인 시공원칙을 준수하여 품질 확보가 필요하다.

문제 9.   교량받침의 종류와 각각의 특징에 대하여 설명하시오.

답

I. 서언

1) 개요

① 교량받침은 상부하중을 하부로 전달하는 중요한 기능을 담당하는 구조체로서 시공에 유의하여야 한다.

② 특히 공법 선정 시 온도 및 탄성수축, 내진능력 등에 대한 면밀한 검토가 필요하다.

2) 교량받침 선정 시 고려사항

- 지간길이 및 상부구조형식
- 지점반력 및 내구성
- 시공성, 경제성
- 온도특성, 기상조건 등

II. 종류와 특징

1) 고정받침

상부하중을 하부로 전달하며 상부의 변형, 이동을 억제하고 회전활동만 가능한 형식

종류	도해	특징
고무판받침		• 충격흡수용 고무 사용 • 흡수력이 우수함
선받침		• 원주면과 평면조합 • 수평력, 회전력
핀받침		• 상·하부 핀 사용 • 회전을 자유롭게
피벗받침		• 처짐에 따른 회전 고려

2) 가동받침

　　교량의 상부구조가 온도변화, 수축활동, 충격에 의해서
전후 좌우로 이동할 수 있는 형식

종류	도해	특징
선받침	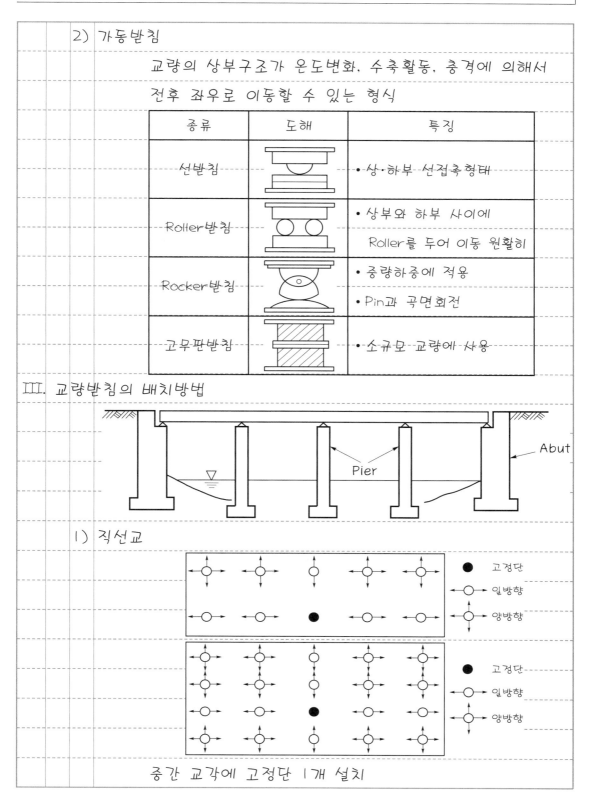	• 상·하부 선접촉형태
Roller받침		• 상부와 하부 사이에 　Roller를 두어 이동 원활히
Rocker받침		• 중량하중에 적용 • Pin과 곡면회전
고무판받침		• 소규모 교량에 사용

Ⅲ. 교량받침의 배치방법

1) 직선교

● 고정단
←○→ 일방향
○ 양방향

● 고정단
←○→ 일방향
○ 양방향

중간 교각에 고정단 1개 설치

2) 곡선교

교대에 고정단 1개 설치 → 설치방향은 고정단 방향

IV. 교량받침의 특징 비교

고정받침	가동받침
• 이동이 제한되어 있음	• 이동제한장치 설치
• 회전은 가능한 구조	• 교량규모에 따른 이동량 산정
• 교량은 구조에 따라 고정단에 설치	• 2방향 또는 4방향 형식
• 충격흡수용 장치가 필요	• 이동저항력이 클 경우 교좌 파손 우려

V. 현장경험 및 결언

1) 교좌장치의 손상원인

고정받침	가동받침
• 앵커볼트 손실	• 신축량계산 착오
• 고정된 손상	• Roller 파손
• 접합부 Con'c균열 파손	• 교좌장치 마모
• 회전장치 마모	• 교좌설계 미비

2) 방지대책

① 교좌장치의 적정 위치 배치

② 방식·방청

③ 이동제한장치 설치

④ 교좌장치 부근 배수 철저

⑤ 앵커볼트 매입 시 무수축성 모르타르 사용

⑥ 좌대 Con'c 타설 시공관리 철저 → 균열 방지

3) 면진받침(지진격리받침, Isolation Bearing)

⟨high damping rubber bearing⟩   ⟨lead-rubber bearing⟩

① 하중전달을 위한 수직강성과 더불어 지진하중을 상부
구조에 전달되지 않도록 수평유연성이 요구됨

② 수직하중 $F_s \geq 3.0$, 수직+수평하중 $F_s \geq 1.2$

③ 요구성능
유연도(flexibility), 에너지소산(energy dispersion),
안정성(stability)

4) 결언

① 받침은 교량 전체의 내구성과 안전성에 관계되는 중
요한 요소로 설계조건을 충분히 만족시킬 수 있어야
한다.

② 받침형식의 선정 시 충분한 검토를 하여야 하고 기능
발휘를 위하여 유지관리를 철저히 하여야 한다.

문제 10. 교량의 내진성능 향상을 위한 보강공법을 설명하시오.

답.

I. 개요

① 기존 교량에서 내진성능평가에 의해 내진성능 향상이 필요한 구조요소와 보강항목을 결정하여 합리적인 내진성능 향상방법을 선정한다.

② 내진성능 향상방법의 선정 시에는 작업의 용이성과 보강효과, 경제성 등을 종합적으로 검토하여 설정한다.

구분	내진설계	면진설계(지진격리설계)
개념	• 구조물의 강성 증대	• 면진교좌장치 　→ 지진력 분산
파손 정도	• 부분파손 인정 • 교량 전체 붕괴 방지	• 교량파손 최대한 방지
단점	• 부재 단면 증가	• 계산 복잡(비선형 비탄성)
적용성	• 특수교	• 일반교

II. 교량의 지진피해 유형

유형	내용
지반파괴	• 지반 액상화 • 산사태 및 지반단층파괴
교대	• 교대의 형식 부적정 • 지하수의 수위변화
교각	• 휨과 전단에 의한 파괴 발생 • 종방향 철근의 좌굴과 콘크리트압축강도 저하 • 교량붕괴의 직접적인 원인
상부구조	• 과다한 수평변위 작용 • 상판의 낙교나 주형의 좌굴

유형	내용
상부구조	• 신축이음부의 파괴 • 인접 경간과의 충돌
교좌장치	• 과다한 수평력 작용 • 연단거리 확보 부족

Ⅲ. 내진성능 향상을 위한 보강공법

1) 교각보강

① 강판보강 : 기존의 교각에 강판을 덧대고 교각과 강판

사이에 무수축모르타르나 에폭시 충전

② FRP(Fiber Reinforced Polymer)보강

교각이 원형인 경우

③ 콘크리트피복 향상 : 덧댐콘크리트 타설, 모르타르 부착,

Precast 패널 부착

2) 교량받침보수

① 교량받침 무수축모르타르의 보수

② 받침 본체의 성능 향상을 위한 받침 교체

3) 낙교방지장치

보강공법	목적
케이블 구속장치	거더와 하부구조, 거더를 연결하여 과도한 수 평변위를 제한하며 거더의 이탈을 억제함

보강공법	목적
이동제한장치 (전단키)	거더 또는 하부구조에 돌기를 설치하여 지진 발생 시 과도한 수평변위 및 영구잔류변위를 제한하여 거더의 이탈을 억제함
단면받침 자지길어 확대	노후화된 받침부 콘크리트가 파손이 발생할 경우와 받침지지길이가 부족한 경우, 하부구조 연단의 콘크리트를 증가 타설하거나 강재 브래킷 등을 설치하여 받침지지길이를 확보함

4) 지진격리받침

① 교량 System을 장주기화하여 교량받침의 전단력과 교각에서의 전단력을 저감하기 위해 적용

② 고무에 의한 에너지 감쇠능력 증가

③ 중앙부 원통형 납에 의한 초기강성 및 강판으로 연직 강성 확보

〈LRB(Lead Rubber Bearing)〉

5) 감쇠기(Damper)

① 높은 교각을 가진 교량에서 교량 자체의 주기가 길어서 지진격리받침의 적용에 의한 내진성능 향상을 도모하기 어려운 경우에 적용

② 구조물의 지진에너지 소산능력을 증가시켜 내진성능을 향상시킴

③ 감쇠력$(F_d) = C\dfrac{dx}{dt}$, 감쇠계수$(C) = 1.0 \times 10^6 t/m/s$

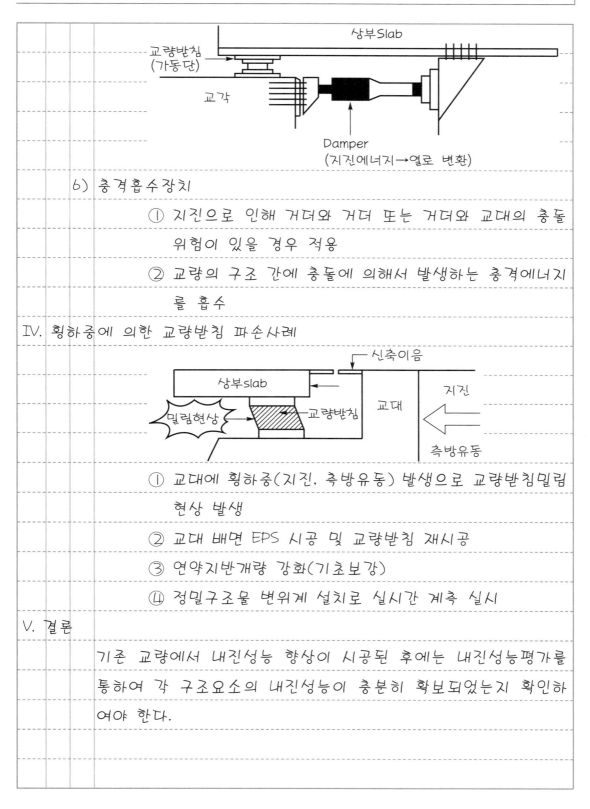

6) 충격흡수장치

① 지진으로 인해 거더와 거더 또는 거더와 교대의 충돌 위험이 있을 경우 적용

② 교량의 구조 간에 충돌에 의해서 발생하는 충격에너지를 흡수

Ⅳ. 횡하중에 의한 교량받침 파손사례

① 교대에 횡하중(지진, 측방유동) 발생으로 교량받침밀림 현상 발생

② 교대 배면 EPS 시공 및 교량받침 재시공

③ 연약지반개량 강화(기초보강)

④ 정밀구조물 변위계 설치로 실시간 계측 실시

Ⅴ. 결론

기존 교량에서 내진성능 향상이 시공된 후에는 내진성능평가를 통하여 각 구조요소의 내진성능이 충분히 확보되었는지 확인하여야 한다.

11

永生의 길잡이 - 열하나

아폴로 13호의 교훈

　미국의 영광과 부의 상징이었고, 인간 과학의 총화(總和)였으며, 고장 확률도 100만분의 1이라는 만능의 기계는 전 인류가 주시하는 가운데 고장을 일으켰다. 그 때 미국의 대통령과 상하 양원을 위시하여 온 국민이 우주선의 무사 귀환을 위해서 기도를 드렸던 것이 기억에 생생하다. 여기에 인간의 한계와 겸허가 있으며, 과학과 신앙의 조화도 엿볼 수 있다. 예수가 들어가면 반드시 미신이 추방된다. 현존하는 세계의 자연과학분야의 박사 3분의 2가 크리스찬이다.

제6장 ▶ 터 널

| 문제 1. | | 터널 시공 시 굴착공법의 종류를 열거하고 그 특징과 적용 조건을 설명하시오. |

답

I. 서언

① 터널은 그 목적에 적합하고 안전하며 경제적으로 건설되어지기 위해서 지반조건, 지형조건, 공사비용, 공사기간 등을 고려하여 굴착공법을 선정해야 한다.

② 굴착공법의 종류

NATM				침매공법
TBM	⇨	굴착공법의 종류	⇦	잠항공법
Shield				개착식 공법

II. 굴착공법의 종류

(1) NATM(New Austrian Tunnelling Method)

1) 정의

원지반의 본래 강도를 유지시켜 지반 자체를 주지보재로 이용하는 원리

2) 적용 조건

① 연약지반에서 극경암지반까지 적용 가능

② 대단면 터널 시공

③ 도심지 터널 시공

3) 특징

장점	단점
• 원지반 자체가 터널의 주지보재	• Shotcrete재의 손실 많음
• 지반변형이 적음	• 용수에 의한 시공 곤란
• 경제적인 터널 구축	• 지보재 품질관리 소홀 시 지보
• 지반의 적용성이 좋음	• 효과 저하

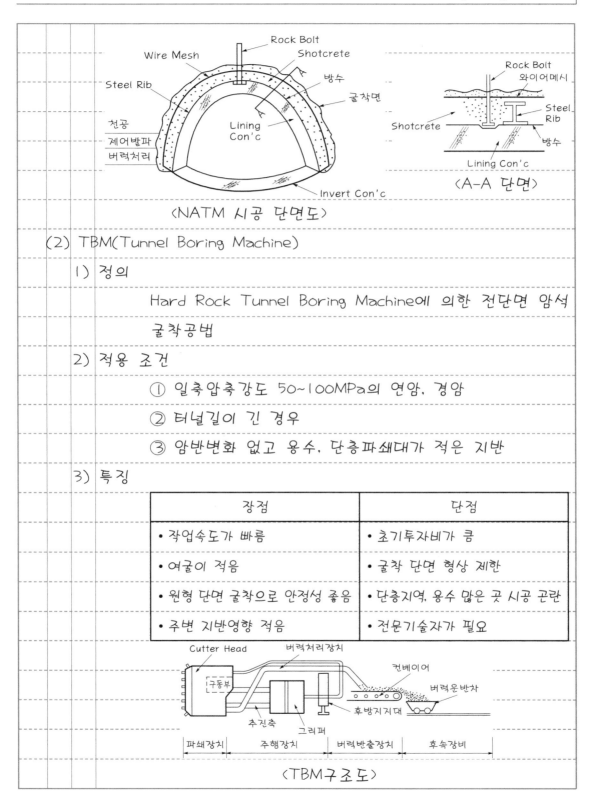

〈NATM 시공 단면도〉

〈A-A 단면〉

(2) TBM(Tunnel Boring Machine)

1) 정의

Hard Rock Tunnel Boring Machine에 의한 전단면 암석 굴착공법

2) 적용 조건

① 일축압축강도 50~100MPa의 연암, 경암

② 터널길이 긴 경우

③ 암반변화 없고 용수, 단층파쇄대가 적은 지반

3) 특징

장점	단점
• 작업속도가 빠름	• 초기투자비가 큼
• 여굴이 적음	• 굴착 단면 형상 제한
• 원형 단면 굴착으로 안정성 좋음	• 단층지역, 용수 많은 곳 시공 곤란
• 주변 지반영향 적음	• 전문기술자가 필요

〈TBM구조도〉

(3) Shield공법

1) 정의

Shield라고 불리는 강재원통굴착기를 지중에 밀어 넣고 그 내부에서 토사의 붕괴, 유동을 방지하면서 복공작업을 하여 터널 굴착하는 공법

2) 적용 조건

① 용수를 동반하는 연약지반 터널 시공 유리

② 해저Tunnel 및 도심지 지하터널의 시공

③ 암반을 제외한 모든 지반 시공 가능

3) 특징

장점	단점
• 시공관리 및 품질관리 용이	• 시공에 수반된 침하 발생 우려
• 공사 중 지상영향 거의 없음	• 토피가 얕은 터널 시공 곤란
• 지하 깊은 곳까지 시공 가능	• 급곡선부 시공 곤란
• 지하매설물의 이동과 방호 불필요	• 굴착 단면 형상 제한

〈Shield 시공 단면도〉

(4) 침매공법

① 지상이나 수상에서 터널Box를 제작하여 수중 운반하여 소정위치 침하설치하고 되메우기하여 터널 속 물을 배제하여 구축하는 공법

② 해저 또는 지하수면하 터널 굴착공법

(5) 잠함공법

① 지상에서 양 마구리를 밀폐시킨 소요 단면의 토막터널을 만들어 견인식으로 끌어 소정의 위치에 침하

② 터널 바닥과 연결된 Shaft를 통하여 압축공기를 보내 끝날 부분의 물을 배제시켜 수저를 굴착하여 침하시켜 구축하는 공법

(6) 개착식 공법(Open Cut Method)

① 평탄한 지형에 얕은 터널을 구축할 때 시공성, 경제성, 안정성면에서 유리한 공법으로 지하철 시공에 많이 이용

② 흙막이 시공과 복공을 병행하여 지하 부분의 흙을 굴착하고 그 속에 Box터널을 시공한 후 매몰하여 원상태로 복구하는 공법

Ⅲ. 향후 개발방향 및 결언

① 개발방향

```
┌────────┐   ┌──────────┐   ┌──────────┐   ┌──────┐
│ 터널공법 │→│ 재료의 복합화│→│ Data Base화│→│ 발전 │
│        │   │ 신기술개발 │   │ Computer화│   │      │
│        │   │ 공법연구  │   │ Robot화   │   │      │
└────────┘   └──────────┘   └──────────┘   └──────┘
```

② 터널공법 선정 시는 지상구조물에 대한 영향, 막장과 굴착면의 안정, 지반 내 응력분포상태를 고려해야 한다.

문제 2.	NATM터널의 원리 및 특성과 적용 한계에 대하여 설명하시오.
답	
I.	서언

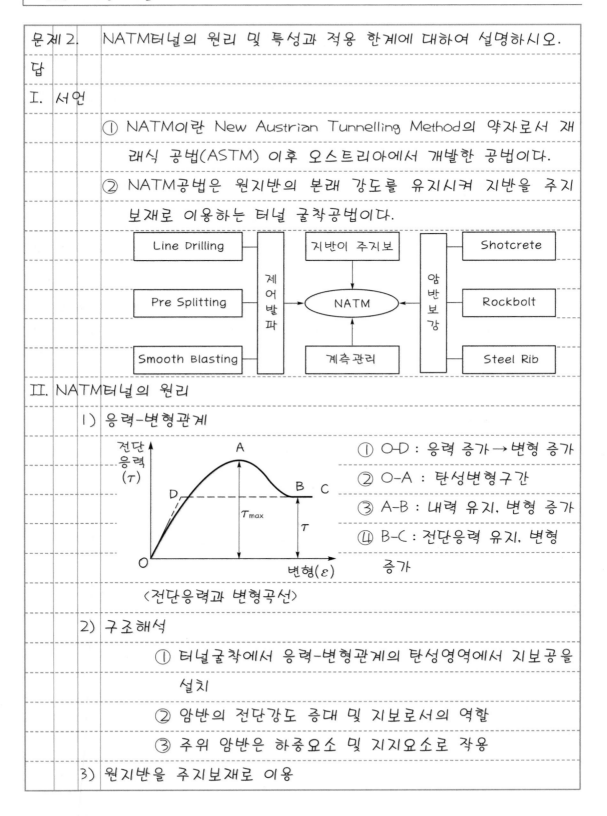

① NATM이란 New Austrian Tunnelling Method의 약자로서 재래식 공법(ASTM) 이후 오스트리아에서 개발한 공법이다.

② NATM공법은 원지반의 본래 강도를 유지시켜 지반을 주지보재로 이용하는 터널 굴착공법이다.

```
┌─────────────┐     ┌──────────┐        ┌─────────┐
│Line Drilling│──┐  │지반이 주지보│     ┌│Shotcrete│
└─────────────┘  │제│  └──────────┘  암 ││└─────────┘
┌─────────────┐  ┌어│       ↓      반 ┌┘┌─────────┐
│Pre Splitting│──│발│→  ( NATM ) ←보│  │Rockbolt │
└─────────────┘  └파│       ↑      강 ┌┐└─────────┘
┌───────────────┐│  │  ┌────────┐     ││┌─────────┐
│Smooth Blasting│┘  │  │계측관리 │     ┘│Steel Rib│
└───────────────┘      └────────┘      └─────────┘
```

II. NATM터널의 원리

1) 응력-변형관계

① O-D : 응력 증가 → 변형 증가
② O-A : 탄성변형구간
③ A-B : 내력 유지, 변형 증가
④ B-C : 전단응력 유지, 변형 증가

〈전단응력과 변형곡선〉

2) 구조해석

① 터널굴착에서 응력-변형관계의 탄성영역에서 지보공을 설치

② 암반의 전단강도 증대 및 지보로서의 역할

③ 주위 암반은 하중요소 및 지지요소로 작용

3) 원지반을 주지보재로 이용

① 원지반의 본래 강도를 유지시켜 주지보재로 이용함

② Rock Bolt, Shotcrete, Steel Rib는 원지반의 주지보재

유지를 위한 보조지보재임

4) 원지반의 이완 억제

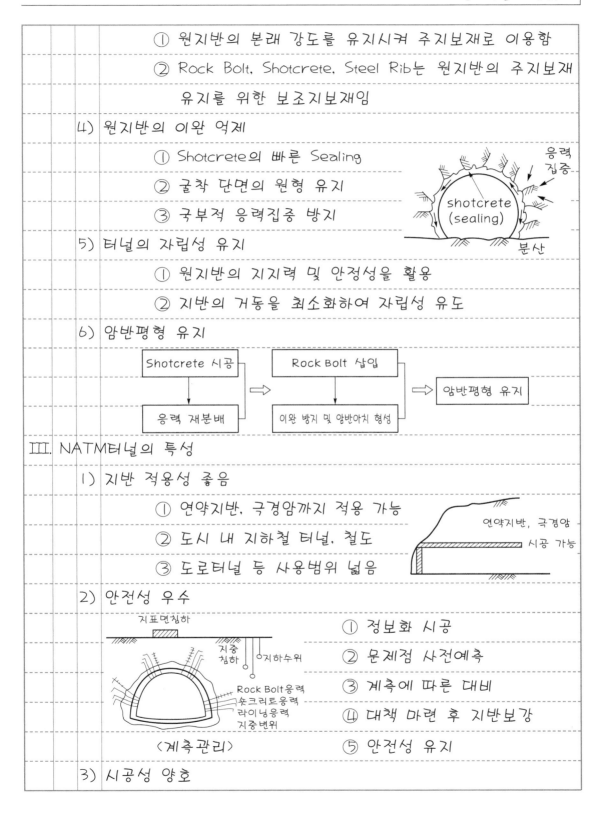

① Shotcrete의 빠른 Sealing

② 굴착 단면의 원형 유지

③ 국부적 응력집중 방지

5) 터널의 자립성 유지

① 원지반의 지지력 및 안정성을 활용

② 지반의 거동을 최소화하여 자립성 유도

6) 암반평형 유지

Shotcrete 시공	→	Rock Bolt 삽입	→	암반평형 유지
↓		↓		
응력 재분배		이완 방지 및 암반아치 형성		

Ⅲ. NATM터널의 특성

1) 지반 적용성 좋음

① 연약지반, 극경암까지 적용 가능

② 도시 내 지하철 터널, 철도

③ 도로터널 등 사용범위 넓음

2) 안전성 우수

① 정보화 시공

② 문제점 사전예측

③ 계측에 따른 대비

④ 대책 마련 후 지반보강

⑤ 안전성 유지

〈계측관리〉

3) 시공성 양호

① 대형 장비의 사용이 가능하므로 속도를 높일 수 있음

② 원지반을 활용하므로 여굴량이 적음

③ 단면변화에 따른 적응성이 높음

④ 막장의 안전성이 비교적 좋고 우수함

4) 경제적인 터널 구축 가능

　① 내구성, 보수비 측면에서 유리한 점이 많음

　② Lining두께, 지보공 규모가 작아 경제적임

　③ 계측결과에 따라 시공하므로 공사비 절감

5) Shotcrete재의 재료손실이 많음

6) 연약지반에서 지보공 시공이 어려움

IV. NATM터널의 적용 한계

1) 진동소음영향

　① 발파로 인한 진동으로 주변 구조물 영향

　② 진동허용규제치(기초기준)　　　　　　　(단위 : cm/s)

구분	문화재	일반 가옥	연립주택	APT, 상가, 공장
허용치	0.3	1.0	2.0	3.0

　③ 발파 및 작업장비 소음으로 민원 발생

　④ 소음허용규제치　　　　　　　　　　(단위 : dB[A])

구 분	아침·저녁	주간	심야
주거지	60	65	50
상업지	65	70	50

2) 소단면 굴착

　① 작업공정이 복잡하여 굴착 단면이 작을 경우 시공 곤란

　② Shield공법 등으로 시공변경

3) 점토성 지반

　① 점토성 지반은 지보공 설치가 곤란

② Shield공법으로 시공변경

③ 터널길이가 길고 균일한 연암($q_u=50$MPa) 이상 암반

　층은 TBM공법 시공이 유리

4) 위치조건

① 도심지 연약지반과 상부구조물 영향 있는 곳 시공 곤란

② 깊은 곳 위치의 터널 시공 곤란 → Shield공법 적용

5) 경제성

① 균일한 연암 이상 시공 시 비경제적

② 지반조건, 지하수 영향, 주변 영향 고려 공법 선택

V. 결언

① NATM공법에서는 굴착 단면에 Shotcrete의 조기타설과 Rock
　Bolt의 긴결이 무엇보다 중요하며

② 시공 중 계측시행으로 설계와의 비교, 불안정요소의 사전예
　측으로 경제적이고 안전한 시공을 확립해야 한다.

문제 3.		NATM터널 굴착 시 Cycle Time에 관련된 세부작업순서에 대하여 설명하시오.

답

I. 서언

① 터널 굴진작업에서 굴착방법에 따라 반복되는 작업을 전문화하여 품질·안전이 확보된 가운데 작업능률을 극대화 시킨다.

② 이와 같이 반복되고 작업을 Cycle작업이라 하고 1Cycle에 소요되는 시간을 Cycle Time이라 한다.

③ Cycle작업의 특성

II. 세부작업순서

1) 안전·위생작업

① 조명, 환기, 배수, 통로 확보

② 안전교육·점검, 보호구 지급

③ 특히 화약류 취급, 보관창고시설의 교육·점검 철저

2) 측량작업

① 보조삼각망 구성

② 터널 내부에 인조점 설치 및 유지관리

③ 터널 중심선, 내공측량

④ 수준측량, 매막장 실시

〈측량망 구성〉

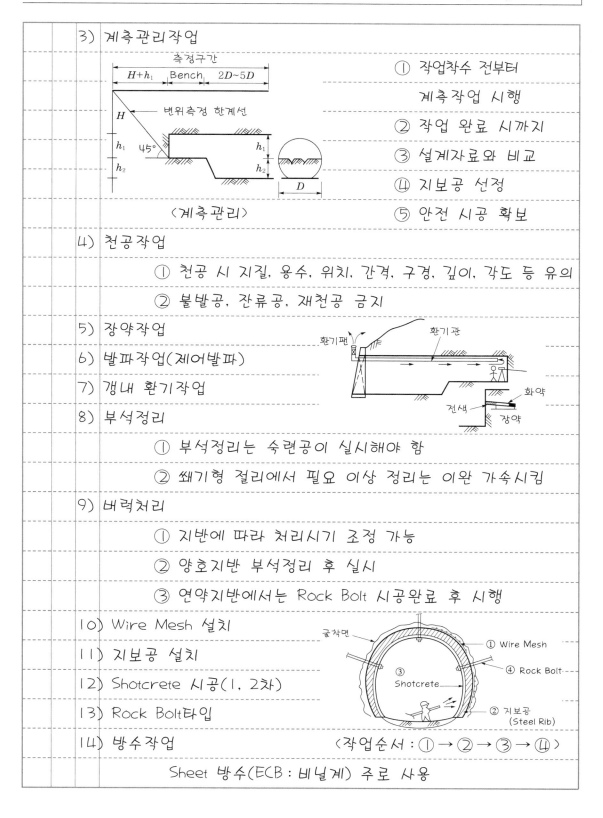

3) 계측관리작업

측정구간

$H+h_1$ | Bench | $2D~5D$

변위측정 한계선

H

$45°$

h_1

h_2

〈계측관리〉

h_1

h_2

D

① 작업착수 전부터

　계측작업 시행

② 작업 완료 시까지

③ 설계자료와 비교

④ 지보공 선정

⑤ 안전 시공 확보

4) 천공작업

　　① 천공 시 지질, 용수, 위치, 간격, 구경, 깊이, 각도 등 유의

　　② 불발공, 잔류공, 재천공 금지

5) 장약작업

6) 발파작업(제어발파)

7) 갱내 환기작업

환기팬　　환기관

화약

전색　　장약

8) 부석정리

　　① 부석정리는 숙련공이 실시해야 함

　　② 쐐기형 절리에서 필요 이상 정리는 이완 가속시킴

9) 버력처리

　　① 지반에 따라 처리시기 조정 가능

　　② 양호지반 부석정리 후 실시

　　③ 연약지반에서는 Rock Bolt 시공완료 후 시행

10) Wire Mesh 설치

11) 지보공 설치

12) Shotcrete 시공(1, 2차)

13) Rock Bolt타입

14) 방수작업

굴착면

① Wire Mesh

③ Shotcrete

④ Rock Bolt

② 지보공 (Steel Rib)

〈작업순서 : ① → ② → ③ → ④〉

Sheet 방수(ECB : 비닐계) 주로 사용

15) Lining Form 제작, 현장거치작업

    ① 이동식 Travelling Form 사용

    ② 제작 시 점검구, 작업구, Back Fill용 주입구 설치

    ③ 거치 시 중심선 측량을 매 span마다 반드시 실시

16) Lining Con'c 타설작업

    연속타설, 밀실다짐, 투입순서 준서

17) 뒤채움 시공

    ① 주로 시멘트 모르타르, 시멘트 페이스트로 사용

    ② 주입공 설치기준 ┌ 횡단방향 천정기준 1.5m 좌우 1EA
                              └ 종단방향 천정기준 CTC 3m 간격

Ⅲ. 결언

1) 본인의 현장경험 : 뒤채움 시공

    ① 굴착 및 구조물 시공 완료된 터널의 내구성, 안전성
       향상을 위해 Back Fill Grouting이 무엇보다 중요하다.

    ② 설치간격(주입공) : 시방서 CTC 3m

       ㉠ 시방

       ㉡ 변경 ┌ 종방향은 규정대로 설치
                └ 횡방향은 1.5m로 설치

    ③ Past 주입 시 측벽 배수확인공 막힘 주의

2) 터널 굴진작업에서 Cycle작업의 작업성 개선·향상은 전체 작업
의 질을 향상시키므로 개별작업의 전문화에 더욱 역점을 두어
야 한다.

3) 터널 굴진 시 고려사항

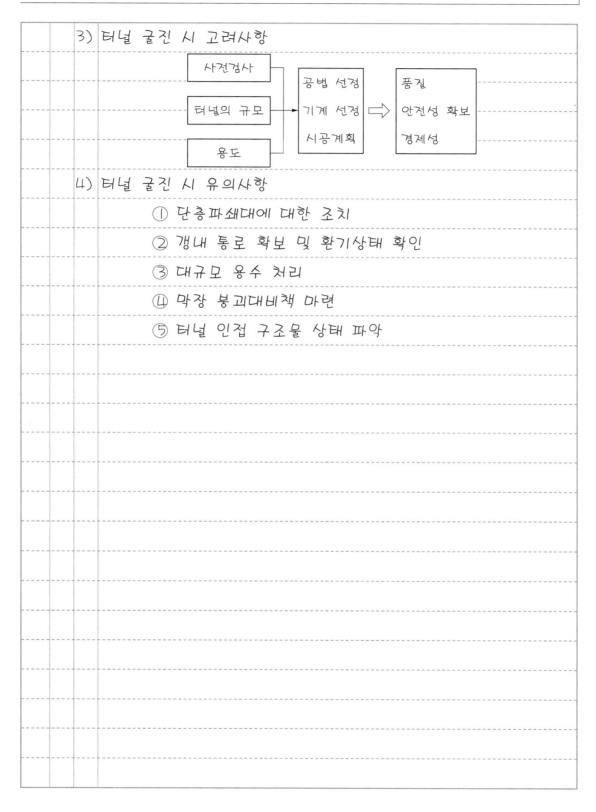

4) 터널 굴진 시 유의사항

① 단층파쇄대에 대한 조치

② 갱내 통로 확보 및 환기상태 확인

③ 대규모 용수 처리

④ 막장 붕괴대비책 마련

⑤ 터널 인접 구조물 상태 파악

문제 4.	터널 굴착 시 제어발파공법의 종류에 대하여 설명하시오.

답

I. 서언

① 제어발파공법이란 공 내의 화약폭발에 의해 발생된 공벽의 압력을 완화시켜 폭파에너지의 작용방향을 제어, 지반손상을 억제하고 평활한 굴착면을 얻기 위한 발파공법이다.

② 제어발파공법의 원리

```
천공경은 장약경 2배          ┌─────────┐   ┌─────────┐        ┌─────────┐
발파순서 조절        ⇒  │공벽압력  │ ⇒ │발파에너지│   ⇒   │여굴 방지      │
폭약 및 뇌관사용 조절        │완화      │   │감소      │        │암반손상 억제  │
                             └─────────┘   └─────────┘        │평활한 굴착면  │
                                                               └─────────┘
```

II. 제어발파공법의 종류

(1) Smooth Blasting공법

　1) 정의

　　1열은 정밀화약, 2, 3열은 100% 장약하여 2, 3열 동시 발파 후 1열 발파공법

　2) 특징

　　① 진동·소음대책공법

　　② 발파면 요철, 여굴 최소화

　　③ 원지반손상 최대한 억제

　　④ 터널 막장 Controlled Blasting 주로 사용

$$D_e = \frac{R_c}{R_b} \geqq 2$$

〈Decoupling효과〉

　3) 시공법

　　① 1열은 정밀화약 설치

　　② 2, 3열은 100% 장약

　　③ 천공경 40~50mm, 간격 40~70cm

　　④ 2, 3열 동시 발파 후 1열 발파

　　⑤ 정밀화약 : Finex I, II 사용

〈Smooth Blasting〉

⑥ 지발뇌관 : MS, DS을 사용

(2) Line Drilling공법

1) 정의

1열은 무장약공, 2열은 50%, 3열은 100% 장약하여 2, 3
열 동시 발파공법

2) 특징

① 천공비가 고가이고 천공에 고도
기술 요구

② 암질이 균질한 경암발파 유리

③ 일반적으로 갱외발파 주로 사용

장약량
$L = CW^3 [\text{kg}]$
(C : 발파계수
W : 최소 저항선)

3) 시공법

⟨Line Drilling⟩

① 1열(굴착계획선)은 무장약공
배치

② 2열은 50% 장약공

③ 3열은 100% 장약공

④ 천공경 : 50~75mm, 간격 : 15~30cm

(3) Presplitting공법

1) 정의

1열은 50% 장약, 2, 3열은 100% 장약하여 1열 발파 후
2, 3열 동시 발파공법

2) 특징

— Line Drilling공법보다 가격 저렴

— 1, 2차 발파로 여굴 최소화

— 저소음, 저진동공법

— 화강암 등 균질암에 효과적

— 천공심도는 10m가 한도임

⟨전기뇌관⟩

3) 시공법

① 1열은 50% 장약

② 2, 3열은 100% 장약

③ 천공경 50~100mm

④ 천공간격 30~60cm

⑤ 심발과 거의 동시에 1열 발파

(Presplitting)

(4) Cushion Blasting공법

1) 정의

1열은 분산장약, 2, 3열은 100% 장약하여 2, 3열 동시

발파 후 1열 발파하는 공법

2) 특징

① 분산장약으로 주변 영향 최소

② 견고하지 않은 암반 적용 가능

③ Line Drilling에 비해 천공비가 저렴

3) 시공법

(Cushion Blasting)

① 1열은 분산장약공

② 2열, 3열은 100%로 장약공

③ 천공경 50~160mm

④ 간격 90~200cm

(5) ABS(수압발파공법)

천공 후 물을 채워 마개를 막아 정수압으로 폭파력을

균등분산하여 여굴을 최소화하는 공법

(6) 팽창성 파쇄공법

① 약제를 주입한 후 양생 시 팽창력을 이용 균열파쇄

하는 공법

② 무소음, 무진동공법

Ⅲ. 제어발파공법의 비교

종류	특징	장약방법	천공경 및 간격
Line Drilling	갱외, 채석용	1열 무장약	φ50~75mm, 15~30cm
Presplitting	화강암 등 균질암발파	1열 50% 장약	φ50~100mm, 30~60cm
Cushion Blasting	연암발파	1열 분산장약	φ50~160mm, 90~200cm
Smooth Blasting	여굴량 최소	1열 정밀장약	φ40~50mm, 40~70cm

Ⅳ. 결언

① 터널 굴착공법에서 원활한 시공을 위해서는 진동·소음을 억제·최소화하고 원지반의 이완 억제, 굴착면을 평활화할 수 있는 Controlled Blasting을 많이 사용하고 있다.

② 터널발파는 사전시험발파를 반드시 시행하여 그 결과에 의해 발파계수 산정 및 주변 영향을 고려하여 시행하여야 한다.

| 문제 5. | 터널의 여굴 발생원인과 방지대책에 대하여 설명하시오. |

답

I. 서언

① 터널의 여굴은 터널 굴착 시공과정에서 천공 및 발파 시공불량, 지반연약, 지하수 용출 등으로 인해 발생된다.

② 여굴의 문제점

| 암버력 추가 발생
숏크리트물량 증가
Progressive failure | ⇒ | 문제점 | ⇐ | 공사기간·비용 증대
굴착면 안정성 저하
지반이완 증대 |

II. 여굴 발생원인

1) 천공작업 불량

| 천공각도
천공경 | ⇒ | 천공위치
천공간격 | ⇒ | 천공깊이
작업자 숙련도 | ⇒ | 천공불량 |

2) 발파 시공관리 부실

① 시험발파 미실시 → 발파계수 산정 중요

② 적정한 제어발파 화약 미시공

③ 발파 장약량 부적정

• 장약량 산정식 $L = CW^3$

L : 장약량(kg)

C : 발파계수

W : 최소 저항선

3) 지하수 용출로 막장붕괴

4) 지반불량

① 풍화토 및 단층파쇄대 지반붕괴

② 사전조사 미흡으로 대책 미조치

③ 지반팽창 및 이상지압으로 지반붕괴

5) 여굴 발생원인의 종류

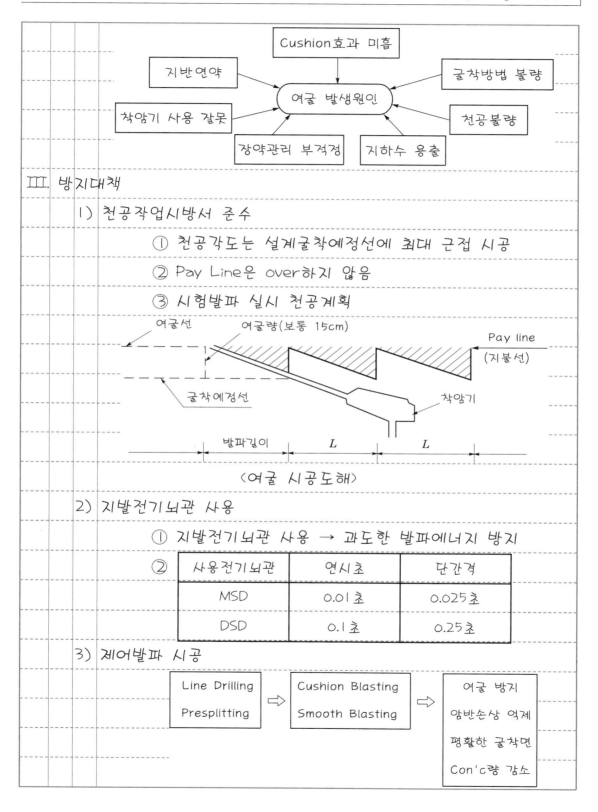

〈여굴 시공도해〉

III. 방지대책

1) 천공작업시방서 준수

　① 천공각도는 설계굴착예정선에 최대 근접 시공

　② Pay Line은 over하지 않음

　③ 시험발파 실시 천공계획

2) 지발전기뇌관 사용

　① 지발전기뇌관 사용 → 과도한 발파에너지 방지

　②

사용전기뇌관	연시초	단간격
MSD	0.01초	0.025초
DSD	0.1초	0.25초

3) 제어발파 시공

Line Drilling Presplitting	⇨	Cushion Blasting Smooth Blasting	⇨	여굴 방지 암반손상 억제 평활한 굴착면 Con'c량 감소

4) 발파 시공관리 철저

① 발파공직경 조정

$$D_c = \frac{발파공직경(R_c)}{폭약의\ 직경(R_b)} \geqq 2$$

② 시험발파 실시

③ 발파계수, 발파방법 결정

〈Decoupling효과〉

5) 기계굴착공법으로 변경

| TBM Shield | ⇒ | 전단면 굴착 | ⇒ | 여굴 방지 |

6) 연약지반개량 실시

보조공법 사용으로 지반보강

7) Back Break공법 사용 → 폭파에너지 감소

8) ABS공법에 의한 Smooth Blasting 시공

IV. 현장경험에 의한 본인의 소견

1) 문제점

| 사전조사 미비 공법 선정 부적정 | ⇒ | 감독 부실 착암기 사용 천공불량 장약량 부적정 | ⇒ | 안전사고 발생 공기지연 여굴 발생 공사비 증가 |

2) 대책

① 작업현장 지질, 지하수조사 철저

② Face Mapping관리 철저

③ 계측관리 철저

설계 → 시공 → 계측 → 분석 →(Yes) 공사 완료

분석 →(No) 설계변경 → 설계

④ 굴착공법 선정 → 지반조건에 적합

3) 발파에 의한 진동허용규제치(기초기준)　　　(단위 : cm/s)

구분	문화재	일반 가옥	연립주택	APT, 상가, 공장
건물진동의 허용진동치	0.3	1.0	2.0	3.0

| 문제 6. | 터널공사에서 Shotcrete공법의 종류별 특징과 반발량 저감대책에 대하여 설명하시오. |

답

I. 서언

1) Shotcrete란 압축공기를 이용하여 모르타르나 Con'c를 급결재와 혼합하여 시공면에 뿜어 붙이는 공법이다.

2) 숏크리트의 기능

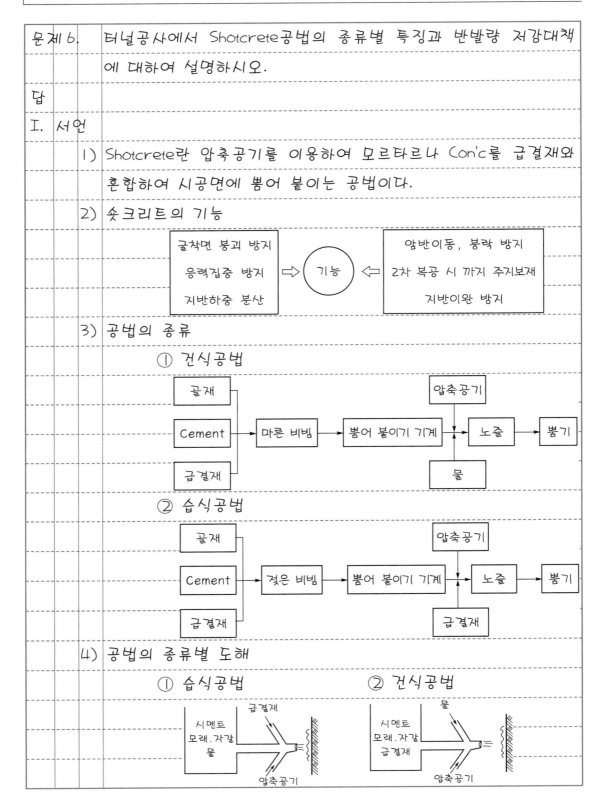

3) 공법의 종류

① 건식공법

② 습식공법

4) 공법의 종류별 도해

① 습식공법   ② 건식공법

II. 숏크리트공법의 종류별 특징

(1) 습식공법

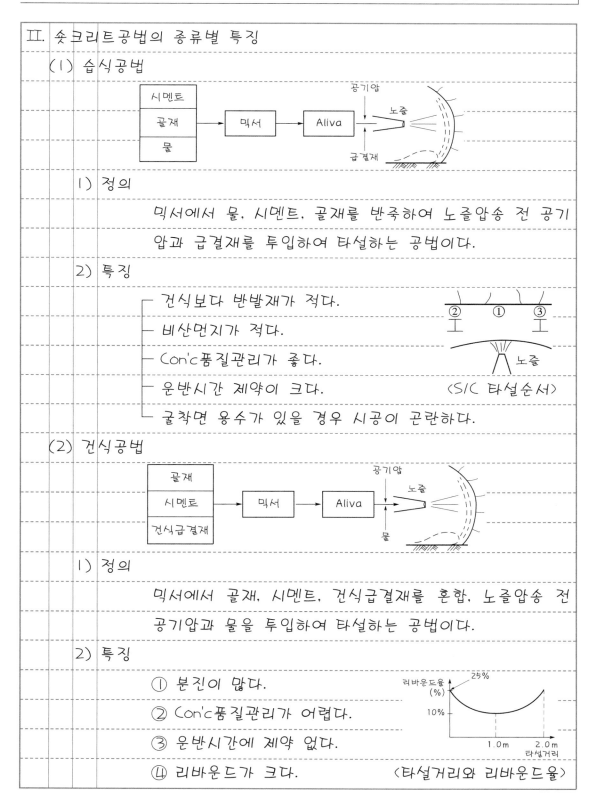

1) 정의

　미서에서 물, 시멘트, 골재를 반죽하여 노즐압송 전 공기압과 급결재를 투입하여 타설하는 공법이다.

2) 특징

- 건식보다 반발재가 적다.
- 비산먼지가 적다.
- Con'c품질관리가 좋다.
- 운반시간 제약이 크다.
- 굴착면 용수가 있을 경우 시공이 곤란하다.

〈S/C 타설순서〉

(2) 건식공법

1) 정의

　미서에서 골재, 시멘트, 건식급결재를 혼합, 노즐압송 전 공기압과 물을 투입하여 타설하는 공법이다.

2) 특징

① 분진이 많다.
② Con'c품질관리가 어렵다.
③ 운반시간에 제약 없다.
④ 리바운드가 크다.

〈타설거리와 리바운드율〉

⑤ 청소, 유지보수가 쉽다.

(3) 공법 비교표

구분	분진 발생	리바운드	운반시간	품질관리
습식공법	적다	적다	제약	용이
건식공법	크다	크다	제약 없다	곤란

Ⅲ. 반발량저감대책

1) 시공관리 철저

타설거리 1m
타설각도 90°
타설공기압 0.2~0.3MPa
⇨ 관리항목 ⇦
타설면 용수, 부석 제거
Wire Mesh 고정 철저
타설작업자 숙련공

2) 배합관리 철저

구분	W/B	G_{max}	S/a	시멘트량(kg)	
				모르타르	Con'c
습식	50~60%	10~15mm	55~75%	400~600	300~400
건식	45~55%	10~15mm	55~75%	400~600	300~400

• 압축강도 ┌ 1일 : 10MPa
          └ 28일 : 21MPa

3) 적합한 재료 사용

① 물 : 청정수 사용, AE제, 급결제 사용

② 골재는 입도와 내구성 좋고, 시멘트는 조강, 초속경시멘트 사용

③ Wire Mesh는 녹슬지 않고 용접 또는 마름모메시 사용

4) 품질관리 철저

① 두께 측정 → 검측핀 고정, 두께 측정

② 타설두께 = $\dfrac{총타설부피 - 반발재부피(cm^3)}{총타설면적(cm^2)}$ [cm]

③ Core 채취 → 압축강도, 두께측정

④ 균열조사 : 육안크랙조사

5) 반발률측정으로 작업규정 마련

① 반발률 $= \dfrac{\text{반발재의 전중량}}{\text{뿜어붙임재료의 전중량}} \times 100[\%]$

② 시험 시공하여 반발률측정

- 0.2m² 정도 시험 시공
- 일반적으로 반발률 50~60%

IV. 품질관리

1) 강도시험

① Schumidt Hammer에 의한 비파괴시험

② Core Boring에 의한 강도시험

③ 압축강도 ┌ 1일 : $f_{ck} = 10$MPa
　　　　　　└ 28일 : $f_{ck} = 21$MPa

2) 시공두께

① 검측핀에 의한 방법

② 천공에 의한 방법

③ 타설량 및 타설면적으로 두께 측정

3) 변형

균열, 누수, 변형 등에 대한 일상관찰

V. 현장경험 및 결언

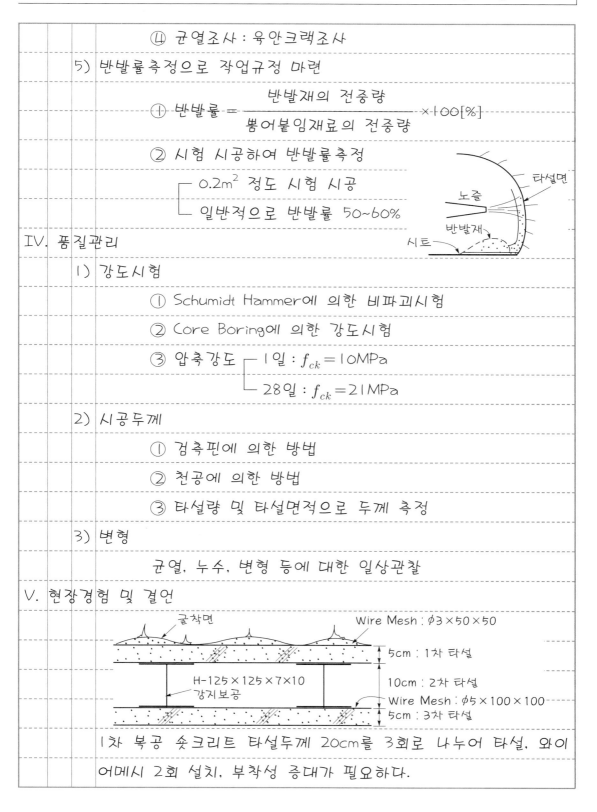

1차 복공 숏크리트 타설두께 20cm를 3회로 나누어 타설, 와이어메시 2회 설치, 부착성 증대가 필요하다.

| 문제 7. | 터널 라이닝콘크리트의 누수원인과 대책에 대하여 설명하시오. |

답

I. 서언

① 터널 라이닝콘크리트의 누수의 주된 원인은 Con'c균열에 의해 기인되면 재료배합, 시공관리 부실에 의해 발생된다.

② Lining Con'c의 기능
- 굴착면 붕괴 방지
- 지반이완 억제
- 암반작용하중 분산 부담
- 내공 유지

II. 누수원인

1) Con'c두께 부족

① 타설 시 두께 부족으로 응력집중균열

② Con'c두께 : $t = 0.19 cr^{\frac{1}{2}}$

- t : 두께(m)
- c : 암석계수
- r : 터널 내부 Arch반지름(m)

2) Con'c 온도관리 불량

수화열 상승
내·외부 온도차 ⇨ 온도인장응력 발생 ⇨ 온도균열

인장강도 < 온도인장응력 ⟶ 온도균열

3) Con'c 건조수축으로 균열 발생

① 물결합재비관리 부적절

② Con'c 경화시간 촉진되어 수분 증발 증대

4) Con'c 시공불량

① 재료분리 발생으로 누수현상

② Con'c 타설시간 지연으로 Cold Joint 발생

③ 타설장비 고장

5) 방수층 파손으로 누수 발생

6) 거푸집 해체시기 미준수로 침하균열 발생

Ⅲ. 대책

1) 숏크리트 시공 철저

숏크리트 타설두께관리 철저

2) 여굴충진

〈Lining Con'c 배면여굴 그라우팅 배치도〉

① Lining Con'c 배면여굴을 그라우팅으로 충진

② 응력집중 방지

3) Con'c 타설관리 철저

4) 적절한 시멘트 사용

① 수화열 방지 저발열시멘트 사용

② 물결합재비 허용 내 최소한 적게

5) 용수처리 철저

6) Creep변형 방지

① 중량 무거운 Form 사용 금지

② 거푸집 제거시기 준수

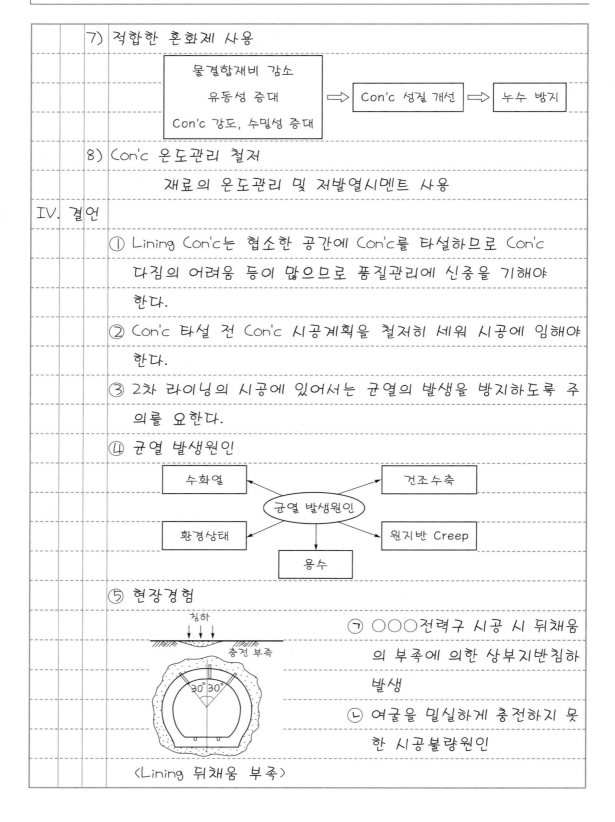

7) 적합한 혼화제 사용

| 물결합재비 감소
유동성 증대
Con'c 강도, 수밀성 증대 | ⇒ Con'c 성질 개선 ⇒ 누수 방지 |

8) Con'c 온도관리 철저

　　재료의 온도관리 및 저발열시멘트 사용

Ⅳ. 결언

① Lining Con'c는 협소한 공간에 Con'c를 타설하므로 Con'c 다짐의 어려움 등이 많으므로 품질관리에 신중을 기해야 한다.

② Con'c 타설 전 Con'c 시공계획을 철저히 세워 시공에 임해야 한다.

③ 2차 라이닝의 시공에 있어서는 균열의 발생을 방지하도록 주의를 요한다.

④ 균열 발생원인

수화열　　　　건조수축
　　균열 발생원인
환경상태　　　　원지반 Creep
　　용수

⑤ 현장경험

침하

충전 부족

30° 30°

〈Lining 뒤채움 부족〉

㉠ ○○○전력구 시공 시 뒤채움의 부족에 의한 상부지반침하 발생

㉡ 여굴을 밀실하게 충전하지 못한 시공불량원인

⑥ Lining Con'c의 요구성능

㉠ Lining Con'c 타설은 좁은 공간에서 시공조건이 나빠 많은 어려움이 있지만 품질관리에 신중을 기함

㉡ 건조수축균열 및 수화열 발생 등에 따른 충분한 사전계획 수립

| 문제 8. | NATM터널에서 계측기의 종류와 특징에 대하여 설명하시오. |

답

I. 서언

① 계측이란 계측기의 측정능력과 인간의 분석능력을 통해 주변 원지반의 거동 파악과 인접 구조물에 대한 영향을 조기 발견·조치하기 위하여 실시하는 계측기기를 통한 정보화 시공을 말한다.

② 터널 계측에는 일상계측과 대표계측으로 대별할 수 있다.

③ 계측관리 흐름도

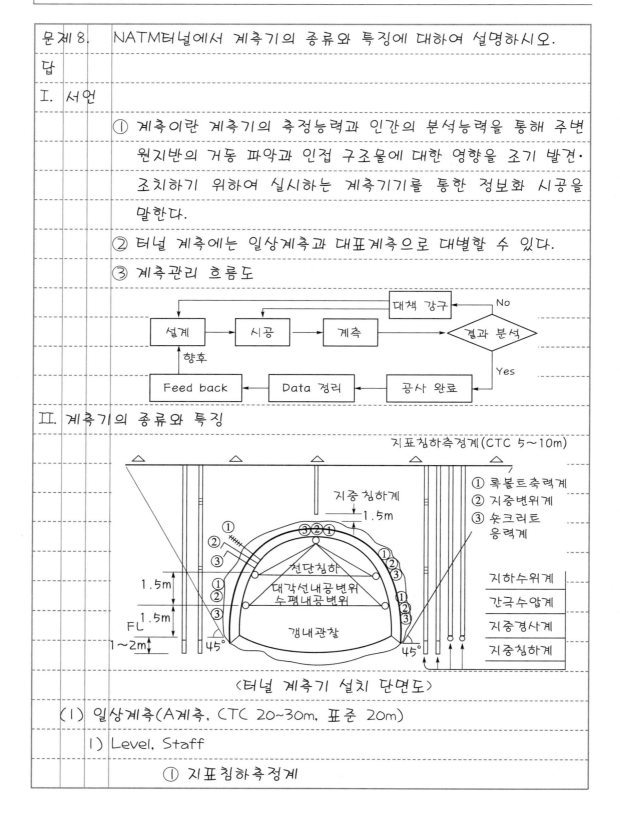

〈터널 계측기 설치 단면도〉

II. 계측기의 종류와 특징

(1) 일상계측(A계측, CTC 20~30m, 표준 20m)

1) Level, Staff

① 지표침하측정계

② 터널 굴착에 따른 지표면 및 인접 구조물의 침하, 융
   기 정도 측정

2) Tape Extensometer

   ① 내공변위측정계

   ② 터널 굴착에 따른 주변 지반의 안전성

   ③ 1차 지보재의 설계·시공의 타당성 파악

   ④ 2차 복공의 실시시기 판단

3) Level, Steel Tape

   ① 천단침하측정계

   ② 천단부의 침하·융기 정도를 파악

   ③ 2차 복공의 실시시기 판단

(2) 대표계측(B계측, 설치간격 200~300m, 표준 200m)

1) Rod Extensometer

   ① 지중침하측정계

   ② 심도별 지중 수직변위량을 측정

   ③ 주변 지반의 이완영역 범위를 파악

2) Inclinometer

   ① 지중수평변위측정계

   ② 계획심도보다 1m 더 깊게 설치

   ③ 지반의 심도별 수평방향 변위 측정

3) Hydraulic Ram

   ① 록볼트축력측정계

   ② Rock Bolt의 지보효과 및 유효설계길이 판단

4) Multiple Extensometer

   ① 지중변위측정계

   ② 터널 Arch 직각방향으로 이완영역범위 파악

③ Rock Bolt길이의 타당성 판단

5) Shotcrete 응력측정기

① 숏크리트응력측정계

② Shotcrete에 작용하는 배면토압과 내부응력 측정으로
안전성 파악

(3) 기타 계측

1) Tiltmeter, Level Transit

① 건물기울기측정계(경사계)

② 기울기를 측정하여 주변 지반의 변위 파악

2) Water Lever meter

지하수위측정계

3) Piezometer

지중의 간극수압측정계

Ⅲ. 현장경험 및 결언

1) 3D계측 시행

계측
프리즘

〈3차원 계측〉   〈3차원 분석〉

① 계측필요 부위에 Target 설치

② 변위수렴 시까지 계측실시

③ 상시분석 30일간 관리하였음

④ Data 즉시분석, 계측오차 ±2mm

⑤ 터널 전구간에 적용하였음

2) 터널의 계측은 토목공사를 정보화, 과학화, 현대화로 이끄는 초석이며 안전성과 경제성을 확보할 수 있으므로 과감한 투자를 통한 계측관리를 하여야 한다.

3) 계측의 문제점

① 계측기의 System이 수입에 의존

② 계측에 대한 신뢰도 및 오차대처방안 미흡

③ 기술축적 및 정보교환 부족

4) 요구되는 사항

문제 9.	터널공사에서 지하수대책에 대하여 설명하시오.	
답		
I. 서언		

① 터널 굴착에서 지하수는 공사환경 불량, 시공성 저하, 지반 연약, 천단붕괴 등 안전성에 크게 영향을 미친다.

② 지하수에 의한 피해

여굴 과다 발생
공사비 증가
공기 지연
⇒ 피해 ⇐
터널 안정성 저하
지반 연약화
환경불량 및 시공성 저하

II. 지하수 대책

1) 수발공 설치

보링공 φ50~200mm
숏크리트
보링공 φ50~200mm

① 갱 내에 다수의 보링공을 뚫어 수압 및 지하수위 저하
② 간단하고 경제적인 배수공법

2) 수발갱 설치

① 본갱보다 소갱을 우회 선진시켜 지하수층에 수발공 설치
② 갱도는 조사갱, 우회갱 사용

단층파쇄대
수발공
수발갱
본갱

3) Deep Well공법 시공

양수관
필터층
스트레이너 φ0.3~0.6m
수중펌프
0.5~1.0m
30m

〈Deep Well공법〉

① 토파가 적고 지하수가 많은 지역 배수공법
② 배수효과가 크고 지반침하 우려
③ 배수심도 30m까지 가능
④ 필요에 따라 갱 내에 설치

4) Well Point공법 시공

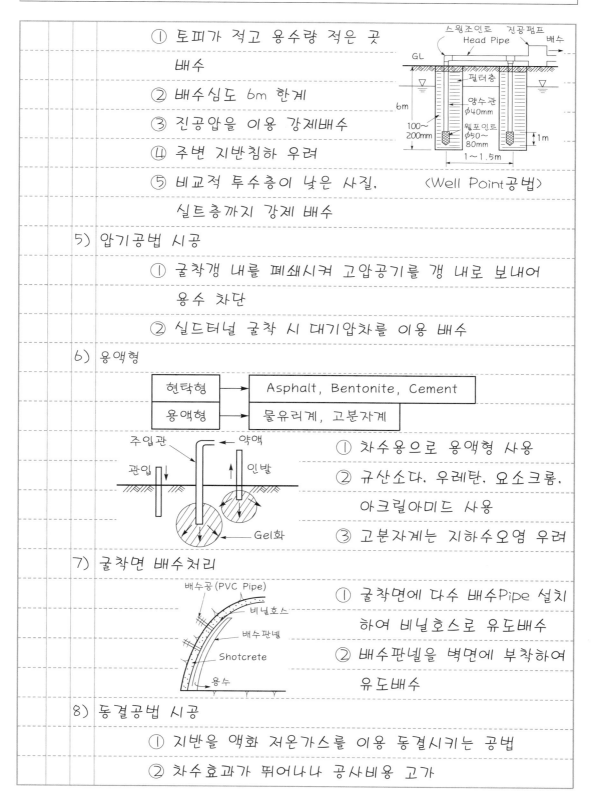

① 토피가 적고 용수량 적은 곳 배수

② 배수심도 6m 한계

③ 진공압을 이용 강제배수

④ 주변 지반침하 우려

⑤ 비교적 투수층이 낮은 사질, 실트층까지 강제 배수

〈Well Point공법〉

5) 압기공법 시공

① 굴착갱 내를 폐쇄시켜 고압공기를 갱 내로 보내어 용수 차단

② 실드터널 굴착 시 대기압차를 이용 배수

6) 용액형

| 현탁형 | → | Asphalt, Bentonite, Cement |
| 용액형 | → | 물유리계, 고분자계 |

① 차수용으로 용액형 사용

② 규산소다, 우레탄, 요소크롬, 아크릴아미드 사용

③ 고분자계는 지하수오염 우려

7) 굴착면 배수처리

① 굴착면에 다수 배수Pipe 설치하여 비닐호스로 유도배수

② 배수판넬을 벽면에 부착하여 유도배수

8) 동결공법 시공

① 지반을 액화 저온가스를 이용 동결시키는 공법

② 차수효과가 뛰어나나 공사비용 고가

9) 숏크리트 배합비 변경 → 시멘트 및 급결재량 증가

10) 건식재료 숏크리트 타설

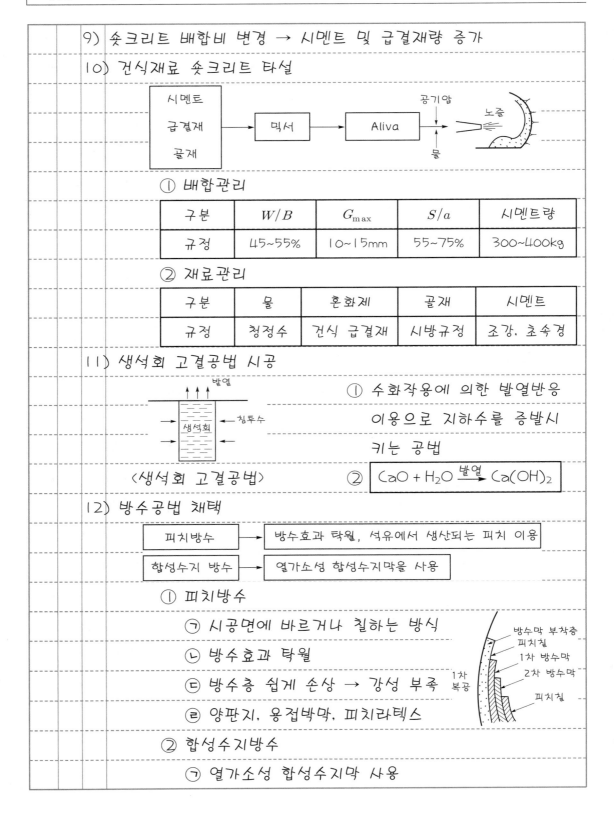

① 배합관리

구분	W/B	G_{max}	S/a	시멘트량
규정	45~55%	10~15mm	55~75%	300~400kg

② 재료관리

구분	물	혼화제	골재	시멘트
규정	청정수	건식 급결재	시방규정	조강, 초속경

11) 생석회 고결공법 시공

〈생석회 고결공법〉

① 수화작용에 의한 발열반응 이용으로 지하수를 증발시키는 공법

② $CaO + H_2O \xrightarrow{발열} Ca(OH)_2$

12) 방수공법 채택

피치방수 → 방수효과 탁월, 석유에서 생산되는 피치 이용

합성수지 방수 → 열가소성 합성수지막을 사용

① 피치방수

㉠ 시공면에 바르거나 칠하는 방식

㉡ 방수효과 탁월

㉢ 방수층 쉽게 손상 → 강성 부족

㉣ 양판지, 용접박막, 피치라텍스

② 합성수지방수

㉠ 열가소성 합성수지막 사용

ⓛ PE, 연성 PVC, 분사접착 합성수지

ⓒ 금속판 방수막

ⓔ 방수재질특성 고려 선정

Ⅲ. 현장경험 및 결언

① 터널 수직구 배면침하 발생

② 수직구 시공 시 차수그라우팅을 풍화암(-1m)까지 하지 않아 Piping현상 발생

③ 토류벽 Con'c를 풍화암까지 시공 후 배면보강

④ 차수공사는 불투수층 → 1m 이상 근입해야 함

문제 10. 터널 보조보강공법에 대하여 설명하시오.

답

I. 서언

① 터널 보조보강공법은 터널의 안전성과 시공성을 확보하기 위해 막장면 및 막장천단에 시공한다.

② 터널 보조보강공법의 종류
- 막장면 안정처리공법
- 막장천단 안정처리공법
- 지하수 배수처리공법

II. 터널 보조보강공법

(1) 막장면 안정처리공법

① Rock Bolt, 숏크리트 타설, 약액주입공법

② 배수처리공법도 병행하여 시공

(2) 막장천단 안정처리공법

1) Forepoling공법

① 각도 15°, 천공 ϕ42mm

② 간격 @50cm

③ 강관 삽입 후 그라우팅

④ $L = 2.5 \sim 3.0$m

2) Pipe Roof공법

① $L = 12 \sim 16$m

② 강관 ϕ 200~300mm

③ 천공 삽입 강관 내 그라우팅

④ 시공각도 : 20~30°

⑤ 터널 굴진 시 상부지반에 구조물이 있을 때 시공하는 공법

3) 강관다단그라우팅공법

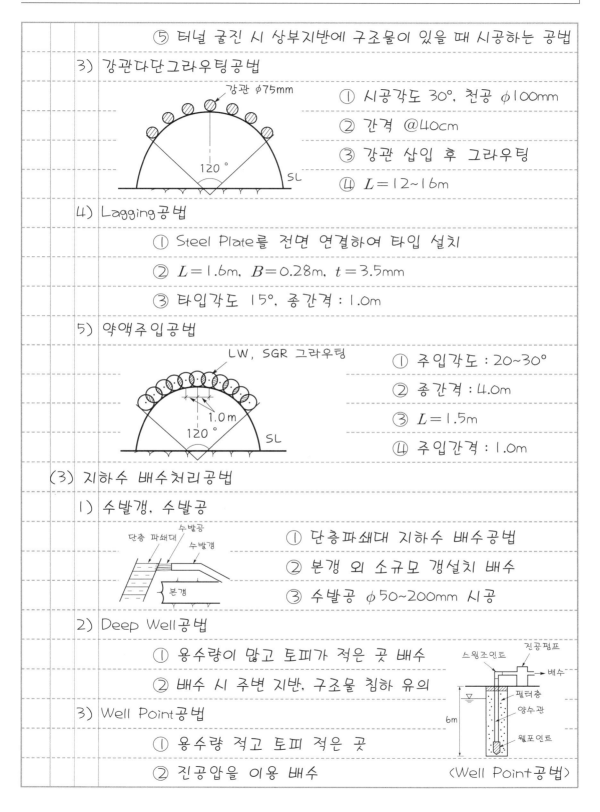

① 시공각도 30°, 천공 ϕ100mm

② 간격 @40cm

③ 강관 삽입 후 그라우팅

④ $L = 12 \sim 16m$

4) Lagging공법

① Steel Plate를 전면 연결하여 타입 설치

② $L = 1.6m$, $B = 0.28m$, $t = 3.5mm$

③ 타입각도 15°, 종간격 : 1.0m

5) 약액주입공법

① 주입각도 : $20 \sim 30°$

② 종간격 : 4.0m

③ $L = 1.5m$

④ 주입간격 : 1.0m

(3) 지하수 배수처리공법

1) 수발갱, 수발공

① 단층파쇄대 지하수 배수공법

② 본갱 외 소규모 갱설치 배수

③ 수발공 ϕ50~200mm 시공

2) Deep Well공법

① 용수량이 많고 토피가 적은 곳 배수

② 배수 시 주변 지반, 구조물 침하 유의

3) Well Point공법

① 용수량 적고 토피 적은 곳

② 진공압을 이용 배수

〈Well Point공법〉

4) 압기공법

　① 대기압 차이로 배수 Well Point보다 효과 큼

　② Shield공법 사용

5) 약액주입공법

　① 단층파쇄대에 약액주입

　② 지하수맥을 차단 누수 방지

6) 동결공법으로 지반동결 → ▢-20 ~ -30℃▢로 냉각

Ⅲ. 현장경험 및 결언

　① 지반조사 및 지하수조사 철저

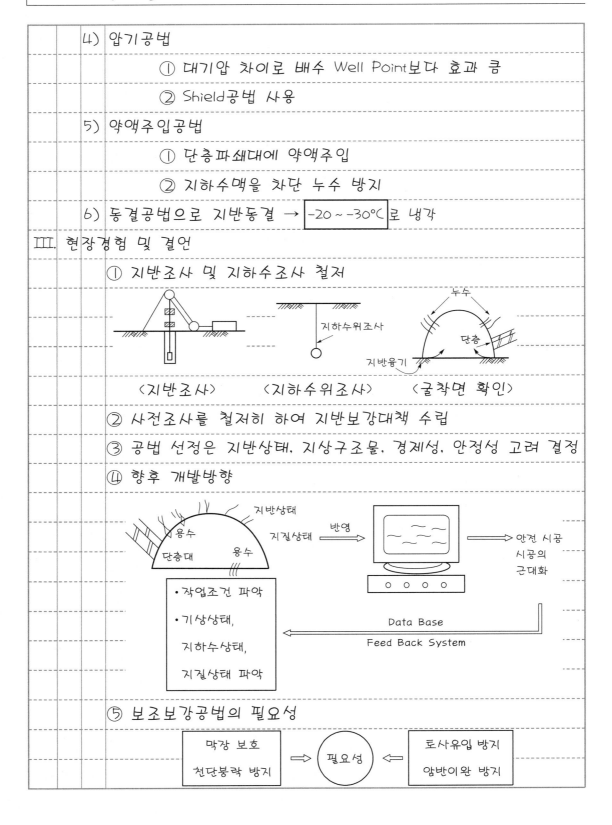

　　〈지반조사〉　　〈지하수위조사〉　　〈굴착면 확인〉

　② 사전조사를 철저히 하여 지반보강대책 수립

　③ 공법 선정은 지반상태, 지상구조물, 경제성, 안정성 고려 결정

　④ 향후 개발방향

　⑤ 보조보강공법의 필요성

ⓑ 활용

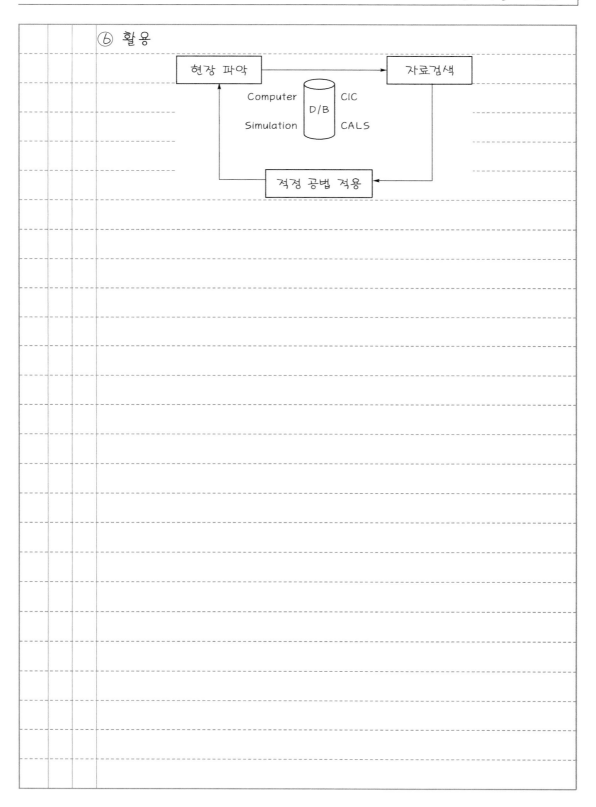

문제 11. Shield터널의 누수원인과 대책을 설명하시오.

답.

I. 개요

① Shield터널은 전단면 기계굴착방식으로 강재원통굴착기를 지중에 밀어 넣어 전방을 굴착하고 후방의 segment복공작업을 하여 터널을 구축하는 공법이다.

② 시공 시 지질, 지하수위, 환경조건에 따른 누수 가능성을 검토하여야 하며 tail void와 segment의 틈(gap)과 단차(offset)에 특별히 유의한다.

③ 전단면 굴착방식의 종류

구분	공법내용	적용성
TBM	터널 전단면을 동시에 굴착	압축강도(q_u)> 50~100MPa
shield	강재원통굴착기의 추진	연암, 토사지반
jumbo drill	여러 개의 착암기로 동시에 천공	경암

II. shield터널의 특징

① 저소음·저진동으로 시공관리·품질관리가 용이하다.

② 원형단면으로 안정성이 높아 광범위한 지반에 적용된다.

③ 지하매설물의 이동과 방호가 불필요하다.

④ 곡선부 시공이 어렵다.

⑤ 굴착과 동시에 침하가 발생한다.

III. 실드(shield)공법의 시공도 및 시공순서

| shield 추진 | → | jack 수축 및 segment 조립 | → | jack 작동으로 shield 추진 |

IV. 누수원인

1) segment이음부 누수

① segment재료 : concrete, 강재, 주철

② segment이음부

㉠ ring이음 : 터널방향

㉡ bolt이음 : 원방향

③ 이음부의 지수재 시공불량

Segment 본체
Bolt이음
Ring이음

2) tail voild의 누수

① segment로 형성된 ring의 외경과 shield직경 사이의 공극

② 실드굴착 후 segment 부착 전 필연적으로 생기는 공극으로 누수 발생 방지를 위해 grouting 실시 필요

3) 뒤채움 grouting hole(그라우팅주입구) 누수

4) 추진기지 및 도달기지의 가시설이음부 누수

H-pile, sheet pile, CIP

5) segment의 조립오차

구분	틈(gap)	단차(off set)
조립오차	segment 간 벌어진 틈새	segment 엇갈림 및 처짐
발생원인	• 체결각 불일치 • 지수재의 맞물림 부족 • 볼트직경과 볼트홀의 직경이 다를 때 • segment 자체 중량, 상재하중, 토압 등으로 처짐 발생 • 시공 시 진동충격으로 볼트가 풀려 segment체결 약화	

6) 추진기지 bottom부 heaving 및 boiling

7) 진동·충격으로 segment에 crack 발생 → 누수 발생

V. 누수대책

1) 정밀 시공으로 이음부 방수재의 접촉면적 증가

구분	수팽창지수재	개스킷지수재
개요	• 물과 접촉하면 팽창하는 특수 고무로 지수	• 탄성고무재료를 압착시켜 segment 사이에 끼움
장점	• 시공 시 밀림현상 적음	• 고무의 강도가 커서 고수압 시 적용
단점	• 팽창고무의 내구성 불확실 • 건조수축 시 누수위험 • 두께 4mm 이상 시 안정성 확보	• 조립 시 모서리 부분에 고무가 집중되어 누수 우려 • 시공 시 밀림현상 발생

2) 터널 entrance부의 보강 철저

추진기지 및 도달기지 배면 grouting, shotcrete, pipe roof

3) 배수공법 실시 및 용수처리

① 수발공 : 지하수량 많을 때

② 수발갱 : 지하수위 높을 때

③ deep well : 중력배수

④ well point : 강제배수

4) 뒤채움 그라우트 주입시기 결정

구분	동시주입	즉시주입	후방주입
주입시기	segment복공 시	1cycle마다	복공 2~3일 후
누수 여부	누수 방지	누수 우려	누수 발생 없음

① segment와 굴착지반 사이를 grouting하여 공극채움

② 뒤채움 부족으로 누수 및 지표침하가 발생하지 않도록 함

5) 배토량관리로 막장주입압력 적정 여부 판정

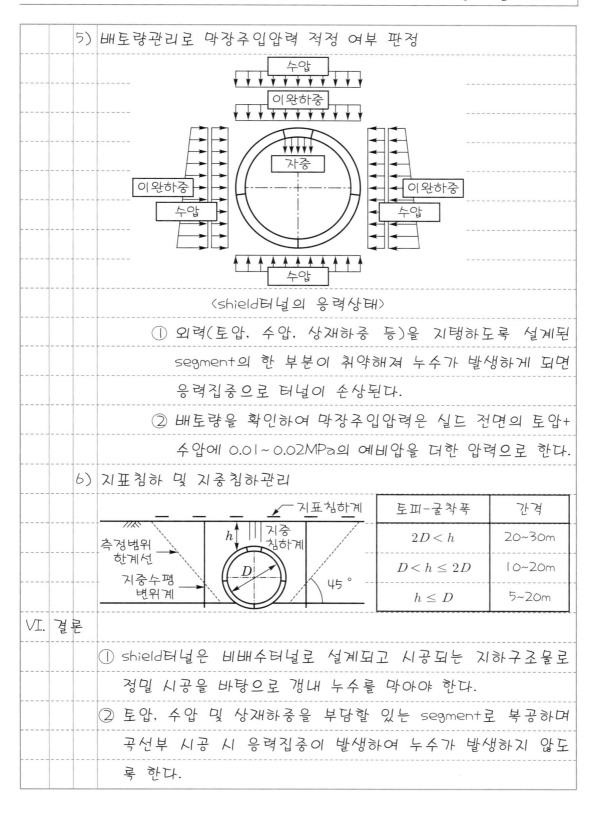

〈shield터널의 응력상태〉

① 외력(토압, 수압, 상재하중 등)을 지탱하도록 설계된 segment의 한 부분이 취약해져 누수가 발생하게 되면 응력집중으로 터널이 손상된다.

② 배토량을 확인하여 막장주입압력은 실드 전면의 토압+ 수압에 0.01~0.02MPa의 예비압을 더한 압력으로 한다.

6) 지표침하 및 지중침하관리

토피-굴착폭	간격
$2D < h$	20~30m
$D < h \leq 2D$	10~20m
$h \leq D$	5~20m

Ⅵ. 결론

① shield터널은 비배수터널로 설계되고 시공되는 지하구조물로 정밀 시공을 바탕으로 갱내 누수를 막아야 한다.

② 토압, 수압 및 상재하중을 부담할 있는 segment로 복공하며 곡선부 시공 시 응력집중이 발생하여 누수가 발생하지 않도록 한다.

12 永生의 길잡이 - 열둘

인생의 열쇠

'사람은 어디서 와서 어디로 가는 것일까. 황금빛 별 저편에는 누가 사는가?'

이것은 시인 하이네의 물음이다. 이 물음 속에 종교와 철학과 도덕의 물음의 원점이 있는 것 같다.

누가 이 물음에 대답할 수 있단 말인가.

"당신은 당신의 영광을 위하여 나를 지으셨나이다. 그런고로 당신 안에서 쉴 때까지 내게는 평안이 없었나이다"

이것은 어거스틴의 고백이다. 예수를 모르고는 나도, 하나님도 모른다(파스칼). 예수를 본 자는 하나님을 본다(요 14 : 9).

제7장 ▶ 댐

문제 1.　Rock Fill Dam의 재료조건과 시공방법에 대하여 설명하시오.

답

I. Fill Dam의 시공계획

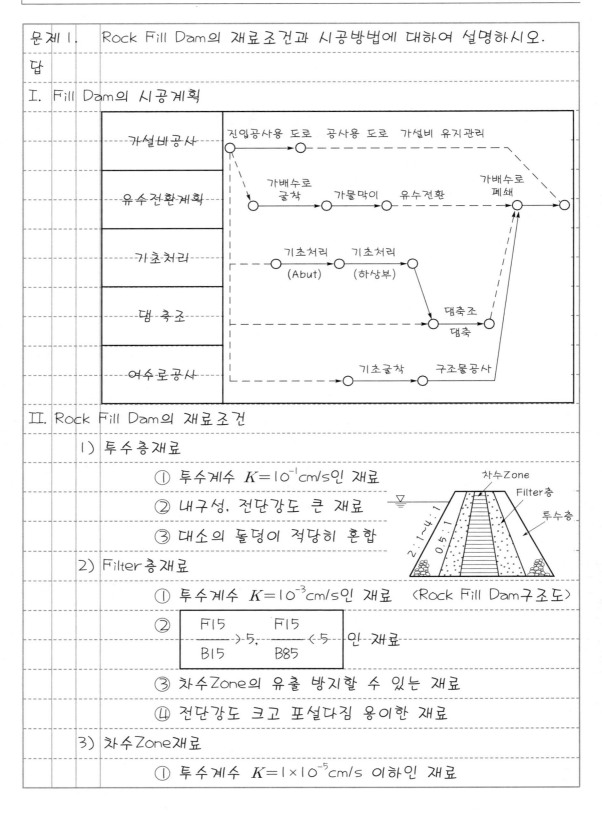

II. Rock Fill Dam의 재료조건

1) 투수층재료

① 투수계수 $K = 10^{-1}$cm/s인 재료

② 내구성, 전단강도 큰 재료

③ 대소의 돌덩이 적당히 혼합

2) Filter층재료

① 투수계수 $K = 10^{-3}$cm/s인 재료 〈Rock Fill Dam구조도〉

② $\dfrac{F15}{B15} > 5$, $\dfrac{F15}{B85} < 5$인 재료

③ 차수 Zone의 유출 방지할 수 있는 재료

④ 전단강도 크고 포설다짐 용이한 재료

3) 차수 Zone재료

① 투수계수 $K = 1 \times 10^{-5}$cm/s 이하인 재료

② 압축성 小, 전단강도 大 인 재료

③ piping에 대한 저항성 큰 재료

④ 포설다짐이 용이한 재료

4) 구득이 용이한 재료

5) 시방규정에 부합

    ① 진동이나 침하, 유수에 안정한 재료

    ② 시방규정에 적합한 재료

6) 소요다짐도 확보

암성토	차수층, 필터층
$K_{30} = 196MN/m^3$	다짐도 90% 이상

III. Rock Fill Dam의 시공방법

1) 시공순서 Flow Chart

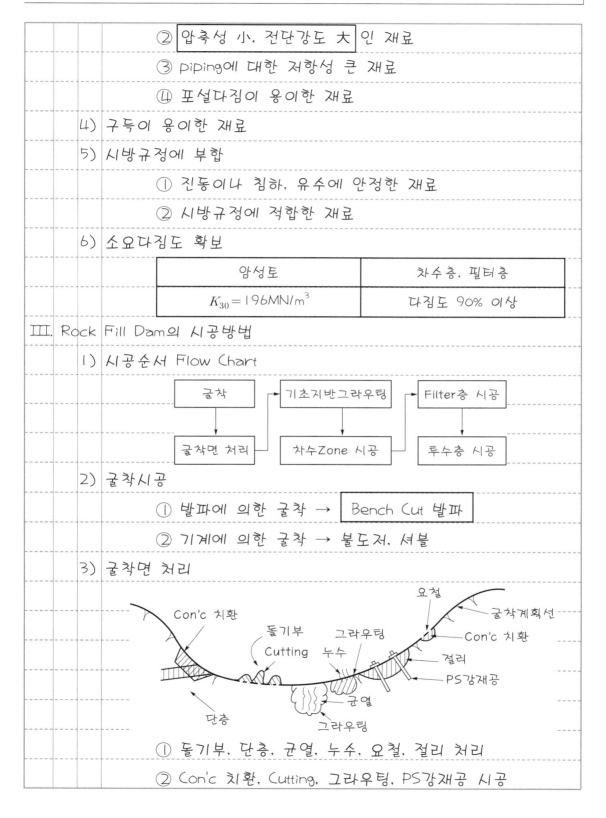

2) 굴착시공

    ① 발파에 의한 굴착 → Bench Cut 발파

    ② 기계에 의한 굴착 → 불도저, 셔블

3) 굴착면 처리

① 돌기부, 단층, 균열, 누수, 요철, 절리 처리

② Con'c 치환, Cutting, 그라우팅, PS강재공 시공

4) 기초지반그라우팅

① 그라우팅공법

구분	기초차수	기초지반보강	주변 암반보강	댐 기초접속부
종류	커튼	컨솔리데이션	림	콘택트

② Lugeon Test 실시하여 그라우팅계획 및 결과 확인

$$L_u = \dfrac{Q}{PL} \quad \begin{cases} L_u = 1\text{MPa}, \ 1m \ l/\min \ \text{주입치} \\ P : \text{주입압력(MPa)}, \ L : \text{시험길이(m)} \\ Q : \text{주입량}(l/\min) \end{cases}$$

5) 차수Zone 시공

① 포설두께 200~300mm

② 함수비 $OMC \pm 3\%$ 이내

③ 전압다짐

④ Waving현상(함수비 초과균열 발생) 발생 시

   제거 후 재시공

⑤ 인접 Zone보다 먼저 축조

⑥ 차수Zone Filter층 경계같이 다짐

〈전압순서〉

〈댐폭〉

6) Filter층 시공

① 포설두께 300~400mm

② 진동롤러다짐 : 전압횟수 4~6회

③ 입도분포 고르게 다짐

20ton 진동롤러

〈진동롤러다짐〉

7) 투수층 시공

① 포설두께 ┌ 암버력 : 600mm~1m
           └ 암부스러기 : 300~400mm

② 다짐장비 : 대형 불도저 및 진동롤러 20ton

8) 시공면 정리

① 상하류 방향으로 배수구배 4% 둠

② 우기대비 배수로 설치 및 Sheet 보호

9) 과다짐(Over Compaction) 억제

    ① 최적 함수비 습윤측에서

        다짐 시 강도 저하

    ② 다짐 기준 결정하여 다짐

〈다짐곡선〉

10) 한랭기 시공관리

    ① 기온이 2℃ 이하 성토작업 금지

    ② 재료의 동결 여부 확인

IV. 현장경험에 의한 본인 소견

1) 품질관리

구분	품질관리내용
함수상태	최적 함수비 ±3% 이내
다짐도 판정	$R_c = \dfrac{\gamma_d}{\gamma_{dmax}} \times 100[\%]$
투수시험	정수위, 변수위투수시험
다짐장비 선정	시험성토 실시

2) Core Zone 시 관리상 특히 유의사항

    ① 함수비 높은 경우 Waving현상 발생

    ② Waving현상으로 Crack 발생 등에 특히 유의 시공

3) Fill Dam의 종류
- Rock Fill Dam
  - 표면차수벽형
  - 내부차수벽형
  - 중앙차수벽형
- Earth Dam
  - 균일형
  - Core형
  - Zone형

| 문제 2. | 표면차수벽 석괴댐 구조와 시공법에 대하여 설명하시오. |

답

I. 서언

① 표면차수벽 석괴댐이란 Rock Fill Dam의 일종으로 상류측 표면에 con'c 차수벽을 만든 댐을 말한다.

② 표면차수벽 석괴댐의 적용성

II. 표면차수벽 석괴댐의 구조

※ Transition Zone : 차수벽과 암석존 사이의 강성차이를 응력의 과도전달(Arching)을 방지하는 Fiter Zone

III. 시공법

　　1) 특징

장점	단점
• 코어, 필터층이 없다.	• 타 형식에 비해 누수량이 많다.
• 공기가 짧고 공사비가 저렴하다.	• Con'c 차수벽의 균열침하 발생
• 시공 중 수문, 기상영향이 적다	이 크다.
• 댐 체적, 폭의 축소가 가능하다.	• 공정이 대체로 복잡하다.

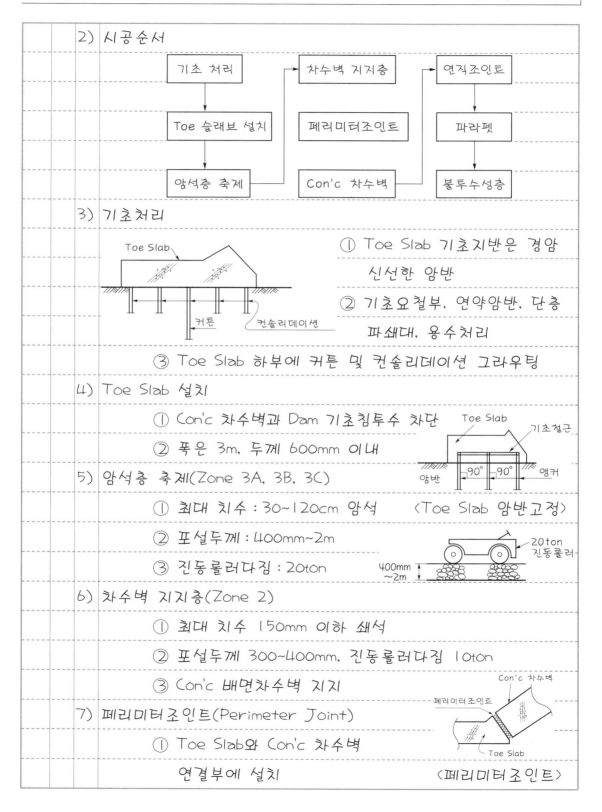

2) 시공순서

```
┌─────────┐     ┌─────────────┐     ┌─────────┐
│ 기초 처리 │ ──→ │ 차수벽 지지층 │ ──→ │ 연직조인트 │
└─────────┘     └─────────────┘     └─────────┘
     │                                    │
     ↓                                    ↓
┌─────────────┐   ┌──────────────┐   ┌─────────┐
│ Toe 슬래브 설치 │   │ 페리미터조인트 │   │  파라펫  │
└─────────────┘   └──────────────┘   └─────────┘
     │                                    │
     ↓                                    ↓
┌─────────────┐   ┌──────────────┐   ┌───────────┐
│  암석층 축제  │ ─→│ Con'c 차수벽 │   │ 불투수성층  │
└─────────────┘   └──────────────┘   └───────────┘
```

3) 기초처리

① Toe Slab 기초지반은 경암
  신선한 암반
② 기초요철부, 연약암반, 단층
  파쇄대, 용수처리
③ Toe Slab 하부에 커튼 및 컨솔리데이션 그라우팅

4) Toe Slab 설치

① Con'c 차수벽과 Dam 기초침투수 차단
② 폭은 3m, 두께 600mm 이내

5) 암석층 축제(Zone 3A, 3B, 3C)

① 최대 치수 : 30~120cm 암석   〈Toe Slab 암반고정〉
② 포설두께 : 400mm~2m
③ 진동롤러다짐 : 20ton

6) 차수벽 지지층(Zone 2)

① 최대 치수 150mm 이하 쇄석
② 포설두께 300~400mm, 진동롤러다짐 10ton
③ Con'c 배면차수벽 지지

7) 페리미터조인트(Perimeter Joint)

① Toe Slab와 Con'c 차수벽
  연결부에 설치   〈페리미터조인트〉

② 페리미터조인트 부위가 누수근원이므로 제3의 보호

장치 사용 → 이가스매스틱필터 사용

8) Con'c 차수벽

① Slip Form 사용 Con'c 타설 2~5m/일 상승

② 차수벽 두께 : $0.3m + 0.002H \sim 0.3m + 0.004H$ $\left(\begin{array}{l}H : \text{Slab지점의} \\ \quad \text{수심}\end{array}\right)$

③ Con'c 압축강도 : 21~24.5MPa

9) 연직조인트

〈연직조인트〉

① 연직조인트는 12~18m 간격으로 설치 : 주로 15m 간격 설치

② 인장력을 받는 곳은 이중지수판을 사용하고 압축력을 받는 곳은 동지수판 사용

10) 파라펫

① 파라펫높이 : 1.2m L형

② 댐 하류부 단면 감소효과

11) 불투수성층(Zone 1)

① 상류 하단부 일정 높이 축설

② 페리미터조인트 누수 대비 설치

③ 시공규정

구분	성토재료	투수계수	포설두께	최적 함수비
규정	이토질류	$K = 1 \times 10^{-5}$ 이하	200~300mm	$OMC \pm 3\%$ 이내

12) 계측관리

① 페리미터조인트 계측 ┬ 조인트개폐도 측정
　　　　　　　　　　　└ Con'c 차수벽 침하량 측정

② Con'c 차수벽 변형 계측

③ 내부수직침하량 계측

IV. 현장경험에 의한 본인 소견

　　1) Con'c 표면차수벽 Dam의 적용성

　　　　① Core용 재료 구득이 어려울 때

　　　　② 표면의 밀실 시공 위하여

　　　　③ 암 확보가 용이할 때

　　　　④ Dam의 공기를 단축하고자 할 때

　　2) 특별유의사항

④ 차수벽 두께 : $0.3m + 0.002H \sim 0.3m + 0.004H$
⑤ Con'c 양생
⑥ 가설비 계획

문제 3.	콘크리트 중력식 댐 시공 시 주요 품질관리에 대하여 설명하시오.

답

I. 서언

① Con'c 중력식 댐이란 댐체를 Con'c를 주재료로 사용하여 댐을 축조하며 Con'c의 자중으로 안정성을 유지한다.

② 댐 축조에 대량의 Con'c가 사용되므로 철저한 Con'c 품질관리가 요구된다.

Con'c 구성재료 Con'c 배합 타설방법	⇒	품질 관리	⇐	시공이음 양생관리 온도관리

II. 주요 품질관리

1) 콘크리트 재료관리

구분	물	시멘트	골재	혼화재료
규정	청정한 냉각수	저발열	입도, 강도 양호	AE, AE 감수제

2) 콘크리트 배합

• W/B : 50% 이하 • Slump : 20~50mm • G_{max} : 100mm	⇒	• 압축강도 : 12~18MPa • 시멘트량 : 150kg/m³ • 공기량 : 3±1.5%	⇒	배합관리

3) 댐 콘크리트 타설

① 외부 Con'c 타설

부배합, 빈배합
Con'c 혼합되게
타설

② 내부 Con'c 타설

1Block ┌ 종 : 16~20m
       └ 횡 : 35~40m

③ 다지기

진동장비 ┌ 대형 고주파 진동기
        ├ 무한궤도형 다짐장비
        └ Back Hoe 탑재형 다짐

〈진동봉다짐〉

④ 타설기간 : 선행 Lift 타설 후 1주일 후 타설

⑤ Block 내 타설 : 이음 없이 연속타설

⑥ 진행방향 : 상류 → 하류

4) 시공이음

① 세로이음 그라우팅

② 신·구 Con'c 완전 밀착되게 시공

③ 이음부에 Key 설치

〈Key 설치〉

5) 양생관리

① Pipe Cooling : 2~3주 실시

② 습윤양생 : 5일 이상

③ Con'c 타설 후 압력수로 레이턴스 제거

④ Con'c균열 발생 방지 및 강도 확보

6) 온도관리

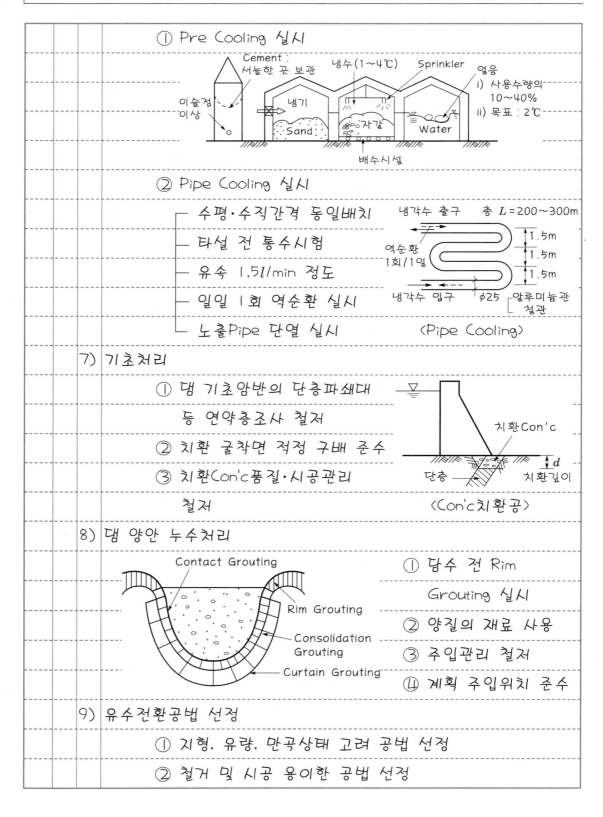

① Pre Cooling 실시

Cement : 서늘한 곳 보관
이슬점 이상
냉기
Sand
냉수(1~4℃) Sprinkler
자갈
배수시설
얼음
Water
i) 사용수량의 10~40%
ii) 목표 : 2℃

② Pipe Cooling 실시

— 수평·수직간격 동일배치
— 타설 전 통수시험
— 유속 1.5 l/min 정도
— 일일 1회 역순환 실시
— 노출Pipe 단열 실시

냉각수 출구   총 $L=200\sim300m$
역순환 1회/1일
냉각수 입구 $\phi25$
1.5m
1.5m
1.5m
알루미늄관 철관

〈Pipe Cooling〉

7) 기초처리

① 댐 기초암반의 단층파쇄대 등 연약층조사 철저
② 치환 굴착면 적정 구배 준수
③ 치환Con'c품질·시공관리 철저

치환Con'c
단층   치환깊이 d

〈Con'c치환공〉

8) 댐 양안 누수처리

Contact Grouting
Rim Grouting
Consolidation Grouting
Curtain Grouting

① 담수 전 Rim Grouting 실시
② 양질의 재료 사용
③ 주입관리 철저
④ 계획 주입위치 준수

9) 유수전환공법 선정

① 지형, 유량, 만곡상태 고려 공법 선정
② 철거 및 시공 용이한 공법 선정

10) 사면안정

　　① 식수·식생공법 시공

　　② 억지말뚝, 옹벽, Rock Anchor 시공

　　③ 구배 완화

11) Con'c 품질관리

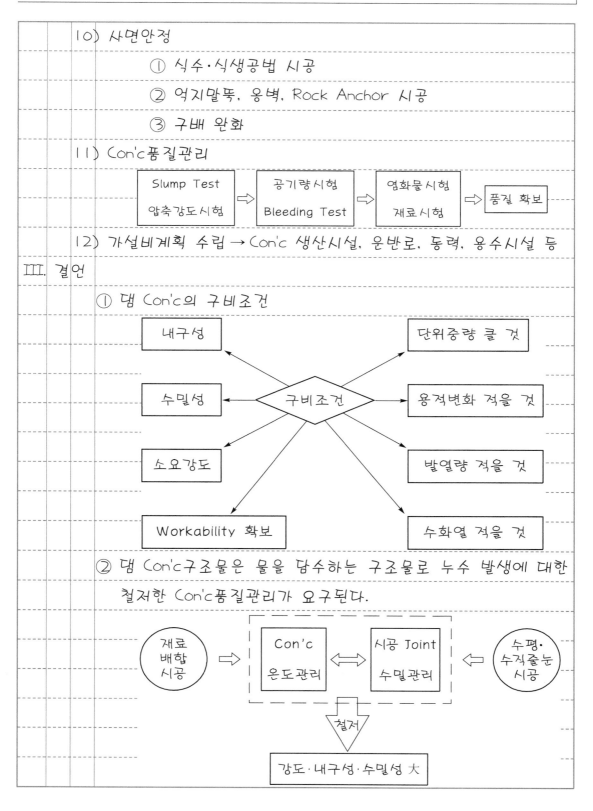

| Slump Test
압축강도시험 | ⇨ | 공기량시험
Bleeding Test | ⇨ | 염화물시험
재료시험 | ⇨ | 품질 확보 |

12) 가설비계획 수립 → Con'c 생산시설, 운반로, 동력, 용수시설 등

Ⅲ. 결언

① 댐 Con'c의 구비조건

내구성		단위중량 클 것
수밀성	구비조건	용적변화 적을 것
소요강도		발열량 적을 것
Workability 확보		수화열 적을 것

② 댐 Con'c구조물은 물을 담수하는 구조물로 누수 발생에 대한 철저한 Con'c 품질관리가 요구된다.

재료
배합
시공 ⇨ [Con'c
온도관리 ⇔ 시공 Joint
수밀관리] ⇦ 수평·
수직줄눈
시공

⬇ 철저

강도·내구성·수밀성 大

| 문제 4. | 콘크리트댐 축조 시 본공사를 위한 가설비계획에 대하여 설명하시오. |

답

I. 일반사항

1) 개요

가설비공사는 본공사의 완성을 위한 임시설비로 본공사를 능률적으로 실시하기 위해 필요한 가설적인 제반시설 및 수단을 말한다.

2) 가설비계획 시 고려사항

II. 가설비계획

1) Con'c댐 가설도해

〈가설건물〉

2) 공사용 도로

① 진입로와 공사용 전용도로 개설

② 완공 후 영구도로로의 활용방안 검토

3) 가설건물

① 공사의 규모에 따라 결정

② 사무실, 시험실, 창고, 숙소, 식당, 장비보관소 등

4) Con'c 생산설비

① Batch plant 설치 시 고려사항

| 일타설량
운반기계 | ⇨ | 설치장소
믹서종류 | ⇨ | 계량시설
재료보관 | ⇨ | 고려사항 |

② 시멘트의 저장용량은 7~10일 정도 사용량 기준

5) 유수전환계획

① 본댐의 형식, 공사기간, 하천유량, 수리조건, 지형 등을 고려하여 전환방식 선정

② 전환방식의 종류

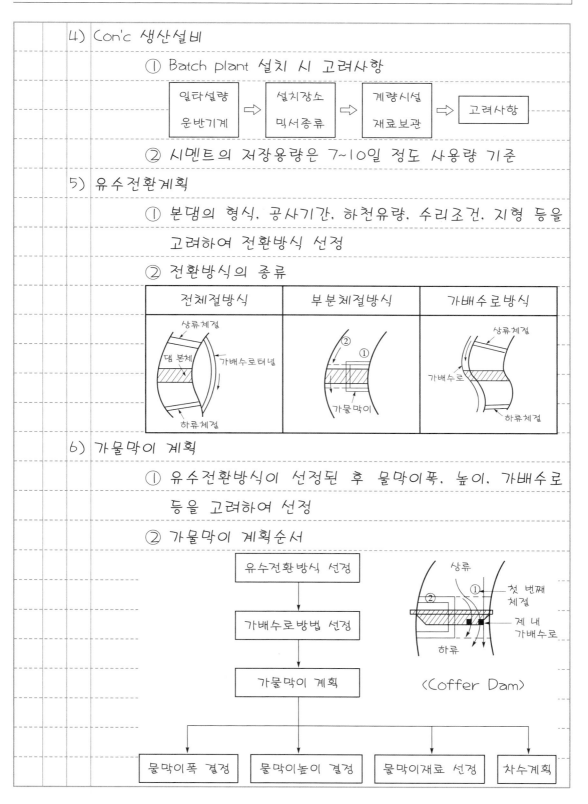

6) 가물막이 계획

① 유수전환방식이 선정된 후 물막이폭, 높이, 가배수로 등을 고려하여 선정

② 가물막이 계획순서

(Coffer Dam)

7) 가배수로계획

　① 유수전환방식에 따라 가배수로계획 수립

　② 가능한 짧게 계획

　③ 터널식, 개거식, 암거식 중 선정

8) 제 내 가배수로계획

　① 가배수 처리대상 유량, 위치 단면 결정

　② 폐쇄 시 내부채움 Con'c, Grouting 실시

9) 동력설비계획

　① 동력설비 ─┬─ 임시전력 인입
　　　　　　　└─ 비상용 자가발전기 설치

　② 현장의 전력사용량 산정

10) 급수설비계획

　① 생활용수와 공사용수 분리계획

　② 충분한 용량의 수량 확보(집수, 저수, 양수계획)

　③ Con'c 사용수는 수질검사 후 지하수 사용(음료수 가능)

11) 조명 및 통신설비계획

```
┌─────────────────────┐              ┌──────────────┐
│   야간작업 능률화      │              │  품질 향상    │
│   긴급연락체계 구축     │    ⇒        │  무사고 달성  │
│   안전 시공대책        │              └──────────────┘
└─────────────────────┘
```

Ⅲ. 향후 개발방향 및 결언

　① 개발방향

② 가설비공사는 본공사를 위한 임시설비이나 Dam의 가설비공사로 가체절, 가배수로 등의 공법과 규모의 선정이 잘못될 경우 공기지연, 민원 등으로 막대한 손실을 초래할 수 있으므로 신중한 계획과 시공이 필요하다.

문제 5. 댐공사 시 유수전환방식을 열거하고 고려사항을 설명하시오.

답

I. 서언

1) 개요

유수전환시설이란 Dam공사 시 Dry Work를 할 수 있게 유수를 우회시키기 위해 설치하는 가시설공사를 말한다.

2) 유수전환계획 Flow Chart

본인의 경험에 의하면 다음의 순서로 유수전환방식을 선정해야 한다.

II. 유수전환방식

(1) 전체절방식

1) 정의

하천의 유수를 가배수터널로 우회시키고 하천 상류를 전면적으로 막아 Dam체를 축조하는 방식

2) 특징

① 가물막이 상류를 공사용 도로로 사용 가능

② Fill Dam 시공 시 본체의 일부로 사용 가능

③ Dam 기초 시공 일체화

④ 가배수로터널 활용

⑤ 공사비 및 공기가 많이 소요

3) 적용

① 하천폭이 좁은 곳

② 하천 만곡이 발달된 곳 유리

4) 가배수터널의 시공관리

① 하류에서 상류로 시공

② 터널 단면

〈마제형〉   〈직립마제형〉   〈원형〉

③ 하천수 유입부는 마찰을 줄이기 위해 나팔형상 시공

(2) 부분체절방식

1) 정의

하폭과 유량이 큰 곳에서 사용되며

하폭의 반 정도를 체절 후 댐 축조

하고, 나머지 반을 축조하는 형식

댐 본체

2) 특징

① 공사기간이 짧고 공사비도 적게 소요

② 전면적 기초공사 불가능

③ 댐본체공정에 제약

3) 적용

① 하천폭이 넓은 곳

② 하천 유수량이 많은 곳 유리

(3) 가배수로방식

1) 정의

하안의 한쪽에 수로를 설치하여

유수를 유도한 후 부분체절과 같

은 방법으로 시공하는 방식

가배수로   상류체절
Dam체
하류체절

2) 특징

  ① 소규모 공사에 적용하며 공사비가 쌈

  ② 전면적 기초공사 불가능

  ③ 댐 본체공정에 제약

3) 적용

  ① 하천폭이 비교적 넓은 곳

  ② 하천 유수량이 크지 않는 곳 유리

III. 유수전환 시 고려사항

1) 댐 지점 홍수 유의

  댐 시공 전에 주변 지역의 강수 및 홍수량 파악

2) 유수전환유량의 규모 결정

3) 댐 지점의 지형, 지질조사

  ① 하천 하폭 및 만곡도조사

  ② 담수 시 수몰지역 파악

  ③ 기초지질의 조사

〈수몰지역 파악〉

4) 타 구조물과의 관계조사 ┬ 기존 댐
             └ 저류시설

5) 댐의 공기 : 홍수기 횟수 결정

6) 홍수 피해 정도 조사 → 피해지역 파악 및 대피소 등 계획

7) 수질오염통제대책 → 오일펜스 등 설치

8) 댐의 형식 및 높이

  ① 유수전환 대상유량의 규모 결정

  ② 가물막이 공법 결정

9) 고려사항

Ⅳ. 유수전환방식 비교

종류	적용	공사비	공사기간	시공성
전체절	하천 좁고 만곡, 유량 小	고가	길다	전면 시공
부분체절	하천 넓고 유량 大	저렴	짧다	부분 시공
가배수로	하천 좀 넓고 유량 小	저렴	짧다	부분 시공

Ⅴ. 향후 개발방향 및 결언

① 향후 개발방향

② 가물막이, 가배수로공사와 연계하여 유수전환이 가능하므로 합리적, 경제적인 시공계획 수립이 필요하다.

문제 6. 댐의 기초암반보강공법에 대하여 설명하시오.

답

I. 서언

① 댐공사로 하천을 막아 하천수를 담수하고 구조물로서 큰 수압을 받는 구조물이다.

② 따라서 댐의 안전성과 기초지반의 차수목적으로 기초지반을 보강하게 되는데, 그 방법으로는 Grouting공법과 연약층처리 공법이 있다.

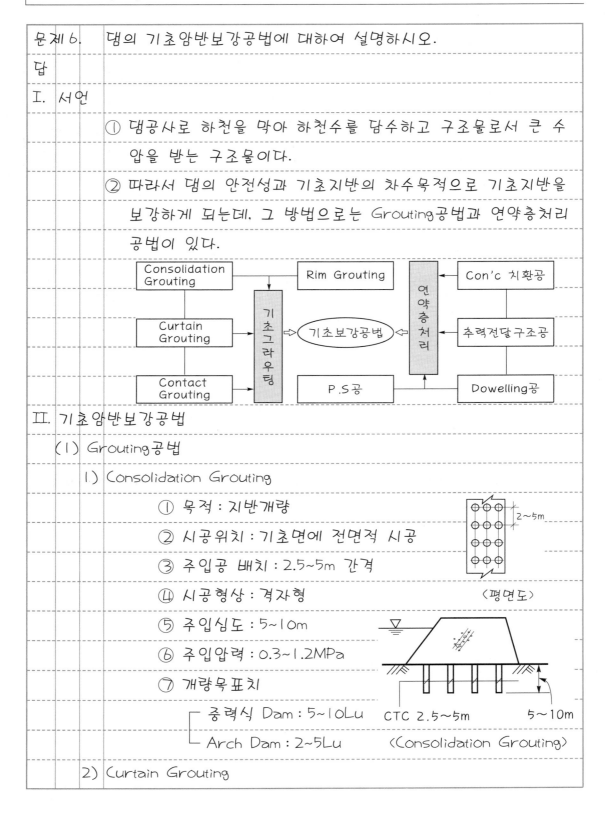

II. 기초암반보강공법

(1) Grouting공법

1) Consolidation Grouting

① 목적 : 지반개량

② 시공위치 : 기초면에 전면적 시공

③ 주입공 배치 : 2.5~5m 간격

④ 시공형상 : 격자형

⑤ 주입심도 : 5~10m

⑥ 주입압력 : 0.3~1.2MPa

⑦ 개량목표치

┌ 중력식 Dam : 5~10Lu
└ Arch Dam : 2~5Lu

〈평면도〉

2~5m

CTC 2.5~5m 5~10m

〈Consolidation Grouting〉

2) Curtain Grouting

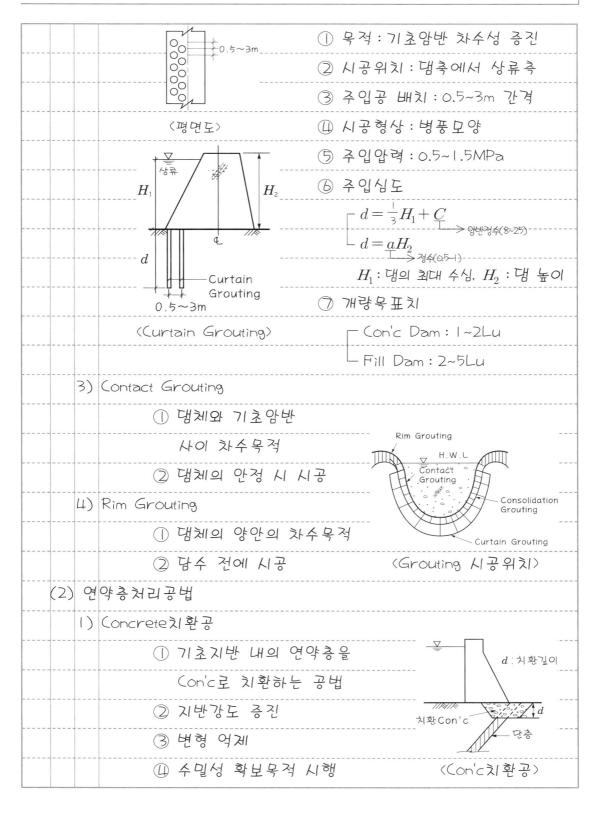

① 목적 : 기초암반 차수성 증진

② 시공위치 : 댐축에서 상류측

③ 주입공 배치 : 0.5~3m 간격

④ 시공형상 : 병풍모양

⑤ 주입압력 : 0.5~1.5MPa

⑥ 주입심도

$$d = \frac{1}{3}H_1 + C \longrightarrow \text{암반정수(8~25)}$$
$$d = aH_2 \longrightarrow \text{정수(0.5~1)}$$

H_1 : 댐의 최대 수심. H_2 : 댐 높이

⑦ 개량목표치

Con'c Dam : 1~2Lu

Fill Dam : 2~5Lu

〈평면도〉

H_1 상류 H_2

d Curtain Grouting

0.5~3m

〈Curtain Grouting〉

3) Contact Grouting

　① 댐체와 기초암반

　　사이 차수목적

　② 댐체의 안정 시 시공

4) Rim Grouting

　① 댐체의 양안의 차수목적

　② 담수 전에 시공

Rim Grouting

H.W.L

Contact Grouting

Consolidation Grouting

Curtain Grouting

〈Grouting 시공위치〉

(2) 연약층처리공법

1) Concrete치환공

　① 기초지반 내의 연약층을

　　Con'c로 치환하는 공법

　② 지반강도 증진

　③ 변형 억제

　④ 수밀성 확보목적 시행

d : 치환깊이

치환Con'c

단층

〈Con'c치환공〉

2) 추력전달구조공

　　① Concrete Plate를 기초암반 내에 설치하여 댐의 추력

　　　을 심부의 견고 암반층에 도달시키는 공법

　　② Strut, Transmitting Wall 설치

3) Dowelling공

　　① 기초암반의 연약부를 Con'c로

　　　치환하는 공법

　　② 단층의 전단저항력 증대

　　③ 기초암반 내의 응력분포 개선

4) P.S공

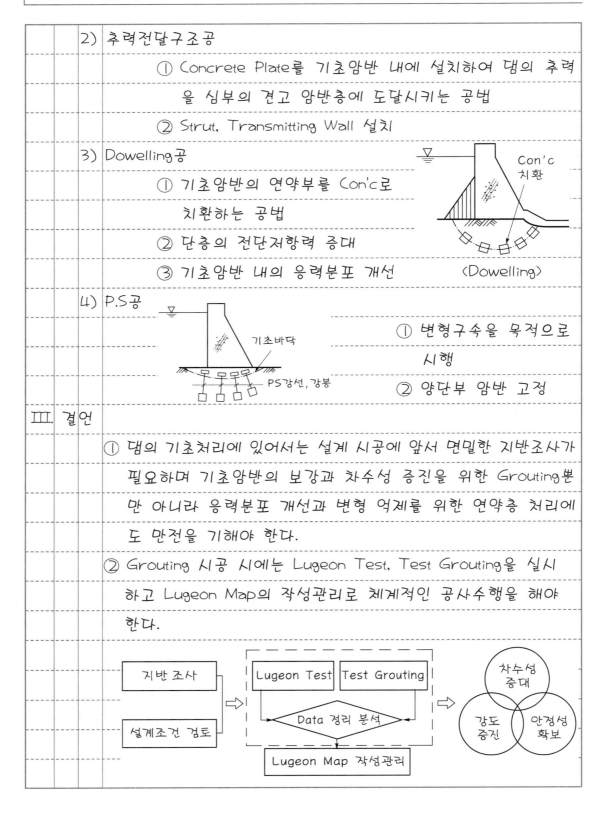

〈Dowelling〉

　　① 변형구속을 목적으로

　　　시행

　　② 양단부 암반 고정

Ⅲ. 결언

① 댐의 기초처리에 있어서는 설계 시공에 앞서 면밀한 지반조사가

　필요하며 기초암반의 보강과 차수성 증진을 위한 Grouting뿐

　만 아니라 응력분포 개선과 변형 억제를 위한 연약층 처리에

　도 만전을 기해야 한다.

② Grouting 시공 시에는 Lugeon Test, Test Grouting을 실시

　하고 Lugeon Map의 작성관리로 체계적인 공사수행을 해야

　한다.

③ Grouting 시공 전 Lugeon조사 실시

$$Lu = \frac{Q}{PL}$$

┌ $Lu = 1MPa$, $1m / l/min$ 주입치

├ P : 주입압력(MPa), L : 시험길이(m)

└ Q : 주입량(l/min)

※ $1Lu = 1 \times 10^{-5} cm/s$

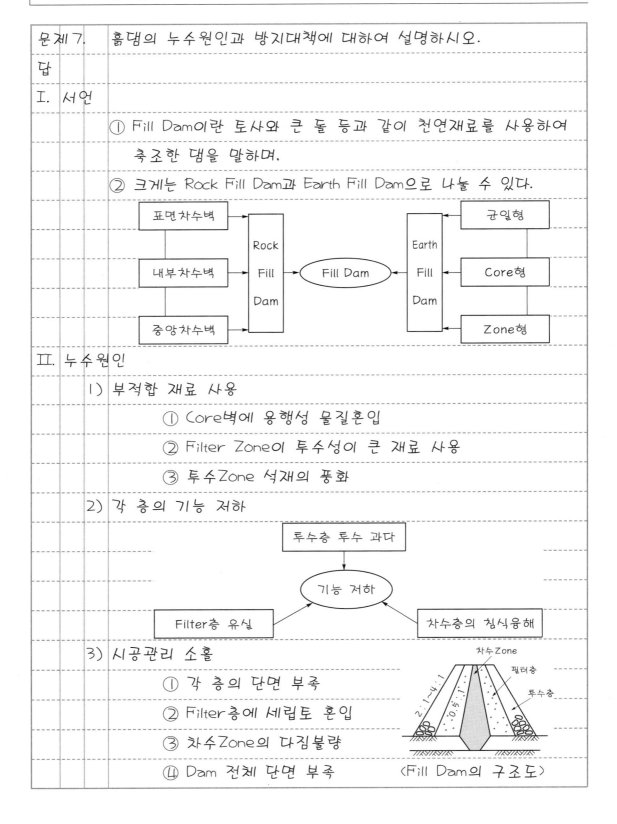

문제7. 흙댐의 누수원인과 방지대책에 대하여 설명하시오.

답

I. 서언

① Fill Dam이란 토사와 큰 돌 등과 같이 천연재료를 사용하여 축조한 댐을 말하며,

② 크게는 Rock Fill Dam과 Earth Fill Dam으로 나눌 수 있다.

```
표면차수벽 ─┐                                    ┌─ 균일형
            │   ┌──────┐             ┌──────┐    │
            ├──→│ Rock │   ┌──────┐  │Earth │←───┤
내부차수벽 ─┤   │ Fill │──→│Fill Dam│←─│ Fill │   ├─ Core형
            │   │ Dam  │   └──────┘  │ Dam  │←───┤
중앙차수벽 ─┘   └──────┘             └──────┘    └─ Zone형
```

II. 누수원인

1) 부적합 재료 사용

① Core벽에 용행성 물질혼입

② Filter Zone이 투수성이 큰 재료 사용

③ 투수Zone 석재의 풍화

2) 각 층의 기능 저하

```
        ┌────────────┐
        │ 투수층 투수 과다 │
        └──────┬─────┘
               ↓
         ╭──────────╮
         │  기능 저하  │
         ╰──────────╯
        ↗            ↖
┌──────────┐      ┌──────────────┐
│ Filter층 유실 │      │ 차수층의 침식용해 │
└──────────┘      └──────────────┘
```

3) 시공관리 소홀

① 각 층의 단면 부족

② Filter층에 세립토 혼입

③ 차수Zone의 다짐불량

④ Dam 전체 단면 부족

〈Fill Dam의 구조도〉

4) 지반조사 미흡

  ① 단층, 파쇄대 존재

  ② 기초지반의 침하

  ③ Quick Sand 발생

  ④ Piping현상 발생

Ⅲ. 누수 방지대책

1) 적합한 재료 선정

구분	투수층	Filter층	Core층
투수계수(K)	1×10^{-1}cm/s 이상	1×10^{-3}cm/s	1×10^{-5}cm/s 이하
주재료	암	모래	점토
투수시험	–	정수위투수시험	변수위투수시험

2) Piping 방지

  ① 기초지반개량

  ② 차수벽 시공(그라우팅)

  ③ 차수Zone 시공 철저

  ④ Filter Mat 설치

〈커튼그라우팅〉

3) 계측관리 철저

  ① 지표면 침하관리

  ② 층별 침하관리

  ③ 간극수압계측관리

  ④ 토압변화관리

4) 시공관리 철저

  ① 층별 각 단면폭검사

  ② 재료검사 철저 → 입도, 소성지수, 투수계수, 전단강도 등

③ 시공순서 준수

차수층 시공 → Filter층 시공 → 투수층 시공

④ 차수층 다짐관리

㉠ 포설 및 다짐순서

㉡ 포설두께 준수

200~300mm

200~300mm

〈다짐 및 포설순서〉

㉢ 다짐도 관리

$$R_c = \frac{\gamma_d}{\gamma_{d\,max}} \times 100[\%] 가 95\% 이상$$

㉣ 함수비로 최적 함수비의 ±3%

㉤ 과다짐 억제 → 건조측, 적정 장비다짐

5) 댐터 기초처리 철저

Rim Grouting(차수)

Contact Grouting(차수)

Consolidation Grouting(보강)

Curtain Grouting(차수)

양안

① Lugeon Test

철저로 Block별

적정 주입,

공법 선정 주입

② 기초지반의 단층, 파쇄대 등의 연약층 처리 철저

6) 널말뚝 시공

누수량이 클 경우 차수Sheet Pile 시공 후 배면

Grouting 실시

7) 댐체의 Grouting 시공

댐체 전단면에

Cement, Asphalt, Bentonite 등

사용한 Grouting 실시

약액주입   Asphalt

Cement

8) 불투수성 Blanket 시공

9) 압성토 시공

Aspalt sheet, Con'c   Blanket   압성토 시공 (활동 방지)

IV.	결언	

① 댐에서의 누수는 그 원인을 규명하여 즉시 보수·보강조치하여야 하며, 방치 시에는 Piping으로 발전하여 댐체가 파괴되는 주된 원인이 될 수 있다.

② 대책으로는 각 존(Zone)별 적정 재료의 선정과 철저한 시공 및 기초지반의 체계적인 보강이 필요하다.

13 永生의 길잡이 – 열셋

그대가 죽지 않은 궁극의 이유

우리의 머리털 하나까지 세인 바 되었고 참새 한 마리도 주의 허락 없이 떨어지지 않는다는 말씀이 생각난다.

나는 1,300명의 나환자 성도들이 사는 곳에서 신학을 가르친 일이 있었다. 내 피부를 보고 기적같이만 느껴졌다. 어느 소경의 이야기를 들은 적이 있다. 단 3분동안만이라도 하늘과 초원과 꽃을 보고, 아내의 얼굴과 아기의 미소를 본다면 죽어도 한이 없겠다고 했다. 내가 소경이 아닌 것 하나만으로도 평생 못다 감사하겠다고 생각했다.

하루에도 30만 명이 지구상에서 죽어가는데 내가 죽지 않는 것이 30만분의 1의 기적이며, 궁극의 이유는 하나님이 죽지 않게 한 것이다. 내가 소경이 아닌 궁극의 이유도 하나님이 그렇게 하신 것이다. 내가 예수를 주라 부르고 하나님을 아버지라 불러 그의 자녀가 된 것이 내가 태어난 일보다 더 큰 기적 중의 기적같이만 느껴진다.

제8장 ▶ 항 만

....

| 문제 1. | 방파제의 종류와 특징에 대하여 설명하시오. |

답

I. 서언

① 방파제란 파랑과 파도로부터 항만 내의 선박과 시설물을 보호하기 위해 축조하는 시설물을 말한다.

② 방파제의 설치목적

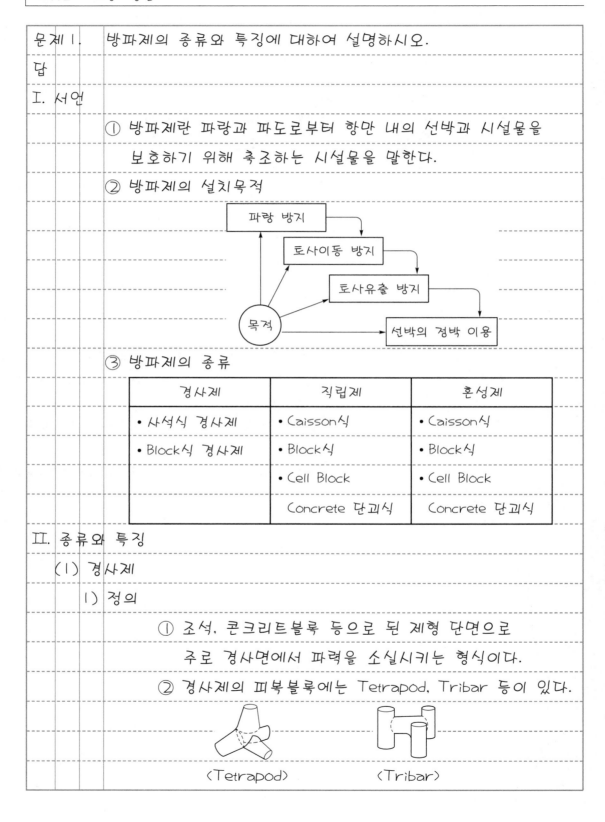

③ 방파제의 종류

경사제	직립제	혼성제
• 사석식 경사제	• Caisson식	• Caisson식
• Block식 경사제	• Block식	• Block식
	• Cell Block	• Cell Block
	Concrete 단괴식	Concrete 단괴식

II. 종류와 특징

(1) 경사제

1) 정의

① 조석, 콘크리트블록 등으로 된 제형 단면으로 주로 경사면에서 파력을 소실시키는 형식이다.

② 경사제의 피복블록에는 Tetrapod, Tribar 등이 있다.

〈Tetrapod〉   〈Tribar〉

2) 특징

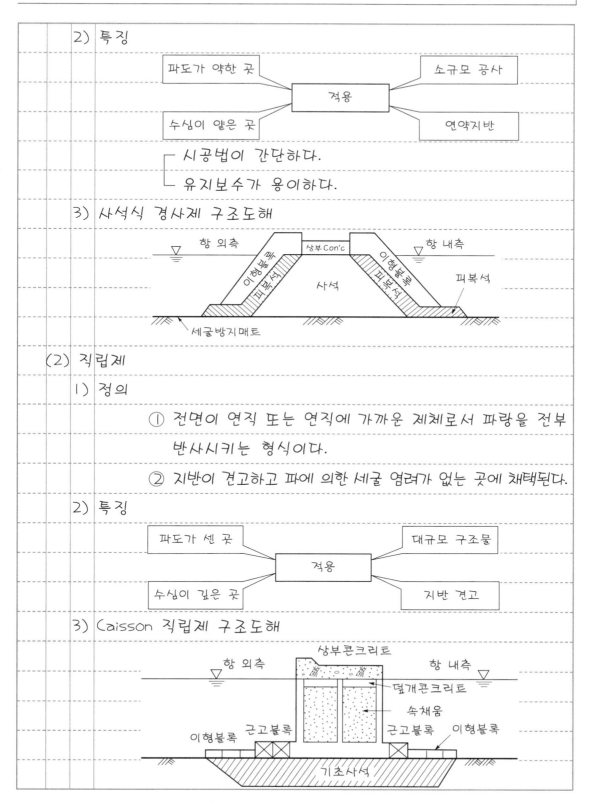

　시공법이 간단하다.
　유지보수가 용이하다.

3) 사석식 경사제 구조도해

(2) 직립제

1) 정의

① 전면이 연직 또는 연직에 가까운 제체로서 파랑을 전부 반사시키는 형식이다.

② 지반이 견고하고 파에 의한 세굴 염려가 없는 곳에 채택된다.

2) 특징

3) Caisson 직립제 구조도해

(3) 혼성제

   1) 정의

      사석부를 기초로 하고 그 위에 직립부의 본체를 설치하는 방식으로 경사제와 직립제의 장점을 딴 형식이다.

   2) 특징

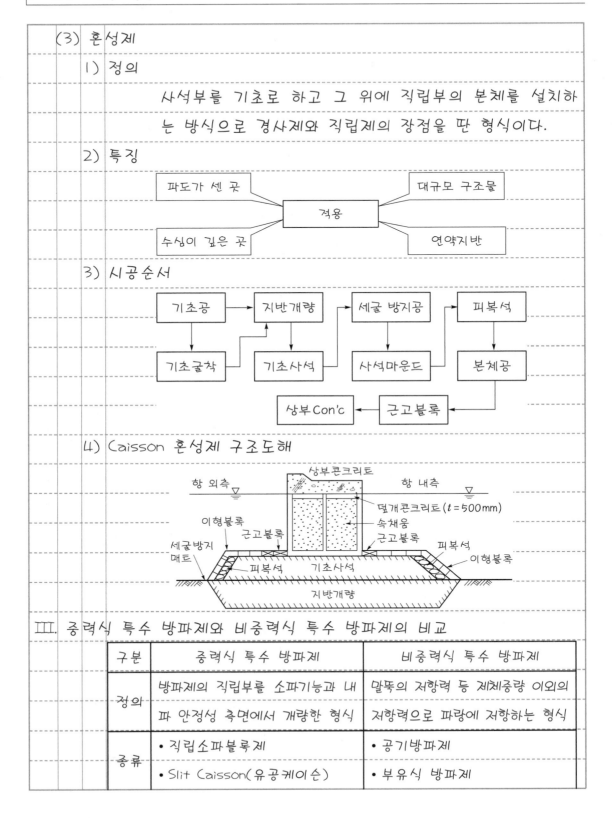

   3) 시공순서

   4) Caisson 혼성제 구조도해

III. 중력식 특수 방파제와 비중력식 특수 방파제의 비교

구분	중력식 특수 방파제	비중력식 특수 방파제
정의	방파제의 직립부를 소파기능과 내파 안정성 측면에서 개량한 형식	말뚝의 저항력 등 제체중량 이외의 저항력으로 파랑에 저항하는 형식
종류	• 직립소파블록제 • Slit Caisson(유공케이슨)	• 공기방파제 • 부유식 방파제

종류	• 상부사면케이슨제	• 수중방파제
	• 반원형 케이슨제	• 고조 · 쓰나미방파제

IV. 시공 시 유의사항 및 본인의 소견

1) 시공 시 유의사항

① 기초지반 처리 : 지반이 연약할 경우 적정한 공법으로 지반을 개량한다.

② 사면 세굴 방지(피복석)

③ 세굴방지매트 사용하여 기초유실 방지

④ 파고에 의한 안전사고 주의

〈Screeder 이용한 기초치환〉

2) 본인의 소견

방파제는 항만 내의 선박 및 구조물을 보호하는 것으로 설치지역의 특성에 맞는 방식을 선정하여 안전과 품질을 고려하여 경제적인 시공을 하여야 한다.

| 문제 2. | 해상공사에서 케이슨 진수방법과 거치방법에 대하여 설명하시오. |

답

I. 서언

① 해상공사에서 케이슨 진수방법과 거치방법 선정 시에는 케이슨의 크기, 공기, 설치위치, 자연조건 등을 고려하여야 한다.

② 케이슨 진수방법의 종류

| 기중기선을 이용 경사로에 의한 방법 가물막이를 이용 | ⇒ 진수방법 ⇐ | 사상진수 건선거를 이용 부선거를 이용 |

③ 거치방법의 종류 : 축도식, 예항식, 비계식

II. 케이슨 진수방법

1) 기중기선을 이용하는 방법

Floating Crane(200~3,000ton)
케이슨

〈기중기선에 의한 진수〉

① 호안 근접한 장소 케이슨 제작
② 기중기선으로 인양하여 바다에 띄우거나 그대로 설치장소까지 운반
③ 기중기선 인양능력 제약

2) 경사로에 의한 방법

진수 최저수위   Rail   Caisson
세굴방지 시설   최종부 1:3~1:8   진수부 1:10   제작부 1:20
진수거리 : L=60~80m
Rail폭 : 4~7m

〈경사로에 의한 진수〉

① 일반적으로 제작장에서 진수지점까지 경사로를 설치

한 후 진수시킴

② 경사로에 Rail 등을 깔아 진수 시 이용하여 진수

③ 공사비용이 저렴하나 동시 제작개수가 적음

3) 가물막이를 이용하는 방법

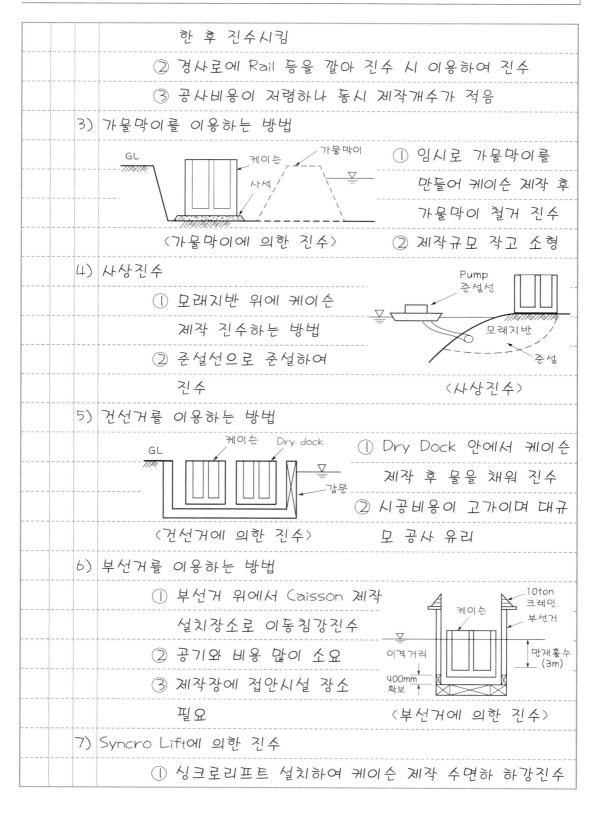

〈가물막이에 의한 진수〉

① 임시로 가물막이를 만들어 케이슨 제작 후 가물막이 철거 진수

② 제작규모 작고 소형

4) 사상진수

① 모래지반 위에 케이슨 제작 진수하는 방법

② 준설선으로 준설하여 진수

〈사상진수〉

5) 건선거를 이용하는 방법

〈건선거에 의한 진수〉

① Dry Dock 안에서 케이슨 제작 후 물을 채워 진수

② 시공비용이 고가이며 대규모 공사 유리

6) 부선거를 이용하는 방법

① 부선거 위에서 Caisson 제작 설치장소로 이동침강진수

② 공기와 비용 많이 소요

③ 제작장에 접안시설 장소 필요

〈부선거에 의한 진수〉

7) Syncro Lift에 의한 진수

① 싱크로리프트 설치하여 케이슨 제작 수면하 하강진수

② 공기 길고 공사비용 많이 소요

③ 대량 제작 가능

Ⅲ. 거치방법

1) 예항식

Floating Crane(200~3,000ton)

케이슨

5m 이상

〈예항 거치〉

① 제작한 케이슨을 인양하여 설치장소까지 운반 거치

② 사전 유속, 수심, 파랑조사

③ 거치가 간단하고 공기단축

④ 수심 5m 이상 깊은 곳 거치

2) 축도식

① 강관이나 Sheet Pile을 이용 가체절을 축도하고 케이슨 거치

② 가장 안전한 방법이나 공기, 공사비 많이 소요

③ 수심 5m 정도 축도

2m 침하 케이슨

속채움(토사)

1m

Sheet Pile

〈축도 거치〉

3) 비계식

① 소형 케이슨 거치

② 수심 얕은 곳 사용에 유리

③ 비계발판 위에서 케이슨 제작 거치

케이슨

〈비계 거치〉

Ⅳ. 본인의 현장경험 및 소견

1) 현장경험

기존의 현장 케이슨 제작방법은 한 곳에서 바닥Slab에서 벽체까지 제작한 반면, 본인은 다음과 같이 4단계에 걸쳐 Caisson을 제작하였다.

1단계	Caisson Base Slab 제작
2단계	Caisson 벽체 제작
3단계	양생
4단계	진수용 Dock으로 운반, 진수 및 거치

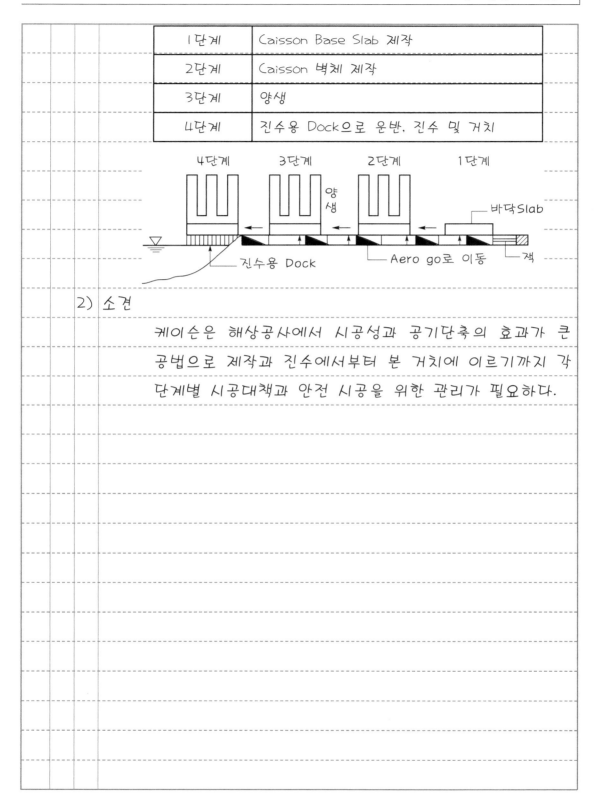

2) 소견

케이슨은 해상공사에서 시공성과 공기단축의 효과가 큰
공법으로 제작과 진수에서부터 본 거치에 이르기까지 각
단계별 시공대책과 안전 시공을 위한 관리가 필요하다.

| 문제 3. | 항만구조물의 기초사석 시공 전 조사항목과 시공 시 유의사항에 대하여 설명하시오. |

답

I. 서언

① 항만구조물의 기초는 상부구조물의 침하, 활동 방지와 파랑에 의한 세굴, 파압에 의한 외력에 저항할 수 있도록 안전한 구조로 시공되어야 한다.

② 사석기초의 도해

〈케이슨식 혼성방파제〉

II. 시공 전 조사항목

1) 지반조사

① 시추선을 이용하여 지반조사

② 지반지내력 및 지층구성, 지층 두께 확인

③ 토성시험 실시하여 연약지반 확인

〈시추선 지반조사〉

2) 수심 확인

〈Echo Sounder 탐지〉

① 1,500m/s 음파를 발사, 반사를 측정하여 수심 확인

② 조위에 따라 수심이 다르므로 보정을 해야 함

3) 기상영향 검토

① 조류, 조위, 유속 등을 조사

② 바람, 풍향, 비, 기온조사

③ 해상작업한계

구분	작업한계	비고
풍속	평균 최대 풍속 15m/s 이상	부산연안
파고, 강우	파고 3m 이상, 강우 10mm 이상	작업일수 17일/월

4) 항행선박조사

① 입·출항 선박운항조사 → 선박크기 및 종류, 운항횟수 등

② 임시등부표 설치 검토

5) 공해 발생 검토

① 사석 시공으로 인한 주변 해역피해조사

② 항행선박, 해상양식장 등 피해예상 확인

6) 주변 구조물영향조사 → 해저케이블, 송유관, 기존 구조물 등

7) 사석골재 구득채취장 선정조사

8) 해상공사에 소요되는 장비 선정

Ⅲ. 시공 시 유의사항

1) 시공위치 표시

〈사석투하〉

① 대나무 깃발을 이용하여 위치 표시

② 깃발이 조류에 밀려가지 않도록 앵커 고정

2) 연약지반개량

① 지반조사를 실시하여 연약지반 확인

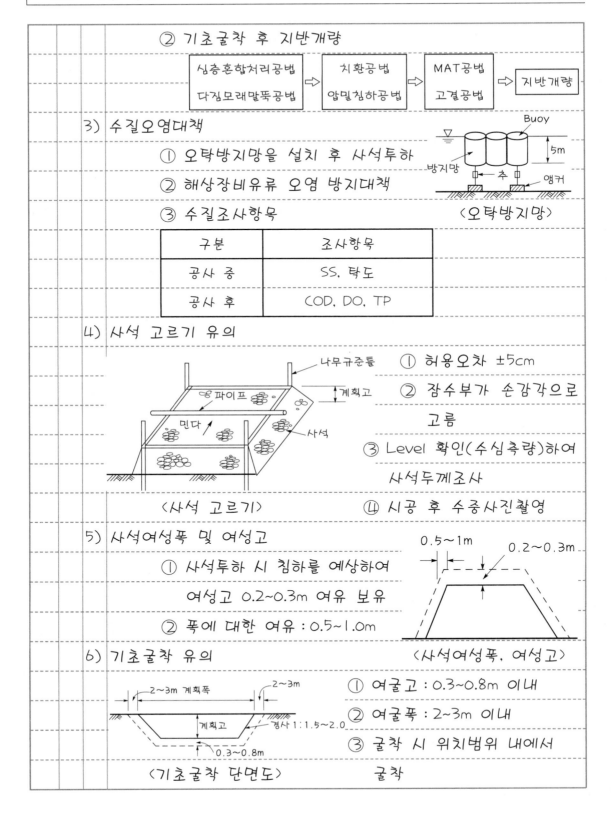

② 기초굴착 후 지반개량

| 심층혼합처리공법 다짐모래말뚝공법 | ⇒ | 치환공법 압밀침하공법 | ⇒ | MAT공법 고결공법 | ⇒ | 지반개량 |

3) 수질오염대책

  ① 오탁방지망을 설치 후 사석투하

  ② 해상장비유류 오염 방지대책

  ③ 수질조사항목

구분	조사항목
공사 중	SS, 탁도
공사 후	COD, DO, TP

〈오탁방지망〉

4) 사석 고르기 유의

  ① 허용오차 ±5cm

  ② 잠수부가 손감각으로 고름

  ③ Level 확인(수심측량)하여 사석두께조사

  ④ 시공 후 수중사진촬영

〈사석 고르기〉

5) 사석여성폭 및 여성고

  ① 사석투하 시 침하를 예상하여 여성고 0.2~0.3m 여유 보유

  ② 폭에 대한 여유 : 0.5~1.0m

〈사석여성폭, 여성고〉

6) 기초굴착 유의

  ① 여굴고 : 0.3~0.8m 이내

  ② 여굴폭 : 2~3m 이내

  ③ 굴착 시 위치범위 내에서 굴착

〈기초굴착 단면도〉

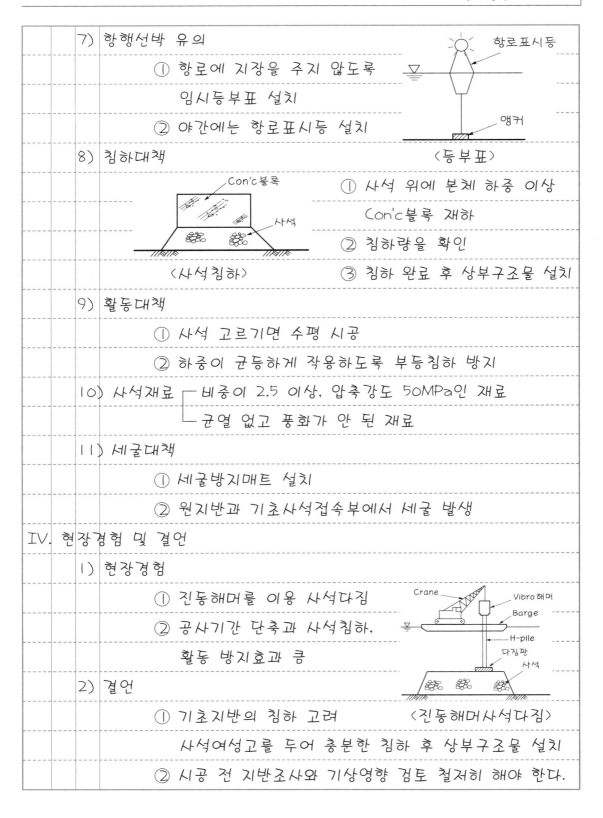

7) 항행선박 유의

   ① 항로에 지장을 주지 않도록
      임시등부표 설치

   ② 야간에는 항로표시등 설치

   〈등부표〉

8) 침하대책

   ① 사석 위에 본체 하중 이상
      Con'c블록 재하

   ② 침하량을 확인

   ③ 침하 완료 후 상부구조물 설치

   〈사석침하〉

9) 활동대책

   ① 사석 고르기면 수평 시공

   ② 하중이 균등하게 작용하도록 부등침하 방지

10) 사석재료 ┌ 비중이 2.5 이상, 압축강도 50MPa인 재료
           └ 균열 없고 풍화가 안 된 재료

11) 세굴대책

   ① 세굴방지매트 설치

   ② 원지반과 기초사석접속부에서 세굴 발생

IV. 현장경험 및 결언

   1) 현장경험

      ① 진동해머를 이용 사석다짐

      ② 공사기간 단축과 사석침하,
         활동 방지효과 큼

   2) 결언

      ① 기초지반의 침하 고려

         〈진동해머사석다짐〉

         사석여성고를 두어 충분한 침하 후 상부구조물 설치

      ② 시공 전 지반조사와 기상영향 검토 철저히 해야 한다.

문제 4.	안벽구조물 시공방법과 시공 시 유의사항에 대하여 설명하시오.

답

I. 서언

① 안벽이란 계류시설로서 선박을 접안시켜 하역할 수 있는 접안시설을 말한다.

② 공법 선정 시 고려사항

```
┌─────────────┐        ┌──────┐        ┌─────────────┐
│   지반조건   │        │ 고려 │        │   시공조건   │
│   기상영향   │  ⇨     │ 사항 │   ⇦    │   안정성     │
│   이용선박   │        └──────┘        │   경계성     │
└─────────────┘                        └─────────────┘
```

II. 시공방법

(1) 중력식 안벽

1) 정의

① 토압과 수압, 외력을 자중과 마찰력으로 저항하는 구조

② 수심이 얕고 지반이 견고한 곳 유리

2) Caisson식

〈Caisson식 안벽〉

① 육상에서 제작하여 설치

② 토압저항력이 큼

③ 공사비용이 많이 듦

④ 충분한 수심이 필요

3) Block식

① 대형 Con'c블록을 쌓아 안벽 이용

② 토압저항력 큼

③ 품질이 좋음

④ 대형 설치운반기계 필요

〈Block식 안벽〉

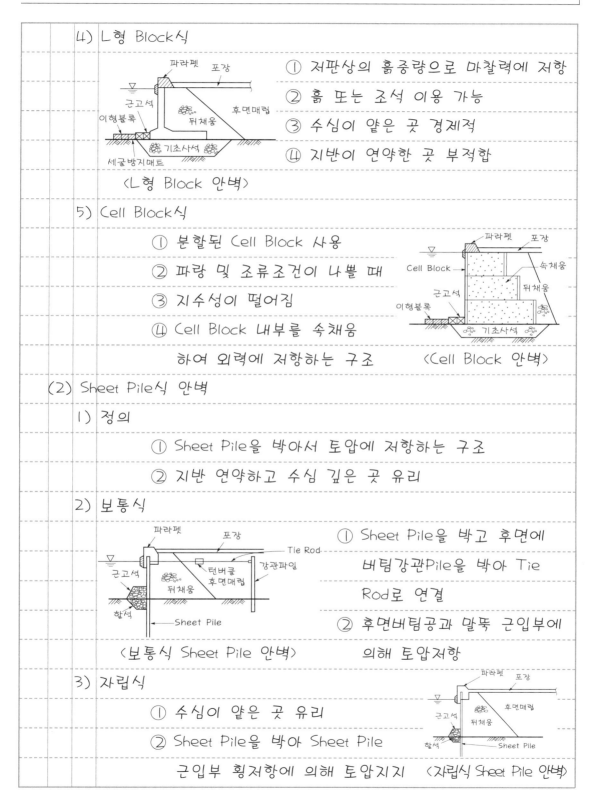

4) L형 Block식

① 저판상의 흙중량으로 마찰력에 저항

② 흙 또는 조석 이용 가능

③ 수심이 얕은 곳 경제적

④ 지반이 연약한 곳 부적합

〈L형 Block 안벽〉

5) Cell Block식

① 분할된 Cell Block 사용

② 파랑 및 조류조건이 나쁠 때

③ 지수성이 떨어짐

④ Cell Block 내부를 속채움

하여 외력에 저항하는 구조

〈Cell Block 안벽〉

(2) Sheet Pile식 안벽

1) 정의

① Sheet Pile을 박아서 토압에 저항하는 구조

② 지반 연약하고 수심 깊은 곳 유리

2) 보통식

① Sheet Pile을 박고 후면에 버팀강관Pile을 박아 Tie Rod로 연결

② 후면버팀공과 말뚝 근입부에 의해 토압저항

〈보통식 Sheet Pile 안벽〉

3) 자립식

① 수심이 얕은 곳 유리

② Sheet Pile을 박아 Sheet Pile 근입부 횡저항에 의해 토압지지

〈자립식 Sheet Pile 안벽〉

4) 경사식

파라펫 포장

근고석

후면매립

뒤채움   경사 Pile

함석   Sheet Pile

〈경사식 Sheet Pile 안벽〉

Sheet Pile과 일체로
경사지게 박은 말뚝에
의해 토압에 저항

5) 이중식

① Sheet Pile을 이중으로 박아서
Tie Rod나 와이어로 연결,
토압에 저항

포장 턴버클

Sheet Pile

근고석

Tie Rod
(속채움)

Sheet Pile

함석

② 양쪽을 안벽으로 사용할 수 있음   〈이중식 안벽〉

(3) Cell식 안벽

① Sheet Pile, 강관을 원형 또는 직선형으로 폐합시키는
방식이며 속채움에 조석, 흙 사용

② 비교적 큰 토압저항

③ 수심이 깊은 곳 유리

(4) 잔교식 안벽

강관

〈잔교식 안벽〉

① 강관말뚝 위에 상판을 얹은
형식

② 돌제 안벽으로 이용

③ 해안선에 나란한 횡잔교로 이용

(5) 부잔교식 안벽

① 부함을 띄워서 계선안으로 사용하는 것

② 조위차가 클 때 유리

(6) Dolphin

해안에서 떨어진 해중에 말뚝 또는 주상구조물을 만들어

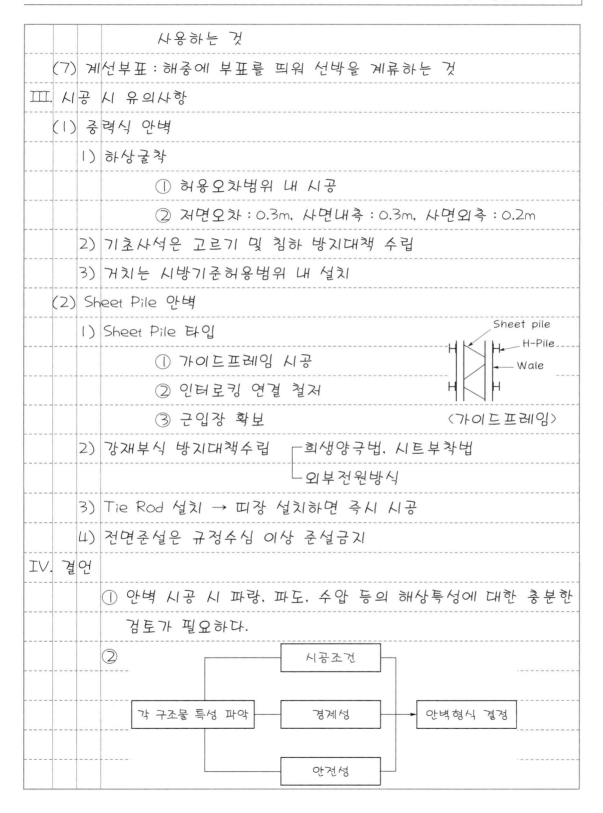

　　　　사용하는 것

(7) 계선부표 : 해중에 부표를 띄워 선박을 계류하는 것

Ⅲ. 시공 시 유의사항

(1) 중력식 안벽

　1) 하상굴착

　　　① 허용오차범위 내 시공

　　　② 저면오차 : 0.3m, 사면내측 : 0.3m, 사면외측 : 0.2m

　2) 기초사석은 고르기 및 침하 방지대책 수립

　3) 거치는 시방기준허용범위 내 설치

(2) Sheet Pile 안벽

　1) Sheet Pile 타입

　　　① 가이드프레임 시공

　　　② 인터로킹 연결 철저

　　　③ 근입장 확보

〈가이드프레임〉

　2) 강재부식 방지대책수립 ┌ 희생양극법, 시트부착법
　　　　　　　　　　　　　└ 외부전원방식

　3) Tie Rod 설치 → 띠장 설치하면 즉시 시공

　4) 전면준설은 규정수심 이상 준설금지

Ⅳ. 결언

　① 안벽 시공 시 파랑, 파도, 수압 등의 해상특성에 대한 충분한 검토가 필요하다.

　②

죽음의 영점(零點)에 서 보라

죽음의 철학자 하이데커의 말을 빌리지 않더라도 삶이란 죽음과 얼굴을 맞대고 있다.

① 반드시 죽는다.
② 언제 죽을지 아무도 모른다. 삶의 길이는 하나님의 절대 비밀인 것이다.
③ 인생은 이 세상에 홀로 왔다 홀로 죽어 간다. 누구도 대신할 수가 없고, 집단 자살을 하더라도 각자의 죽음이 따로 따로다.
④ 살고 있는 사람은 한 사람도 예외 없이 다 죽음이란 종점을 향해 가고 있다.
⑤ 삶이 절대 나의 것이듯이 죽음도 먼 남의 것이 아닌 절대 나의 것이다.

나는 나의 장례식 꿈을 꾼 일이 있다. 하관식이 끝나고 식구들이 헌토를 할 때 깨났다. 관 속에 있던 나, 그때 나는 가장 가난한 마음의 0점에서 내 양심과 내세와 하나님 앞에 피 묻은 예수의 십자가를 붙잡았다.

제9장 ▶ 하 천

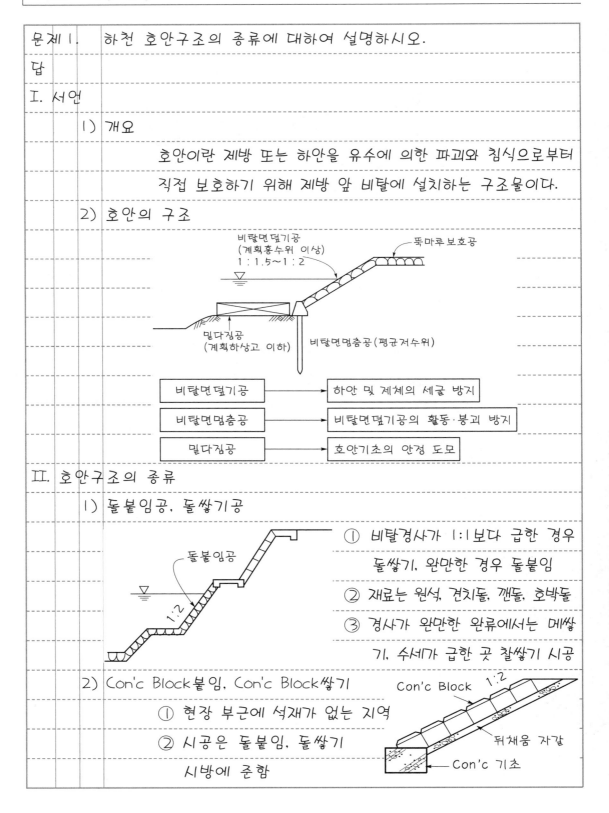

문제 1.   하천 호안구조의 종류에 대하여 설명하시오.

답

I. 서언

1) 개요

호안이란 제방 또는 하안을 유수에 의한 파괴와 침식으로부터 직접 보호하기 위해 제방 앞 비탈에 설치하는 구조물이다.

2) 호안의 구조

비탈면덮기공
(계획홍수위 이상)
1 : 1.5 ~ 1 : 2

뚝마루보호공

밑다짐공
(계획하상고 이하)

비탈면멈춤공 (평균저수위)

비탈면덮기공	→ 하안 및 제체의 세굴 방지
비탈면멈춤공	→ 비탈면덮기공의 활동·붕괴 방지
밑다짐공	→ 호안기초의 안정 도모

II. 호안구조의 종류

1) 돌붙임공, 돌쌓기공

돌붙임공

1 : 2

① 비탈경사가 1 : 1 보다 급한 경우 돌쌓기, 완만한 경우 돌붙임

② 재료는 원석, 견치돌, 깬돌, 호박돌

③ 경사가 완만한 완류에서는 메쌓기, 수세가 급한 곳 찰쌓기 시공

2) Con'c Block붙임, Con'c Block쌓기

① 현장 부근에 석재가 없는 지역

② 시공은 돌붙임, 돌쌓기 시방에 준함

Con'c Block   1 : 2

뒤채움 자갈

Con'c 기초

3) Con'c 비탈틀공

　　① 비탈 위에 Con'c틀을 짜고 바닥 Con'c를 타설한

　　다음 깬돌을 까는 공법

　　② 비탈경사가 1:2보다 완만할 때 이용

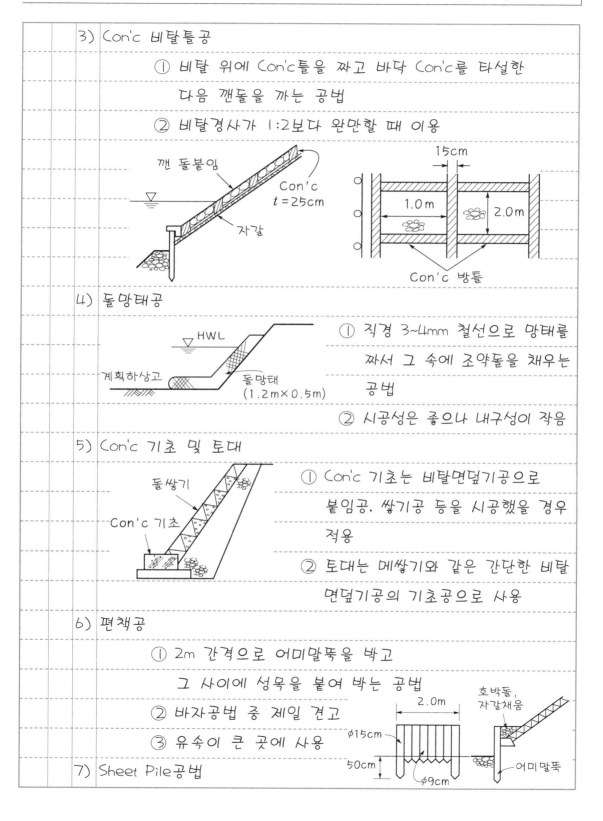

4) 돌망태공

　　① 직경 3~4mm 철선으로 망태를

　　짜서 그 속에 조약돌을 채우는

　　공법

　　② 시공성은 좋으나 내구성이 작음

5) Con'c 기초 및 토대

　　① Con'c 기초는 비탈면덮기공으로

　　붙임공, 쌓기공 등을 시공했을 경우

　　적용

　　② 토대는 메쌓기와 같은 간단한 비탈

　　면덮기공의 기초공으로 사용

6) 편책공

　　① 2m 간격으로 어미말뚝을 박고

　　그 사이에 섶목을 붙여 박는 공법

　　② 바자공법 중 제일 견고

　　③ 유속이 큰 곳에 사용

7) Sheet Pile공법

① Sheet Pile을 연결하여 박는 공법

② 제방 단면 큰 곳 사용

③ 침식, 쇄굴이 큰 곳 사용

8) 사석공

① 가장 간단한 공법

② 하상재료보다 무거운 재료 사용

③ 사석설치폭은 4m 이상

9) 침상공

① 섶침상, 목침상 공법이 있음

② 섶침상은 완류하천, 목침상은 급류하천 적용

〈섶침상〉   〈목침상〉

10) Con'c Block공

① 십자형, Y형, H형, Block 등을 사용 서로 맞물리게 하는 공법

② 유수에 대한 저항성과 굴요성이 좋음

Ⅲ. 결언

① 호안공법 선정 시 고려사항

② 호안의 파괴는 기초세굴이 주된 원인이지만 사전조사를 철저히 하여 대책을 수립해야 한다.

③ 호안의 분류

```
                    ┌─ 돌, Con'c쌓기 및 붙임공
       ┌─ 비탈면덮기공 ─┤
       │              └─ Con'c 비탈틀공, 돌망태공
       │
       │              ┌─ 사다리 토대, 편책
       ├─ 비탈면멈춤공 ─┤
       │              └─ Sheet Pile, Con'c 기초
       │
       │              ┌─ 사석공, 돌망태공
       └─ 밑다짐공 ─────┤
                       └─ Con'c블록공, 침상공
```

문제 2. 하천제방의 누수원인과 방지대책에 대하여 설명하시오.

답

I. 서언

① 하천제방의 누수는 제외측 수위가 상승, 제체 또는 기초지반으로 통과해 침투수가 유입되는 현상을 말한다.

② 누수 발생 메커니즘

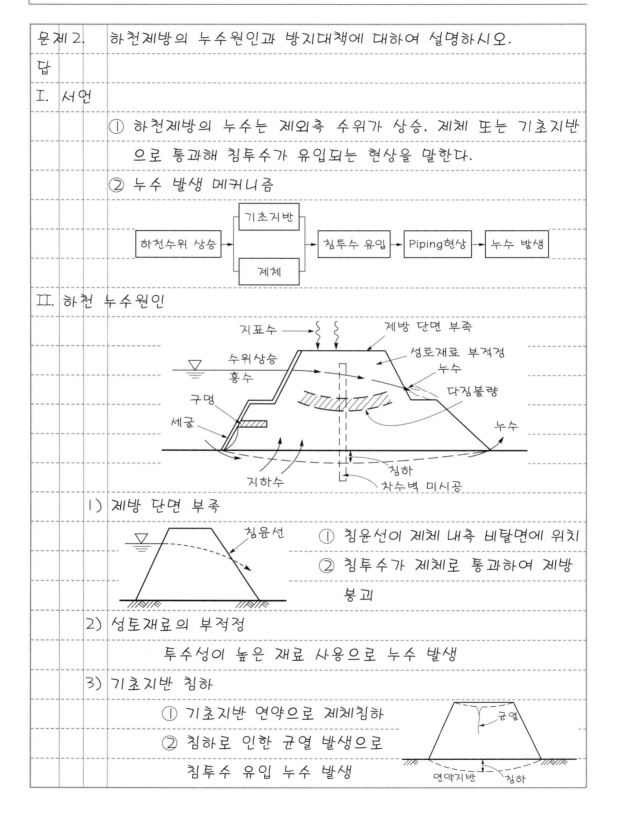

II. 하천 누수원인

1) 제방 단면 부족

① 침윤선이 제체 내측 비탈면에 위치

② 침투수가 제체로 통과하여 제방 붕괴

2) 성토재료의 부적정

투수성이 높은 재료 사용으로 누수 발생

3) 기초지반 침하

① 기초지반 연약으로 제체침하

② 침하로 인한 균열 발생으로 침투수 유입 누수 발생

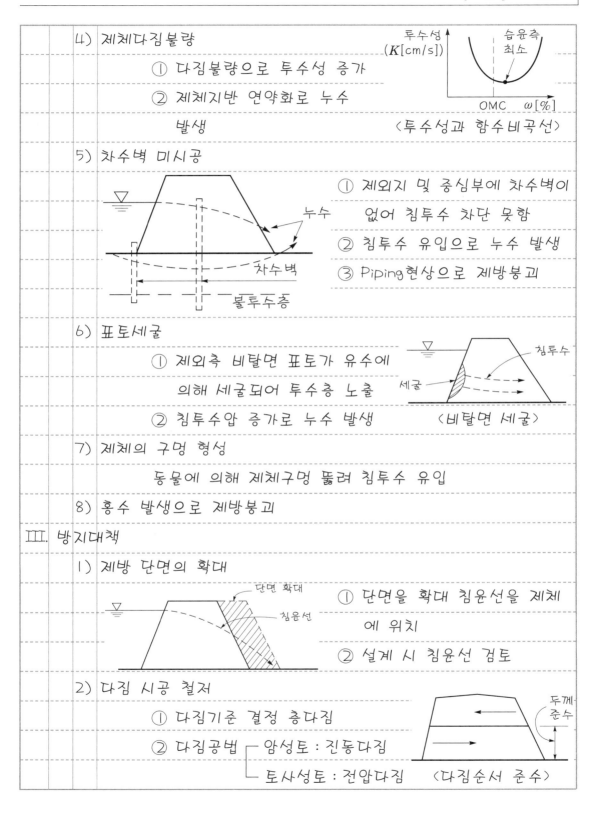

4) 제체다짐불량

　① 다짐불량으로 투수성 증가

　② 제체지반 연약화로 누수
　　발생

⟨투수성과 함수비곡선⟩

5) 차수벽 미시공

　① 제외지 및 중심부에 차수벽이
　　없어 침투수 차단 못함

　② 침투수 유입으로 누수 발생

　③ Piping현상으로 제방붕괴

6) 표토세굴

　① 제외측 비탈면 표토가 유수에
　　의해 세굴되어 투수층 노출

　② 침투수압 증가로 누수 발생

⟨비탈면 세굴⟩

7) 제체의 구멍 형성

　동물에 의해 제체구멍 뚫려 침투수 유입

8) 홍수 발생으로 제방붕괴

Ⅲ. 방지대책

1) 제방 단면의 확대

　① 단면을 확대 침윤선을 제체
　　에 위치

　② 설계 시 침윤선 검토

2) 다짐 시공 철저

　① 다짐기준 결정 층다짐

　② 다짐공법 ┌ 암성토 : 진동다짐
　　　　　　　└ 토사성토 : 전압다짐

⟨다짐순서 준수⟩

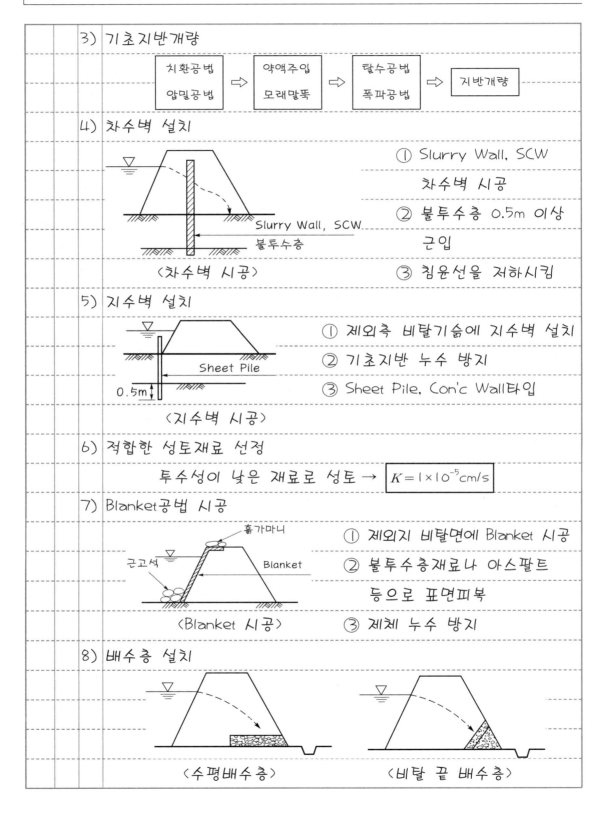

3) 기초지반개량

| 치환공법
압밀공법 | ⇒ | 약액주입
모래말뚝 | ⇒ | 탈수공법
폭파공법 | ⇒ | 지반개량 |

4) 차수벽 설치

① Slurry Wall, SCW

　차수벽 시공

② 불투수층 0.5m 이상

　근입

③ 침윤선을 저하시킴

〈차수벽 시공〉

Slurry Wall, SCW
불투수층

5) 지수벽 설치

① 제외측 비탈기슭에 지수벽 설치

② 기초지반 누수 방지

③ Sheet Pile, Con'c Wall타입

Sheet Pile

0.5m

〈지수벽 시공〉

6) 적합한 성토재료 선정

투수성이 낮은 재료로 성토 → $K = 1 \times 10^{-5} \text{cm/s}$

7) Blanket공법 시공

흙가마니

근고석

Blanket

① 제외지 비탈면에 Blanket 시공

② 불투수층재료나 아스팔트

　등으로 표면피복

〈Blanket 시공〉

③ 제체 누수 방지

8) 배수층 설치

〈수평배수층〉　　〈비탈 끝 배수층〉

9) 압성토공법

   ① 제내지 비탈 기슭에 압성토

   ② 제방활동 억제

10) 차수심벽 설치

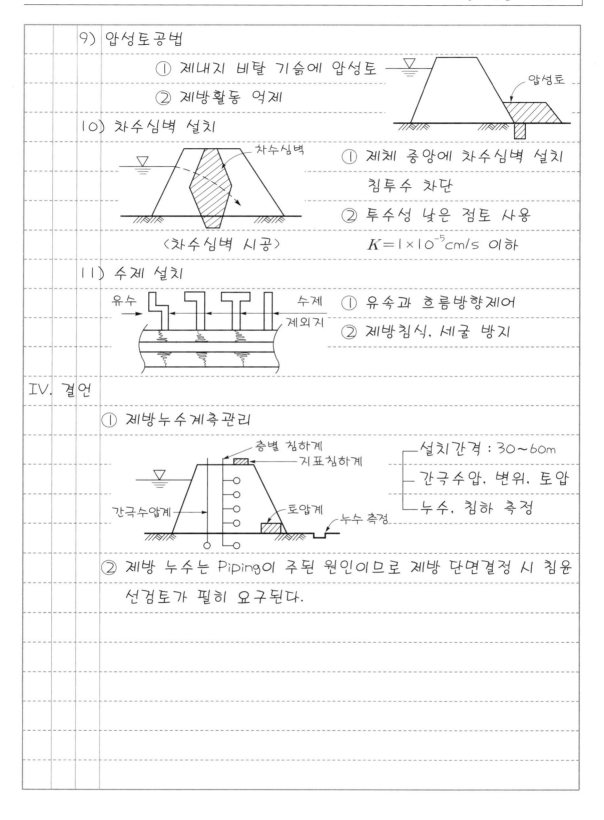

   〈차수심벽 시공〉

   ① 제체 중앙에 차수심벽 설치

     침투수 차단

   ② 투수성 낮은 점토 사용

     $K = 1 \times 10^{-5} cm/s$ 이하

11) 수제 설치

   ① 유속과 흐름방향제어

   ② 제방침식, 세굴 방지

Ⅳ. 결언

   ① 제방누수계측관리

     설치간격 : 30~60m

     간극수압, 변위, 토압

     누수, 침하 측정

   ② 제방 누수는 Piping이 주된 원인이므로 제방 단면결정 시 침윤

     선검토가 필히 요구된다.

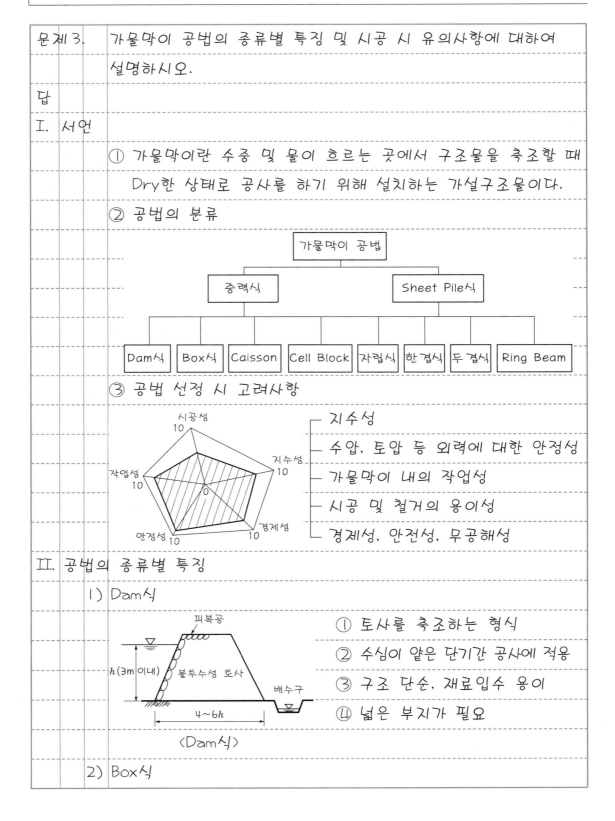

| 문제 3. | 가물막이 공법의 종류별 특징 및 시공 시 유의사항에 대하여 설명하시오. |

답

I. 서언

① 가물막이란 수중 및 물이 흐르는 곳에서 구조물을 축조할 때 Dry한 상태로 공사를 하기 위해 설치하는 가설구조물이다.

② 공법의 분류

```
                    가물막이 공법
            ┌──────────────┴──────────────┐
         중력식                        Sheet Pile식
    ┌───┬───┬───┬───┐            ┌───┬───┬───┐
  Dam식 Box식 Caisson Cell Block  자립식 한겹식 두겹식 Ring Beam
```

③ 공법 선정 시 고려사항

- 지수성
- 수압, 토압 등 외력에 대한 안정성
- 가물막이 내의 작업성
- 시공 및 철거의 용이성
- 경제성, 안전성, 무공해성

II. 공법의 종류별 특징

1) Dam식

(피복공, h(3m 이내), 불투수성 토사, 4~6h, 배수구)
〈Dam식〉

① 토사를 축조하는 형식
② 수심이 얕은 단기간 공사에 적용
③ 구조 단순, 재료입수 용이
④ 넓은 부지가 필요

2) Box식

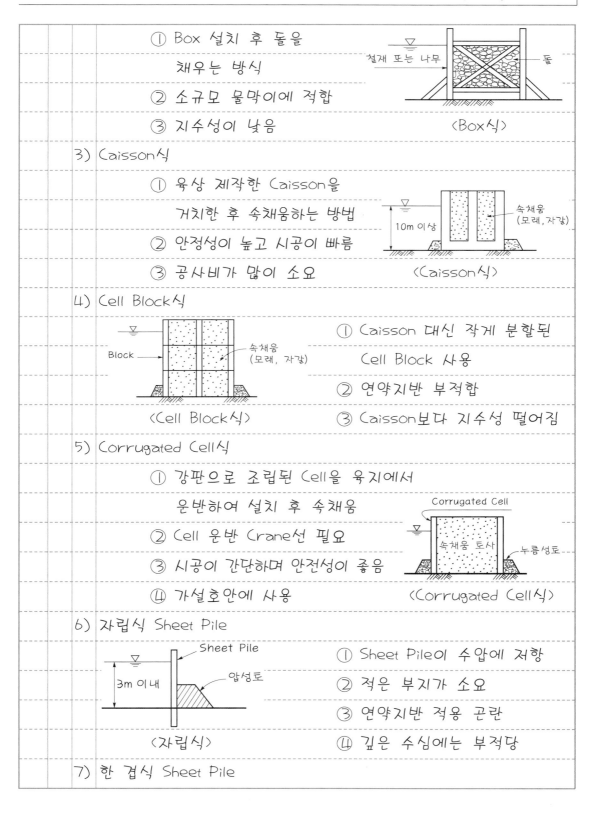

① Box 설치 후 돌을
채우는 방식
② 소규모 물막이에 적합
③ 지수성이 낮음

철재 또는 나무 ── 돌

〈Box식〉

3) Caisson식

① 육상 제작한 Caisson을
거치한 후 속채움하는 방법
② 안정성이 높고 시공이 빠름
③ 공사비가 많이 소요

10m 이상

속채움
(모래, 자갈)

〈Caisson식〉

4) Cell Block식

Block ──

속채움
(모래, 자갈)

〈Cell Block식〉

① Caisson 대신 작게 분할된
Cell Block 사용
② 연약지반 부적합
③ Caisson보다 지수성 떨어짐

5) Corrugated Cell식

① 강판으로 조립된 Cell을 육지에서
운반하여 설치 후 속채움
② Cell 운반 Crane선 필요
③ 시공이 간단하며 안전성이 좋음
④ 가설호안에 사용

Corrugated Cell

속채움 토사

누름성토

〈Corrugated Cell식〉

6) 자립식 Sheet Pile

Sheet Pile

압성토

3m 이내

〈자립식〉

① Sheet Pile이 수압에 저항
② 적은 부지가 소요
③ 연약지반 적용 곤란
④ 깊은 수심에는 부적당

7) 한 겹식 Sheet Pile

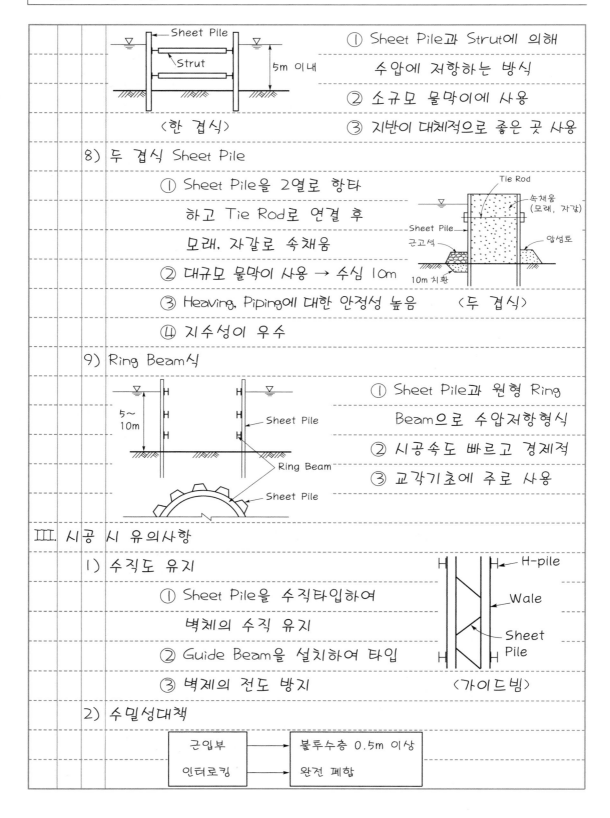

① Sheet Pile과 Strut에 의해

수압에 저항하는 방식

② 소규모 물막이에 사용

③ 지반이 대체적으로 좋은 곳 사용

〈한 겹식〉

8) 두 겹식 Sheet Pile

　① Sheet Pile을 2열로 항타

　하고 Tie Rod로 연결 후

　모래, 자갈로 속채움

　② 대규모 물막이 사용 → 수심 10m

　③ Heaving, Piping에 대한 안정성 높음 〈두 겹식〉

　④ 지수성이 우수

9) Ring Beam식

　① Sheet Pile과 원형 Ring

　　Beam으로 수압저항형식

　② 시공속도 빠르고 경제적

　③ 교각기초에 주로 사용

Ⅲ. 시공 시 유의사항

1) 수직도 유지

　① Sheet Pile을 수직타입하여

　벽체의 수직 유지

　② Guide Beam을 설치하여 타입

　③ 벽체의 전도 방지 〈가이드빔〉

2) 수밀성대책

| 근입부 | → | 볼루수층 0.5m 이상 |
| 인터로킹 | → | 완전 폐합 |

3) 벽체와 지반과의 밀착

　　　중력식 가물막이에서 지반과 완전밀착 시공

4) Boiling, Heaving대책

　　　Sheet Pile 근입부 깊게 타입 → 불투수층

5) 연약지반처리

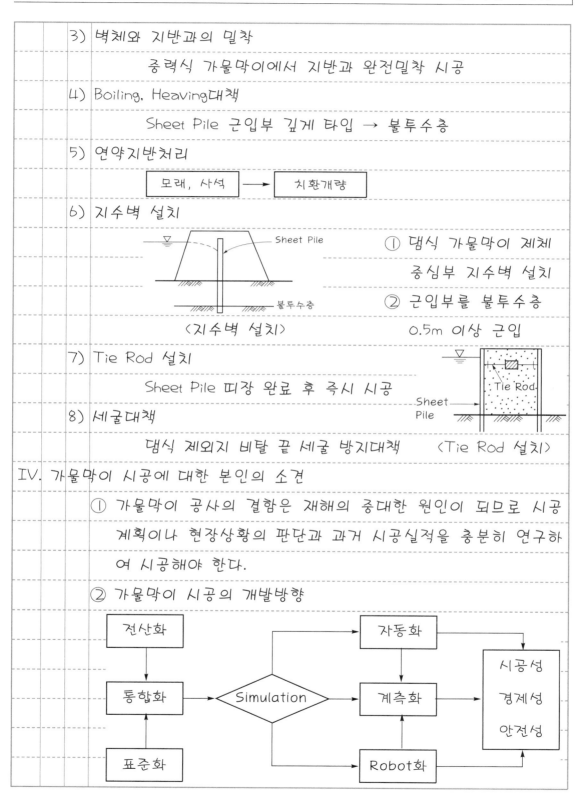

6) 지수벽 설치

　　　① 댐식 가물막이 제체

　　　　중심부 지수벽 설치

　　　② 근입부를 불투수층

　　　　0.5m 이상 근입

〈지수벽 설치〉

7) Tie Rod 설치

　　　Sheet Pile 띠장 완료 후 즉시 시공

8) 세굴대책

　　　댐식 제외지 비탈 끝 세굴 방지대책   〈Tie Rod 설치〉

IV. 가물막이 시공에 대한 본인의 소견

　　① 가물막이 공사의 결함은 재해의 중대한 원인이 되므로 시공
　　　계획이나 현장상황의 판단과 과거 시공실적을 충분히 연구하
　　　여 시공해야 한다.

　　② 가물막이 시공의 개발방향

15 永生의 길잡이 - 열다섯

기적과 신앙

　예수님의 비유 가운데 부자와 나사로의 이야기가 있는데 부자는 음부에 가서 뜨겁고 목이 타는 고통을 받는 중에 아브라함에게 간청하기를 나사로를 환생 부활시켜 자기 집에 보내어 생존한 형제 다섯 명에게 증거해서 사후의 고통을 면하게 해 달라고 했다. 아브라함이 대답하기를 저들이 모세와 선지자의 말을 듣지 아니하면 비록 죽은 자가 살아나서 증거할지라도 믿지 않는다고 단정해서 말했다(눅 16 : 19 ～31).

　다시 말하면 성경과 전도자의 증언을 듣지 않는 사람은 최대 기적인 죽은 형제가 살아나서 증언해도 권함을 받지 않는다는 뜻이다.

제10장 ▶ 총 론

제1절 공사관리

문제 1.	민간투자사업방식을 종류별로 열거하고 그 특징을 설명하시오.

답

I. 개요

① SOC(사회간접자본)란 사회간접시설인 도로, 터널, 공항, 철도, 도서관, 대학 학생회관 및 기숙사, 복지시설 등을 건설할 때 소요되는 자본이다.

② 사회간접시설의 확충에 대한 요구가 증대되고 있으며, 최근에는 BTO에 의한 사업이 많이 시행되고 있다.

II. SOC의 필요성

① 사회간접시설 확충의 요구

② 국가재정 기반의 미흡

③ 기업의 투자확대 기회의 창출

④ 기업 및 국가의 국가경쟁력 강화

III. SOC의 종류별 특징

(1) BOO(Build-Own-Operate)

1) 정의

① 민간 부분이 주로 하여 project를 설계·시공한 후 운영과 소유권도 민간에 이전 방식

② 설계·시공 → 소유권 획득 → 운영

2) 특징

① 장기적인 막대한 자금투자 및 수익성 보장

② 수익성보다 공익성이 강해서 기업의 불확실성 초래

③ 부대사업의 활성화 도모, 해외자본의 국내유치효과

(2) BOT(Build-Operate-Transfer)

  1) 정의

     민간 부분이 주도하여 project를 설계·시공한 후, 일정 기간 운영하여 투자금액을 회수 후 시설물과 운영권을 무상으로 정부나 사회단체에 이전

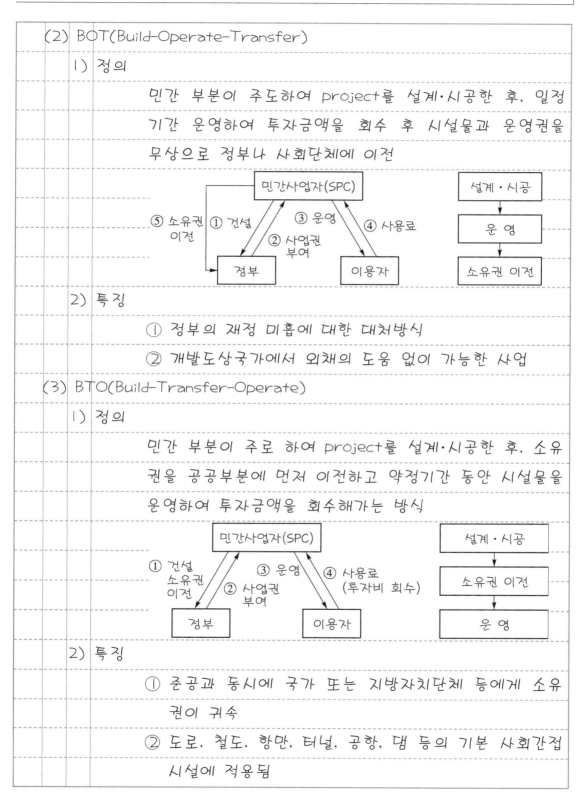

  2) 특징

    ① 정부의 재정 미흡에 대한 대처방식

    ② 개발도상국가에서 외채의 도움 없이 가능한 사업

(3) BTO(Build-Transfer-Operate)

  1) 정의

     민간 부분이 주로 하여 project를 설계·시공한 후, 소유권을 공공부분에 먼저 이전하고 약정기간 동안 시설물을 운영하여 투자금액을 회수해가는 방식

  2) 특징

    ① 준공과 동시에 국가 또는 지방자치단체 등에게 소유권이 귀속

    ② 도로, 철도, 항만, 터널, 공항, 댐 등의 기본 사회간접시설에 적용됨

(4) BTL(Build-Transfer-Lease)

1) 정의

민간 부분이 공공시설 건설한 후 정부에 소유권을 이전 (기부채납)함과 동시에 정부에게 임대료를 징수

2) 특징

① 민간사업자의 투자금 회수에 대한 risk 제거

② 민간사업자의 활발한 참여와 경쟁 유발

IV. BTO-rs와 BTO-a

① BTO-rs(risk shared) : 위험분담형 BTO방식

② BTO-a(adjusted) : 손익공유형 BTO방식

구분	BTO	BTO-rs	BTO-a
민간리스크	높음	중간	낮음
손실률	100%	• 정부 민간 각각 50%	• 민간이 먼저 부담 • 30% 초과 시 정부 부담
이익률	100%	• 정부 민간 각각 50%	• 정부와 민간이 7 : 3 공유
적용 가능사업	도로, 항만 등	철도, 경전철 등	환경사업 등

V. 개선방향

① 정부의 치밀하고 객관성 있는 타당성평가 필요

② financing능력 및 project창출능력 강화 요구

③ 민관합동방식의 사업추구 필요

④ SOC사업추진절차의 간소화 요구

⑤ 국제협력형태의 수주 필요

⑥ 계약형태의 고도화·다양화에 적극 대응

Ⅵ. 결론

① 사회간접시설에 대한 이를 이용하는 국민들의 만족도를 높이기 위한 방안이 선행되어야 한다.

② 토목구조물에 대한 민간의 참여도를 높이기 위해 BTO-rs 및 BTO-a제도의 활성화가 중요하다.

문제 2.	국가계약법령에 의한 정부계약이 성립된 후 계약금액을 조정할 수 있는 내용에 대하여 설명하시오.

답

I. 개요

물가변동에 의한 계약금액조정은 국가계약법에 의거 원가요소의 가격등락이 발생한 경우, 이를 반영하여 계약금액을 조정하여 당사자 간 원활한 계약이행을 도모한다.

II. 물가변동 시 계약금액조정요건

```
                            ┌─ 기간요건
              ┌─ 절대조건 ─┤
계약금액조정요건 ─┤            └─ 등락요건
              └─ 선택조건 ── 청구요건
```

구분	항목	내용
절대조건	기간요건	계약일 이후 90일 경과 후
	등락요건	입찰일 이후 조정률이 3% 이상 등락 시
선택조건	청구요건	절대조건이 충족될 시 청구요건

III. 물가변동에 의한 계약금액의 조정절차

1) **물가변동 기본요인 확인**

   ① 절대조건(90일±3%) 동시충족 여부

   ② 2회 이상 동시요청 시 순차 적용 검토

   ③ 물가변동조정방법(지수)

2) **물가변동 적용 대가 산출**

   ① 예정/실시공정률 적정 여부

   ② 기성대가 제외, 개산급 적용 여부, PS항목 제외 여부

3) **비목군 분류 및 계수 산출**

   ① 산출내역서상 비목별 분류(노무비, 가계 등)

   ② 비목군별 금액 및 계수 확인

4) 비목별 물가변동지수 산정

　　비목별 적용 지수 확인(기준/비교시점)

5) 비목별 물가변동조정률 산출

　　① 지수변동률, 조정계수 확인 → 지수조정률 산출

　　② 조정률 3% 이상 유무 검토

6) 조정금액 산출 및 통보

　　① 선급금 제의 여부 확인

　　② 검토결과 통보

IV. 물가변동조정내용

1) 조정기준

　　① 계약일을 기준으로 90일 경과한 후 품목 또는 지수조
　　　정률이 3% 이상 증감될 때

　　② 물가변동으로 인한 계약금액조정은 계약조건에 의해 처리

2) 품목조정률

$$품목조정률 = \frac{(각\ 품목의\ 수량 \times 등락폭)의\ 합계액}{계약금액}$$

3) 지수조정률

　　① 한국은행 생산자물가 기본분류지수

　　② 국가, 지자체, 정부, 투자기관이 인허가하는 노임가격 및
　　　요금의 평균지수

4) 품목조정률과 지수조정률의 비교

구분	품목조정률	지수조정률
적용 대상	• 거래실례가격 또는 원가 계산예정가격	• 원가계산에 의한 예정가격 기준 계약
특징	• 당해 비목에 대한 조정 • 계산 복잡	• 조정률 산출 용이 • 당해 비목조정사유 미반영

구분	품목조정률	지수조정률
용도	• 단기적 소규모 공사 • 단순 공종공사	• 장기적 대규모 공사 • 복합 공종공사

5) 조정 시 유의점

① 조정신청서 접수 후 30일 이내에 조정

② 조정기준일 전에 이행 완료할 부분 제의

V. 건설공사비지수(construction cost index)

1) 정의

① 시간변화에 따른 건설공사 직접공사비의 가격변동을 측정하는 지수

② 공사비 산정 및 물가변동에 의한 계약금액 조정을 위한 기초자료로 활용

2) 건설공사비지수 발표

• 한국은행 : 산업연관표(2015년)
　　　　　　 생산자물가지수(2015년=100)

• 대한건설협회 : 공사 부분 시중노임

↓

기초통계자료 입수

↓

통계적 분석 → 자료분석

건설물가동향 분석 →

↓

건설공사비지수 작성

↓

결과 협의 및 승인 ⇄ 통계청

↓

Internet 및 보도자료 → 건설공사비지수 발표

3) 활용분야

구분	활용분야
공사비 산정	공공건설공사에서의 공사비 산정
계약금액조정	물가변동에 의한 계약금액조정용
공사비 예측	기존 지수동향의 분석으로 미래 어느 시점의 건설공사비지수 예측
자재원가 비교	시간변화에 따른 자재의 원가 파악
건설시장동향 파악	발주자측 입장에서 총공사금액의 파악

Ⅵ. 결론

① 계약금액조정은 현장에서 자주 발생되고 있으나 사전에 이에 대해 준비를 하지 않을 경우 업무의 가중으로 시공관리가 소홀해진다.

② 설계변경, 물가변동 시 기성청구는 개산급 신청을 반드시 시행하여야 한다.

문제3.	공사 착수 전 시공계획의 내용에 대하여 설명하시오.

답

I. 서언

① 최근 구조물이 고도화, 대형화, 복잡화, 다양화됨에 따라 시공의 어려움이 많아지므로 공사 착수에 앞서 시공계획을 철저히 수립해야 한다.

② 시공계획은 계약공기 내에 우수한 시공과 최소의 비용으로 안전하게 구조물을 완성하는 데 그 목적이 있다.

③ 시공계획의 필요성

II. 시공계획의 내용

1) 사전조사 실시

① 지반조사

〈표준관입시험〉 〈Cone Test〉 〈Vane Test〉 〈스웨덴사운딩〉

② 설계도서 검토 ┌ 구조계산서 ┐
　　　　　　　├ 시방서 　├→ 현장조건과 비교
　　　　　　　└ 설계도면 ┘

③ 계약조건 파악

④ 기상영향조사 ┌ 강우기(6~8월) : 재해대비
　　　　　　　└ 엄동기(12~2월) : 물공사금지

⑤ 현장조사 : 작업장 내 지상 및 지하저장물 파악 및

주변 영향조사

〈공사장 주변 건물, 지하매설물〉

⑥ 소음, 진동 등 건설공해 발생조사

⑦ 공사와 관련하여 관계법규에 따라 처리

2) 공법 선정계획

구분	내용
시공성	• 시공능력, 공기, 품질, 안전성을 고려하여 종합적 판단 • 시공조건 변경에 따른 기술적 검토
경제성	• 공법 선정 시 최소의 비용으로 최적의 시공법 선택 • 공기, 품질, 안전성을 비교 결정
안전성	• 안전성이 확보되는 공법선정 • 시공 중 안전사고는 인명피해, 경제적 손실, 건설회사의 신뢰도 저하
무공해성	• 공해 발생이 없는 공법 선정 • 공해 발생 시 공사지연 및 공사비 증가

3) 공사관리계획

— 공정계획

공정표 작성	계획항목	목적
Bar Chart	공사순서, 시간	품질 확보
바나나곡선	자재 투입	원가절감
PERT-CPM	인원 투입	안전 시공
EVMS	기계 투입	공기단축

품질계획

```
┌──────────────┐      ┌──────────────┐
│  품질관리 시행  │ ──→  │ 시험, 검사계획  │
└──────────────┘      └──────────────┘
┌──────┐      ┌──────────────┐
│ 고품질 │ ←──  │  하자 방지계획  │
└──────┘      └──────────────┘
```

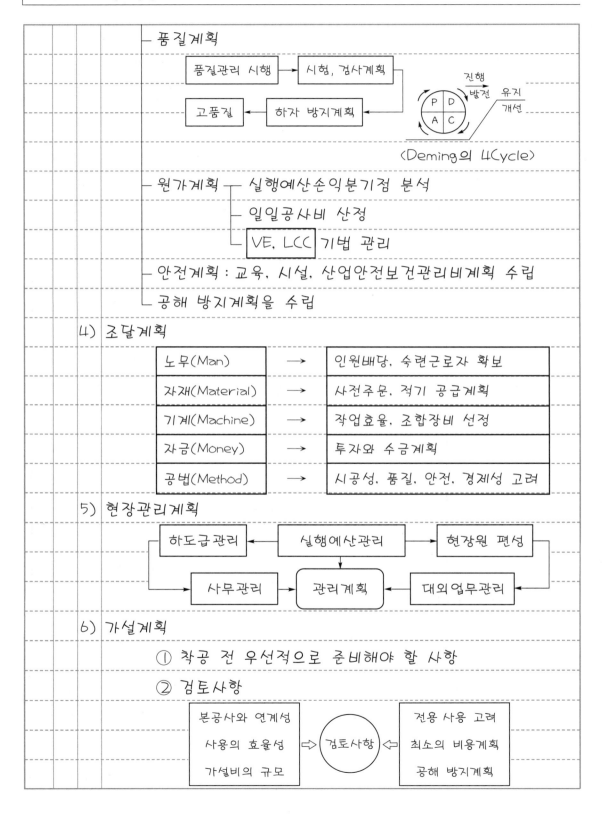

〈Deming의 4Cycle〉

원가계획 ─── 실행예산손익분기점 분석

　　　　　├─ 일일공사비 산정

　　　　　└─ VE, LCC 기법 관리

안전계획 : 교육, 시설, 산업안전보건관리비계획 수립

공해 방지계획을 수립

4) 조달계획

노무(Man)	→	인원배당, 숙련근로자 확보
자재(Material)	→	사전주문, 적기 공급계획
기계(Machine)	→	작업효율, 조합장비 선정
자금(Money)	→	투자와 수금계획
공법(Method)	→	시공성, 품질, 안전, 경제성 고려

5) 현장관리계획

```
┌──────────┐    ┌────────────┐    ┌──────────┐
│ 하도급관리 │ ←─ │ 실행예산관리 │ ─→ │ 현장원 편성 │
└──────────┘    └────────────┘    └──────────┘
┌──────────┐    ┌──────────┐    ┌────────────┐
│  사무관리  │ ─→ │  관리계획  │ ←─ │ 대외업무관리 │
└──────────┘    └──────────┘    └────────────┘
```

6) 가설계획

① 착공 전 우선적으로 준비해야 할 사항

② 검토사항

```
┌──────────────┐              ┌──────────────┐
│ 본공사와 연계성 │              │ 전용 사용 고려 │
│  사용의 효율성  │ ⇨ ( 검토사항 ) ⇦ │ 최소의 비용계획 │
│  가설비의 규모  │              │  공해 방지계획  │
└──────────────┘              └──────────────┘
```

③ 가설계획의 종류

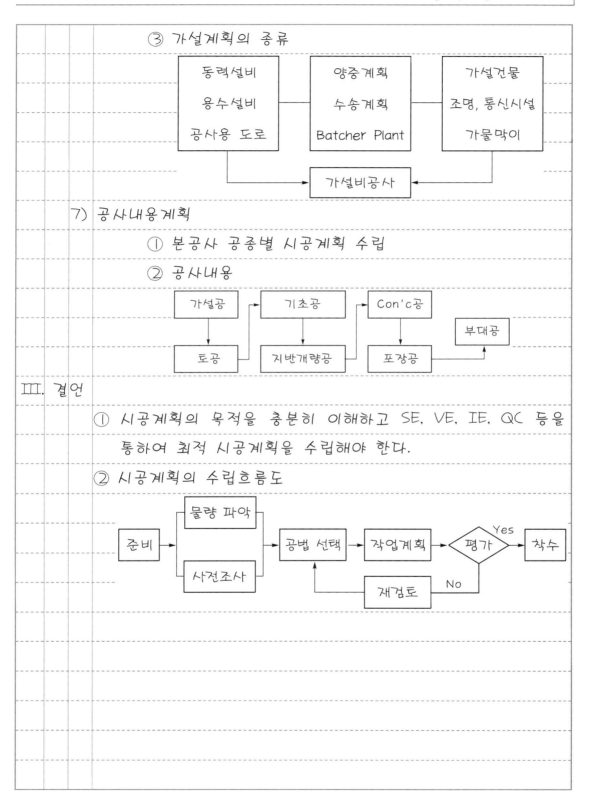

7) 공사내용계획

① 본공사 공종별 시공계획 수립

② 공사내용

Ⅲ. 결언

① 시공계획의 목적을 충분히 이해하고 SE, VE, IE, QC 등을 통하여 최적 시공계획을 수립해야 한다.

② 시공계획의 수립흐름도

문제 4.	도로건설공사를 위한 시공계획 및 유의사항에 대하여 설명하시오.

답

I. 서언

① 도로건설공사에서 시공계획은 공사의 안전성 및 시공성, 경제성 등을 향상시킬 목적으로 공사 착공 전에 상세한 계획 수립이 필요하다.

② 시공계획 수립은 사전조사 및 공법 선정, 공사관리 등으로 구분하여 공사 전반에 걸쳐서 이루어져야 하며 계획에 따라 실행하는 것이 중요하다.

③ 시공계획 시 고려사항

```
┌─────────┐        ╭──────╮        ┌─────────┐
│ 공사규모 │        │ 고려 │        │ 노동력 확보│
│ 입지조건 │  ⇨    │ 사항 │   ⇦   │ 기상영향  │
│ 공사기간 │        ╰──────╯        │ 공해영향  │
└─────────┘                        └─────────┘
```

II. 시공계획

1) 사전조사

```
┌─────────┐   ┌─────────┐   ┌──────────────┐   ┌────────┐
│ 설계도서 │⇨ │ 현지조사 │⇨ │ 건설공해, 기상 │⇨ │ 검토사항 │
│ 계약조건 │   │ 지반조사 │   │ 관계법규      │   └────────┘
└─────────┘   └─────────┘   └──────────────┘
```

2) 공법 선정계획

시공성	안전성	경제성	무공해성
• 공기단축	• 사고예방	• 최소의 비용	• 공해 방지
• 능률 양호	• 신뢰성 확보	• 품질 확보	• 민원예방
• 원가절감	• 생명보호	• 공기단축	• 공사순행

3) 토공사계획

① 토취장 및 사토장 선정

② 운반거리, 토질, 토량, 장비 선정 등

시공성, 경제성 고려

〈토취장〉

4) 공사용 도로 설치

　　┌ 가설도로로 사용 후 본공사도로로 전환계획
　　├ 폭 6m 이상 임시도로 설치
　　└ 보수가 용이하고 시공비용 저렴

5) 가설계획

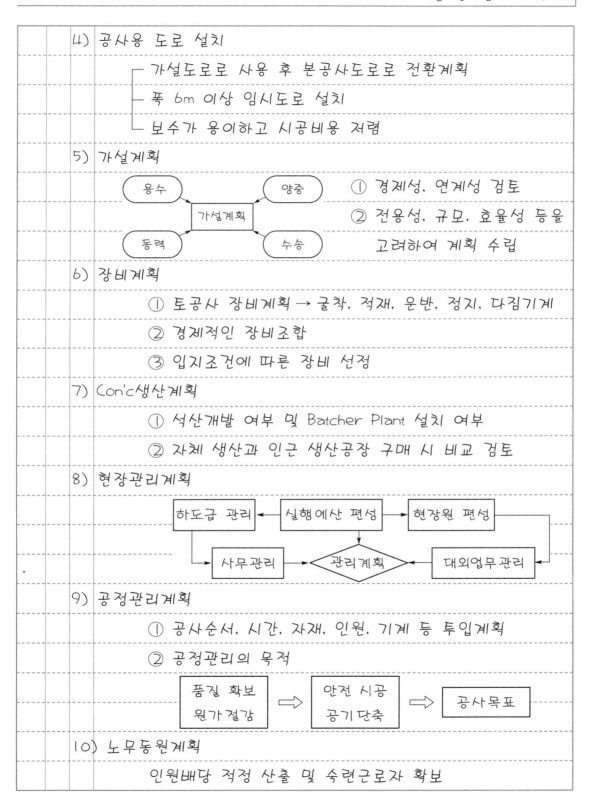

　　① 경제성, 연계성 검토
　　② 전용성, 규모, 효율성 등을
　　　고려하여 계획 수립

6) 장비계획

　　① 토공사 장비계획 → 굴착, 적재, 운반, 정지, 다짐기계
　　② 경제적인 장비조합
　　③ 입지조건에 따른 장비 선정

7) Con'c생산계획

　　① 석산개발 여부 및 Batcher Plant 설치 여부
　　② 자체 생산과 인근 생산공장 구매 시 비교 검토

8) 현장관리계획

9) 공정관리계획

　　① 공사순서, 시간, 자재, 인원, 기계 등 투입계획
　　② 공정관리의 목적

10) 노무동원계획

　　인원배당 적정 산출 및 숙련근로자 확보

11) 품질관리계획

　　① 품질관리 시행

　　② 시험 및 검사의 조직적인 계획

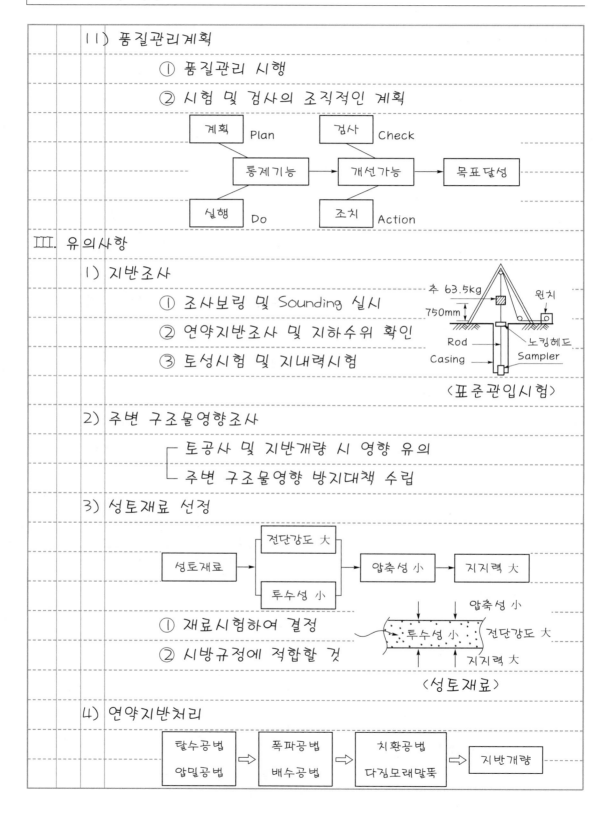

Ⅲ. 유의사항

1) 지반조사

　　① 조사보링 및 Sounding 실시

　　② 연약지반조사 및 지하수위 확인

　　③ 토성시험 및 지내력시험

〈표준관입시험〉

2) 주변 구조물영향조사

　　┌ 토공사 및 지반개량 시 영향 유의
　　└ 주변 구조물영향 방지대책 수립

3) 성토재료 선정

　　① 재료시험하여 결정

　　② 시방규정에 적합할 것

〈성토재료〉

4) 연약지반처리

① 사질토, 점성토 지반조건에 맞는 공법 선정

② 사전조사를 철저히 할 것

5) 다짐조건 결정

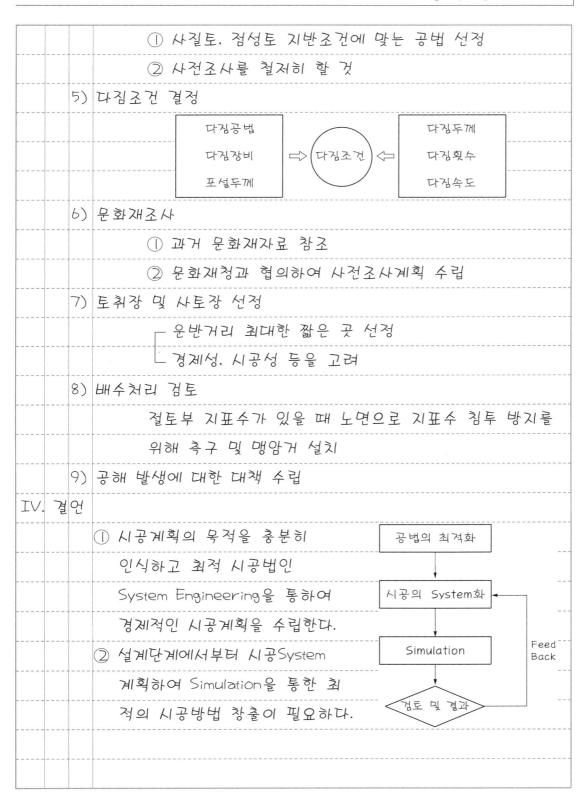

6) 문화재조사

　① 과거 문화재자료 참조

　② 문화재청과 협의하여 사전조사계획 수립

7) 토취장 및 사토장 선정

　┌ 운반거리 최대한 짧은 곳 선정
　└ 경제성, 시공성 등을 고려

8) 배수처리 검토

　절토부 지표수가 있을 때 노면으로 지표수 침투 방지를

　위해 측구 및 맹암거 설치

9) 공해 발생에 대한 대책 수립

Ⅳ. 결언

① 시공계획의 목적을 충분히

　인식하고 최적 시공법인

　System Engineering을 통하여

　경제적인 시공계획을 수립한다.

② 설계단계에서부터 시공System

　계획하여 Simulation을 통한 최

　적의 시공방법 창출이 필요하다.

| 문제 5. | 공사관리의 목적과 4대 요소에 대하여 설명하시오. |

답

I. 개요

① 건설공사의 대형화, 다양화, 복잡화로 주어진 공기와 비용으로 요구되는 품질의 구조물을 완성하기 위해서는 계획적인 공사관리가 필요하다.

② 따라서 건설업에서의 공사관리는 공정관리, 품질관리, 원가관리, 안전관리의 4대 요소로서 치밀한 계획을 수립하는 것이 주요한 사항이다.

③ 4대 요소 및 상호관계

공사관리	목적
공정관리	신속하게
품질관리	양호하게
원가관리	저렴하게
안전관리	재해 방지

II. 공사관리의 목적

안전 시공 — 위험한 요소를 미리 예측하여
        — 재해가 발생하지 않도록 예방조치

품질 향상 — 하자 발생 방지
        — 시방서규정에 의한 소요품질 만족

공기단축 — 품질, 안전, 원가 확보 가운데 공사진척
        — 무리한 공기단축은 부실원인
        — 진도관리를 통하여 공기단축

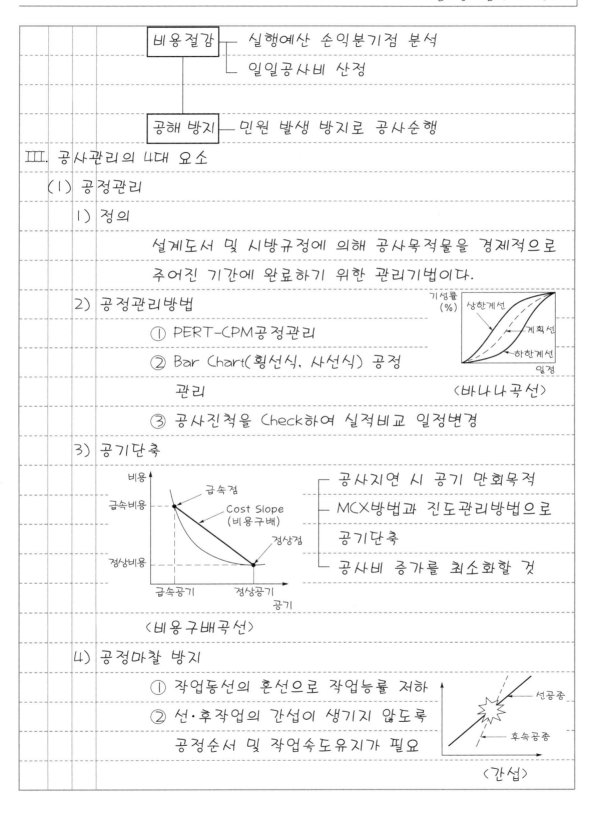

비용절감 ─┬─ 실행예산 손익분기점 분석
         └─ 일일공사비 산정

공해 방지 ── 민원 발생 방지로 공사순행

Ⅲ. 공사관리의 4대 요소

(1) 공정관리

1) 정의

설계도서 및 시방규정에 의해 공사목적물을 경제적으로 주어진 기간에 완료하기 위한 관리기법이다.

2) 공정관리방법

① PERT-CPM공정관리

② Bar Chart(횡선식, 사선식) 공정관리

〈바나나곡선〉

③ 공사진척을 Check하여 실적비교 일정변경

3) 공기단축

─ 공사지연 시 공기 만회목적
─ MCX방법과 진도관리방법으로 공기단축
─ 공사비 증가를 최소화할 것

〈비용구배곡선〉

4) 공정마찰 방지

① 작업동선의 혼선으로 작업능률 저하

② 선·후작업의 간섭이 생기지 않도록 공정순서 및 작업속도유지가 필요

〈간섭〉

5) 적정 인원 및 자재 투입

　　각 공정별 소요되는 자재와 투입인원을 산정하여 투입시기
　　및 소요물량에 대한 계획 수립

6) 품질 확보

　　품질불량으로 공사진행에 차질이 생기지 않도록 품질관리
　　시스템을 도입하여 양호한 품질 유지

(2) 품질관리

1) 정의

　　설계도서 및 시방규정에 의해 공사목적물을 경제적으로
　　양호한 품질을 완성하기 위한 관리기법이다.

2) 품질관리방법

　① 품질관리 7가지 Tool 이용

관리도	Pareto	산포도	층별

──────────────────────────── 7Tool

Histogram	특성요인도	체크시트

　② QC시스템 구축 → ISO관리체제 시행

　③ 최고경영자로부터 전 조직원으로 혼연일체

　④ 절차를 확실히 밟음

3) 품질관리의 목표

품질확보
품질개선 → 하자예방 → 신뢰성 증가
품질균일　　　　　　　　원가절감

(3) 원가관리

1) 정의

　　설계도서 및 시방규정에 의해 공사목적물을 최소의 비용
　　으로 최대의 효과를 얻기 위한 관리기법이다.

2) 원가관리방법

① 경제성 : 공법 선정 시 최소의 비용 고려 선정

② 신공법 채택 : 노무비, 자재비 절감

③ VE, LCC, IE관리기법 도입

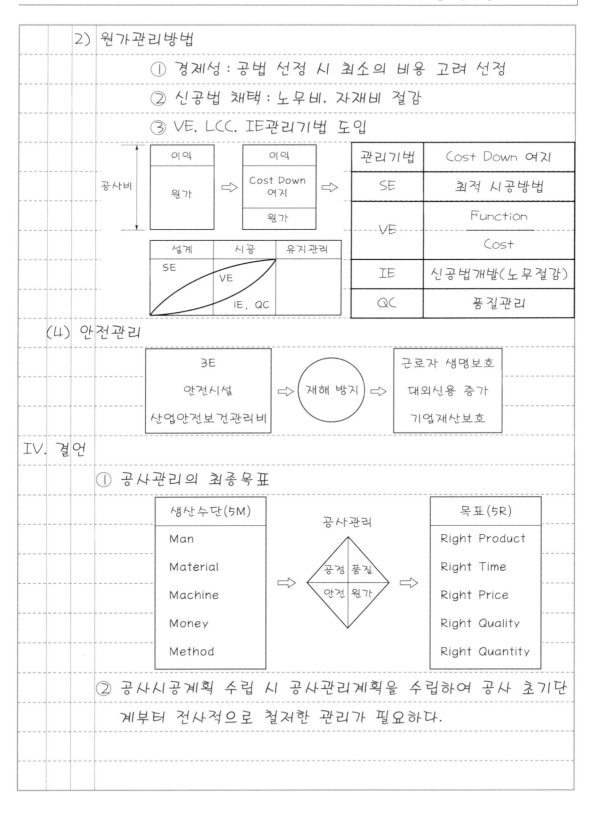

관리기법	Cost Down 여지
SE	최적 시공방법
VE	$\dfrac{Function}{Cost}$
IE	신공법개발(노무절감)
QC	품질관리

(4) 안전관리

(그림: 3E / 안전시설 / 산업안전보건관리비 ⇨ 재해 방지 ⇨ 근로자 생명보호 / 대외신용 증가 / 기업재산보호)

IV. 결언

① 공사관리의 최종목표

생산수단(5M)	공사관리	목표(5R)
Man	공정 품질	Right Product
Material	안전 원가	Right Time
Machine		Right Price
Money		Right Quality
Method		Right Quantity

② 공사시공계획 수립 시 공사관리계획을 수립하여 공사 초기단계부터 전사적으로 철저한 관리가 필요하다.

문제 6.	CM제도에 대하여 설명하시오.
답	

I. 서언

    1) 정의

        ① CM은 건설업의 전과정인 사업에 관한 기획타당성조사, 설계, 계약, 시공관리 및 유지관리 등에 관한 업무의 전부 또는 일부를 발주처와의 계약을 통하여 수행할 수 있는 건설사업관리제도

        ② CM은 구조물의 개념적 구상에서 완성에 이르기까지 전 과정을 통하여 품질뿐만 아니라, 일정과 비용 등을 유기적으로 결합하여 관리하는 관리기술

    2) CM의 장점

```
┌──────────────────┐          ┌──────────────────┐
│ 발주자의 의향 반영 │          │  입찰가격 저렴    │
│   공사비 절감     │   ⇒  (장점)  ⇐  │   공기단축       │
│  가치공학 적용    │          │  부실 시공 감소   │
│  합리적 시공      │          │   품질 확보      │
└──────────────────┘          └──────────────────┘
```

II. CM의 분류 및 특징

```
          ┌─ CM 역할수행자 ─┬─ CM전문회사
          │                ├─ 종합건설회사
          │                ├─ 설계전문회사
          │                └─ Consulting회사
  CM ─────┤
          ├─ CM의 기본형태 ──────────────────┬─ CM for Fee
          │                                 └─ CM at Risk
          │
          └─ CM 계약유형 ──┬─ ACM(Agency CM)
                          ├─ XCM(Extended CM)
                          ├─ OCM(Owner CM)
                          └─ GMP CM(Guaranteed Miximum Price CM)
```

(1) CM 역할수행자

구분	형태
CM전문회사	• 구조물의 설계·시공을 따로 하지 않으며 CM만을 수주하는 회사 • CM 수행에 관한 전문가집단 보유 • 운영상 상당한 부담
종합건설회사	• 종합건설을 주로 수행하면서 CM을 겸직 • CM 전담부서 별도 마련
설계전문회사	• 건설설계를 주로 수행하면서 CM을 겸직 • 기존의 감리(업무)보다 전문집단 필요
Consulting회사	• 사업에 관한 상담업무와 CM업무 수행

(2) CM의 기본형태

1) CM for Fee(대리인형 CM)

① CM은 발주자의 대리인으로 역할을 수행

② 설계 및 시공에 대한 전문적인 관리업무로 약정된 보수만 수령

③ 시공자는 발주자와 직접계약 체결

④ CM은 사업의 승패에 관한 책임이 없음

⑤ 초창기의 CM형태임

2) CM at Risk(시공자형 CM)

① CM이 원도급자 입장으로 하도급업체와 직접계약 체결

② CM이 설계·시공의 전반적인 사항을 관리

③ 공사의 품질, 공정, 원가 등의 직접관리로 CM이익 추구

④ 사업승패에 대한 책임이 있음

⑤ CM의 발달된 형태로 선진국에서 주종을 이루는 형태

```
                    ┌─────────┐
                    │  발주자  │
                    └────┬────┘
              ┌──────────┴──────────┐
        ┌─────────┐           ┌─────────┐
        │  설계자  │           │  CMer   │
        └─────────┘           └────┬────┘
                      ┌────────────┼────────────┐
                ┌─────────┐  ┌─────────┐  ┌─────────┐
                │  하도급  │  │  하도급  │  │  하도급  │
                └─────────┘  └─────────┘  └─────────┘
```

3) CM 계약유형

구분	계약유형
ACM	• 설계단계에서부터 고용되어 CM 본래 업무수행
XCM	• CM의 본래 업무와 기획에서 유지관리까지의 건설사업의 전과정을 관리
OCM	• 발주자 자체가 CM업무를 수행
GMP CM	• 계약금액 초과하지 않게 하기 위한 조치 • 계약 산정 시 공사금액을 절감 또는 초과 시 CM이 일정 비율 부담

Ⅲ. CM의 단계별 업무

1) 계획단계 (Pre-Design)

　　─ ① 사업의 발굴 및 구상

　　─ ② 기본계획 수립 및 타당성조사

2) 설계단계 (Design)

　　─ ① 구조물의 기획 및 입안업무

　　─ ② 발주자의 의향 반영

　　─ ③ 설계도서에 대한 전반적인 검토

3) 발주단계 (Pre-Construction)
- ① 입찰 및 계약절차지침 마련
- ② 전문공종별 업체 선정 및 계약 체결
- ③ 공정계획 및 자금계획 수립

4) 시공단계 (Construction)
- ① 공정, 원가, 품질 및 안전관리
- ② 공사 및 기성관리
- ③ 설계변경 및 Claim관리

5) 유지관리단계 (Post-Construction)
- ① 유지관리지침서 작성
- ② 사용계획 및 최종인허가
- ③ 하자보수계획 수립

IV. 결언

① CM제도는 부실 시공 감소, 사업비의 최적화 및 건설관리기술의 기틀을 만들고 추후 공사에 대한 자료제공 등의 효과를 얻을 수 있다.

② 문제점
- CM은 발주자의 이해 없이는 성공하지 못함
- CM방식은 강력한 하청업체가 필요
- 발주자, 설계자, 시공자 간의 이해 상충 등

③ 대책
- 건설 생산System 개선
- Engineering Service의 극대화
- 설계 시공조직 간 Communication 활성화
- 기술집약형태의 고부가가치산업으로 발전유도가 필요

문제7.	부실공사의 원인과 대책에 대하여 설명하시오.

답

I. 서언

　　① 부실공사는 저가입찰, 무리한 공기단축, 품질관리 소홀 등으로 인해 발생한다.

　　② 부실공사의 문제점

구조물 하자 발생 구조물 내구성 저하	→ 문제점 ←	유지보수비 증가 대외신뢰도 저하

　　③ 부실공사 발생 메커니즘

공기단축 저가입찰 민원 발생	⇒ 감독 소홀 ⇒ 품질불량 ⇒ 부실공사

II. 부실공사의 원인

　1) 무리한 공기단축

　　　① 예정공정표 및 공사계획을 무시한 공기단축 감행

　　　② 안전, 품질, 환경관리 미흡

　　　③ 발주처의 요구 및 민원 발생 등에 의한 공사지연

〈품질과 공기관계〉

　2) 품질관리 소홀

관리절차 무시 하자대책 미흡	시스템 미정립 무리한 원가절감	인식 부족 공기단축

부실공사

　3) 저가입찰

　　　저가입찰제도에 의한 무리한 수주

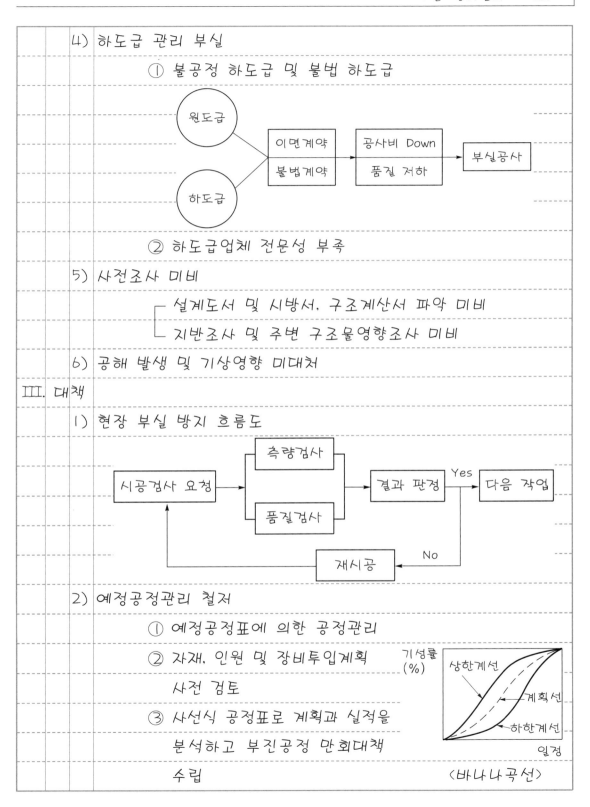

4) 하도급 관리 부실

　　① 불공정 하도급 및 불법 하도급

　　② 하도급업체 전문성 부족

5) 사전조사 미비

　　┌ 설계도서 및 시방서, 구조계산서 파악 미비
　　└ 지반조사 및 주변 구조물영향조사 미비

6) 공해 발생 및 기상영향 미대처

III. 대책

1) 현장 부실 방지 흐름도

2) 예정공정관리 철저

　　① 예정공정표에 의한 공정관리

　　② 자재, 인원 및 장비투입계획

　　　사전 검토

　　③ 사선식 공정표로 계획과 실적을

　　　분석하고 부진공정 만회대책

　　　수립

3) 저가입찰제도 개선

　　　┌ 금액보다 기술 위주 검토제도 적용
　　　├ CM 및 Turn Key방식의 계약방식 확대
　　　└ 원가 이하의 저가로 수주하는 행위 방지

4) 품질관리 철저

① 품질관리단계 시행

② 품질관리 7가지 Tool 이용

　　　┌ $\overline{x}-R$관리도 작성 : 공정상태 파악
　　　└ Histogram 작성 : 제품상태 분석

5) 사전조사 철저

6) 시공감독 철저

① 시공검사 판정 후 다음 공종작업 시행

② 단계별 시공관리를 철저히 할 것

7) 공사관리자의 책임 시공의식 고취

설계자	: 설계도서의 충분한 검토 및 확인
시공자	: 견실 시공 및 품질관리 향상 유도
감리자	: 현장 및 설계도서 확인, Check, 부실 사전 방지

8) 시방서 규정 준수

　　　시방서 규정 및 설계도서에 의한 위치, 규격, 강도 등을

준수 시행하여 품질 확보

9) 신기술, 신공법 적용으로 시공성, 경제성 향상

10) 안전관리 철저

3~5운동의 생활화로 부실 시공 방지

작업 전 5분	안전교육
작업 중 5분	검사
작업 후 5분	정리 정돈

안전제일

11) 시공성 향상 유도 및 개발

- 건설기계화 및 장비 시공으로 시공성 향상 유도
- 저소음, 저진동공법 개발 → 민원해결
- 계측관리System 도입 → Data Base화
- 신공법개발을 통한 시공능력 확대

12) 환경관리 및 시공실명제 도입을 통한 책임의식 강화

IV. 개선방안 및 결언

① 개선방안

건실시공의식 함양 ← 시공자 합동회의 / 안전결의대회 / 품질관계자 회의

② 부실 시공 방지를 위해서는 건설제도의 개선과 함께 건설기술인의 사명과 기본자세가 확립되어야 한다.

문제 8.	건설현장에서 VE기법에 대하여 설명하시오.

답

I. 서언

① 건설현장에서의 VE란 최소의 비용으로 각 공사에서 요구되는 공기, 품질, 안전 등 필요한 기능을 철저히 분석해서 원가절감 요소를 찾아내는 활동이다.

② 기본원리

기능을 향상시키고 비용을 최소화하여 가치를 극대화시키는 것

$$V = \frac{F}{C}$$

- V : 가치(Value)
- F : 기능(Function)
- C : 비용(Cost)

③ 필요성

```
                  경쟁력 제고
                       ↑
기술력 축적  ←   원가절감   →  조직력 강화
                       ↓
                  기업체질 개선
```

II. VE대상 선정

```
원가절감 큰 공사              개선효과 큰 공사
공사기간 긴 공사    ⇒  VE  ⇐  하자 발생 큰 공사
공사내용 복잡          대상      물량이 큰 공사
노무비 큰 공사              장비효율 큰 공사
```

III. VE의 활동영역

1) 설계자에 의한 VE

- 설계내용의 단순화, 규격화
- 설계경험과 현장자문

└ 특수 시공 감소 및 불필요한 시공요소 최소화

2) 시공자에 의한 VE

┌ 경제적인 공법 및 장비 활용
├ 원가절감 시공 및 조직력 강화
└ 신공법개발 및 기술개발보상제도

구분	설계VE(VEP)	시공VE(VECP)
설계변경	불필요	필요
실시근거	건진법기반	기술개발보상제도

※ 100억 이상 공사 시 설계VE(VEP) 의무실시

IV. 효과적인 VE

1) LCC가 최소화일 때

2) 생산비(C_1), 유지관리비(C_2) 분석

V. VE의 방법

원리	번호	결과	내용
$V = \dfrac{F}{C}$ • V : 가치	1	→ ↘	기능·가치를 일정하게 하고 내용을 내린다.
• F : 기능 • C : 비용	2	↗ →	비용을 일정하게 하고 기능·가치를 올린다.

원리	번호	결과	내용
	3	↗ ↘	비용은 내리고 가치·기능은 올린다.
	4	↗ ↗	비용은 조금 올리고 기능·가치는 많이 올린다.
	5	↘ ↘	기능·가치는 조금 내리고 비용은 많이 내린다.

① 일반적인 VE는 1, 2방법에 주안점을 둔다.

② 가장 효율적인 방법은 3방법이다.

③ 4, 5방법은 후자적인 방법이다.

VI. 기능분석

기능분석은 VE활동의 핵심적 업무이다.

| 기능분석 | → | 비용할당 | → | 대안 적용 |

〈VE적용 전〉　　　　　　　　　　　　　　〈VE적용 후〉

| 기본기능 |
| 2차(부가) 기능 |
| 불필요기능 |

기본·부가기능 유지 ┄┄┄>

불필요기능 제거
부족기능 보완 →

| 기본기능 |
| 2차(부가) 기능 |
| 부족기능 |

기능의 속성을 분류하고 효율화, 비용분석으로 원가절감

VII. VE문제점과 대책

문제점	대책
이해 부족	교육 실시
인식 부족	활동시간 확보
안이한 생각	전조직의 참여
성급한 기대	이익확보수단으로 이용
활동시간 부족	최고경영자 인식전환

VIII. 결언

① VE기법은 전과정에서 실시되어야 하며 전직원이 참여하여 VE기법을 이해하고 인식해야 한다.

② VE기법

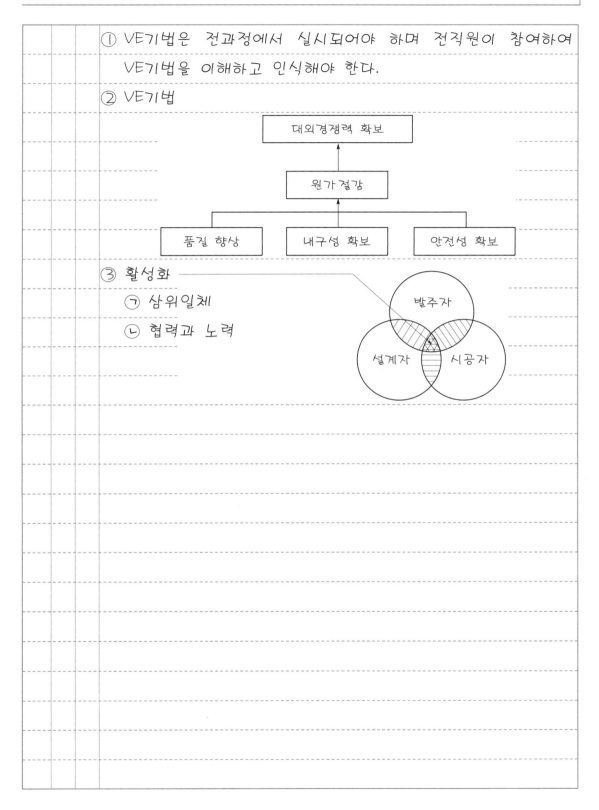

③ 활성화
   ㉠ 삼위일체
   ㉡ 협력과 노력

문제 9.	토목현장의 안전관리를 위한 고려사항과 재해 방지대책에 대하여 설명하시오.
답	
I.	서언

① 안전관리란 근로자의 생명을 보호하고, 기업재산을 보호할 목적으로 생산현장에서 위험한 요소를 미리 예측하여 재해를 예방하려는 관리활동

② 안전관리의 목적

```
        ┌─ 근로자의 생명보호
┌────┐  ├─ 기업의 재산보호
│목적│──┤
└────┘  ├─ 근로자의 사기진작
        └─ 기업의 대외신뢰도 확보
```

③ 안전관리 메커니즘

```
┌──────────┐   ┌──────────┐   ┌────────┐
│안전관리 결함│→ │불안전한 상태│→ │물적요인 │→ ┌──────┐
└──────────┘   ├──────────┤   ├────────┤   │안전사고│
               │불안전한 행동│   │인적요인 │   └──────┘
               └──────────┘   └────────┘
```

II.	안전관리를 위한 고려사항

1) 작업환경의 특수성

① 옥외작업, 수중작업, 터널작업 등 지형, 기후 등의 영향으로 사전재해위험예측 곤란

② 공정진행에 따라 작업환경이 수시로 변동

③ 작업환경에 따른 안전관리계획 수립

2) 작업 자체의 위험성

① 위험한 작업

```
┌────────┐   ┌────────┐   ┌────────┐   ┌──────────┐
│수중작업  │⇒ │고도작업  │⇒ │터널작업  │⇒ │특별안전관리│
│발파작업  │   │양중작업  │   │지하작업  │   └──────────┘
└────────┘   └────────┘   └────────┘
```

② 일반적인 근로자, 기계, 도구로 이루어지지 않으므로 체계적인 현장 적용 가능한 안전관리기법 필요

3) 공사현장 입지조건

　　┌ 공사환경 열악 : 도심지공사, 교통문제, 공해 발생
　　└ 대형 재해 유발 : 고층화, 지하철, 터널

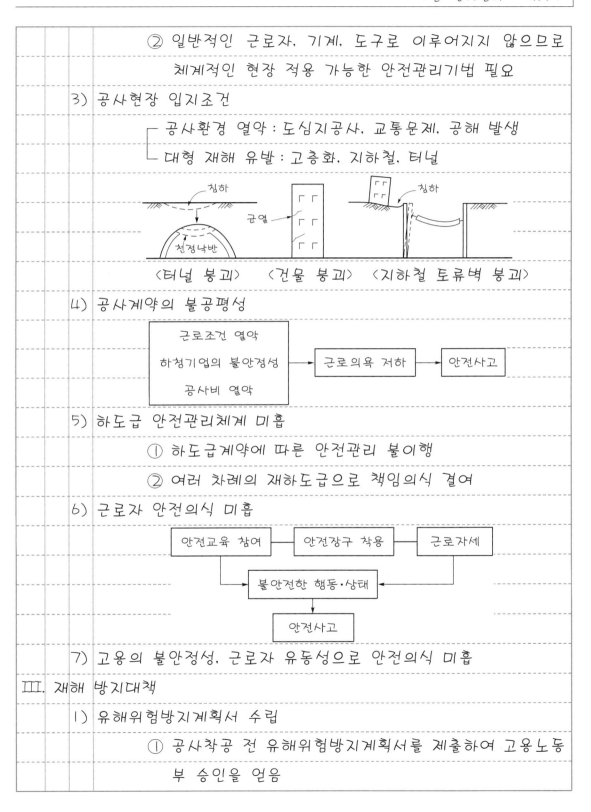

〈터널 붕괴〉　〈건물 붕괴〉　〈지하철 토류벽 붕괴〉

4) 공사계약의 불공평성

| 근로조건 열악
하청기업의 불안정성
공사비 열악 | → 근로의욕 저하 | → 안전사고 |

5) 하도급 안전관리체계 미흡

① 하도급계약에 따른 안전관리 불이행

② 여러 차례의 재하도급으로 책임의식 결여

6) 근로자 안전의식 미흡

| 안전교육 참여 | 안전장구 착용 | 근로자세 |
불안전한 행동·상태
안전사고

7) 고용의 불안정성, 근로자 유동성으로 안전의식 미흡

Ⅲ. 재해 방지대책

1) 유해위험방지계획서 수립

① 공사착공 전 유해위험방지계획서를 제출하여 고용노동부 승인을 얻음

② 유해위험방지계획서 작성기준

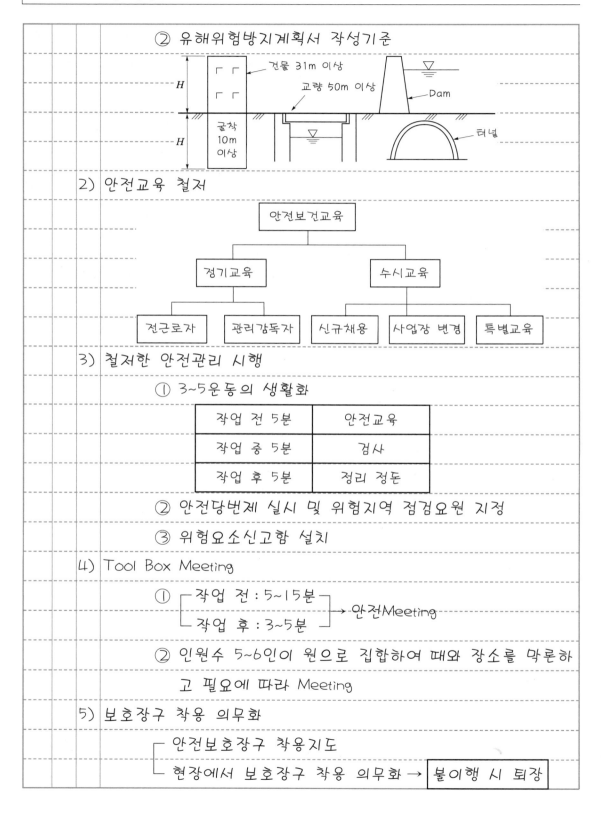

건물 31m 이상
교량 50m 이상
Dam
터널
굴착 10m 이상

2) 안전교육 철저

안전보건교육
├ 정기교육
│ ├ 전근로자
│ └ 관리감독자
└ 수시교육
  ├ 신규채용
  ├ 사업장 변경
  └ 특별교육

3) 철저한 안전관리 시행

① 3~5운동의 생활화

작업 전 5분	안전교육
작업 중 5분	검사
작업 후 5분	정리 정돈

② 안전당번제 실시 및 위험지역 점검요원 지정

③ 위험요소신고함 설치

4) Tool Box Meeting

① ┌ 작업 전 : 5~15분 ┐ → 안전 Meeting
   └ 작업 후 : 3~5분 ┘

② 인원수 5~6인이 원으로 집합하여 때와 장소를 막론하고 필요에 따라 Meeting

5) 보호장구 착용 의무화

┌ 안전보호장구 착용지도
└ 현장에서 보호장구 착용 의무화 → 불이행 시 퇴장

6) 안전시설 설치

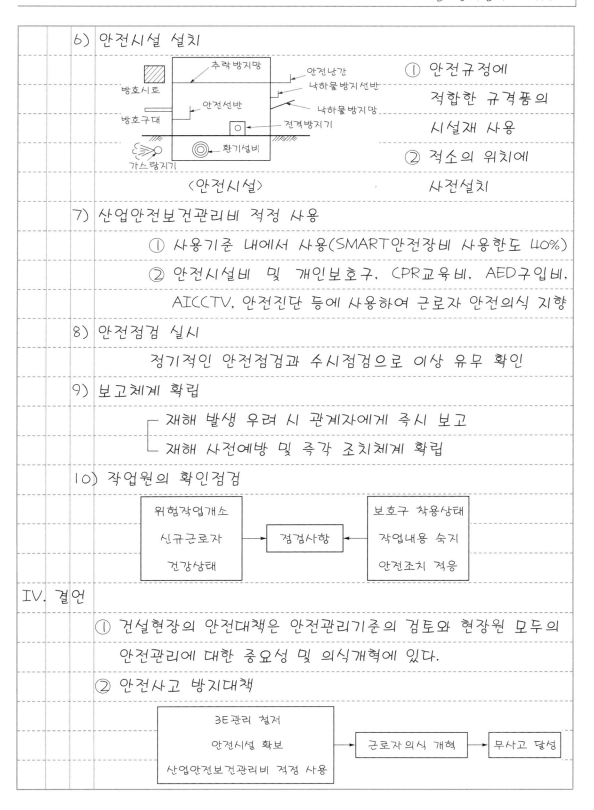

① 안전규정에

적합한 규격품의

시설재 사용

② 적소의 위치에

사전설치

〈안전시설〉

7) 산업안전보건관리비 적정 사용

① 사용기준 내에서 사용(SMART안전장비 사용한도 40%)

② 안전시설비 및 개인보호구, CPR교육비, AED구입비,

AICCTV, 안전진단 등에 사용하여 근로자 안전의식 지향

8) 안전점검 실시

정기적인 안전점검과 수시점검으로 이상 유무 확인

9) 보고체계 확립

┌ 재해 발생 우려 시 관계자에게 즉시 보고

└ 재해 사전예방 및 즉각 조치체계 확립

10) 작업원의 확인점검

위험작업개소 · 신규근로자 · 건강상태 → 점검사항 ← 보호구 착용상태 · 작업내용 숙지 · 안전조치 적응

IV. 결언

① 건설현장의 안전대책은 안전관리기준의 검토와 현장원 모두의

안전관리에 대한 중요성 및 의식개혁에 있다.

② 안전사고 방지대책

3E관리 철저 · 안전시설 확보 · 산업안전보건관리비 적정 사용 → 근로자 의식 개혁 → 무사고 달성

| 문제 10. | 정기안전점검, 긴급안전점검, 정밀안전점검 및 정밀안전진단의 |
| | 목적과 수행방법에 대하여 설명하시오. |

답

I. 개요

① 시설물의 안전 및 유지관리 등에 관한 지침에 따라 준공된 시설물의 상태·수명·내구성을 관리한다.

② 건설기술자는 안전점검과 정밀안전진단의 목적과 수행방법을 숙지하고 유지관리의 의무와 책임이 필요하다.

II. 시설물의 안전 및 유지관리 업무체계도

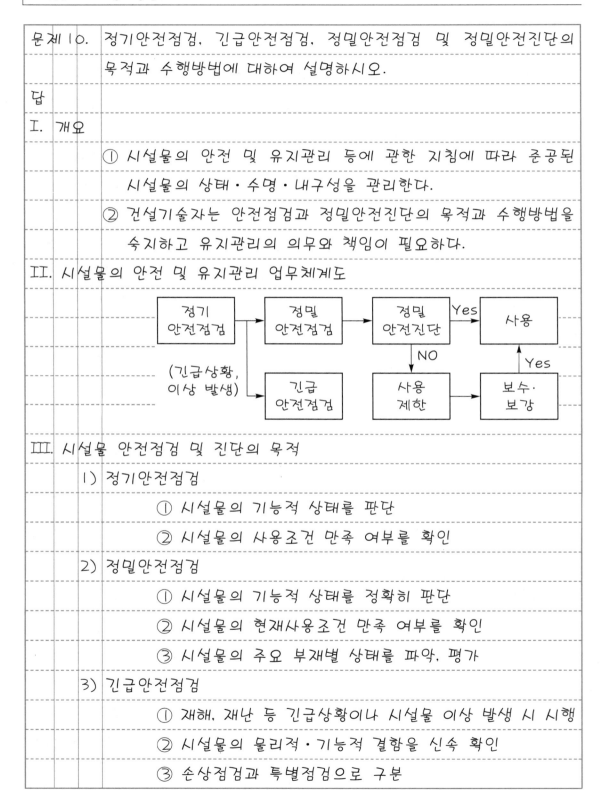

III. 시설물 안전점검 및 진단의 목적

1) 정기안전점검

① 시설물의 기능적 상태를 판단

② 시설물의 사용조건 만족 여부를 확인

2) 정밀안전점검

① 시설물의 기능적 상태를 정확히 판단

② 시설물의 현재사용조건 만족 여부를 확인

③ 시설물의 주요 부재별 상태를 파악, 평가

3) 긴급안전점검

① 재해, 재난 등 긴급상황이나 시설물 이상 발생 시 시행

② 시설물의 물리적·기능적 결함을 신속 확인

③ 손상점검과 특별점검으로 구분

구분	손상점검	특별점검
시기	재해, 사고 등 구조적 손상 발생	결함이 의심되는 경우
목적	시설물의 손상 정도 파악	시설물의 사용 여부 판단

4) 정밀안전진단

　① 시설물의 물리적·기능적 결함을 발견

　② 시설물의 상태평가 및 안전성평가

　③ 보수·보강이 필요할 경우 방법 제시

Ⅳ. 시설물 안전점검 및 진단의 수행방법

1) 실시시기

구분		A등급	B, C등급	D, E등급
정기안전점검		반기당 1회	반기당 1회	3회/년
정밀안전점검	건축물	4년마다	3년마다	2년마다
	시설물	3년마다	2년마다	1년마다
정밀안전점검		6년마다	5년마다	4년마다
긴급안전점검		재해, 재난 우려 시		
특별점검		관리주체 필요시		

2) 정기안전점검

　① 자료수집 및 분석

　② 현장조사

3) 정밀·긴급안전점검

　① 자료수정 및 분석

　② 현장조사 및 시험

　③ 시설물의 상태평가(육안 및 재료조사)

4) 정밀안전진단

　① 자료수집 및 분석

② 현장조사 및 시험

③ 시설물의 상태평가(육안 및 재료시험)

④ 시설물의 안전성평가

　㉠ 내하력평가

　㉡ 동·정적 내하시험

⑤ 시설물의 종합평가(상태평가+안전성평가)

⑥ 시설물의 보수·보강방법 결정

5) 정밀안전진단 종합평가등급 및 대책

구분	등급	상태	대책
A	우수	최상의 상태	계속 사용
B	양호	기능성 있음	보조재료 보수
C	보통	안전 지장 없음	주재료 보수
D	미흡	사용제한	주재료 보강
E	불량	사용금지	보강, 재생

V. 시설물의 중대한 결함사항(점검 및 진단결과 발견된 중대하자)

① 시설물기초의 세굴

② 교량·교각의 부등침하

③ 교량 교좌장치의 파손

④ 터널지반의 부등침하

⑤ 항만계류시설 중 강관 또는 철근콘크리트 파일의 파손·부식

⑥ 댐 본체의 균열 및 시공이음의 시공불량 등에 의한 누수

⑦ 건축물의 기둥보 또는 내력벽의 내력손실

⑧ 하구둑의 제방의 본체, 수문, 교량의 파손·누수 또는 세굴

⑨ 시설물 철근콘크리트의 염해 또는 탄산화에 따른 내력손실

⑩ 절·성토사면의 균열 이완 등에 따른 옹벽의 균열 또는 파손

VI. 시설물의 성능평가

① 5년에 |회 이상 성능평가 실시(성능평가 시 정밀안전점검(진단)을 포함하여 실시할 수 있음)

② 성능목표 : 시설물 사용이 가능한 연수 동안 본연의 성능 및 기능을 유지·확보할 수 있는 시설물의 유지관리수준

③ 성능평가항목(시설물의 종합성능=안전성능+내구성능+사용성능)

구분	평가항목
안전성능	• 외관상 결함 정도 • 손상 또는 붕괴에 저항하는 시설물의 성능
내구성능	• 사용연수 및 외부환경조건으로 인한 재료적 손상 정도
사용성능	• 사용연수 동안의 예상수요에 대한 사용자의 편의성 정도

Ⅶ. 결론

① 시설물 안전 및 유지관리의 신뢰성 확보를 위해서는 참여 기술자교육, 4차 산업혁명 기술도입 등이 필요하다.

② 공급자 중심에서 사용자 중심의 의식 전환이 필요하며 LCC 기법의 도입, 시설물 결함 발생 시 신속 대처 및 처리에 힘쓴다.

문제11. 건설공사의 공해 종류와 방지대책에 대하여 설명하시오.

답

I. 서언

① 건설공해란 공사착공에서 준공까지의 기간 동안 행하여지는 건설작업으로 인해 주변 주민의 생활환경을 해치는 것을 말한다.

② 건설공해를 방지하기 위해서는 공해 방지를 위한 기술개발과 주민의 성숙한 의식으로 대처를 하여야 한다.

③ 건설공해의 특성
- 문제해결이 곤란
- 민원 발생으로 공사비, 공기연장 초래
- 공사 중 불가피한 사안
- 공사 중 발생

II. 공해 종류

〈공해 발생 종류〉

1) 소음공해

① 건설공사 시 기계장비에 의한 기계소음과 말뚝공사에서 타격장비에 의한 소음 등이 있다.

② 소음규제범위 (단위 : dB[A])

구분	아침·저녁	주간	심야	비고
주거지역	60	65	50	50m 이내
상업지역	65	70	50	

2) 진동공해

① 발파진동규제치

구분	문화재	주택가	상가, 빌딩	공장
속도(cm/s)	0.2	0.4	1.0	1.0 ~ 4.0

② 발파, 말뚝인발, 토공장비운행 등의 공해

③ 주변 구조물 영향 및 정신적 불안감 조성

3) 분진공해

- 분진규제치 : 300μg/m³ 이하
- 현장 내외의 차량통행에 의한 흙, 먼지
- 토석, 암석굴착 및 발파, 파쇄작업 등으로 발생

4) 지반침하

① 지반굴착, Boring작업, 지하수 유출 등으로 발생

② 사전조사 미비 및 공법 선정이 부적절한 경우

5) 지하수오염

① 수질오염규제치 : 6.0 < pH < 7.5

② 지하수 개발 후 Boring공 방치 및 지표면 폐기오염물질이 우천 시 땅 속으로 유입되어 발생

6) 지하수 고갈

토공굴착으로 인해 지하수위 저하로 우물 고갈

7) 악취 발생

차량매연 및 방수재, 도장재 비산

8) 교통장애

레미콘차량 및 토공사 운반차량으로 교통혼잡

Ⅲ. 방지대책

　1) 저소음 저진동공법 선정

　　　├ 원음의 대책 : 저소음장비 개발, 방음커버 설치
　　　├ 전파경로대책 : 방호벽, 방진구 설치
　　　├ 방음보호구 착용(귀마개, 귀덮개 등)
　　　└ 저소음공법 적용 : 프리보링, 압입공법 시공

　2) 차수 및 지반보강공법 시공　　　　　　　　　　(Preboring)

| 약액주입
고결공법 | ⇒ | Slurry Wall
SCW | ⇒ | 복수공법
동결공법 | ⇒ | 침하 방지 |

　　　① 지하수 누출을 방지하여 지반침하 방지
　　　② 주변 구조물에 Under Pinning을 실시하여 주변 구조물
　　　　 부등침하 및 변형 방지

　3) 방음벽 시공

방음커버　방음벽　진동측정계
1.5~2.5m　방진구　Pile

　　　① 방음벽, 방진구, 방음
　　　　 커버를 설치하고 항타
　　　　 작업
　　　② 사전 공해 발생 대비하
　　　　 여 공사 착수

　4) 분진요소 제거

　　　① 공사현장 주변에 살수차 가동
　　　② 세륜, 세차시설 설치
　　　③ 분진작업요소를 제거하고
　　　　 비산분진막 설치　　　　　〈세륜시설〉

　5) 악취물 수거 철저

　　　├ 폐기물처리시설을 설치하여 분리처리
　　　└ 방수가 되도록 설치하여 토양오염 방지

6) 계측관리 실시

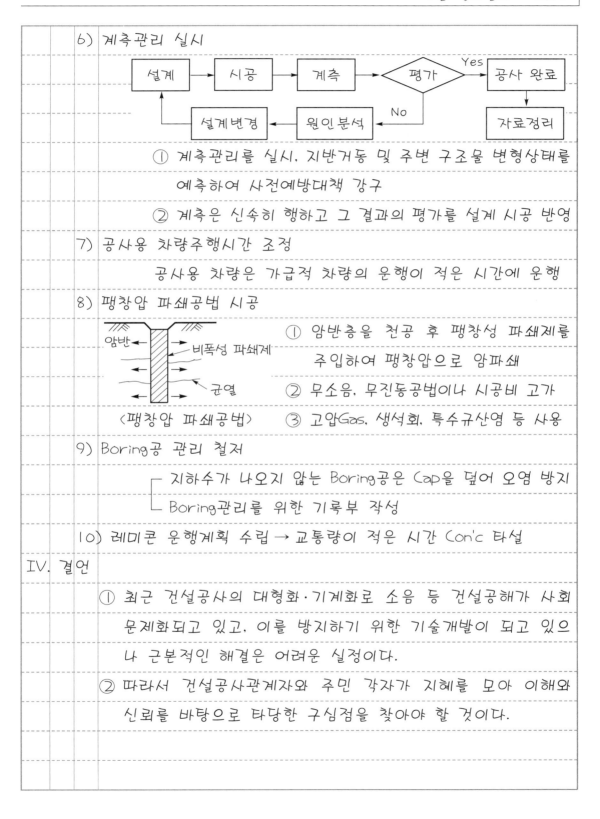

① 계측관리를 실시, 지반거동 및 주변 구조물 변형상태를 예측하여 사전예방대책 강구

② 계측은 신속히 행하고 그 결과의 평가를 설계 시공 반영

7) 공사용 차량주행시간 조정

공사용 차량은 가급적 차량의 운행이 적은 시간에 운행

8) 팽창압 파쇄공법 시공

① 암반층을 천공 후 팽창성 파쇄제를 주입하여 팽창압으로 암파쇄

② 무소음, 무진동공법이나 시공비 고가

③ 고압Gas, 생석회, 특수규산염 등 사용

9) Boring공 관리 철저

┌ 지하수가 나오지 않는 Boring공은 Cap을 덮어 오염 방지
└ Boring관리를 위한 기록부 작성

10) 레미콘 운행계획 수립 → 교통량이 적은 시간 Con'c 타설

IV. 결언

① 최근 건설공사의 대형화·기계화로 소음 등 건설공해가 사회 문제화되고 있고, 이를 방지하기 위한 기술개발이 되고 있으나 근본적인 해결은 어려운 실정이다.

② 따라서 건설공사관계자와 주민 각자가 지혜를 모아 이해와 신뢰를 바탕으로 타당한 구심점을 찾아야 할 것이다.

문제 12.	건설공사에서 소음·진동의 원인과 방지대책에 대하여 설명하시오.

답

I. 서언

① 최근 건설공사에서 가장 문제가 되고 있는 것은 소음, 진동 등의 건설공해라 할 수 있으며, 이 문제에 대한 방안은 아직 미흡한 실정이다.

② 건설공해 발생 메커니즘

```
                  ┌──────────┐
                  │ 소음, 진동 │
   ┌──────┐       ├──────────┤       ┌──────────┐       ┌──────────┐
   │ 공해공법 │ ──→   │          │ ──→   │ 환경 저해 │ ──→   │ 민원 발생 │
   └──────┘       ├──────────┤       └──────────┘       └──────────┘
                  │ 분진, 악취 │
                  └──────────┘
```

II. 소음·진동의 원인

1) 항타공사

① 타격에너지를 이용, 말뚝 타입으로 타격에 의한 소음, 진동 발생

② 공해 발생으로 인한 민원 야기로 시공 곤란

〈타격식 말뚝공법〉

2) 토공사

ㅡ 굴착기계에 의한 소음
ㅡ 암파쇄 및 굴착 시 소음
ㅡ 대형 덤프트럭 운행과 진동다짐

〈진동롤러다짐〉 장비 사용으로 소음, 진동 발생

3) 암발파

① 발파 시 충격에 의한 소음, 진동 발생

② 도심지에서는 발파공해가 크므로 공법사용금지

4) 구조물 해체공사

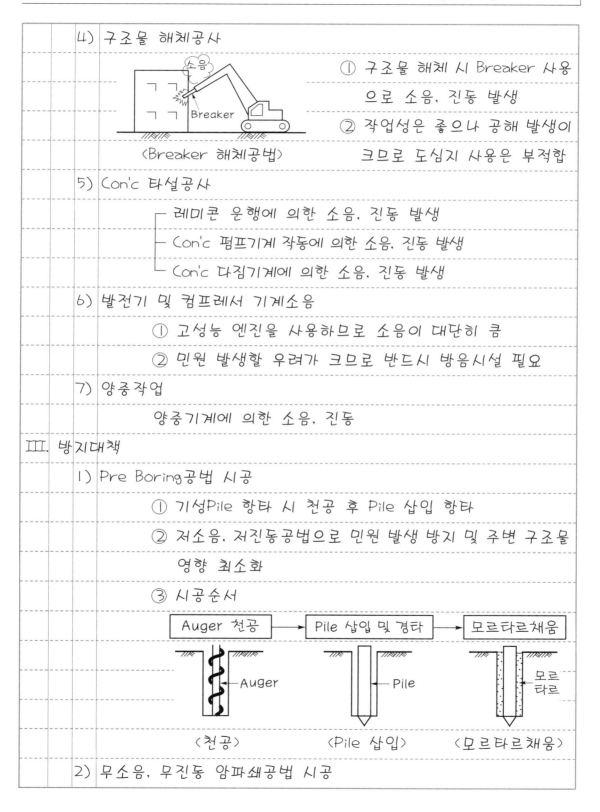

① 구조물 해체 시 Breaker 사용
으로 소음, 진동 발생

② 작업성은 좋으나 공해 발생이
크므로 도심지 사용은 부적합

〈Breaker 해체공법〉

5) Con'c 타설공사

　　┌ 레미콘 운행에 의한 소음, 진동 발생
　　├ Con'c 펌프기계 작동에 의한 소음, 진동 발생
　　└ Con'c 다짐기계에 의한 소음, 진동 발생

6) 발전기 및 컴프레서 기계소음

① 고성능 엔진을 사용하므로 소음이 대단히 큼

② 민원 발생할 우려가 크므로 반드시 방음시설 필요

7) 양중작업

양중기계에 의한 소음, 진동

III. 방지대책

1) Pre Boring공법 시공

① 기성Pile 항타 시 천공 후 Pile 삽입 항타

② 저소음, 저진동공법으로 민원 발생 방지 및 주변 구조물
영향 최소화

③ 시공순서

| Auger 천공 | → | Pile 삽입 및 경타 | → | 모르타르채움 |

〈천공〉　　　　〈Pile 삽입〉　　　　〈모르타르채움〉

2) 무소음, 무진동 암파쇄공법 시공

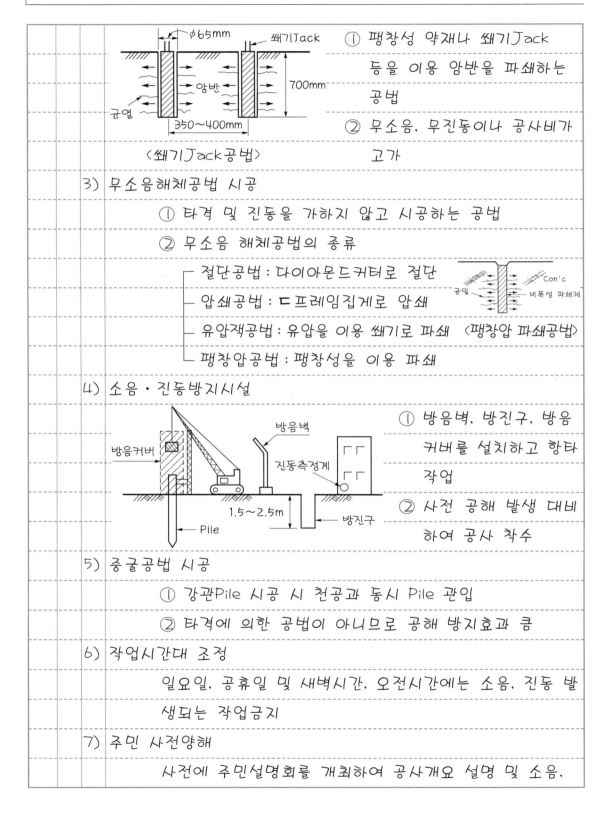

① 팽창성 약재나 쐐기Jack 등을 이용 암반을 파쇄하는 공법

② 무소음, 무진동이나 공사비가 고가

〈쐐기Jack공법〉

3) 무소음해체공법 시공

① 타격 및 진동을 가하지 않고 시공하는 공법

② 무소음 해체공법의 종류

- 절단공법 : 다이아몬드커터로 절단
- 압쇄공법 : ㄷ 프레임집게로 압쇄
- 유압잭공법 : 유압을 이용 쐐기로 파쇄 〈팽창압 파쇄공법〉
- 팽창압공법 : 팽창성을 이용 파쇄

4) 소음·진동방지시설

① 방음벽, 방진구, 방음커버를 설치하고 항타 작업

② 사전 공해 발생 대비하여 공사 착수

5) 중굴공법 시공

① 강관Pile 시공 시 천공과 동시 Pile 관입

② 타격에 의한 공법이 아니므로 공해 방지효과 큼

6) 작업시간대 조정

일요일, 공휴일 및 새벽시간, 오전시간에는 소음, 진동 발생되는 작업금지

7) 주민 사전양해

사전에 주민설명회를 개최하여 공사개요 설명 및 소음,

진동 발생에 대한 이해와 설득

8) 저소음, 저진동의 장비 개발

9) 강재접합 시 용접접합 실시

용접접합은 고장력 Bolt접합에 비하여 소음 및 진동이 거의 없음

10) Pre-fab공법의 적용

① 철근을 부위별로 미리 조립해두고 현장에서는 이 부재를 접합하는 공법

② 공기단축, 작업환경 개선, 공해 방지효과가 큼

IV. 향후 개발방향 및 결언

① 건설현장에서 소음과 진동을 방지하려면 설계자, 시공자, 발주자 모두의 노력이 필요하며 방지사례 및 실적을 기록화하여 Feed back하여야 한다.

② 개발방향

공해 방지공법 → 무공해장비 개발 공법연구 신기술개발 → Data Base화 → 발전

문제13. 구조물 해체공법과 해체공사 시 고려해야 할 사항에 대하여 설명하시오.

답

I. 서언

① 최근 재개발로 인해 도심지에서 구조물 해체 시에는 각종 공해 발생으로 민원 발생 및 환경오염을 유발한다.

② 주변 환경조건에 적합한 해체공법을 선정하여 공해 발생을 최소화해야 한다.

③ 구조물 해체 시 문제점

공해 발생
주변 구조물 영향   ⇨ 문제점 ⇦   폐기물 처리
민원 야기   안전사고 발생
                                 교통장애 발생

II. 구조물 해체공법

1) Diamond Wire Saw공법

〈Diamond Wire Saw공법〉

① Cutter기의 톱날에 의해 구조물 상판 및 Slab 절단

② 시공자의 의도대로 규격별, 위치별 절단 가능

③ 안전한 해체 가능, 부재 재사용 가능

2) Wheel Saw공법

① 직접 Con'c면을 Cutting

② 부재의 규격이나 두께가 얇을 때 주로 사용

③ 정확한 치수 및 부재의 절단에 효과적인 공법

〈Wheel Saw공법〉

3) 대형 Breaker 파쇄공법

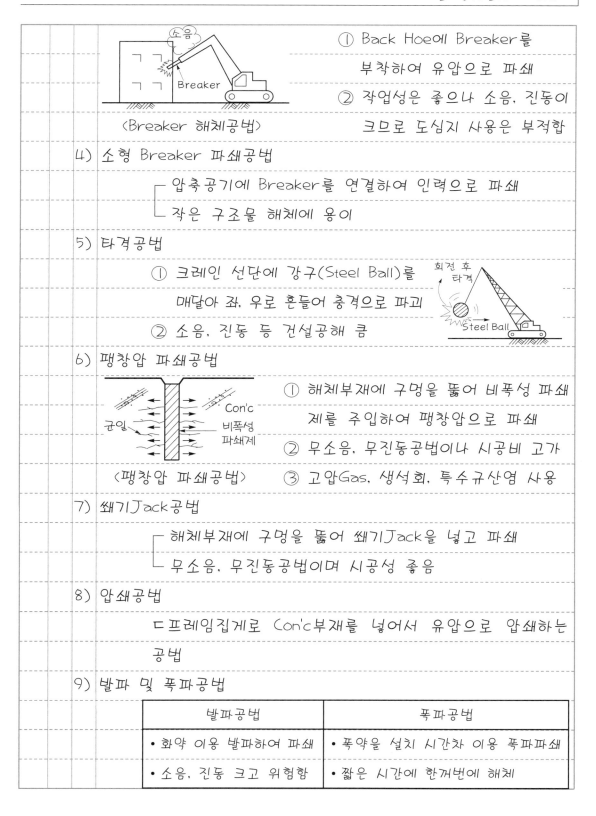

〈Breaker 해체공법〉

① Back Hoe에 Breaker를 부착하여 유압으로 파쇄

② 작업성은 좋으나 소음, 진동이 크므로 도심지 사용은 부적합

4) 소형 Breaker 파쇄공법

　　┌ 압축공기에 Breaker를 연결하여 인력으로 파쇄
　　└ 작은 구조물 해체에 용이

5) 타격공법

① 크레인 선단에 강구(Steel Ball)를 매달아 좌, 우로 흔들어 충격으로 파괴

② 소음, 진동 등 건설공해 큼

회전 후 타격

Steel Ball

6) 팽창압 파쇄공법

균열　Con'c　비폭성 파쇄제

〈팽창압 파쇄공법〉

① 해체부재에 구멍을 뚫어 비폭성 파쇄제를 주입하여 팽창압으로 파쇄

② 무소음, 무진동공법이나 시공비 고가

③ 고압Gas, 생석회, 특수규산염 사용

7) 쐐기Jack공법

　　┌ 해체부재에 구멍을 뚫어 쐐기Jack을 넣고 파쇄
　　└ 무소음, 무진동공법이며 시공성 좋음

8) 압쇄공법

　　ㄷ프레임집게로 Con'c부재를 넣어서 유압으로 압쇄하는 공법

9) 발파 및 폭파공법

발파공법	폭파공법
• 화약 이용 발파하여 파쇄	• 폭약을 설치 시간차 이용 폭파파쇄
• 소음, 진동 크고 위험함	• 짧은 시간에 한꺼번에 해체

10) 유압Jack을 이용 해체하는 공법

Ⅲ. 해체공사 시 고려해야 할 사항

1) 공해 방지대책

① 소음, 먼지방지장치 설치

② 주민설명회 및 홍보, 관계법규 조사

③ 세륜, 세차시설 설치 및 살수차 항시 가동

2) 안전대책

① 안전, 위생계획서 작성하여 시행

② 안전교육 철저

③ 보호구 착용의무화

④ 산업안전보건관리비를 적정 사용하여 안전 확보

3) 해체구조물 구조 검토

┌ 해체구조물 위험개소 파악 및 주변 영향 검토
└ 해체구조물 작업순서 및 작업방법 결정

4) 해체공법 선정

① 해체대상 구조물 규모 및 구조 고려

② 인근 주변 환경 검토(도로, 건물, 매설물, 지상물)

③ 환경공해 대처 및 주민 및 교통통제계획

④ 해체방법의 안전성 및 효율성

5) 발생물 처리

① 폐기물처리계획 수립

- 5ton 이상 발생 → 관할청에 신고
- 재활용 불가 시 분리하여 위탁업체 처리위탁
- 폐Con'c 재활용 시 → D 100mm 이하 소할하여 사용

② 임의처리 시는 관계법에 의해 처벌

6) 주변 구조물 영향조사

① 해체 시 진동으로 인한 주변 구조물 영향 검토

② 지상 및 지중구조물에 대한 사전대책 수립

IV. 결언

① 해체공법 선정 시 검토사항

```
┌─────────────────┐
│  인근 주변 환경  │─────────────────┐
└─────────────────┘                 ↓
    ┌───────────────────┐      ╭──────────╮
    │ 해체구조물 규모 및 구조 │─────→│ 공법 선정 │
    └───────────────────┘      ╰──────────╯
      ┌──────────────────┐        ↑
      │ 해체공법의 효율성  │────────┘
      └──────────────────┘        ↑
        ┌──────────────┐          │
        │ 공해 방지대책  │──────────┘
        └──────────────┘
```

② 공해 발생은 피할 수 없는 사안이지만 최소화할 수 있는 대책
을 수립하여 해체공사를 하여야 한다.

문제 14.	4차 산업혁명요소의 건설현장이용방안에 대하여 설명하시오.

답

I. 개요

4차 산업혁명은 주로 물리학, 디지털, 생물학기술 등의 융합을 기반으로 한 산업혁명으로 논의되고 있으며, 건설에서는 디지털기술과 접목하여 공사의 안전과 현장 시공의 효율성 제고에 기여하고 있다.

II. 4차 산업혁명요소의 종류

① BIM(Building Information System)

② IoT(Internet of Things)

③ Drone

④ 3D printer

⑤ 가상/증강현실(VR/AR) 시공

⑥ Big data & 인공지능(AI)

⑦ Digital Twin

⑧ OSC(Off Site Construction)

III. 건설현장이용방안

1) BIM 활용으로 설계변경비용 절감

① BIM의 설계변경data를 변화시키면 관련 정보들이 연동되어 변동

② 설계변경이 손쉽고 3D가상공간에서 다양한 설계개발이 가능함

③ 기획단계에서의 설계변경으로 적은 비용으로 큰 효용

발생

2) SOC시설물의 무인원격monitoring

① IoT를 활용한 쌍방향 data전송으로 공공시설물의

무인원격관리로 안전율 상승

② 격외지 시설물의 실시간 관리 가능

3) 건설현장에서의 drone활용방안

고정익 드론 (fixed-wing)	회전익 드론 (rotary-wing)	가변로터형 드론 (tilt-rotor)
• 고정날개형태	• 헬리콥터형태	• 가변형 로터
• 연료소모 적음	• 정지비행 가능	• 고속비행·수직이착륙
• 바람영향 큼	• 단거리임무	• 드론택시 활용

① 좌표, 면적, 체적, 레벨, 깊이 산출

② 3D modeling, 지형도 제작

③ 건설 시공관리 드론 : 절성토 물량 산출, 비탈면 단면분

석, 유지관리정보 취합

④ 안전점검관리드론 : 건설현장의 재난재해위험요소분석

⑤ 현장의 중장비 배치 및 안전시설 파손 여부, 구조물 처

짐 검토

4) BIM 활용으로 건설claim의 감소

① 해결되지 않은 클레임은 분쟁으로 발전하게 되며

소송과 소송 외 방법(ADR : Alternative Dispute Resolution)으로 해결 가능

② BIM 적용 시 건설claim 감소가 예상

5) IoT 기반 현장안전관리방안

① sensor와 bluetooth, scanner를 활용하여 통합 platform 구축

②

| 위험 여부 판단 | → | 근로자/관리자 경보알람 | → | 잠재적 위험요인 사전 제거 |

6) Pre-con서비스의 시행

Pre-construction

| Pre-con계약 | → | 3D가상 시공 | → | 도급계약 | → | 시공 |

목표 달성

① 사업기획단계에서 발주자, 설계자, 시공자의 프리콘 용역을 체결하여 3D 가상설계·시공을 실시

② CM at risk방식으로 설계단계에서 프리콘계약

③ process mapping으로 설계변경risk를 최소화, 최적의 VE를 도출

7) 가상 시공(virtual reality construction)의 도입효과

| 설계·시공 시 | VR·AR Robot, Drone | 유지·관리 시 |

- 정확한 공기소요시간 산정
- 선·후행 공정간섭 방지
- 가상산업안전교육 실시
- 설계·시공비용 V.E

- 비파괴검사자료의 시각화
  (열화지도, Deterioration Map)
- 출장비용 감소, 현장문제 즉시해결
- 안전검사비용·유지관리비용 절감

8) drone기술의 개발방향

① 비행시간 증대 : battery기술개발

② no control현상 개선 : GPS센서 정확도 향상

③ 충돌탐지 및 회피기술 습득

④ 5G드론으로 지상관제센터와의 대용량 데이터 송수신

⑤ 근접 비행드론, 고해상도 드론 개발

9) BIM을 통한 설계·견적·시공환경 동기화

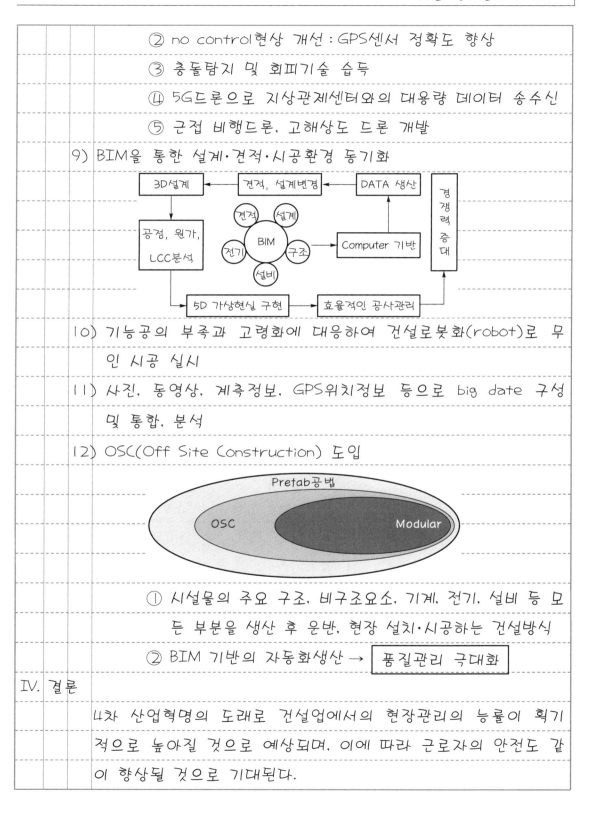

10) 기능공의 부족과 고령화에 대응하여 건설로봇화(robot)로 무

인 시공 실시

11) 사진, 동영상, 계측정보, GPS위치정보 등으로 big date 구성

및 통합, 분석

12) OSC(Off Site Construction) 도입

① 시설물의 주요 구조, 비구조요소, 기계, 전기, 설비 등 모

든 부분을 생산 후 운반, 현장 설치·시공하는 건설방식

② BIM 기반의 자동화생산 → │품질관리 극대화│

IV. 결론

4차 산업혁명의 도래로 건설업에서의 현장관리의 능률이 획기

적으로 높아질 것으로 예상되며, 이에 따라 근로자의 안전도 같

이 향상될 것으로 기대된다.

문제 15. 건설공사 Claim유형을 열거하고 그 예방대책과 분쟁해결방안에 대하여 설명하시오.

답

I. 서언

① 건설Claim은 시공자나 발주자가 자기의 권리를 주장하거나 손해배상, 추가공사비 등을 청구하는 것을 말한다.

② 계약한 양 당사자 중 어느 일방이 법률상의 권리로서 계약과 관련하여 발생하는 분쟁에 대한 조치를 요구하는 청구 또는 주장이다.

③ Claim 발생원인

계약서상 문제		불가항력적 사항
	발생원인	
당사자의 행위		Project의 특성

II. Claim유형

유형	내용
공사지연 Claim	• 지정 공기 내에 작업을 완료할 수 없을 경우 • 전체 Claim의 60% 정도 차지함
공사범위 Claim	• 발주자, 시공자 간의 이견으로 기술적, 기능적인 전문지식이 필요한 Claim • Project 전반에 관계됨 • 빈번하게 발생하는 Claim
공사촉진 Claim	• 공기지연, 공사범위 Claim의 결과로 발생 • 계획공기보다 단축을 요구할 경우 • 생산체계를 촉진하기 위하여 추가 혹은 다른 자원의 사용을 요구할 경우 • 생산성 Claim이라고도 함

유형	내용
현장상이 Claim	• 공사범위 Claim과 유사함 • 주로 견적 시와 상이한 굴토조건에 의해 발생 • 예외적 조건을 제외하고는 시공자에게 권리 없음

Ⅲ. Claim예방대책

1) 표준공기 확보

- 발주자측에서 해당 공사에 대한 설계, 시공공기 표준화
- 도시철도터널(수직구 1개 포함) ≒ 150일 + (M수 × 3.5일)
- 부실 시공, 품질 저하를 사전예방

2) 적정 이윤공사비 산정

- 시공자의 적정 이윤이 보장된 공사비 산정
- 저가입찰에 대한 대책방안 모색
- 설계/도급단가의 타당성 검토 필요

3) 설계자책임제도 도입

① 설계 시부터 시공 이후 준공에 이르기까지 철저한 책임제도 도입

② 설계의 Data Base화 시행

③ 설계기간 충분히 하고 설계비용 현실화

4) 준비단계 철저

기획 조사 → 설계 시공 → 준비 철저 → 부실 시공 예방

5) 자재의 질적 향상

- 국산자재의 질을 향상하고 KS품질인증자재 사용
- 자재검수 및 시험, 반입 전 실시 확인 요망
- 공급원 승인제품 사용으로 Claim 방지

6) 명확한 책임한계

　　① 업무분담을 확실히 할 것

　　② 발주자, 설계자, 시공자의 책임한계 구분의 명확화

7) 자질 향상

　　― 건설기술자의 품질관리교육 및 시공능력 향상

　　― 교육을 통한 기술력 개발

　　― 부실 시공에 대한 철저한 제재 및 책임의식 부여

　　― 기능인력 자질 향상 및 기능공경력수첩제 실시

　　― 우수기능공 및 우수하도급업체 포상

IV. 분쟁해결방안

```
┌────────┐                              ┌──────────┐
│  협상   │───┐                    ┌────│ 조정-중재  │
└────────┘   │    ┌──────────┐    │    └──────────┘
┌────────┐   │    │  Claim    │   │    ┌──────────┐
│  조정   │───┼───▶│ 분쟁 해결  │◀──┼────│   소송    │
└────────┘   │    └──────────┘    │    └──────────┘
┌────────┐   │                    │    ┌──────────┐
│  중재   │───┘                    └────│ Claim 철회 │
└────────┘                              └──────────┘
```

구분	분쟁해결방법 특징
협상 (Negotiation)	• 신속하고, 순조로움 • 시간과 비용의 최소화
조정 (Mediation)	• 분쟁조정기구 　(ADR : Alternative Dispute Resolution) • 독립적, 중립적 조정자 임명 • 합의에 의한 적용 법규 선정 • 비교적 신속하고 비용을 절감
조정-중재	• 활용절차에 따라 분쟁해결속도 결정됨
중재 (Arbitration)	• 중립적 제 3자에게 의견서 제출 • 법적 구속력에 해당 • 시간, 비용 소요 많아짐

구분	분쟁해결방법 특징
소송 (Litigation)	• 전문 Consultants에 의해 해결 불가 • 시간, 비용 소요 막대함
Claim 철회	• 분쟁여지 사라짐

V. 개선방향 및 결언

1) 개선방향

① Claim 예방Program 작성

② Claim의 처리절차를 계약서류에 명시

③ 현장인력교육 및 정기평가 실시

2) 결언

발주자와 시공자가 공사추진단계에서 손실을 최소화할 수 있는 방안 모색(합의해결 도출)

Claim 사전평가 ⇒ Claim 방법 선정 ⇒ 사실관계 조사 ⇒ Claim 제기 ⇒ Claim 처리

16 永生의 길잡이 - 열여섯

솔로몬의 허무

솔로몬의 전도서에는'헛되다'는 말이 32회. '악하다'는 말이 22회,'수고'라는 말이 23회 나온다. 여인이 낳은 자 중에 가장 지혜가 있었다는 솔로몬, 이스라엘의 태평 황금시기에 미남 스타 솔로몬 왕은 영화와 권세와 부귀와 예술과 쾌락의 극치를 탐닉한 오복(五福)의 상징 같은 인물이었다.

1,000명의 처첩과 황금 궁정에 전원을 가꾸고, 집과 포도원, 동산, 각종 과목과 삼림과 연못, 가축, 노예들, 금은 보석, 노래하는 남녀, 도(導)의 락(樂), 무엇이든지 내 눈이 원하고 마음이 즐거워하는 것을 금하지 아니하고(전 2 : 8), 먹고 즐거워하는 일에 누가 나보다 승하랴 (2 : 25)라고 하던 그는 쾌락주의 인생의 극한에서 허무의 심연을 체험한다. 그가 깨달은 것이 세 가지이다. 하나는 쾌락과 탐미와 지식의 허무, 둘째는 인간에게는 영원을 사모하는 마음(3 : 11)이 있는 것과, 셋째는 인간의 궁극적인 본분은 하나님을 경외하고 그 명령을 지키는 일(12 : 13)이었다. 현대인은 힘을 다해 솔로몬의 허무의 심연을 깊이 파고 있다.

총 론

제2절 공정관리

문제 1   공정관리의 목적과 업무내용에 대하여 설명하시오.

문제 2   최소 비용에 의한 공기단축에 대하여 설명하시오.

문제 3   공정관리곡선에 의한 공사진도관리에 대하여 설명하시오.

문제 1.	공정관리의 목적과 업무내용에 대하여 설명하시오.
답	

I. 서언

① 공정관리란 토목공사에 필요한 5M을 경제적으로 운영하여 주어진 공기 내에 좋고, 싸고, 빠르고, 안전하게 구조물을 완성하는 관리기법을 말한다.

② 공정관리를 위해서는 작업의 순서와 시간을 명시하고 전체 공사가 일목요연하게 나타나는 공정표를 작성하여 운영한다.

③ 공정표의 종류

II. 공정관리의 목적

1) 공기단축

　공정계획에 따라 예정된 각 공종별 작업활동을 도표화하고 공사의 진척도를 검토

2) 품질 향상

　① 정확한 작업일정예측과 필요자원 파악으로 체계적인

준비를 할 수 있어 구조물의 품질 향상

② 차기 작업과의 연결이 원활하게 됨

3) 원가절감

 ┌ 적기, 적정량의 5M 조달로 자원의 과소가 발생 않음

 ├ 타 공정과의 관계 파악으로 장비의 병용(竝用) 가능

 ├ 투입인원의 균일화로 경제성 확보

 └ 소요자재량 파악과 자재절단, 조합계획으로 자재손실 최소

4) 안정성 확보

 계획된 공정순서에 의한 작업으로 현장에서의 조잡함 없이 작업에 안전성이 확보됨

5) 변동상황 대처

 ① 상세한 계획수립에 따라 작업하게 되므로 현장변화 및 변경에 쉽게 대처

 ② 공기지연 시 공기단축 용이

6) 노무비 절감 : 공종별 투입인원 균일화와 인력배분계획 수립

7) 공기지연 시 대책 강구

8) 원활한 자재관리

소요시기 전용 계획	→	소요량 파악 Loss 최소	→	관리 용이	→	공기단축

9) 기계화 시공

 ┌ 적기에 해당 공종별 장비 투입 가능

 └ 타 공정과의 관계를 파악하여 분할·병용 사용

10) 자금계획 수립

 전체적인 적정 공기 산정으로 자금수급계획 용이

Ⅲ. 업무내용

1) 공정 검토

① 지정된 공기 내에 작업을 완료하기 어려운 경우 적절한 조치로 공기를 단축시키는 것

② 공기단축기법 ┌ 지정공기 : 공사 전 지정, MCX
　　　　　　　　└ 진도관리 : 공사 중

2) 공기단축 시 최소 비용 산정(MCX이론 이용)

① 각 작업요소의 공기와 비용관계를 조사하여 최소의 비용으로 공기를 단축하는 기법

② Cost Slope(비용구배)

$$\text{Cost Slope} = \frac{\text{급속비용} - \text{정상비용}}{\text{정상공기} - \text{급속공기}}$$

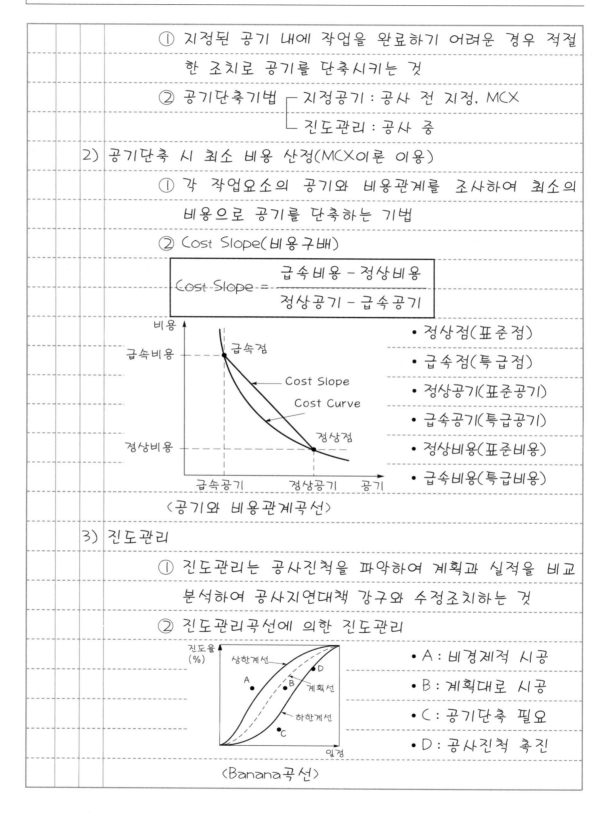

• 정상점(표준점)
• 급속점(특급점)
• 정상공기(표준공기)
• 급속공기(특급공기)
• 정상비용(표준비용)
• 급속비용(특급비용)

〈공기와 비용관계곡선〉

3) 진도관리

① 진도관리는 공사진척을 파악하여 계획과 실적을 비교분석하여 공사지연대책 강구와 수정조치하는 것

② 진도관리곡선에 의한 진도관리

• A : 비경제적 시공
• B : 계획대로 시공
• C : 공기단축 필요
• D : 공사진척 촉진

〈Banana곡선〉

③ 진도관리순서

공사진척 파악 → 실적 비교 → 시정조치 → 일정변경

4) 최적 공기 결정

- 직접비와 간접비가 최소로 되도록 공기 결정
- 공기단축은 일반적으로 직접비는 증가하고, 간접비는 감소
- 직접비가 최소가 되게 시공하는 데 드는 비용을 표준
  비용이라 하고, 이때의 공기를 표준공기라 함

5) 공기와 시공속도 결정

총공사비(직접비 + 간접비) 최소 → 최적 시공속도

6) 자원배당

① 자원을 효율적으로 관리하여 비용을 최소화하고 Loss
   를 줄이기 위하여 하는 것

② 자원배당순서

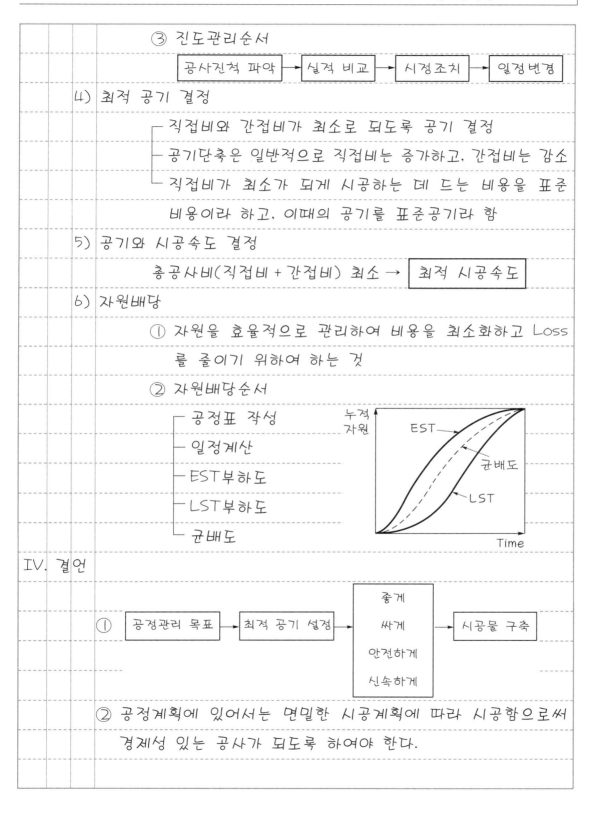

- 공정표 작성
- 일정계산
- EST부하도
- LST부하도
- 균배도

IV. 결언

① 공정관리 목표 → 최적 공기 설정 → 좋게 싸게 안전하게 신속하게 → 시공물 구축

② 공정계획에 있어서는 면밀한 시공계획에 따라 시공함으로써
   경제성 있는 공사가 되도록 하여야 한다.

| 문제 2. | 최소 비용에 의한 공기단축에 대하여 설명하시오. |

답

I. 일반사항

1) 개요

① 계산공기가 지정공기보다 길 때 주공정상의 비용구배 (Cost Slope)가 작은 작업부터 공기를 단축하여 지정 공기 내에 작업을 끝내기 위한 공기단축기법을 말한다.

② 최소 비용으로 공기를 단축하기 위한 기법으로 CPM의 핵심이론이다.

2) MCX(최소 비용계획)의 목적

① 지정공기 공기단축

② 공사비 증가 최소화

3) MCX순서 Flow Chart

```
공기 단축
   MCX
최소 비용   원가 절감
```

```
공정표 작성 → CP 표시 → 비용구배 계산
                              ↓
추가공사비 산출 ← 공기 단축
```

II. 공기단축

1) 정의

지정된 공기 내에 작업을 달성하기 어려운 경우에 각 작업요소의 공기와 비용관계를 조사, 공기단축하는 것

2) Cost Slope(비용구배, 1일 비용 증가액)

① 공기 1일 단축하는 데 추가되는 비용

② 공기단축일수와 비례하여 비용이 증가

③ 정상점과 급속점을 연결한 기울기를 말한다.

④ $$\text{Cost Slope} = \frac{\text{급속비용} - \text{정상비용}}{\text{정상공기} - \text{급속공기}} = \frac{\Delta \text{Cost}}{\Delta \text{Time}}$$

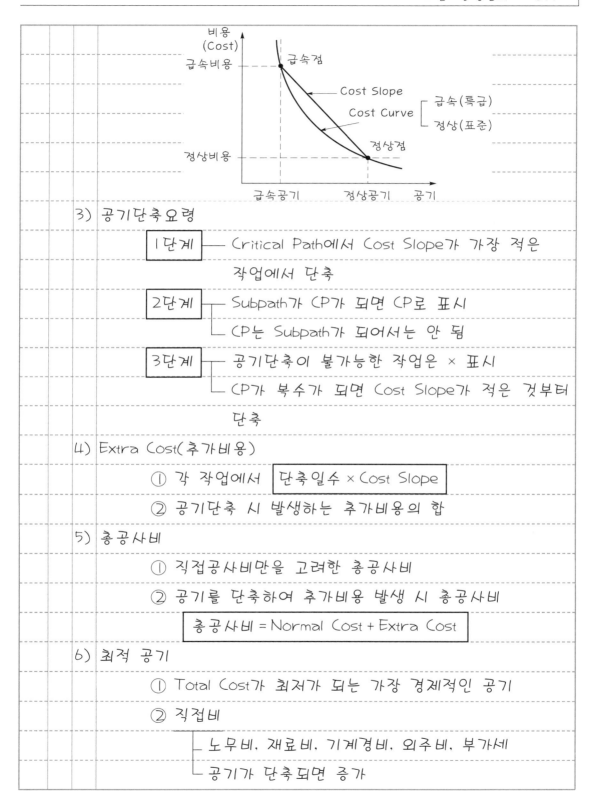

3) 공기단축요령

$\boxed{1단계}$ —— Critical Path에서 Cost Slope가 가장 적은
작업에서 단축

$\boxed{2단계}$ ┬— Subpath가 CP가 되면 CP로 표시
└— CP는 Subpath가 되어서는 안 됨

$\boxed{3단계}$ ┬— 공기단축이 불가능한 작업은 × 표시
└— CP가 복수가 되면 Cost Slope가 적은 것부터
단축

4) Extra Cost(추가비용)

① 각 작업에서 $\boxed{단축일수 \times Cost\ Slope}$

② 공기단축 시 발생하는 추가비용의 합

5) 총공사비

① 직접공사비만을 고려한 총공사비

② 공기를 단축하여 추가비용 발생 시 총공사비

$\boxed{총공사비 = Normal\ Cost + Extra\ Cost}$

6) 최적 공기

① Total Cost가 최저가 되는 가장 경제적인 공기

② 직접비

┬— 노무비, 재료비, 기계경비, 외주비, 부가세
└— 공기가 단축되면 증가

③ 간접비

최적 공기		
직접비	공기↓, 공비↑	
간접비	공기↑, 공비↑	

└관리비, 감가상각비

└공기가 연장되면 증가

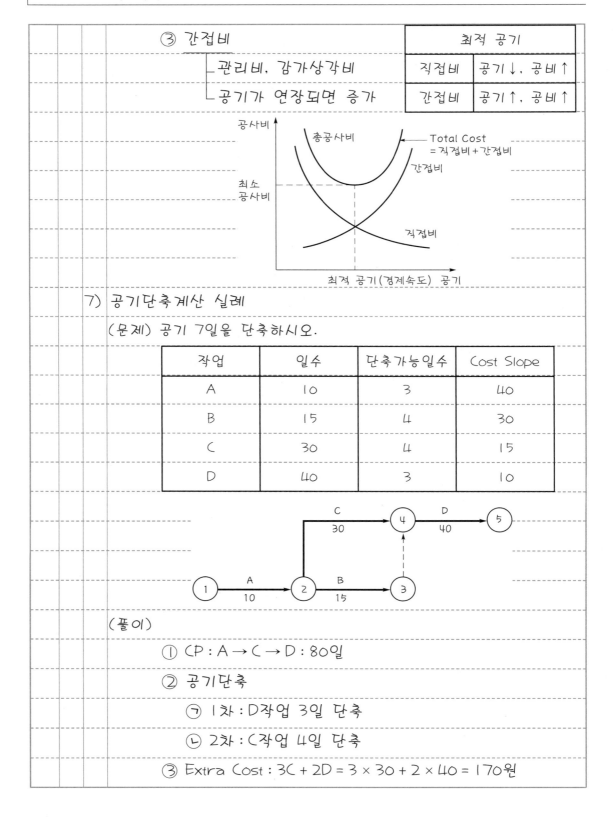

7) 공기단축계산 실례

(문제) 공기 7일을 단축하시오.

작업	일수	단축가능일수	Cost Slope
A	10	3	40
B	15	4	30
C	30	4	15
D	40	3	10

(풀이)

① CP : A → C → D : 80일

② 공기단축

  ㉠ 1차 : D작업 3일 단축

  ㉡ 2차 : C작업 4일 단축

③ Extra Cost : 3C + 2D = 3 × 30 + 2 × 40 = 170원

Ⅲ. 결언

① 일반적으로 공사현장에서 공기가 지연되었을 경우 공기단축 공정표를 작성하고 지연물량에 따라 노무, 자재, 장비 등을 추가 투입하여 공기단축하므로 공사비손실이 크다.

② MCX이론 → 각 작업요소의 공기, 비용 파악 → Cost slope 작은 것 → 공기단축 → 공사비 증가 최소화

| 문제3. | 공정관리곡선에 의한 공사진도관리에 대하여 설명하시오. |

답

I. 서언

① 진도관리는 각 공정의 공사진척을 파악, 계획과 실적을 비교 분석하여 전체 공기를 준수할 수 있도록 공사지연대책 강구와 수정조치를 하는 것을 말한다.

② 공정표상의 공정계획에 의거하여 공사진행이 원활히 되도록 하고 중점관리의 필요성을 수치적으로 나타내주는 것이다.

③ 진도관리 방법의 종류
- Bar Chart에 의한 방법
- 공정관리곡선(Banana곡선)에 의한 방법
- Network기법에 의한 방법

II. 공정관리곡선에 의한 진도관리

1) 정의

① 상·하에 허용한계선을 설치하여 한계에 들어가게 공정관리하므로 계획과 실적의 비교분석이 용이하다.

② 상·하 허용한계선이 바나나처럼 둘러싸여 있다고 하여 Banana곡선이라 한다.

2) 진도관리방법

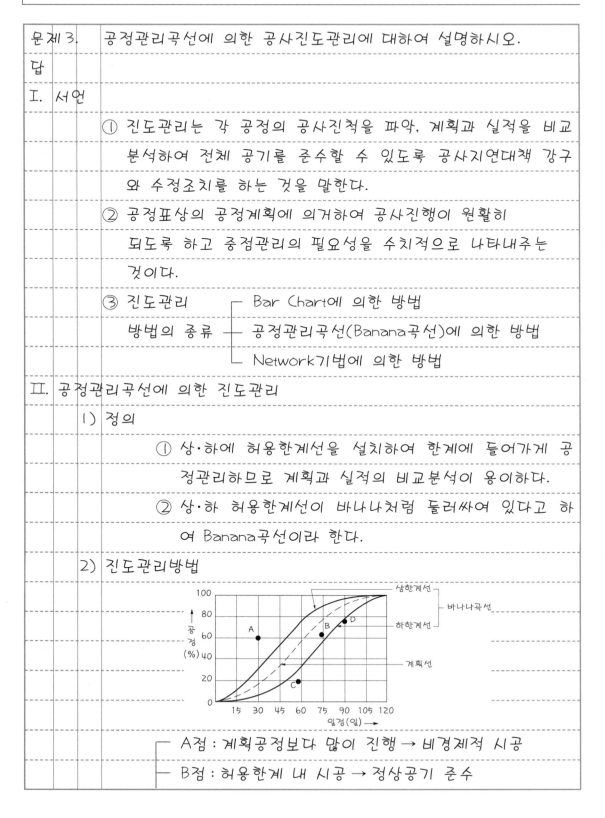

- A점 : 계획공정보다 많이 진행 → 비경제적 시공
- B점 : 허용한계 내 시공 → 정상공기 준수

─ C점 : 허용한계선 밖에 시공 → 공기단축대책 필요

└ D점 : 하한계선 위에 있음 → 공정 촉진 요망

3) 특징

① 계획실적 비교분석 용이

② 진도율로 공정진척을 파악하므로 세부사항 파악 곤란

③ 공정진척 파악이 용이하므로 공사지연대책 용이

④ 전체적인 공정을 파악할 수 있음

4) 진도관리주기

┌ 공사의 종류, 난이도, 공기의 장단에 따라 다름

├ 통상 2주(15일), 4주(30일) 기준으로 실시공정표 작성 및 관리

└ 최대 30일을 초과하지 않음

5) 진도관리순서

```
┌─────────────────┐
│  공사진척 파악    │
└─────────────────┘
        │  ├ 횡선식, 사선식 공정표 파악
        │
        │  ├ 공사진척 Check
        ▼
┌─────────────────┐
│   실적 비교      │
└─────────────────┘
        │  ├ 완성된 작업 → 굵은 줄로 표시
        ▼
┌─────────────────┐
│   시정 조치      │
└─────────────────┘
        │  ├ 지연작업
        │       원인 파악 후 대책 마련, 공사 촉진
        │  ├ 과속작업
        │       내용 파악, 작업의 적합성 파악, 예산 확보
        ▼
┌─────────────────┐
│   일정 변경      │
└─────────────────┘
           └ 현재 공정률에서 공정 100%까지 계획선 및
             Banana곡선변경
```

6) 진도관리 시 주의사항

① 공정회의 개최

- 정기
  - 주간공정회의 : 매주 실시, 약식공정회의
  - 월간공정회의 : 매월 말(만회대책 강구)
- 수시 : 공정마찰, 지연공정만회 등의 수시협의

② 대공종별로 부분상세공정표 작성

〈토공 상세공정표〉

공종		00년	1월	2월	3월	4월
굴착	물량	$10,000m^3$	$9,000m^3$	$12,000m^3$	$12,000m^3$	
		$400m^3/일$	$300m^3/일$	$400m^3/일$	$400m^3/일$	
	장비	B/H 07 2대	B/H 07 2대	B/H 07 2대	B/H 07 2대	
	인원	5인/일	4인/일	6인/일	6인/일	

③ Network 각종 정보 활용

④ 공정계획과 실적 명확하게 검토

- 진도관리 시 매우 중요하며 기본
- 공사물량, 공사비용을 고려하여 분석

⑤ 기시공실적기록 및 공정관리 활용 : 작업물량에 대한 소요일수, 투입인원, 투입장비, 투입자재 등의 실적 검토 활용

⑥ 노무, 자재, 장비, 외주공사 수급일정 검토

- 노무 : 숙련인력 확보, 현장 주변 인력 확보
- 자재 : 건식자재 선발주
- 장비 : 특수장비는 외주업체 선정
- 외주공사 : 현장조건 고려 사전 선정

⑦ 공정관리담당자의 창의적 연구노력 필요 : 정확한 자료 분석과 신기술 개발연구

Ⅲ. 공사지연요인 및 결언

1) 공사지연요인

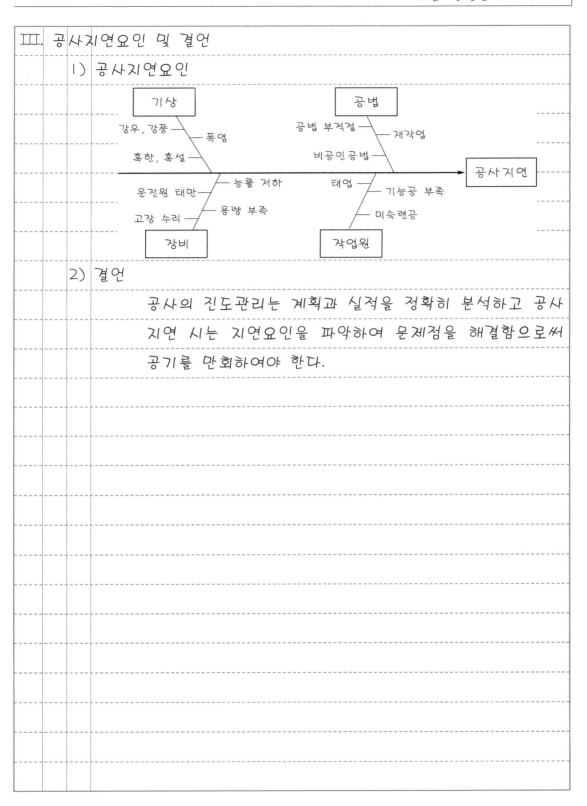

2) 결언

공사의 진도관리는 계획과 실적을 정확히 분석하고 공사 지연 시는 지연요인을 파악하여 문제점을 해결함으로써 공기를 만회하여야 한다.

17 永生의 길잡이 - 열일곱

예 수 믿 는 이 유

1. 당신의 노력으로는 구원을 받을 수 없기 때문입니다.

   당신이 아무리 훌륭하다 하더라도 하나님 앞에서는 한낱 피조물인 인간일 수밖에 없습니다. 인간이 이 땅에 살면서 아무리 행복하려고 노력해도 죄에 대한 근본적인 고통의 멍에를 짊어지고 있는 한 참 자유와 평안을 누릴 수는 없습니다. 그러나 성경이 우리에게 일러 주시기를 "하나님이 그 아들을 세상에 보내신 것은 세상을 심판하려 하심이 아니요 저로 말미암아 세상이 구원을 받게하려 하심이라." 하셨습니다. (요한복음 3장 17절)

2. 당신은 구원받아야 할 사람이기 때문입니다.

   구원은 과거에 대한 용서이며, 새 생활에 대한 선물이고, 미래에 대한 확신입니다. 성경에 말씀하시길 "누구든지 주의 이름을 부르는 자는 구원을 얻으리라." (로마서 10장 13절)
   또 "사람이 마음으로 믿어 의에 이르고 입으로 시인하여 구원에 이르느니라" 하셨습니다.

   (로마서 10장 10절)

3. 당신이 구원 받을 오직 한 길이기 때문입니다.

   "예수께서 가라사대 내가 곧 길이요 진리요 생명이니 나로 말미암지 않고는 아버지께로 올 자가 없느니라" (요한복음 14장 6절)
   "다른이로서는 구원을 얻을 수 없나니 천하 인간에 구원을 얻을 만한 다른 이름을 우리에게 주신 일이 없음이니라" (사도행전 4장 12절)
   "너희가 그 은혜로 인하여 믿음으로 말미암아 구원을 얻었나니 이것이 너희에게서 난 것이 아니요. 하나님의 선물이라" 말씀하셨습니다. (에베소서 2장 8절)

4. 지금 당신에게 필요한 것은 무엇입니까…?

   즐거움(Enjoy)입니까?
   부유함(Wealth)입니까?
   건강(Health)입니까?
   아니면 성공(Success)입니까?
   그러나 그보다 더 필요한 것은 당신이 구원받는 일입니다.
   "주 예수를 믿으십시오. 그리하면 당신과 당신의 집이 구원을 얻을 것입니다."

   (사도행전 16장 31절)

문제 l.	평판재하시험(PBT : Plate Bearing Test)
답	
I. 정의	

① 재하평판을 지반 위에 놓고 일정한 속도로 하중을 가하여 작용하중과 침하량의 관계를 측정하여 지지력계수(K)를 구하는 시험이다.

② $K(지지력계수) = \dfrac{시험하중(kN/m^2)}{침하량(mm)}$ [MN/m^3]

II. 용도

― 지반의 지내력 측정
― 노상지지력 측정
― 보조기층지지력 측정
― Con'c 및 ASP포장설계

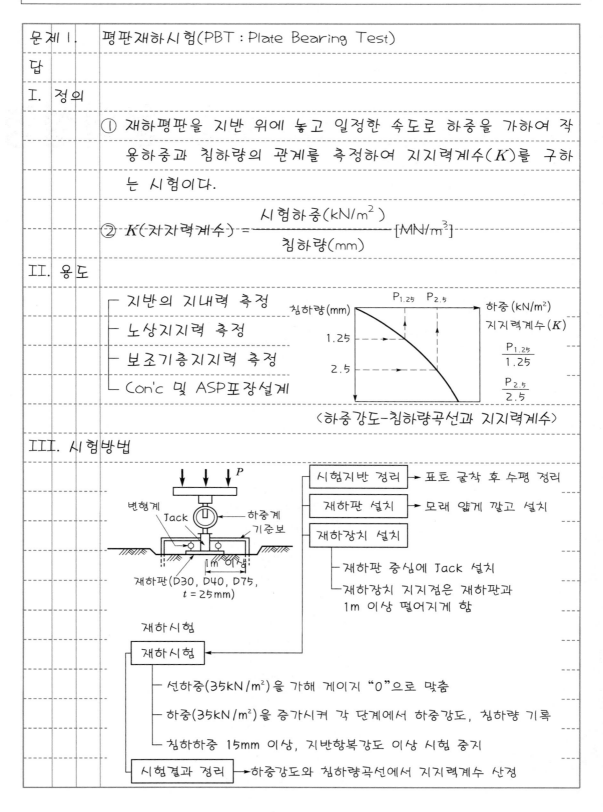

〈하중강도-침하량곡선과 지지력계수〉

III. 시험방법

변형계 Jack 하중계 기준보
재하판(D30, D40, D75, $t=25mm$)
1m 이상

시험지반 정리	→ 표토 굴착 후 수평 정리
재하판 설치	→ 모래 얇게 깔고 설치
재하장치 설치	

― 재하판 중심에 Jack 설치
― 재하장치 지지점은 재하판과 1m 이상 떨어지게 함

재하시험

| 재하시험 | |

― 선하중(35kN/m²)을 가해 게이지 "0"으로 맞춤
― 하중(35kN/m²)을 증가시켜 각 단계에서 하중강도, 침하량 기록
― 침하하중 15mm 이상, 지반항복강도 이상 시험 중지

| 시험결과 정리 | → 하중강도와 침하량곡선에서 지지력계수 산정 |

문제 2.	CBR(California Bearing Ratio)

답

I. 정의

① 노상토의 지지력비결정방법으로써 도로나 활주로의 재료 선정, 포장두께 설계에 사용하며 관입법에 의해 시험한다.

② 어떤 관입깊이에서 시험하중의 표준하중에 대한 백분율로 구하는 것을 CBR값으로 하며 산정식은 다음과 같이 나타낸다.

$$CBR(지지력비) = \frac{시험하중(kN)}{표준하중(kN)} \times 100[\%]$$

II. CBR의 분류 및 용도

분류		용도
실내CBR	선정CBR	재료 선정 사용
	설계CBR(수정CBR)	연성포장두께 설계
현장CBR		노상토지지력 확인

III. CBR시험방법

① 공시체 9개 제작(각 조 3개씩)

② 4일간 하중(5kgf)을 가하여 수침

③ 수침기간 중에 팽창비 측정

④ 수침 4일 후 1mm/분 속도로 일정한 하중을 가해 관입량이 0.5mm에서 12.5mm일 때까지 하중기록

〈하중강도와 관입량의 관계곡선〉

⑤ 관입시험이 끝난 몰드는 공시체를 뽑아서 공시체표면 0.5~3cm 깊이의 함수량 시료 채취

⑥ 시험 완료 후 관입량과 하중관계그래프 작성

⑦ 관입량 2.5mm, 5mm일 때 하중강도 구하여 CBR 산정

문제 3.	수정 N치(N값의 수정)

답

I. 정의

① N치는 지반의 연경 정도를 파악하기 위해 표준관입시험을 통하여 구해진다.

② N치의 수정은 샘플러가 부착된 Rod길이, 지반구성토질, 상재하중을 고려 구해진 N값을 수정하는 것을 말한다.

II. N값의 수정

1) Rod길이에 의한 수정(N_1)

① Rod길이가 15m보다 클 때 수정

② 수정식 : $N_1 = N'\left(1 - \dfrac{x}{200}\right)$ 　$\begin{cases} N_1 : 수정치 \\ N' : 실적치 \end{cases}$

2) 지반구성의 토질에 의한 수정(N_2)

① N치가 15 이상인 경우 토질에 대하여 수정

② 수정식 : $N_2 = 15 + \dfrac{N'-15}{2}$ 　$\begin{cases} N_2 : 수정치 \\ N' : 실적치 \end{cases}$

3) 상재하중에 의한 수정(N_3)

① N값의 측정치는 상재하중에 따라 크게 달라지므로 상재압에 의한 수정

② 수정식 : $N_3 = N' C_N$ 　$\begin{cases} N_3 : 수정치 \\ N' : 실적치 \\ C_N : 상재하중 수정계수 \end{cases}$

III. N치의 활용

사질토	점성토
• 상대밀도, 내부마찰각 추정	• 점착력, 일축압축강도 추정
• 지반의 탄성계수	• 컨시스턴시(Consistency) 파악
• 침하에 대한 허용지지력	• 파괴에 대한 극한허용지지력

문제 14.	최적 함수비(OMC)
답	
I. 정의	
	① 흙의 함수비함유량에 따라 다짐의 효과 및 건조밀도상태가 달라지게 된다.
	② 다짐효과가 가장 좋을 때 최대 건조밀도가 얻어지며, 이때의 함수비를 최적 함수비라 한다.
II. 최적 함수비 구하는 방법	
	1) 건조밀도 측정
	① 동일 시료로 함수비를 변화시킨 시료 6~8종 준비
	② 습윤밀도 산출 : $\gamma_t = \dfrac{W}{V}$
	③ 건조밀도 산출 : $\gamma_d = \dfrac{\gamma_t}{1 + \dfrac{W}{100}}$
	④ 실내다짐시험 실시

2) 다짐곡선 작성

〈다짐곡선〉

① 세로축에 건조밀도
② 가로축에 함수비
③ 6~8개의 시료에서 구한 건조밀도와 함수비의 관계를 표시
④ PIo한 점들을 자연스럽게 연결

3) 최적 함수비 결정

   ① 도표에서 건조밀도 최대치를 최대 건조밀도라 할 때 이에 대응하는 함수비가 얻어진다.

   ② 이때의 함수비를 최적 함수비(OMC)라 한다.

문제 5.	토량환산계수
답	

I. 정의

① 자연상태의 토사를 굴착하게 되면 부피가 증가하고, 굴착토사를 포설하여 다짐작업을 하면 부피가 감소하게 되는데, 이러한 단계를 토량변화라 한다.

② 증가변화율(L)과 감소변화율(C)에 대한 비로 표시되며, 이를 토량환산계수(f)라 한다.

II. 토량환산방법

구하는 Q / 기준이 되는 Q	I	L	C
자연상태의 토량(I)	I	L	C
흐트러진 상태의 토량(L)	I/L	I	C/L
다져진 상태의 토량(C)	I/C	L/C	I

III. L값과 C값

① L값 : 운반토량 산출 시 이용하며 다음과 같이 나타낸다.

$$L = \frac{\text{흐트러진 상태의 토량}}{\text{자연상태의 토량}}$$

일반토사 1m³ →굴착 1.1~1.4m³

② C값 : 성토공사 시 반입물량 산출 시 적용한다.

$$C = \frac{\text{다져진 상태의 토량}}{\text{자연상태의 토량}}$$

일반토사 1m³ →다짐 0.85~0.95m³

IV. 토량환산계수의 용도

① 굴착공사 시 굴착장비의 효율성 적용 시 사용

② 운반토량 산출 시 이용

③ 성토공사 시 반입물량 산출 시 적용

④ 공사단가 산출 시 적용

문제 6.	장비주행성(Trafficability)

답

I. 정의

① 토공사 시 사용하는 시공기계가 그 토질에 대하여 주행할 수 있는가, 즉 주행의 난이 정도를 Trafficability라 한다.

② Trafficability는 흙의 종류와 함수비에 따라 달라지며 Cone관입시험에 의한 Cone지수를 구하여 판단한다.

II. Cone지수 q_c[kPa]

1) 사질토인 경우

$$q_c = 4N$$

N : 표준관입시험의 N치

〈주행성 양호〉

2) 점성토인 경우

$$q_c = 5q_u = 10C$$

q_u : 일축압축강도(kPa)

C : 흙의 점착력(kPa)

〈주행성 불량〉

III. 장비주행이 가능한 Cone지수의 최소치

장비 종류	Cone지수 q_c (kPa)
습지 불도저	300 이상
중형 불도저	500 이상
대형 불도저	700 이상
피견인식 스크레이퍼	700 이상
자주식 스크레이퍼	1,000 이상
덤프트럭	1,500 이상

IV. 용도

지반상태 확인 장비 구륜방법 결정	→	용도	←	작업능률 파악 조합장비 종류 결정

문제 7.	동결심도

답

I. 정의

① 동결심도란 한랭기 시 기온이 0℃ 이하로 내려감으로써 일어나는 동해의 피해가 미치는 지표면에서의 깊이를 말한다.

② 동결심도를 구하는 방법으로는 Test Pit, 동결지수, 열전도율 등을 이용하여 구하는 방법이 있다.

II. 동결심도 산출방법

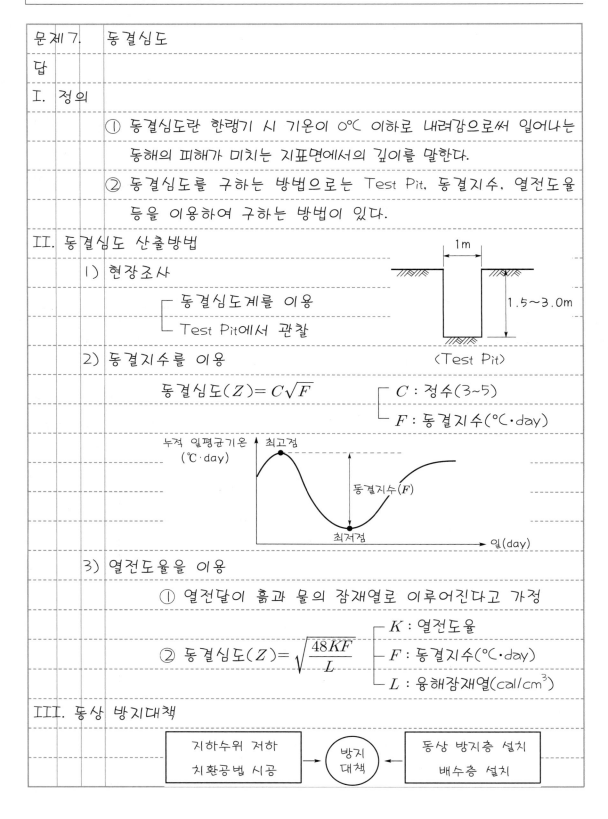

　　1) 현장조사

　　　　┌ 동결심도계를 이용
　　　　└ Test Pit에서 관찰

　　2) 동결지수를 이용

$$동결심도(Z) = C\sqrt{F}$$

　　　　┌ C : 정수(3~5)
　　　　└ F : 동결지수(℃·day)

누적 일평균기온 (℃·day)　최고점
동결지수(F)
최저점
일(day)

　　3) 열전도율을 이용

　　　　① 열전달이 흙과 물의 잠재열로 이루어진다고 가정

　　　　② $동결심도(Z) = \sqrt{\dfrac{48KF}{L}}$

　　　　　　┌ K : 열전도율
　　　　　　├ F : 동결지수(℃·day)
　　　　　　└ L : 융해잠재열(cal/cm^3)

III. 동상 방지대책

지하수위 저하 치환공법 시공	→	방지 대책	←	동상 방지층 설치 배수층 설치

(Test Pit)
1m
1.5~3.0m

문제 8.	말뚝의 부마찰력(Negative Friction)

답

I. 정의

① 말뚝의 부마찰력이란 연약지반에서 말뚝 시공 시 지반침하로 인해 주면마찰력이 하향으로 작용하는 것을 말한다.

② 부마찰력은 말뚝의 침하를 증가시키고 말뚝의 지지력을 감소시키며 말뚝이 파손된다.

II. 부마찰력 발생 메커니즘

① 주면마찰력이 지반침하로 하향으로 작용, Pile지지력 감소

② $R_p > P + NF$

R_p : 선단지지력

NF : 부마찰력

nH ┌ 부마찰력 작용위치
      └ 주면마찰력이 "0"

P : 하중

PF : 정마찰력

〈부마찰력의 발생〉

III. 부마찰력 발생원인

연약점성토 말뚝항타		지표면 과재하중 적재
지하수위 저하	발생 원인	Pile이음부 시공불량
진동으로 압밀침하		침하가 진행 중인 지역

IV. 부마찰력 저감대책

① 연약지반을 개량 → 치환공법, 재하공법, 혼합공법 등 사용

② 프리보링 후 말뚝 시공 → 천공 후 말뚝항타, 모르타르 주입

③ 말뚝표면에 마찰 방지제를 도포

④ Pile이음부 시공 철저 → 수직 유지 및 이음부 연결 철저

⑤ 마찰말뚝 또는 무리말뚝으로 변경

문제 9.	Boiling현상

답

I. 정의

① Boiling현상이란 지하수위가 높은 사질토지반에서 지반굴착 시 흙막이 배면과 굴착저면의 지하수위차가 클 때 굴착저면으로 흙과 물이 분출되는 현상이다.

② 침투수압으로 흙의 유효응력을 상실하여 전단응력이 "0"이 될 때 발생한다.

II. Boiling 검토방법

흙막이벽

$$U = \frac{H\gamma_w}{2} = D\gamma_{sub}$$

$$H\gamma_w = 2D\gamma_{sub}$$

$$u = \frac{H\gamma_w}{2}$$

D : 근입장

H : 수위차

F_s : 안전율

$$\therefore F_s = \frac{2D\gamma_{sub}}{H\gamma_w} > 1.5$$ 이면 안전

III. 발생원인

① 흙막이 근입장이 부족할 때

② 흙막이벽 배면 지하수위와 굴착저면의 수위차 클 때

③ 굴착 하부지반에 투수성이 큰 모래층이 있을 때

IV. 방지대책

① 흙막이의 밑둥을 깊이 박는다. → 불투수층 50cm 이상

② Slurry Wall, Sheet Pile공법 등을 이용하여 수밀성 있는 흙막이를 설치한다.

③ 약액주입공법에 의해 지반을 고결하여 지수층을 형성한다.

④ Deep Well공법, Well Point공법 등에 의해 지하수위를 저하시킨다.

문제 10. 시방배합과 현장배합

답

I. 정의

① Con'c배합이란 시멘트, 물, 골재, 혼화재료 등을 적정한 비율로 배합하여 요구하는 품질을 가진 경제적인 Con'c를 얻기 위한 설계를 말한다.

② 배합에는 시방배합과 현장배합이 있으며 시방배합을 기준으로 하여 현장에서 골재, 시공조건을 고려 배합을 수정하여 사용한다.

II. 배합의 요구성능

Con'c 시공연도 확보 Con'c강도, 내구성 확보	→ 요구성능 ←	Con'c 단위수량 감소 경제적인 Con'c 생산

III. 시방배합과 현장배합의 비교

구분	정의	골재입도		골재함수상태	단위량
		잔골재	굵은 골재		
시방배합	시방서 또는 책임기술자의 지시한 배합	5mm체 100% 통과	5mm체 100% 잔유	표면건조 내부포화상태	m^3
현장배합	골재상태, 시공조건 고려 수정한 배합	5mm체 일부 잔유	5mm체 일부 통과	거건상태 또는 습윤상태	Batch

IV. 배합설계순서

① 설계기준강도 결정 ② 배합강도 결정

③ 시멘트강도 ④ W/B 결정

⑤ Slump치 결정 ⑥ 굵은 골재 최대 치수 결정

⑦ 잔골재율 결정 ⑧ 단위수량

⑨ 시방배합 ⑩ 현장배합

문제 11. 설계기준강도와 배합강도

답

I. 설계기준강도(f_{ck})

1) 정의

콘크리트부재 설계에 있어서 기준으로 한 압축강도를 말하며 재령 28일의 압축강도를 기준으로 한다.

2) 주요 공정별 설계기준강도

일반 철근Con'c	재령 28일 압축강도
댐 Con'c	재령 91일 압축강도
도로포장 Con'c	재령 28일 휨강도

II. 배합강도(f_{cr})

1) 정의

① 콘크리트 배합을 정하는 경우에 목표로 하는 압축강도를 말하며 일반적으로 재령 28일의 압축강도를 기준으로 한다.

② 설계기준강도(f_{ck})와 내구성기준강도(f_{cd})를 고려한다.

2) 결정방법

① 압축강도시험값 기준

설계기준강도 이하 확률	설계기준강도 3.5MPa 이하 확률
5% 이하	1% 이하

② 배합강도 결정식($f_{cq} \leq 35$MPa인 경우)

$$f_{cr} = f_{cq} + 1.34s\,[\text{MPa}]$$
$$f_{cr} = (f_{cq} - 3.5) + 2.33s\,[\text{MPa}]$$

중 큰 값 적용

f_{cq} : 콘크리트품질기준강도(MPa)

s : 시멘트압축강도의 표준편차(MPa)

③ 배합강도의 결정은 ①, ②항의 조건을 충족시키도록 하여야 한다.

문제 12. 콘크리트 품질기준강도(f_{cq})

답

I. 정의

① 품질기준강도(f_{cq})란 현장타설 콘크리트의 시간에 따른 품질 변동이 고려된 강도기준이다.

② 구조계산에서 정해진 설계기준강도(f_{ck})와 내구성 저하를 반영한 내구성기준 압축강도(f_{cd}) 중 큰 값으로 결정된다.

II. 품질기준강도(f_{cq}) 설계 및 산정식

① f_{ck} : 설계기준강도

② f_{cd} : 내구성기준 압축강도

③ f_{cq} : 품질기준강도
   ($= \max(f_{ck}, f_{cd})[\mathrm{MPa}]$)

④ f_{cn} : 호칭강도
   ($= f_{cq} + T_n[\mathrm{MPa}]$)

⑤ T_n : 기온보정강도

⑥ f_{cr} : 배합강도

III. 내구성기준 압축강도(f_{cd})

① 구조용 콘크리트부재에 대해 예측되는 노출정도를 고려하여 노출등급 및 내구성기준 압축강도(f_{cd})를 결정한다.

② 내구성 저하의 우려가 없는 경우 또는 내용연수 30년 미만의 구조물은 21MPa 이상, 내용연수 65년 이상의 구조물은 27MPa 이상, 내용연수 100년 이상의 구조물은 30MPa 이상으로 한다.

구분	탄산화	염해	동결융해	황산염
노출등급	EC1~EC4	ES1~ES4	EF1~EF4	EA1~EA3

문제 13.	콜드조인트(Cold Joint)

답

I. 정의

① 콜드조인트란 Con'c 타설온도가 25℃ 이상에서 2시간 이상, 25℃ 이하에서는 2.5시간 지난 후 이어붓기할 경우 Con'c 이어치기 부분에서 시공 부주의에 의해 발생하는 Joint이다.

② 시공계획에 의한 Joint가 아닌 시공불량에 의해 발생하는 Joint이다.

II. Cold Joint에 의한 피해

```
┌─────────────────────┐          ┌─────────────────────┐
│ Con'c 구조체 내구성 저하 │          │  Con'c 수밀성 저하   │
│      철근의 부식       │ ⇨ (피해) ⇦ │     누수의 원인      │
│     탄산화의 요인      │          │   Con'c 균열 발생    │
└─────────────────────┘          └─────────────────────┘
```

```
                         Cold Joint
25℃ 이상 2시간 경과 시         ↗
┌────────────────────────────────────────────┐
│                          ╱                   │
│⫽⫽  후타설   ⫽⫽      ⫽⫽ │ 선타설  ⫽⫽ │
│                         ╱                    │
└────────────────────────────────────────────┘ ← 거푸집
25℃ 이하 2.5시간 경과 시
```

〈Cold Joint 발생〉

III. Cold Joint 발생원인

```
┌─────────┐   ┌──────────────┐   ┌────────────┐
│ 운반지연 │   │ 이음 미시공 및 누락 │   │ 온도관리 불량 │
└────┬────┘   └──────┬───────┘   └─────┬──────┘
     ↓               ↓                  ↓
┌─────────┐   ┌──────────────┐   ┌────────────┐
│ 타설지연 │   │ 분말도 높은 시멘트 사용 │ │ 균열 발생 │
└─────────┘   └──────────────┘   └────────────┘
```

IV. Cold Joint 방지대책

① 레미콘 배차계획 및 간격을 철저히 준수

② 유동화제 사용하여 시공연도 개선

③ 타설구획의 순서를 철저히 엄수

④ 계획된 이음 시공 및 Con'c 온도관리 철저

문제 14. 콘크리트 Creep현상

답

I. 정의

① 일정한 지속하중하에 있는 Con'c가 하중은 변함이 없는데도 불구하고 시간이 지나면서 변형이 점차로 증가하는 현상을 말한다.

② Creep변형은 탄성변형보다 크며 지속응력의 크기가 정적강도의 80% 이상이 되면 파괴현상이 발생하는데, 이것을 Creep파괴라 한다.

II. Creep에 영향을 주는 요인

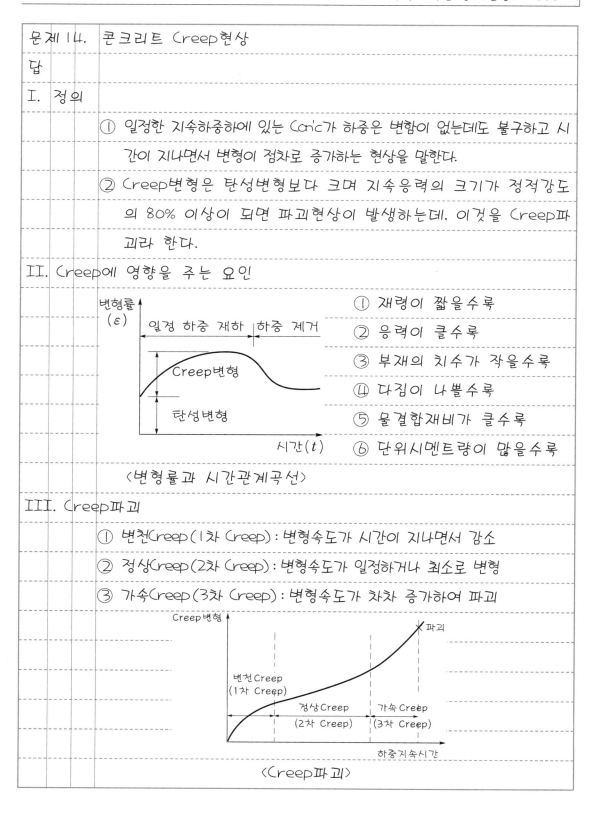

① 재령이 짧을수록

② 응력이 클수록

③ 부재의 치수가 작을수록

④ 다짐이 나쁠수록

⑤ 물결합재비가 클수록

⑥ 단위시멘트량이 많을수록

〈변형률과 시간관계곡선〉

III. Creep파괴

① 변천Creep(1차 Creep) : 변형속도가 시간이 지나면서 감소

② 정상Creep(2차 Creep) : 변형속도가 일정하거나 최소로 변형

③ 가속Creep(3차 Creep) : 변형속도가 차차 증가하여 파괴

〈Creep파괴〉

문제 15.	유동화제

답

I. 정의

① 유동화제란 물결합재비를 변화시키지 않고 Con'c의 시공연도를 개선할 목적으로 사용하는 혼화제이다.

② 유동화 Con'c 제조는 일반적으로 Con'c Plant에서 Base Con'c를 제조하여 운반차량인 애지테이터를 이용하여 현장까지 이동한 다음, 현장에서 투입 교반하여 타설하는 경우가 일반적이다.

II. 특징

① Slump가 80~120mm까지 직선적으로 상승

② 분산효과가 커서 Con'c 타설이 용이 → Workability 향상

③ 건조수축균열 감소

④ Con'c의 내구성, 수밀성을 증대

III. 유동화제 사용법

Slump
210mm
100mm
80mm
첨가 전 첨가 후
0 30분 1시간

〈유동화제 사용한 Con'c Slump변화〉

① 유동화제 첨가 후 30분 이내 타설 시작

② 1시간 이상 경과하면 효력 상실 → Slump 저하

③ 품질관리 철저

IV. 시공 시 주의사항

① 첨가량이 0.75% 넘으면 재료분리가 생기므로 유의

② 시험배합 시공하여 사용

③ 사용용도, 사용용량, 사용기간 등을 유의하여 첨가

④ 시방규정에 적합하고 KS규격품을 사용

문제16. 피로파괴와 피로강도

답

I. 피로파괴

1) 정의

구조물에 하중이 반복적으로 작용하여 구조물에 피로가 적재되어 정적하중보다 작은 하중에도 구조물이 파괴될 때를 피로파괴라 한다.

2) 특징

① 적정 하중 이하의 반복하중은 Con'c의 강도를 증가시킴

② 구조물의 피로파괴는 Con'c의 재령 및 강도와는 무관

③ 순간적으로 파괴가 일어나므로 위험

④ 횡방향의 압력이 적을수록 피로파괴에 유리

II. 피로강도

1) 정의

구조물이 무한 반복하중에 대해 파괴되지 않는 강도의 최대치를 피로강도라 한다.

〈응력과 반복횟수와의 관계〉

2) 특징

① 피로강도는 하중의 반복횟수, 응력변동범위에 의해 결정된다.

② 콘크리트는 건조상태가 양호할수록 피로강도가 크다.

③ 반복하중이 응력진폭이 일정한 경우와 변화하는 경우에 따라 피로강도는 변한다.

III. 피로 발생요인

기온차이가 큰 지역, 계절 기계, 기구 등의 중량물 운행 → 발생 요인 ← 중량 차량의 반복운행 피로 등과 같은, 지속 반복하중

문제 17. PS강재의 Relaxation

답

I. 정의

① PS강재를 긴장하여 응력이 도입된 후 시간경과에 따라 인장응력이 감소하는 현상을 Relaxation이라 한다.

② Relaxation은 PS강재의 자체 응력이 감소되는 것과 Con'c Creep 및 건조수축의 영향으로 응력이 감소된다.

II. 순Relaxation

1) 정의

최초 도입된 인장응력에 대한 인장응력 감소량의 백분율

2) 관계식

$$\text{순Relaxation} = \frac{\text{인장응력 감소량}}{\text{최초 도입된 인장응력}} \times 100[\%]$$

III. 겉보기 Relaxation

1) 정의

Con'c의 건조수축 및 Creep의 영향으로 발생하는 응력손실이며 순Relaxtion보다 적은 값이 된다.

2) 결정방법

겉보기 Relaxation값은 순Relaxation값으로부터 Con'c 건조수축 Creep 등의 영향을 고려하여 정해야 한다.

IV. PS강재의 Relaxation이 PSC부재에 미치는 영향

| 응력손실로 구조물 변형
부재의 균열 발생
내구성 저하 | ⇨ 영향 ⇦ | 수밀성 저하
구조물의 처짐 발생
사용성 및 안전성 저하 |

문제 18.	프리플렉스보(Preflex Beam)
답	
I.	정의

I. 정의

① 프리플렉스보란 강합성교로서 Con'c는 압축응력을 부담하고 강재는 인장응력을 부담하도록 한 이상적으로 합성시킨 구조물이다.

② 즉 Preflex Beam이란 강합성교로서 강재Beam에 Prestress를 주어 Prestress를 도입한 Beam형 교량이다.

II. 제작원리

1) 고강도 강재보 제작

H-Beam 또는 I-Beam에 미리솟음 두어 제작

2) Preflex하중 재하

─ 양측 1/4지점 2곳에 하중 재하
└ 가상휨모멘트 작용

3) 하부플랜지 Con'c 타설

─ 하중 가한 상태에서 하부 플랜지 Con'c 타설
└ Con'c강도 : 40MPa

4) Preflex 하중 제거

─ 하중 제거하면 솟음 감소
└ 하부플랜지에 Prestress 도입 → 압축응력 작용

5) 설치 후 상부플랜지 Con'c 타설

─ 제작된 보 현장이동 설치
└ 상부플랜지에 Con'c 타설

문제 19.	포장의 반사균열(Reflection Crack)		

답

I. 정의

① 반사균열이란 Con'c구조물에서 구Con'c구조물에 덮어서 시공할 때 기시공된 구조물의 균열이 반사되어 발생하는 균열을 말한다.

② 반사균열은 보통 Con'c포장에서 아스팔트 덧씌우기한 경우 Con'c포장의 줄눈이나 균열이 상층으로 반사되어 나타난다.

〈반사균열도해〉

II. 반사균열의 발생원인

1) 하부포장의 수평거동

2) 상대변위 발생

상부차량하중에 의한 하부줄눈, 균열 부위 상대변위

3) 하층부 손상

하부포장체의 파손 부위 보수하지 않고 상부포장체를 시공하였을 때 하부손상형태와 동일한 균열형태 발생

III. 방지대책 및 보수공법

방지대책	보수공법
상·하부 분리 시공	표면처리 및 Sealing
하부층 보강 및 상층부 이음 설치	일부 Patching
하부층 균열부 제거 후 상층부 시공	얇은 덧씌우기

문제 20. 평탄성지수($P_r I$)

답

I. 정의

① 도로포장에서 완성면의 평탄성은 자동차 주행 및 도로 안정성에 크게 영향을 미치는 것으로 도로에서는 아주 중요한 요소이다.

② 평탄성 측정결과에 따라 포장면 마무리의 품질 정도를 알 수가 있다. 이를 평탄성지수로 나타낸다.

II. $P_r I$(Profile Index) 계산방법

1) 계산순서

중심선 설정	→	Blanking Band	→	$P_r I$ 계산

2) 계산식

$$P_r I = \frac{\sum (h_1, \ h_2, \ \cdots, \ h_4)}{\text{총 측정거리}} [\text{mm/km}]$$

III. 평탄성 기준

1) 세로방향

① 본선 ┌ Con'c포장 : $P_r I = 160\text{mm/km}$ 이하

└ 아스팔트포장 : $P_r I = 100\text{mm/km}$ 이하

② 종단구배 5% 이상, 평면곡선반지름 600m 이하, 대형 장비 투입 불가 : $P_r I = 240\text{mm/km}$ 이하

2) 가로방향 : 요철 5mm 이하

3) 기준 이상 : 노면 절삭 및 제거 후 재시공

4) 평탄성 측정 시는 감독 입회하에 하며 기록대장에 관리·보존

문제 21. Proof Rolling

답

I. 정의

① Proof Rolling은 노상이나 보조기층, 기층의 다짐이 부족한 곳이나 또는 불량한 부분을 발견하기 위하여 덤프트럭 또는 Tire Roller 등을 전 구간에 3회 이상 주행시켜 변형형태, 변형량 등을 검사하는 것을 말한다.

② Proof Rolling은 목적에 따라 추가다짐과 검사다짐으로 나누어진다.

II. 특징

— 불량 여부 판단이 쉽다.

— 넓은 범위의 검사가 용이하다.

— 검사비용이 저렴하다.

— 현장의 직접 시험이 가능하다.

3m 직선자

침하량

〈변형량 측정〉

III. 검사방법

① 타이어롤러, 덤프트럭 3회 주행하여 처짐량 관찰

② 주행속도는 4km/h : 처짐량 관찰

③ 주행장비 ┌ 덤프트럭 : 14ton 이상 토사 적재
　　　　　└ 타이어롤러 : 복륜하중 5ton 이상

④ 검사시기 ┌ 노면상태가 적정한 함수상태일 때
　　　　　└ 비 온 뒤에 검사금지

IV. 품질규정

부위	시방기준
노상	5mm 이하
보조기층, 기층	3mm 이하

문제 22.	Smooth Blasting

답

I. 정의

① 1열 정밀폭약, 2열, 3열은 100% 장약하여 2열, 3열 동시 발파 후 1열 발파하는 공법이다.

② Smooth Blasting공법은 제어발파의 기본이 되며 발파면 요철 감소와 부석이 적고 원암반강도를 최대한 유지하는 장점이 있다.

II. 특징

```
┌────────────────────┐      ┌───────┐      ┌────────────────────┐
│ 2차 복공 Con'c량 감소 │ ⇨   │ 특징  │  ⇦  │ 진동, 소음 적고 여굴 최소 │
│  원암반 손상 적음    │      └───────┘      │   발파면 요철 최소     │
└────────────────────┘                     └────────────────────┘
```

III. 시공법

①

천공경	천공간격
40~50mm	40~70cm

정밀폭약 100% 100%

(Smooth Blasting)

② 폭약 장진

- 1열 : Finex-1, 2호(정밀폭약)
- 2, 3열 : 함수폭약 또는 ANFO폭약
- 장약량 : 0.15~0.3kg/m, 폭약경은 천공경의 1/2~1/3

③ 뇌관 사용 : MSD 지발뇌관 사용

④ 발파 : 2, 3열 발파 후 1열 발파

IV. 시공 시 주의사항

① 시험발파를 실시하여 발파계수 및 발파방법 결정

② 발파안전수칙 준수 → 화약관리, 불발공관리, 안전관리

③ 천공관리 철저 : 천공불량은 여굴의 원인

④ 발파영향조사 → 진동 Check, 주변 구조물 균열, 민원 등

| 문제 23. | RQD (Rock Quality Designation) |

답

I. 정의

① RQD란 절리의 다소를 나타내는 지표로서 RQD가 크면 암반의 상태가 양호하게 안정된 상태이고, 적으면 균열, 절리가 심한 불량한 암반이 된다.

② 암반분류기준으로 이용되는 지표로서 자연상태의 암반을 Boring으로 Core를 채취하여 암반의 균열, 절리상태를 계산식으로 산정하여 암반의 상태를 판정하는 것이다.

II. RQD 판정방법

1) RQD 산정

① 원지반에서 암반을 천공하여 Core 채취

② $$RQD = \frac{10\text{cm 이상 Core 채취길이}}{\text{전시추공의 길이}} \times 100[\%]$$

2) 판정기준

RQD	암질상태	RQD	암질상태
0 ~ 25	Very Poor	75 ~ 90	Good
25 ~ 50	Poor	90 이상	Very Good
50 ~ 75	Fair	–	–

III. 터널공사의 적용 방법

문제 24. Lugeon값

답

I. 정의

① Lugeon값이란 기초지반의 투수 정도를 알기 위하여 지반을 천공하여 규정의 압력으로 일정량의 물을 투과시킬 때 얻어지는 수치를 말한다.

② Dam 기초지반의 Grouting을 실시하기 전에 지반의 투수 정도를 알기 위하여 Lugeon Test를 실시한다.

II. Lugeon값

1) 산정식

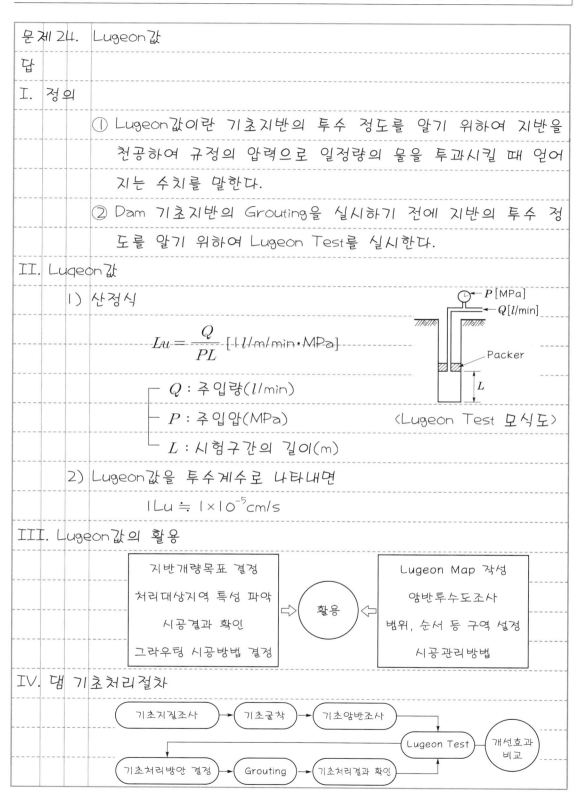

$$Lu = \frac{Q}{PL} \ [1 \, l/m/min \cdot MPa]$$

┌ Q : 주입량(l/min)

├ P : 주입압(MPa)

└ L : 시험구간의 길이(m)

〈Lugeon Test 모식도〉

2) Lugeon값을 투수계수로 나타내면

$$1Lu \fallingdotseq 1 \times 10^{-5} cm/s$$

III. Lugeon값의 활용

지반개량목표 결정	→ 활용 ←	Lugeon Map 작성
처리대상지역 특성 파악		암반투수도조사
시공결과 확인		범위, 순서 등 구역 설정
그라우팅 시공방법 결정		시공관리방법

IV. 댐 기초처리절차

기초지질조사 → 기초굴착 → 기초암반조사 → Lugeon Test → 개선효과 비교

기초처리방안 결정 → Grouting → 기초처리결과 확인 →

문제 25.	중대재해처벌법

답

I. 정의

인명피해를 발생하게 한 사업주, 경영책임자, 공무원 및 법인의 처벌 등을 규정하여 중대재해를 예방하고 시민과 종사자의 생명과 신체를 보호함을 목적으로 하는 법

II. 중대산업재해와 중대시민재해

중대산업재해	중대시민재해
• 사망자 1명 이상	• 사망자 1명 이상
• 6개월 이상 부상자 2명 이상	• 2개월 이상 부상자 10명 이상
• 질병자 1년 이내 3명 이상	• 3개월 이상 질병자가 10명 이상 발생

III. 도입효과

① 사업주, 경영책임자, 기관장에게 안전보건관리체계 구축 의무

② 중대재해 저감으로 사망자 및 부상자 감소

③ 사업장 및 공공시설에 대한 안전관리시스템 도입

IV. 사망자 발생 시 처벌규정

산업안전보건법	중대재해처벌법
• 사업주 : 7년 이하 징역, 1억원 이하 벌금	• 사업주, 경영책임자, 기관장 : 1년 이상 징역, 10억원 이하 벌금
• 법인 : 10억원 이하 벌금	• 법인 : 50억원 이하 벌금

V. 안전보건관리체계

① 경영자 리더십 : 구체적인 경영방침·목표 설정, 공표 및 게시

② 안전보건 인력·예산 배정

③ 유해·위험요인 파악 및 개선 : 위험성평가, TBM, 아차사고 신고, 안전소통채널 운영 등

④ 안전보건관리체계 점검·평가 : 정기적 점검 및 평가 실시

문제 26. 커튼그라우팅(Curtain Grouting)

답

I. 정의

① 댐의 기초지반으로 요구되는 조건은 차수성·비변형성 및 안전성으로서, 이러한 목적으로 기초지반의 개량공사가 이루어지는 것을 기초처리라 한다.

② 커튼그라우팅이란 기초암반처리 중에서 깊은 층의 차수목적으로 댐터 상류측에 병풍형으로 시공되는 그라우팅을 말한다.

II. 커튼그라우팅의 시공도해

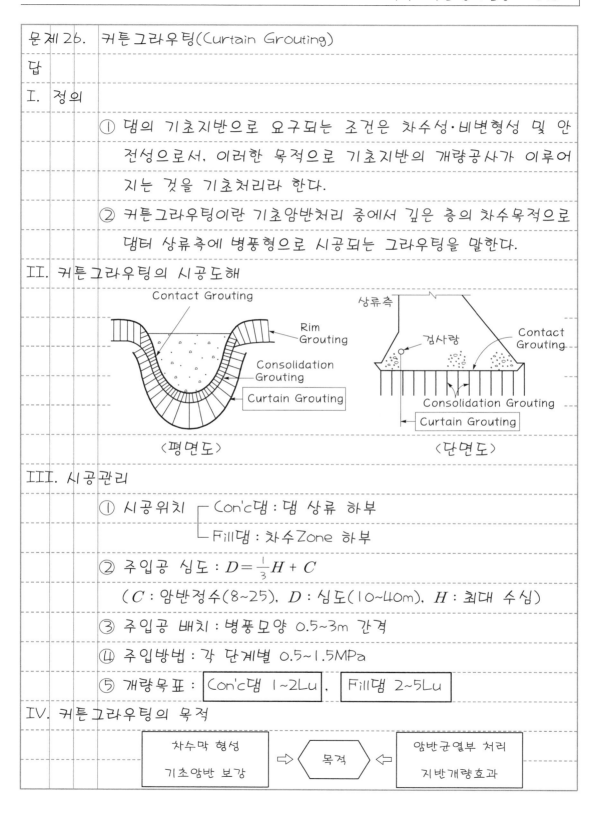

〈평면도〉   〈단면도〉

III. 시공관리

① 시공위치 ┌ Con'c댐 : 댐 상류 하부
           └ Fill댐 : 차수Zone 하부

② 주입공 심도 : $D = \frac{1}{3}H + C$

   (C : 암반정수(8~25), D : 심도(10~40m), H : 최대 수심)

③ 주입공 배치 : 병풍모양 0.5~3m 간격

④ 주입방법 : 각 단계별 0.5~1.5MPa

⑤ 개량목표 : Con'c댐 1~2Lu , Fill댐 2~5Lu

IV. 커튼그라우팅의 목적

차수막 형성
기초암반 보강 ⇨ 목적 ⇦ 암반균열부 처리
지반개량효과

문제 27. 가치공학(Value Engineering)

답

I. 정의

① 가치공학(VE)이란 최소의 비용으로 각 공사에서 요구되는 공기, 품질, 안전 등 필요한 기능을 철저히 분석하여 원가절 감요소를 찾아내는 활동이다.

② 기본원리

$$\boxed{기능 \ 향상} \rightarrow \boxed{비용 \ 최소화} \rightarrow \boxed{가치를 \ 극대화}$$

$$\boxed{V = \dfrac{F}{C}}$$
- V : 가치(Value)
- F : 기능(Function)
- C : 비용(Cost)

II. 필요성

$$\boxed{\substack{경쟁력 \ 제고 \\ 기술력 \ 축적}} \Leftarrow \bigcirc{\substack{원가\\절감}} \Rightarrow \boxed{\substack{조직력 \ 강화 \\ 기업 \ 체질 \ 개선}}$$

III. 효과적인 VE

1) LCC가 최소화일 때

2) 생산비(C_1), 유지관리비(C_2) 분석

기획	타당성조사	설계	시공	유지관리

C_1(생산비) 구간: 기획~시공, C_2(유지관리비) 구간: 유지관리, 전체: LCC

문제 28.	비용구배(Cost Slope)

답

I. 정의

① 공기 1일을 단축하는 데 추가되는 비용으로 단축일수와 비례하여 비용(직접비용)은 증가하며 MCX기법에 이용된다.

② 정상점과 급속점을 연결한 기울기(구배)를 Cost Slope라 한다.

II. 비용구배(Cost Slope) 산정식

$$\text{Cost Slope} = \frac{\text{급속비용} - \text{정상비용}}{\text{정상공기} - \text{급속공기}} = \frac{\Delta\text{Cost}}{\Delta\text{Time}}$$

III. 공기와 비용과의 관계

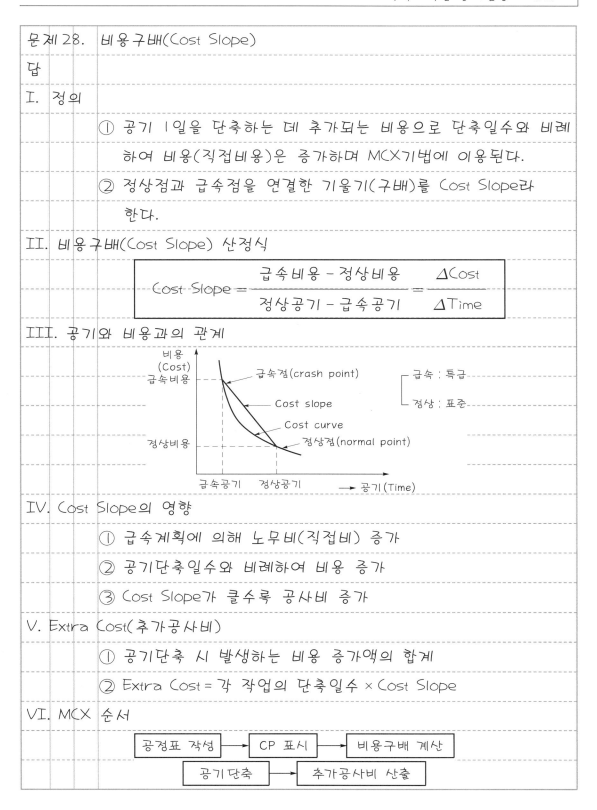

IV. Cost Slope의 영향

① 급속계획에 의해 노무비(직접비) 증가

② 공기단축일수와 비례하여 비용 증가

③ Cost Slope가 클수록 공사비 증가

V. Extra Cost(추가공사비)

① 공기단축 시 발생하는 비용 증가액의 합계

② Extra Cost = 각 작업의 단축일수 × Cost Slope

VI. MCX 순서

공정표 작성 → CP 표시 → 비용구배 계산

공기단축 → 추가공사비 산출

건설재해 예방을 위한
건설기술인의 필독서!

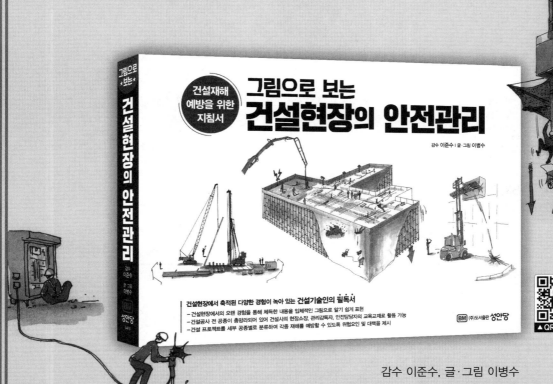

감수 이준수, 글·그림 이병수
297×210 / 516쪽 / 4도 / 49,000원

이 책의 특징

최근 중대재해처벌법의 시행으로 건설현장에서의 안전관리에 대한 관심이 사회적으로 고조되고 있고,
또한 점점 대형화·다양화되고 있는 건설업의 특성상 이를 관리하는 건설기술인들이 다양한 공사와
공종을 모두 경험해 보기란 쉬운 일이 아니다.

이 책은 건축공사, 전기공사, 기계설비작업, 해체공사, 조경공사, 토목공사 등 전 공종이 총망라되어
있고, 공사에 투입되는 자재, 장비의 종류, 시공방법 등을 쉽게 이해할 수 있도록 입체적인 그림으로
표현하였으며, 각종 재해를 예방할 수 있도록 위험요인 및 대책이 제시되어 있어 현장소장, 관리감독
자, 안전담당자의 교육교재로 활용할 수 있다.

쇼핑몰 QR코드 ▶다양한 전문서적을 빠르고 신속하게 만나실 수 있습니다.
경기도 파주시 문발로 112번지 파주 출판 문화도시   TEL. 031)950-6300   FAX. 031)955-0510

BM (주)도서출판 성안당

건설기술인을 위한
벌점 리스크 예방 지침서!

글·그림 이병수, 감수 이준수
297×210 / 504쪽 / 4도 / 49,000원

📖 이 책의 특징

최근 건설기술진흥법 개정으로 인해 벌점산출 방식이 '누계평균벌점' 방식에서 '누계합산벌점' 방식으로 변경되면서 벌점에 대한 리스크가 한층 가중되었으며, 벌점 부과 시 아파트 선분양 제한 및 공공프로젝트 PQ(Pre-Qualification, 입찰자격 사전심사제) 제도에도 영향을 미치게 되면서 벌점 예방이 매우 중요해졌다.

이 책은 건설프로젝트를 수행하는 시공과정에서 발생할 수 있는 각종 벌점 리스크를 예방하기 위한 기준과 대책을 제시하는 건설 프로젝트 전 참여자를 위한 공사 지침서이다. 건설기술진흥법상의 건설 공사 벌점 측정기준에 따른 시공·안전·품질분야의 주요 수검사례를 종합적으로 분석하였으며, 저자가 직접 전하는 생생한 현장의 모습을 그림으로 간결하고 이해하기 쉽게 구성하였다.

쇼핑몰 QR코드 ▶다양한 전문서적을 빠르고 신속하게 만나실 수 있습니다.
경기도 파주시 문발로 112번지 파주 출판 문화도시 TEL. 031)950-6300 FAX. 031)955-0510

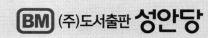

건설기술인을 위한
최신 초고층 시공 기술 실무 지침서!

이종산 · 이건우 · 이다혜 지음
190×260 / 308쪽 / 4도 / 35,000원

이 책의 특징

저자는 누구나 쉽게 이해할 수 있도록 최신 초고층 시공 기술을 21개 공종으로 구분하여 각 공종의 대표적인 시공 장면을 그림으로 직접 그려 색칠하고, 그림에 설명을 기재하고, 그림 외부에 상세 설명을 붙여서 초고층 시공 기술을 누구나 쉽게 이해할 수 있도록 집필하였다.

이 책은 초고층 실무 경험이 없는 대학생들도 쉽게 이해할 수 있도록 작성되었기 때문에 건설 관련 학생들을 대상으로 하여 강의교재 혹은 참고서 등으로, 초고층 실무 경험이 있는 실무자들와, 초고층 실무 경험이 없는 실무자들에게는 최신 시공 기술의 실무 지침서로 활용할 수 있다. 또한 실무를 하면서 공사 그림을 단순화하여 빠르게 그릴 수 있는 능력은 기술사 시험에서 고득점을 받는 데 아주 효과적이므로 기술사 시험 시 답안 참고서로 활용하면 좋은 효과를 얻을 수 있다.

쇼핑몰 QR코드 ▶ 다양한 전문서적을 빠르고 신속하게 만나실 수 있습니다.
경기도 파주시 문발로 112번지 파주 출판 문화도시 TEL. 031)950-6300 FAX. 031)955-0510

BM (주)도서출판 **성안당**

[저자소개]

▶ 권유동(權裕烔)
- 서울대학교 토목공학과 졸업
- (주)현대건설 토목환경사업본부 근무
- 와이제이건설·Green Convergence 연구소 소장
- 토목시공기술사
- 토목품질시험기술사
- 저서 : 《토목시공기술사 길잡이》, 《토목품질시험기술사 길잡이》, 《건축물에너지평가사 실기》

▶ 김우식(金宇植)
- 한양대학교 공과대학 졸업
- 부경대학교 대학원 토목공학 공학박사
- 한양대학교 공과대학 대학원 겸임교수
- 한국기술사회 감사
- 국민안전처 안전위원
- 제2롯데월드 정부합동안전점검단
- 기술고등고시 합격
- 국가직 기좌(시설과장)
- 국가공무원 7급, 9급 시험출제위원
- 국토교통부 주택관리사보 시험출제위원
- 한국산업인력공단 검정사고예방협의회 위원
- 브니엘고, 브니엘여고, 브니엘예술중·고등학교 이사장
- 토목시공기술사, 토질 및 기초기술사, 건설안전기술사
- 건축시공기술사, 구조기술사, 품질기술사

▶ 이맹교(李孟敎)
- 동아대학교 공과대학 수석 졸업
- 국내 현장소장 근무
- 해외 현장소장 근무
- 국토교통부장관상, 고용노동부장관상, 부산광역시시장상, 건설기술교육원원장상 수상
- 부산토목·건축학원 원장
- 토목시공기술사, 건설안전기술사, 품질시험기술사, 건축시공기술사
- 저서 : 《토목시공기술사 길잡이》, 《토목품질시험기술사 길잡이》, 《인생설계도(자기계발도서)》

길잡이
토목시공기술사 핵심120제

2004. 2. 13. 초 판 1쇄 발행
2025. 2. 12. 개정증보 5판 2쇄 발행

지은이 | 권유동, 김우식, 이맹교
펴낸이 | 이종춘
펴낸곳 | **BM** (주)도서출판 **성안당**
주소 | 04032 서울시 마포구 양화로 127 첨단빌딩 3층(출판기획 R&D 센터)
　　　 10881 경기도 파주시 문발로 112 파주 출판 문화도시(제작 및 물류)
전화 | 02) 3142-0036
　　　 031) 950-6300
팩스 | 031) 955-0510
등록 | 1973. 2. 1. 제406-2005-000046호
출판사 홈페이지 | www.cyber.co.kr
ISBN | 978-89-315-1144-4 (13530)
정가 | 55,000원

이 책을 만든 사람들
기획 | 최옥현
진행 | 이희영
교정·교열 | 문 황
전산편집 | 이지연
표지디자인 | 박원석, 임홍순
홍보 | 김계향, 임진성, 김주승, 최정민
국제부 | 이선민, 조혜란
마케팅 | 구본철, 차정욱, 오영일, 나진호, 강호묵
마케팅 지원 | 장상범
제작 | 김유석

이 책의 어느 부분도 저작권자나 **BM** (주)도서출판 **성안당** 발행인의 승인 문서 없이 일부 또는 전부를 사진 복사나 디스크 복사 및 기타 정보 재생 시스템을 비롯하여 현재 알려지거나 향후 발명될 어떤 전기적, 기계적 또는 다른 수단을 통해 복사하거나 재생하거나 이용할 수 없음.

※ 잘못된 책은 바꾸어 드립니다.

 본 서적에 대한 의문사항이나 난해한 부분에 대해서는 저자가 직접 성심성의껏 답변해 드립니다.

- 서울 지역 : 📞 02) 749-0010(종로기술사학원)　　📠 02) 749-0076
　　　　　　　 📞 02) 522-5070(JR사당분원)
- 부산 지역 : 📞 051) 644-0010(부산토목 · 건축학원)　　📠 051) 643-1074
- 대전 지역 : 📞 042) 254-2535(현대토목 · 건축학원)　　📠 042) 252-2249

*특히, 팩스로 문의하시는 경우에는 독자의 **성명**, **전화번호** 및 팩스번호를 꼭 **기록**해 주시기 바랍니다.

- 🌐 http://www.jr3.co.kr
- **NAVER 카페** http://cafe.naver.com/civilpass (카페명 : 종로 토목시공기술사 공부방)
- ✉ acpass@daum.net, sadangpass@naver.com